# 데이터 관리를 위한

# STATA

Data Management Using **STATA**

# 데이터 관리를 위한

# STATA

Data Management Using **STATA**

**이근철** 지음

MEDIA JIPHIL
(주)지필미디어

**이근철**(kclee@jasontg.com, e_rism74@naver.com)

숭실대학교 무역학과에서 경영학 박사학위를 취득하였고, 삼정KPMG금융보험계리(주)에서 보험분야(리스크관리) 업무, 삼정KPMG경제연구원에서 금융분야를 연구하였다. 현재 JasonTG SDM 사업부에 근무 중이다. 주된 업무는 STATA를 이용한 통계교육/컨설팅 및 시스템 구축을 담당하고 있다.

데이터 관리를 위한

# STATA

Data Management Using **STATA**

**발 행 일** 2014년 3월 10일
**저 자** 이근철
**발 행 인** 고현희
**발 행 처** (주)지필미디어

**주 소** 서울시 서대문구 미근동 72-3호 미근빌딩 101호
**전 화** (02) 362-4504
**팩 스** (02) 393-4509
**이 메 일** book@jiphil.co.kr
**홈페이지** www.jiphil.co.kr
**등록번호** 제 312-1997-000043호 (1997년 7월 16일)

**I S B N** 978-89-97394-67-8 (93320)
**편 집** 디자인 콤마
**가 격** 25,000원

# 읽어두기

## 이 책을 읽는 독자들에게

책에 표시된 기호를 요약하면 다음과 같다.

. : 명령어임을 표시하기 위해 작성하였으며, 실습할 경우에는 이 부분을 제외하고 입력하여야 함.

// : 각주를 표시하기 위해 작성하였으며, 실행하는데 영향을 주지 않음.

` ' : 프로그램의 실행(`forvalues`, `foreach`)하기 위해 표시한 것으로 왼쪽에 있는 " ' "는 키보드 ~의 값이며, 오른쪽 " ` "는 키보드 "의 값임.

또한 실습자료와 do 파일의 위치는 `C:\STATA\DM\`에서 실행되도록 do 파일이 작성되어 있다.

# 머리말

이 책은 통계분석을 진행하는데 필요한 데이터관리를 효율적으로 처리할 수 있도록 작성하였다. 통계분석은 기본적으로 데이터를 필요로 하며, 데이터는 다양한 형태로 존재하기 마련이다. 따라서 다양한 형태의 데이터를 한 곳으로 모으는 작업이 선행되어야 통계분석을 진행할 수 있다. 우리는 학위논문을 준비하면서 주제를 정하고 그 주제에 해당하는 선행연구를 조사하게 된다. 선행연구를 통해서 실증분석을 할 것인지 아니면 사례조사를 할 것인지를 결정하게 된다. 물론 실증분석을 이용하여 학위논문을 작성한다면 선행연구의 방법론과 그에 해당하는 데이터를 수집할 것이다.

일반적으로 실증분석을 진행하는데 있어서 데이터를 처리하는데 약 2개월의 시간이 필요하다. 만약 데이터 처리하는데 2개월 이상의 시간이 걸린다면, 실증분석은 쉽지 않을 수 있다. 그 이유는 간단하다. 만약 실증분석 결과가 원하는 형태로 분석되지 않았을 경우, 우리는 다시 데이터를 확인해야 하며, 확인하는 과정에서 오류가 있으면 바로 잡으면 되지만, 데이터 자체가 부족하다면 다시 데이터를 추가해야 한다. 아~~~ 다시 2개월간에 걸쳐서 진행했던 기억을 되살릴 수 있을까? 아마 쉽지 않을 것이다. STATA는 학위논문을 비롯한 실증분석에 사용하는데 유용한 도구라고 생각하는 것은 바로 이러한 오류를 줄이고 또는 시간을 아낄수 있다고 판단하기 때문이다.

STATA의 가장 큰 장점은 아마도 대화상자(Dialog Box)와 명령어(Command)방식을 이용한 do 파일을 작성할 수 있다는데 있을 것이다. Do 파일은 데이터를 처리한다던지 아니면 통계분석을 자동적으로 실행할 수 있는 기능을 제공해 준다. 연구자는 잠을 잘 수 있을 것이다. 즉, do 파일을 작성한 후 시간이 많이 소요된다면, do 파일을 실행하고 잠을 자면 된다. 아니면 다른 일을 해도 된다. 그렇지 않다면 늘 대화상자를 이용하여 해당 과정을 지속적으로 실행해야 한다.

이 책은 연구자가 빠른 시간에 실증분석 등에 사용하는 데이터를 처리할 수 있기를 희망

하면서 작성하였다. 이 책의 특징은 STATA를 이용하여 Data Management를 실습할 수 있도록 원시자료(Raw Data)를 준비하였다. 이 부분이 다른 책과 차별된 부분일 것이다. 데이터를 가공하지 않은 원시자료를 어떻게 처리하는지를 살펴볼 수 있도록 준비하였다. 예를 들면, 한국은행에서 제공하는 금리자료를 어떻게 조회하고 다운로드 하는지에 대한 방법과 다운로드된 자료를 STATA에서 어떻게 Import하는지 등에 대해서 설명하였다. 또 다른 특징은 최근 패널자료를 이용한 분석이 증가되고 있는 점을 감안하여 패널자료의 형태로 제공되는 원시자료를 준비하였다.

이 책을 활용하는 방법을 설명하면, 7장 실습자료를 우선 살펴볼 것을 권한다. 실습자료(원시자료)는 통계청(KOSIS), 한국은행(BOK), 금융감독원(FSS), 한국거래소(KRX), 손해보험협회(KINA), 경제협력개발기구(OECD), 세계은행(World Bank), 국제연합무역개발회의(UNCTAD)에서 제공하는 자료를 조회/다운로드 하는 방법을 설명하였다. 그리고 실습에 필요한 자료를 다운로드 하면 각 원시자료의 출처별로 간단한 do 파일을 볼 수 있을 것이다. 또한 실습은 대화상자를 중심으로 우선 설명한 후 명령어에 대하여 설명하였다. 따라서 처음 접하는 연구자는 대화상자를 우선 이해하고 명령어를 이해하길 바란다.

이 책을 독자들이 읽을 수 있도록 출판 기회를 주신 박정권 대표님, STATA를 처음 접할 수 있게 해주신 숭실대학교 김용덕 교수님께 감사드리며, 부족한 원고임에도 불구하고 편집과 교정을 해주신 지필미디어 관계자 분들께 감사드린다. 늘 힘이 되어 준 가족(경희, 현수, 현승)에게 이 책을 바친다. 아무쪼록 부족한 책이지만, 독자 여러분들의 많은 조언을 부탁드리며, 미흡한 부분과 추가적인 부분이 있으면 지속적으로 보완해 갈 것이다. 이 책에서 사용된 자료는 다음의 경로를 통해서 다운받을 수 있다. http://cafe.naver.com/stata/2598

2014년 2월

이근철

# 차례

CHAPTER 02

## Raw Data Use(import/Export)

CHAPTER 03

## 데이터관리 기능

CHAPTER 04

## Do File 따라하기

CHAPTER 05

## 기초통계분석



CHAPTER 06

## 그래프 그리기

CHAPTER 07

## 실습 기초자료(Raw Data) 및 유용한 Tip

CHAPTER

01

# STATA 소개 및 환경설정

# 1.1 STATA 소개

STATA는 Statistics과 Data를 효율적으로 처리할 수 있는 통계프로그램이다. STATA의 장점은 ❶ 다른 통계프로그램에 비해 간편하고 쉬운 방법으로 데이터, 통계 및 계량 분석이 가능하다. ❷ 통계뿐만 아니라 그래프, 데이터관리에도 탁월한 통합 소프트웨어이다. ❸ 명령어 입력 또는 대화상자를 모두 사용할 수 있으며, 이용자들이 편리하게 이용할 수 있게 하였다. ❹ 명령어를 이용, 다양한 추가기능 설치 및 이용이 가능하다. ❺ 다양한 그래프의 작성 및 Graph editor를 이용한 그래프 편집이 가능하다.

STATA는 IC, SE, MP 버전이 있으며, 그 특징은 아래와 같다.

| | Stata MP | Stata SE | Stata IC |
|---|---|---|---|
| 처리속도 | Fastest | | Very fast |
| Max. no. of variables | 32,766 | | 2,047 |
| Max. no. of right-hand variables | 10,998 | | 798 |
| Max. no. of observations | Unlimited(다만, 컴퓨터의 RAM 범위) | | |
| 64-bit version available? | Yes | | |
| Fastest: designed for parallel processing? | Yes | | No |
| Requirements Memory/Disk space | 512 MB / 500 MB | | |
| Platforms | Windows, Max, or Unix | | |

데이터관리를 위한 실습은 메뉴를 이용하는 방법(대화상자 포함)과 Command (명령어 창)를 이용하는 방법을 병행하여 설명한다.

특히 STATA의 명령어창에서는 명령어 부분을 소문자로 사용함을 원칙으로 한다. 따라서 본 교재에서 다루고 있는 내용에 대문자가 포함되어 있더라도 STATA 사용시에는 소문자로 입력해야 한다.

실습자료는 통계청, 한국은행, 금융감독원, 한국거래소, 손해보험협회, OECD, World Bank, UNCTAD에서 제공하는 자료를 조회/다운로드 한 자료이다. 실습은 7장을 먼저 살펴보고 실습하는 것을 권한다.

본 책은 STATA 버전 13을 중심으로 작성되었다.

STATA 버전 13의 구성은 아래와 같다.

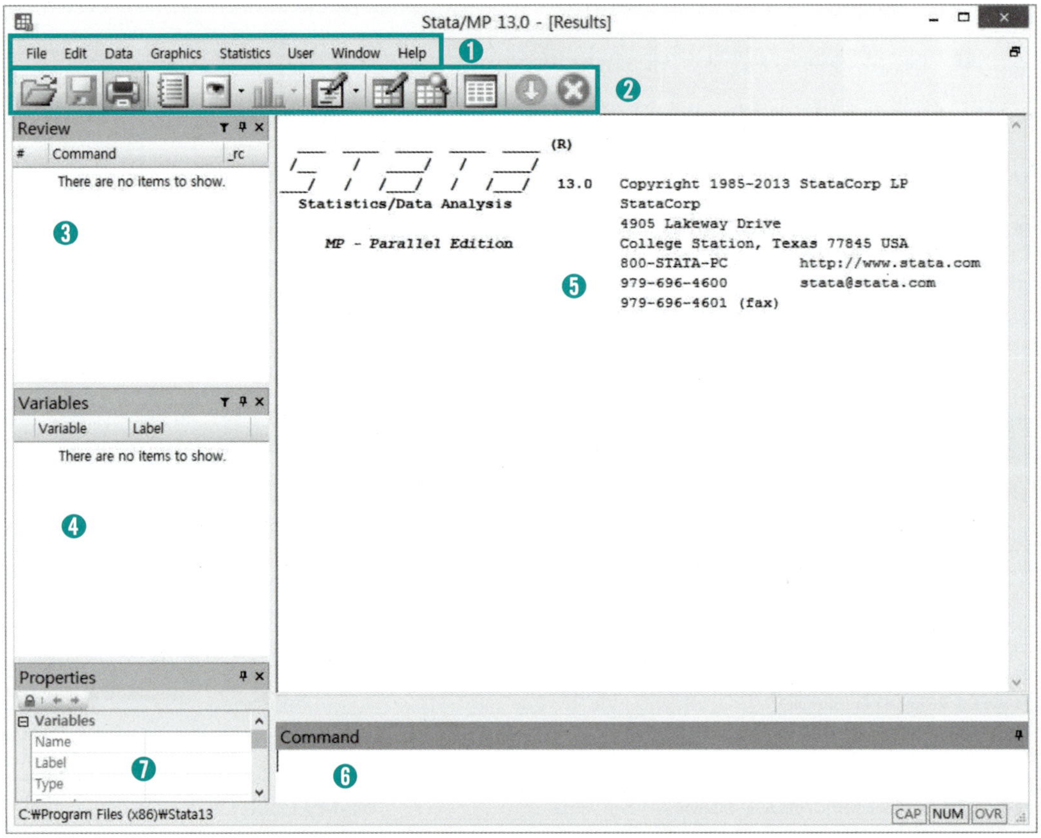


❶ 메뉴: 8개의 항목으로 구성되어 있다.

❷ 아이콘: 기본적으로 12개의 항목으로 구성되어 있다.

❸ Review 창: 실행된 결과의 명령어들이 순차적으로 나열된다.

❹ Variables 창: Dataset에 포함된 변수들의 정보를 담고 있다.

❺ Results 창: STATA의 버전 및 종류뿐 아니라 실행된 결과들을 보여 준다.

❻ Command(명령어)창: 사용자가 직접 명령어를 입력하여 실행할 수 있는 부분이다.

❼ Properties 창: Variables, Data에 대한 정보를 확인할 수 있는 부분이다.

위 화면은 사용자가 달리 설정할 수 있다. 위 화면은 메뉴에서 **Edit > Preferences > Load Preference Set > Combined Layout**으로 설정한 결과이다.

# 1.2 clear와 exit

## 1.2.1 | clear

**clear** 명령어는 STATA 실행창에 있는 Dataset을 초기화하는 기능을 한다. 즉, 새자료(New Dataset)를 만들거나, 다른 자료를 불러오기 위한 선행 기능을 한다. 특히 새로운 dataset을 불러오고자 할 경우 미리 clear를 하거나, 불러오는 데이터(use, sysuse, webuse)의 끝에 ", clear"을 입력하거나 대화상자(dialog box)에서 해당 부분을 선택해야 한다.

**[그림 1.1.1]** clear의 기능

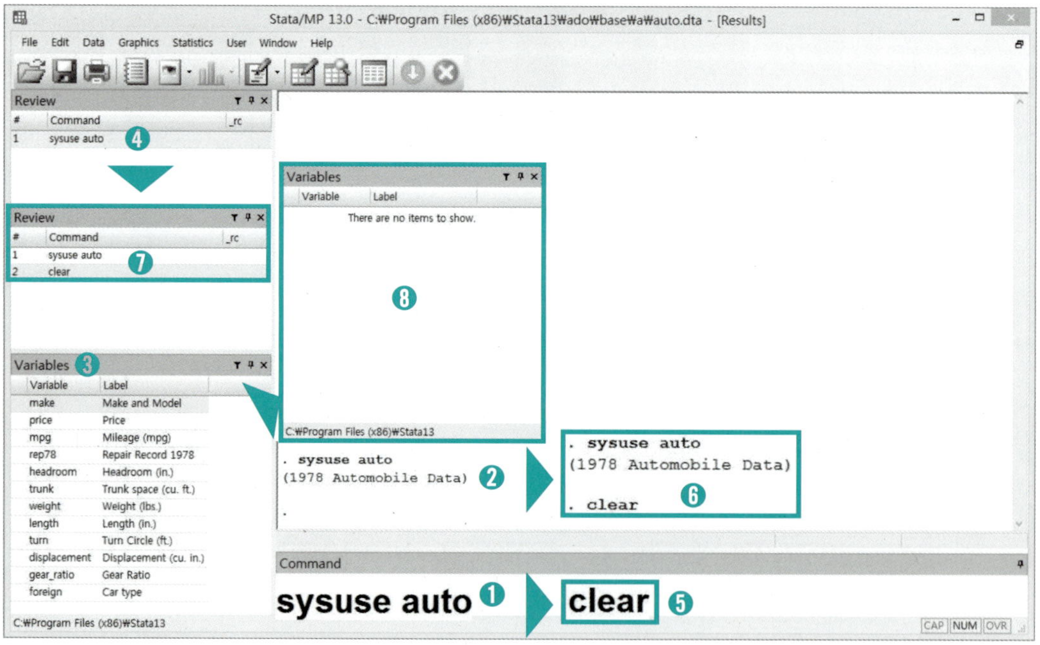

[그림 1.1.1]에서 보는 것과 같이 명령어 창에 sysuse auto(❶)라고 입력하면, 결과창에 sysuse auto(❷)라는 결과가 나타나며, 변수창에 dataset의 변수와 라벨(label)정보가 표시되는 것을 확인할 수 있다. 그리고 리뷰창에 sysuse auto(❹)라는 정보가 기록되는 것을 확인할 수 있다. 이제 명령어 창에 clear(❺)라고 입력하면, 결과창에 clear(❻)라는 결과가 보여지며, 리뷰창에 clear(❼)가 추가로 나타남을 확인할 수 있다. 그리고 변수창에 변수와 라벨 정보가 없어진 것(❽)을 확인할 수 있다. 이와 같이 clear 명령어는 새로운 dataset을 open하기 위해 사용되는 것을 의미한다.

## 1.2.2 | exit

exit 명령어는 STATA를 종료하고자 할 경우에 사용되는 명령어이다. 그러나 do 파일에서는 이 기능이 실행되지 않는다. 즉, STATA 화면이 없어지지(종료되지) 않는다. 다만, 해당 do 파일의 내용이 종료된다.

[그림 1.1.2] exit 기능

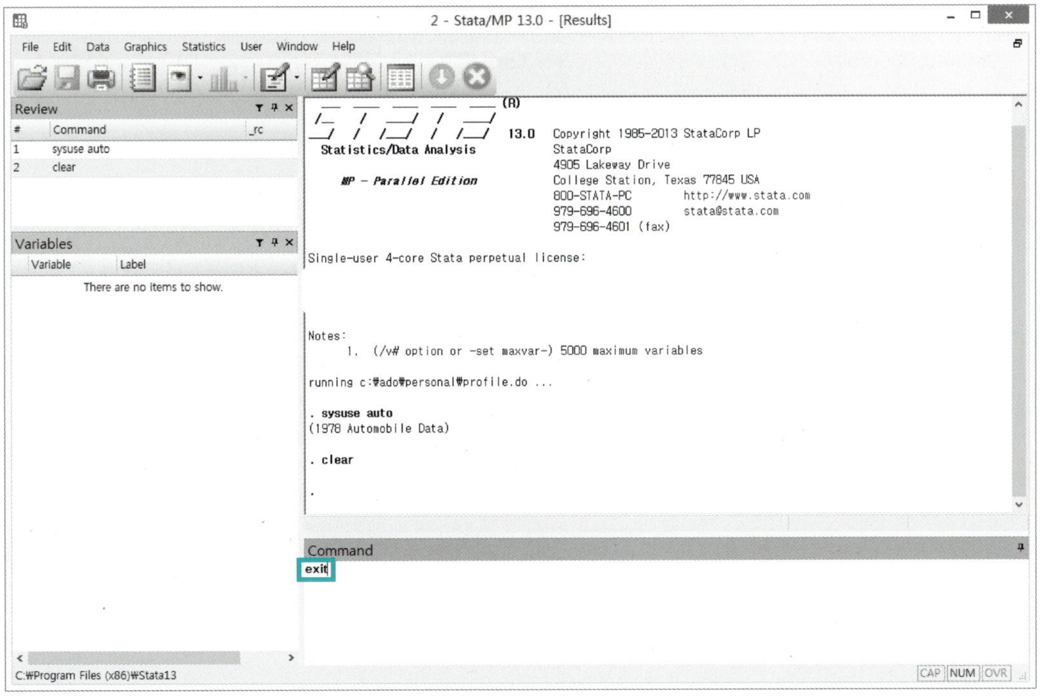

# 1.3 set

STATA를 실행하는데 있어서 기본적인 환경이 설정되어 있다. 명령어 창에 query 또는 set을 입력하면, 10개 유형의 환경설정(set) 정보를 볼 수 있다.

| 유형(1) | 설정값 | 비고 |
|---|---|---|
| Memory setting | | |
| set maxvar | 5000 | 2048–32767; max. vars allowed |
| set matsize | 400 | 10–11000; max. # vars in models |
| set niceness | 5 | 0–10 |
| set min_memory | 0 | 0–1600g |
| set max_memory | . | 32m–1600g or . |
| set segmentsize | 32m | 1m–32g |

여기서 maxvar는 사용자가 설정할 수 있는 변수의 최대값으로 STATA Type(IC, SE, MP)에 따라 다르다. 예시는 MP Type으로 2,048 ~ 32,767까지 변수를 생성할 수 있다. 만약 다음과 같이 실행한다고 하자

```
. clear
. set maxvar 2048
. set obs 100
. forvalues i = 1 / 2049 {
  generate x`i' = rnormal()
  }
```

위 내용을 실행하면 다음의 오류 메시지가 나타난다.

```
no room to add more variables
   Up to 2,048 variables are currently allowed, although you
```

```
could reset the maximum using set maxvar; see help
   memory.
r(900);
```

즉, 최대변수(maxvar)를 2,048로 설정하고 2,049개의 변수를 생성하라고 하니 당연히 2,048개 변수만 생성하고 오류 메시지를 보여주는 것이다.

| 유형(2) | 설정값 | 비고 |
|---|---|---|
| Output settings | | |
| set more | on | |
| set rmsg | Off | |
| set dp | Period | may be period or comma |
| set linesize | 167 | characters |
| set pagesize | 34 | lines |
| set level | 95 | percent confidence intervals |
| set showbaselevels | | may be empty, off, on, or all |
| set showemptycells | | may be empty, off, or on |
| set showomitted | | may be empty, off, or on |
| set fvlabel | On | |
| set fvwrap | 1 | |
| set fvwrapon | word | may be word or width |
| set lstretch | | may be empty, off, or on |
| set cformat | | may be empty or a numerical format |
| set pformat | | may be empty or a numerical format |
| set sformat | | may be empty or a numerical format |
| set coeftabresults | on | |
| set logtype | smcl | may be smcl or text |

여기서 set more on/off, set rmsg on/off는 1.3.1과 1.3.3에서 확인하면 될 것 같다.

| 유형(3) | 설정값 | 비고 |
|---|---|---|
| Interface settings | | |
| set dockable | on | |
| set dockingguides | on | |
| set floatwindows | off | |
| set locksplitters | off | |
| set pinnable | on | |
| set doublebuffer | on | |
| set linegap | 1 | pixels |
| set scrollbufsize | 204800 | characters |
| set fastscroll | on | |
| set varlabelpos | | (not relevant) |
| set reventries | 5000 | lines |
| set maxdb | 50 | dialog boxes |

| 유형(4) | 설정값 | 비고 |
|---|---|---|
| Graphics settings | | |
| set graphics | on | |
| set autotabgraphs | off | |
| set scheme | s2color | |
| set printcolor | automatic | may be automatic, asis, gs1, gs2, gs3 |
| set copycolor | automatic | may be automatic, asis, gs1, gs2, gs3 |

| 유형(5) | 설정값 | 비고 |
|---|---|---|
| Efficiency settings | | |
| set adosize | 1000 | kilobytes |

| 유형(6) | 설정값 | 비고 |
|---|---|---|
| Network settings | | |
| set checksum | off | |
| set timeout1 | 30 | seconds |
| set timeout2 | 180 | seconds |
| set httpproxy | off | |
| set httpproxyhost | | |
| set httpproxyport | 80 | |
| set httpproxyauth | off | |
| set httpproxyuser | | |
| set httpproxypw | | |

| 유형(7) | 설정값 | 비고 |
|---|---|---|
| Update settings | | |
| set update_query | on | |
| set update_interval | 7 | |
| set update_prompt | on | |

| 유형(8) | 설정값 | 비고 |
|---|---|---|
| Trace (programming debugging) settings | | |
| set trace | off | |
| set tracedepth | 32000 | |
| set traceexpand | on | |
| set tracesep | on | |
| set traceindent | on | |
| set tracenumber | off | |
| set tracehilite | | |

| 유형(9) | 설정값 | 비고 |
|---|---|---|
| Mata settings | | |
| set matastrict | off | |
| set matalnum | off | |
| set mataoptimize | on | |
| set matafavor | space | |
| set matacache | 400 | |
| set matalibs | | |
| set matamofirst | off | |

| 유형(10) | 설정값 | 비고 |
|---|---|---|
| Other settings | | |
| set type | float | may be float or double |
| set maxiter | 16000 | max iterations for estimation commands |
| set searchdefault | all | may be local, net, or all |
| set seed | | X075bcd151f123bb5159a55e50022865700043e55 |
| set varabbrev | on | |
| set emptycells | keep | may be keep or drop |
| set processors | 4 | 1–4 |
| set haverdir | | |

## 1.3.1 set more on/off

```
. set more on
. set more off
```

**set more off** 기능은 do 파일을 실행하는데 있어서 유용한 명령어이다. do 파일은 기초 data를 import하고, 변수이름을 연구자가 이해하기 쉽게 작성하는 등 일련의 순서도를 작성하는 것과 같다. 만약 이 과정에서 set more off라고 설정하지 아니한 경우에 -more-라는 메시지가 발생하게 된다. 이 메시지가 나타나면 STATA의 do 파일은 더 이상 다음 단계의 명령을 실행하지 않는다. 그 과정을 아래의 예를 통해 살펴보고자 한다.

[그림 1.3.1] set more off 설정 이전

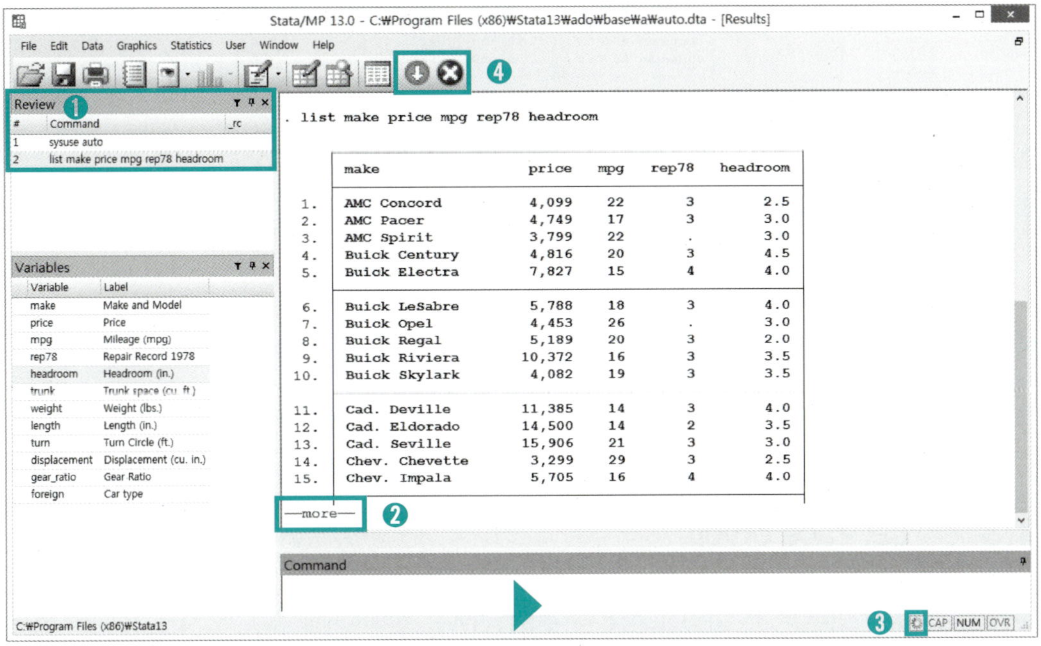


| | make | price | mpg | rep78 | headroom |
|---|---|---|---|---|---|
| 1. | AMC Concord | 4,099 | 22 | 3 | 2.5 |
| 2. | AMC Pacer | 4,749 | 17 | 3 | 3.0 |
| 3. | AMC Spirit | 3,799 | 22 | . | 3.0 |
| 4. | Buick Century | 4,816 | 20 | 3 | 4.5 |
| 5. | Buick Electra | 7,827 | 15 | 4 | 4.0 |
| 6. | Buick LeSabre | 5,788 | 18 | 3 | 4.0 |
| 7. | Buick Opel | 4,453 | 26 | . | 3.0 |
| 8. | Buick Regal | 5,189 | 20 | 3 | 2.0 |
| 9. | Buick Riviera | 10,372 | 16 | 3 | 3.5 |
| 10. | Buick Skylark | 4,082 | 19 | 3 | 3.5 |
| 11. | Cad. Deville | 11,385 | 14 | 3 | 4.0 |
| 12. | Cad. Eldorado | 14,500 | 14 | 2 | 3.5 |
| 13. | Cad. Seville | 15,906 | 21 | 3 | 3.0 |
| 14. | Chev. Chevette | 3,299 | 29 | 3 | 2.5 |
| 15. | Chev. Impala | 5,705 | 16 | 4 | 4.0 |

[그림 1.3.1]에서 보는 것과 같이 ❶ **sysuse auto**라고 입력 한 후 **list make price mpg rep78 headroom**을 입력하면 ❷ **-more-**라는 메시지가 나타나고 있는 것과 ❸ 아직 list 가 **실행 중**이라는 것을 보여주며, ❹ 사용자가 추가적인 자료를 볼 것인지 아니면 중지할 것인지를 묻는 아이콘이 활성화된다.

[그림 1.3.2]에서 보는 것과 같이 set more off를 선언한 후 list를 동일하게 선택하면 -more-가 나타나지 않고 list 결과를 확인 할 수 있다.

[그림 1.3.2] set more off 설정 이후

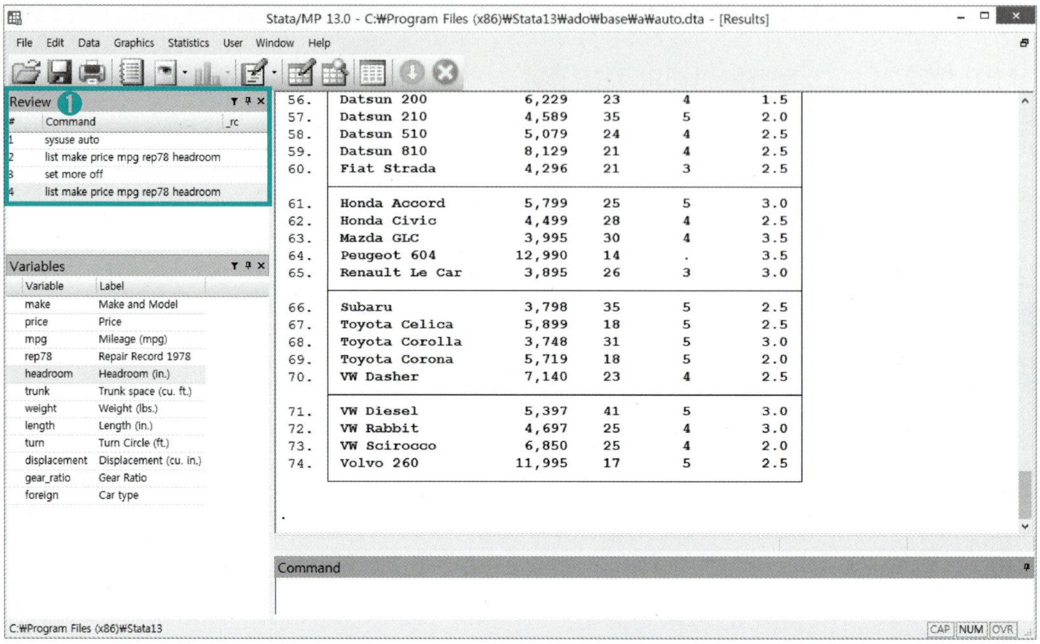


## 1.3.2 set trace on/off

set trace on/off 기능은 do 파일을 이용하여 STATA를 실행할 때 유용한 정보이다. 이 기능은 주로 오류가 발생한 부분의 위치를 찾아주는 역할을 한다. 다음의 예를 살펴보자.

```
. clear
. set more off
. sysuse auto.dta
. egen SEQ = seq()
. order SEQ
. forvalues i = 1 / 74 {
  list SEQ price if SEQ == i'
  }
```

위와 같이 설정하였을 경우에 나타나는 결과는 다음과 같다.

```
. clear
. set more off
. sysuse auto
(1978 Automobile Data)
. egen SEQ = seq()
. order SEQ
. forvalues i = 1/74{
  2. list SEQ price if SEQ ==i'
  3. }
i' invalid name
r(198);
```

여기서 r(198)의 오류는 syntax errors의 일종으로 invalid syntax로 해당 하는 문법을 수정하면 된다. 그러나 만약 반복실행을 수행하는 do 파일에서 어느 위치에서 오류가 발생했는지 확인하여 수정해야 한다. 이 경우 아래와 같이 set trace on과 set trace off를 짝으로 표시해야 한다.

```
. clear
. set more off
. sysuse auto.dta
. egen SEQ = seq()
. order SEQ
. set trace on
. forvalues i = 1 / 74 {
  list SEQ price if SEQ == i'
  }
. set trace off
```

위 실행 결과 중 forvalues 부분부터 살펴보면 list부분에서 오류가 발생하고 있다는 것을 알 수 있다. 즉 ==i'로 수정해야 do 파일이 완전하게 실행될 수 있다.

```
. forvalues i = 1/74{
  2. list price if SEQ ==i'
  3. }
- forvalues i = 1/50{
- list SEQ price if SEQ ==i'
i' invalid name
  }
r(198);
```

위 오류를 수정한 결과값은 아래와 같다.

```
- }
- list SEQ price if SEQ ==`i'
= list SEQ price if SEQ ==73

     +--------------+
     | SEQ    price |
     |--------------|
 73. |  73    6,850 |
     +--------------+

- }
- list SEQ price if SEQ ==`i'
= list SEQ price if SEQ ==74

     +---------------+
     | SEQ     price |
     |---------------|
 74. |  74    11,995 |
     +---------------+

- }

. set trace off

.
end of do-file
```

위에 표시된 부분이 반복적으로 실행되는 것을 볼 수 있다.

### 1.3.3 | set rmsg on/off

STATA에서 어떠한 실증모형을 실행할 때 소요되는 시간을 체크하고자 할 경우 LOG 파일을 이용해서 확인할 수 있다. 하지만 Do 파일에 있는 각각의 행에 대해서 실시하기에는 좀 불편한 일이다. set rmsg on/off의 기능을 예를 들어 살펴보자.

```
. clear
. set more off
. set rmsg on
. sysuse auto.dta
. summarize
```

위와 같이 설정할 경우 그 결과값은 다음과 같다.

```
. summarize

    Variable |        Obs        Mean    Std. Dev.       Min        Max
-------------+---------------------------------------------------------
        make |          0
       price |         74    6165.257    2949.496       3291      15906
         mpg |         74     21.2973    5.785503         12         41
       rep78 |         69    3.405797    .9899323          1          5
    headroom |         74    2.993243    .8459948        1.5          5
-------------+---------------------------------------------------------
       trunk |         74    13.75676    4.277404          5         23
      weight |         74    3019.459    777.1936       1760       4840
      length |         74    187.9324    22.26634        142        233
        turn |         74    39.64865    4.399354         31         51
displacement |         74    197.2973    91.83722         79        425
-------------+---------------------------------------------------------
  gear_ratio |         74    3.014865    .4562871       2.19       3.89
     foreign |         74    .2972973    .4601885          0          1
r; t=0.00 20:09:42
```

요약통계량을 계산하는데 0.00초 즉, 순식간에 계산하고 있다는 것을 보여준다.

```
. regress price mpg rep78 headroom trunk weight length turn displacement gear_ratio foreign

      Source |       SS       df       MS              Number of obs =      69
-------------+------------------------------           F( 10,    58) =    8.66
       Model |  345416162    10  34541616.2           Prob > F      =  0.0000
    Residual |  231380797    58  3989324.09           R-squared     =  0.5989
-------------+------------------------------           Adj R-squared =  0.5297
       Total |  576796959    68  8482308.22           Root MSE      =  1997.3

------------------------------------------------------------------------------
       price |      Coef.   Std. Err.      t    P>|t|     [95% Conf. Interval]
-------------+----------------------------------------------------------------
         mpg |  -21.80518    77.3599    -0.28   0.779    -176.6578    133.0475
       rep78 |   184.7935   331.7921     0.56   0.580    -479.3606    848.9476
    headroom |  -635.4921   383.0243    -1.66   0.102    -1402.198    131.2142
       trunk |   71.49929   95.05012     0.75   0.455    -118.7642    261.7628
      weight |   4.521161   1.411926     3.20   0.002     1.694884    7.347438
      length |  -76.49101   40.40303    -1.89   0.063    -157.3665     4.38444
        turn |  -114.2777   123.5374    -0.93   0.359    -361.5646    133.0092
displacement |   11.54012   8.378315     1.38   0.174    -5.230896    28.31115
  gear_ratio |  -318.6479    1124.34    -0.28   0.778    -2569.259    1931.964
     foreign |   3334.848   957.2253     3.48   0.001     1418.754    5250.943
       _cons |   9789.494   6710.193     1.46   0.150    -3642.416     23221.4
------------------------------------------------------------------------------

r; t=0.06 20:16:41
```

회귀분석을 실행하는데 소요되는 시간은 0.06초이다. 앞서 설명한 것과 같이 set rmsg on은 어떤 결과를 도출하는데 있어서 소요되는 시간을 확인하는데 중요한 역할을 한다. 그리고 STATA를 이용한 시스템 구축시 프로그램의 개선작업에 영향을 줄 수 있을 것이다.

### 1.3.4 set obs

이 set obs #은 시뮬레이션을 수행하는데 유용한 명령어이다. 연구자가 100개의 관측 값을 이용하여 5개 변수를 만들고자 한다면 다음과 같이 하면 된다.

```
. ❶ set obs 100
. ❷ generate x1 = runiform()
. ❸ generate x2 = rpoisson(3)
. ❹ generate x3 = rnormal()
. ❺ generate x4 = rnormal()
. ❻ generate x5 = rchi2(3)
. ❼ list in 1/5
```

위 결과는 아래와 같다. 변수 v1의 값은 동일하지 않을 수 있다. 즉 random 하게 생성한 값이기 때문이다.

[그림 1.3.3]에서 보는 것과 같이 set obs 100을 실행하면 특별한 값은 생성되지 않는다. 이후 generate를 이용하여 5개 난수(Random Number)를 생성한다. 생성된 5개 변수 중 5개만 살펴보면(❸) 해당 값이 모두 다르게 나타나고 있는 것을 알 수 있다. 그 이유는 해당 분포를 기준으로 난수를 생성했기 때문이다. 특히 x3과 x4의 경우에도 동일한 정규분포의 난수를 생성했음에도 불구하고 다른 값을 생성한 것은 역시 난수라는 의미에서 답을 찾을 수 있다.

[그림 1.3.3] set obs 실행 결과

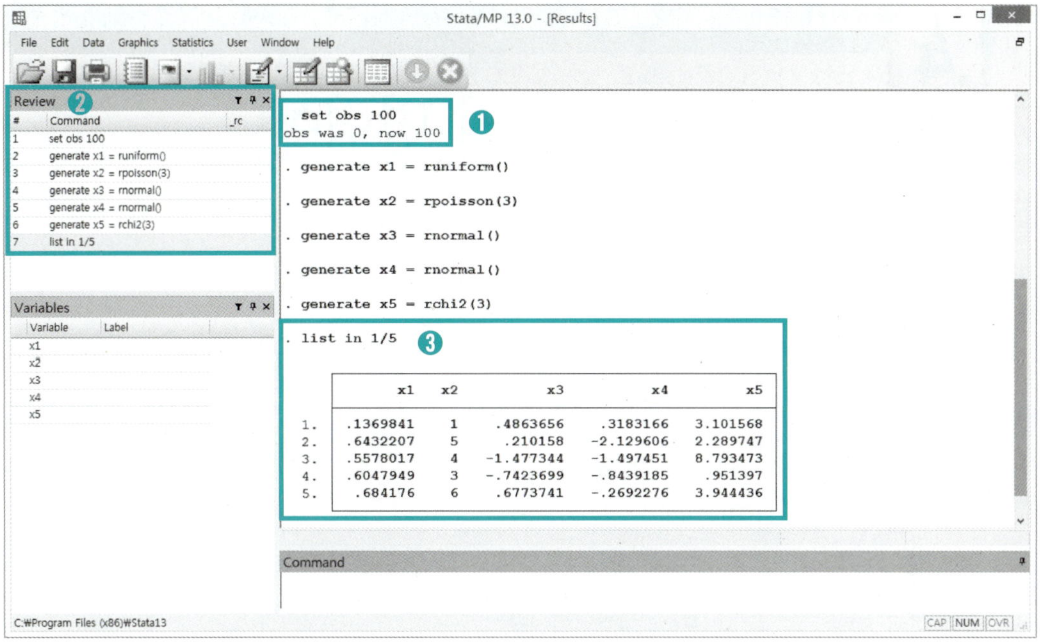

# 1.4 Directory 관리 명령어

## 1.4.1 cd

cd는 change directory를 의미하는 명령어이다. 이 명령어는 사용자가 Dataset, Log File, Graph File 등을 관리하는데 유용한 정보를 제공한다. 이 명령어는 별도의 대화상자가 없으며, 명령어 창에서 실행할 수 있다.

```
. cd
c:\Program Files (x86) \Stata13
```

명령어 창에 cd라고 입력하고 실행하면 위와 같은 결과가 나타난다. 따라서 교재에서 사용되는 do 파일의 경로는 다음과 같이 설정하였다.

```
. cd c:\STATA\DM
c:\STATA\DM
```

cd 명령어의 유용성은 해당 경로를 설정하지 않았을 경우 경로와 해당 Dataset의 이름을 입력해야 한다. 그러나 그 경로가 길 경우 사용자는 그 내용을 파악하기 위하여 '스크롤 바(scroll bar)'를 이동해야 한다.

```
. use "C:\STATA\DM\BOK\INTEREST.dta", clear
. use BOK\INTEREST.dta, clear
```

위 예제에서 보는 것과 같이 경로를 포함하여 Dataset를 이용할 것인가? 아니면 Dataset을 명명할 것인가? 여러분의 선호에 따라 달리 적용할 수 있을 것이다.

## 1.4.2 | pwd

pwd는 현재 진행되고 있는 Directory를 확인하기 위하여 적용되는 명령어이다. 아래 명령어는 cd를 설정하지 않았을 경우와 동일한 경로를 보여준다.

```
. pwd
C:\Program Files (x86)\Stata13
```

디렉터리를 변경한 후 pwd 실행 결과는 아래와 같다.

```
. pwd
c:\STATA\DM
```

## 1.4.3 | mkdir

mkdir(Create directory)은 디렉터리 내에서 새로운 디렉터리를 생성하기 위하여 적용되는 명령어이다.

```
. mkdir TEST
```

directory를 삭제하고자 한다면 '!rmdir'를 이용하면 된다. **다만, 그 directory를 정확하게 표시해야 한다. 그 이유는 상위 directory를 설정하게 되면 모든 자료가 삭제될 수 있기 때문이다.**

위 mkdir test 즉, test라는 디렉터리를 c 드라이브에 생성하였다. 그리고 dir 명령어를 이용하여 해당 디렉터리가 생성되었는지를 확인하였다.

```
. cd c:\
c:

. mkdir test

. dir
  <dir> 11/27/12 15:16 $Recycle.Bin

(중간 생략)

  <dir>  7/27/13  0:21 Temp
   0.0k  3/30/13 15:46 temp_hts.tmp
  <dir> 10/26/13  5:38 test
  <dir> 11/27/12 11:14 Update
```

이제 '!rmdir'을 이용하여 조금 전에 생성한 test 디렉터리를 삭제해 보자.

```
. !rmdir c:\test

. dir
  <dir> 11/27/12 15:16 $Recycle.Bin

(중간 생략)

  <dir>  7/27/13  0:21 Temp
   0.0k  3/30/13 15:46 temp_hts.tmp
  <dir> 11/27/12 11:14 Update
```

생성된 test 디렉터리가 삭제된 것을 볼 수 있다.

### 1.4.4 | sysdir

sysdir 명령어는 STATA가 사용되는 directory에 대한 정보를 확인하는데 사용된다.

```
. sysdir
   STATA:  C:\Program Files (x86)\Stata13\
    BASE:  C:\Program Files (x86)\Stata13\ado\base\
    SITE:  C:\Program Files (x86)\Stata13\ado\site\
    PLUS:  c:\ado\plus
PERSONAL:  c:\ado\personal\
OLDPLACE:  c:\ado\
```

# 1.5 Format & Storage Type

## 1.5.1 | Numeric formats

STATA에서 숫자변수에 대하여 다양한 형태의 Format을 설정할 수 있다. 명령어 창에 help format이라고 입력하고 실행(Enter)하면 [그림 1.5.1]의 결과를 볼 수 있다.

[그림 1.5.1] format 도움말

```
Title

    [D] format -- Set variables' output format

Syntax

    Set formats
        format varlist %fmt
        format %fmt varlist

    Set style of decimal point
        set dp {comma|period} [, permanently]

    Display long formats
        format [varlist]

where %fmt can be a numerical, date, business calendar, or string format.
```

STATA에서 format의 설정은 중요하다. 이유는 변수와 변수를 기본적인 계산(+, −, *, /)은 물론 egen 명령어 등을 이용할 경우에 그 값의 정확성에 영향을 미칠 수 있다.

```
. sysuse auto.dta, clear
. replace price = price * 3.141592 * 1000
. format %9.0f price
. list price in 1/3
```

| format | 9.0f | 9.0g | 9.0e |
|---|---|---|---|
| 결과값 | 12877386<br>14919420<br>11934908 | 1.29e+07<br>1.49e+07<br>1.19e+07 | 1.29e+07<br>1.49e+07<br>1.19e+07 |

위 결과를 설명하면 format %9.0f, 9.0g, 9.0e를 설정한 결과이다. 여기서 f는 fixed로 숫가가 가지고자 하는 값을 모두 보여준다. 그리고 g는 genernal로 format의 %#.#g에 따라 보여지는 값이 달라질 수 있다. 마지막으로 e는 exponential로 지수값을 보여준다. 대체로 e < g < f 가 선호된다고 할 수 있다.

## 1.5.2 | Storage type

숫자변수는 소수점 이하 자리의 유무에 따라 Storage type을 다르게 적용할 것을 권한다. 명령어 창에서 help data types를 입력하고 실행하면 [그림 1.5.2]의 도움말 화면이 나타난다.

[그림 1.5.2] data type 도움말

```
Title

    [D] data types -- Quick reference for data types

Description

    This entry provides a quick reference for data types allowed by Stata.
See
    [U] 12 Data for details.
```

Remarks

| Storage type | Minimum | Maximum | Closest to 0 without being 0 | bytes |
|---|---|---|---|---|
| byte | -127 | 100 | +/-1 | 1 |
| int | -32,767 | 32,740 | +/-1 | 2 |
| long | -2,147,483,647 | 2,147,483,620 | +/-1 | 4 |
| float | -1.70141173319*10^38 | 1.70141173319*10^38 | +/-10^-38 | 4 |
| double | -8.9884656743*10^307 | 8.9884656743*10^307 | +/-10^-323 | 8 |

Precision for float is 3.795x10^-8.
Precision for double is 1.414x10^-16.

[그림 1.5.2]에서 보는 것과 같이 Storage type은 byte, int, long, float, double으로 구분되어 있음을 알 수 있다. 이 storage type 중 byte는 주로 성별(남/여) 및 더미변수(1, 0)의 적용에 적절한 값이다. 일반적으로 변수를 생성(generate 명령어 적용)할 경우에 기본적으로 float가 설정되어 있다. 만약 변수 전체에 대한 합계 및 기타의 값을 계산하여 새로운 변수를 생성하고자 할 경우에 다음과 같이 입력하면 된다. 즉, 실제 계산된 값을 엑셀 등으로 확인하고자 할 경우 float로 설정할 경우 틀릴 수 있다.

```
. egen double sum_price = total(price)
```

그러나 double을 설정할 경우 정밀도는 높아질 수 있으나, 저장공간이 늘어나는 단점이 있다. 이에 대한 선택은 연구자가 결정해야 하는데, 일반적으로 정밀도를 높이는 것을 선택하지 않을까 한다.

CHAPTER 02

# Raw Data Use (import/Export)

# 2.1 use

use는 확장자가 *.dta로 저장된 dataset을 불러오는 것을 의미한다. use의 유형은 use와 sysuse가 있다. 여기서 use는 web data를 STATA로 import 할 수 있다.

## 2.1.1 sysuse

우선 sysuse는 STATA를 설치하면서 생성되는 예제 datasets을 불러오는 명령어이다. STATA 명령어 창에 **sysuse auto**라고 입력하면 된다. 그 결과는 [그림 2.1.1]과 같다.

**[그림 2.1.1] sysuse를 입력한 결과 화면**

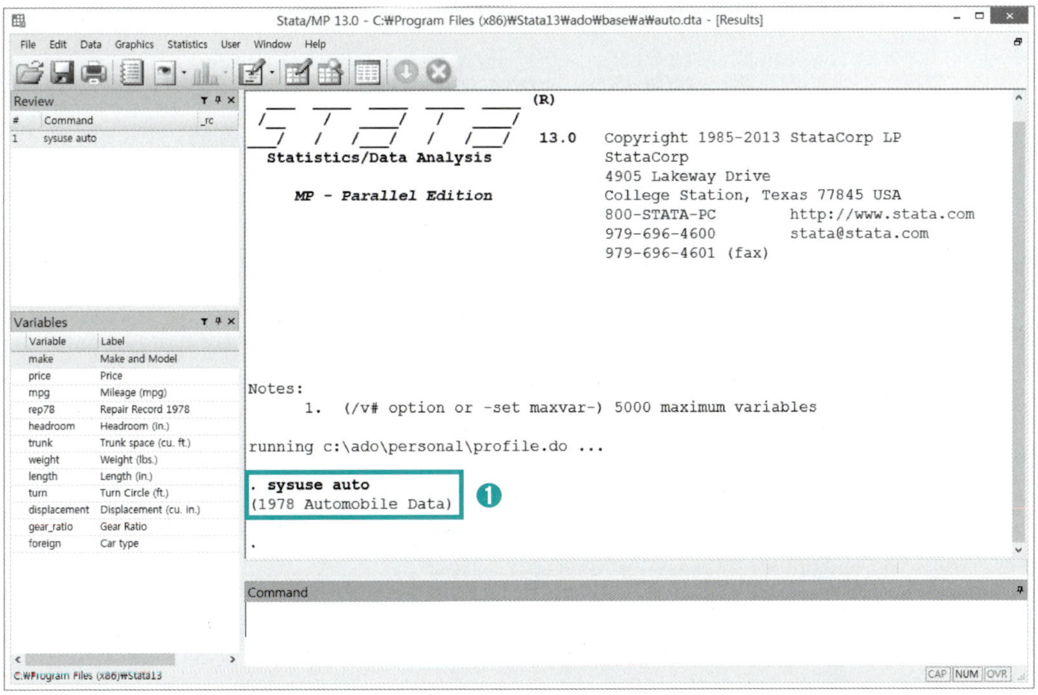

**01.** [그림 2.1.2]와 같이 메뉴에서 **File > Example Datasets**을 선택한다.

[그림 2.1.2] Dialog Box를 이용하기: Step 1

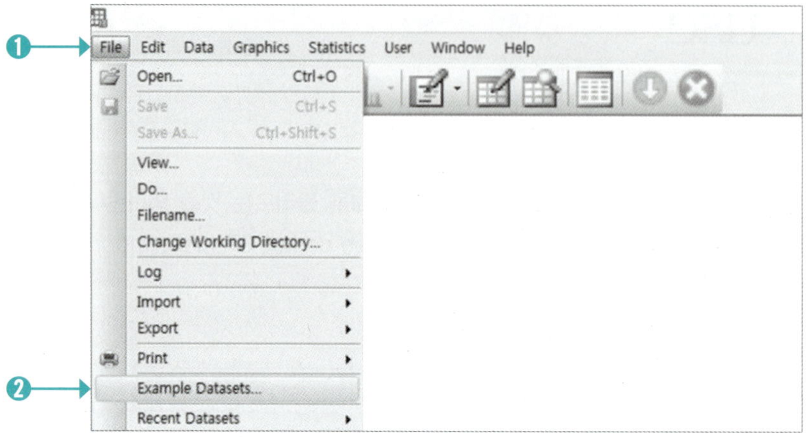


**02.** [그림 2.1.2]와 같이 선택하면, [그림 2.1.3]의 화면이 나타나는데, ❶ **Example datasets installed with STATA**는 말 그대로 STATA를 설치하면서 자동으로 예제 Dataset이 설정되어 있다. ❷ **STATA 13 manual datasets**은 STATA 13에 포함되어 있는 매뉴얼의 예제로 설정한 Dataset을 볼 수 있다.

[그림 2.1.3] STATA 예제 Dataset

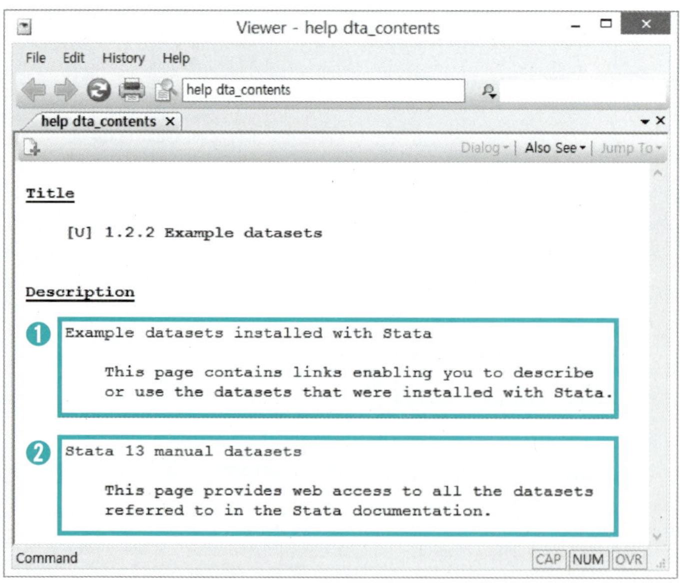

**03.** [그림 2.1.3]의 **Example datasets installed with STATA**를 선택하면 [그림 2.1.4]와 같이 다양한 Dataset을 볼 수 있다. 여기서 ❶ **use**를 선택하면 Dataset을 STATA에서 불러올 수 있으며, ❷ **describe**를 선택하면 Dataset에 있는 변수들에 대한 정보를 볼 수 있다.

**[그림 2.1.4]** STATA 예제 파일

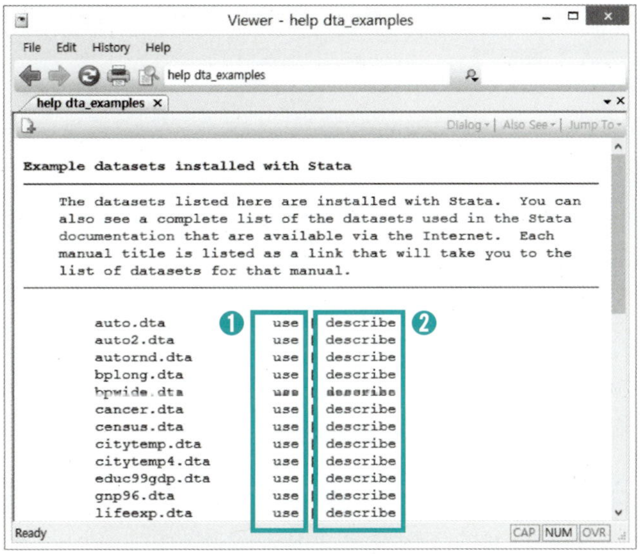


**04.** [그림 2.1.4]에서 ❶ **auto.dta**의 **use**를 선택하면 결과창에 [그림 2.1.1]과 같은 결과가 나타난다. 또한 ❷ **auto.dta**의 **describe**를 선택하면 결과는 [그림 2.1.5]와 같다.

**[그림 2.1.5]** describe 결과 화면

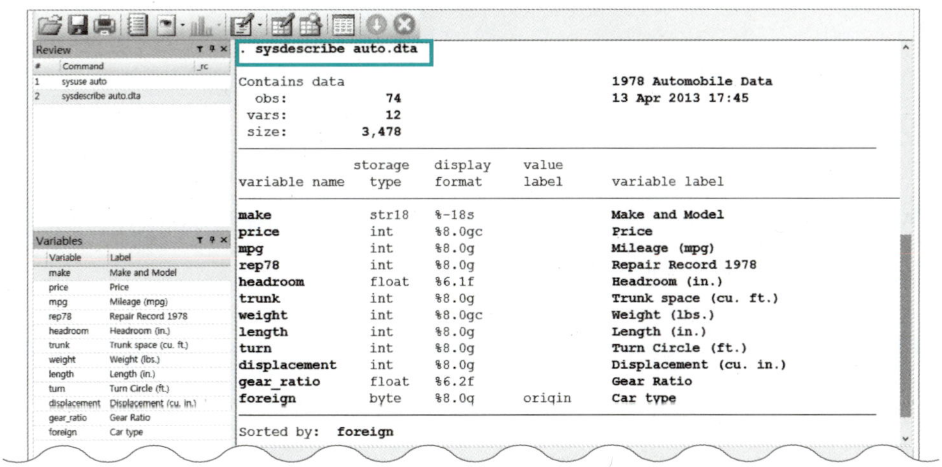

**05.** 명령어 창에 **db sysuse**라고 입력하면 [그림 2.1.6]과 같은 대화상자가 나타난다. 여기서 'db'는 dialog box(대화상자)를 의미한다.

**[그림 2.1.6]** sysuse의 대화상자

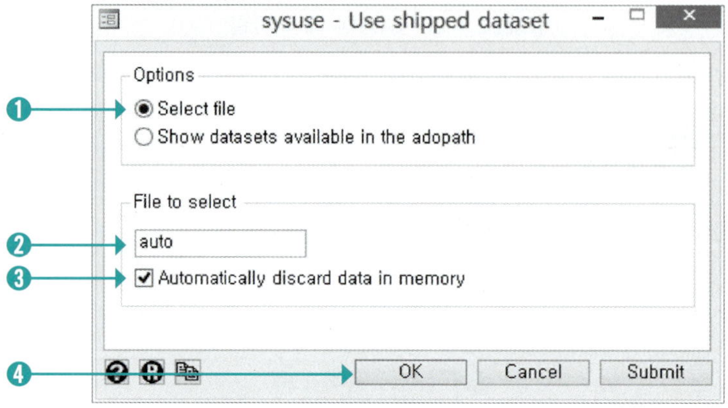


**06.** [그림 2.1.6]에서 ❶ Options 중 ⦿ **Select file**을 선택하고, ❷ File to select에서 **auto**라고 입력하며, ❸ Automatically discard data in memory를 체크한 후 ❹ OK를 클릭한다. 이 경우 result 창에 [그림 2.1.1]과 동일한 결과를 얻을 수 있다. 위와 같이 sysuse 명령어를 활용할 수 있는 dataset은 총 26개 파일이며, auto.dta, auto2.dta, autornd.dta, bplong.dta, bpwide.dta, cancer.dta, census.dta, citytemp.dta, citytemp4.dta, educ99gdp.dta, gnp96.dta, lifeexp.dta, network1.dta, network1a.dta, nlsw88.dta, neswide1.dta, pop2000.dta, sandstone.dta, sp500.dta, surface.dta, tsline1.dta, tsline2.dta, uslifeexp.dta, uslifeexp2.dta, voter.dta xtline1.dta 이다.

## 2.1.2 | use (web dataset)

STATA는 web에 있는 dataset을 이용할 수 있으며, STATA 매뉴얼 dataset은 http://www.STATA-press.com/data/r13/에서 찾을 수 있다.

[그림 2.1.7] Datasets for STATA 12 Manuals

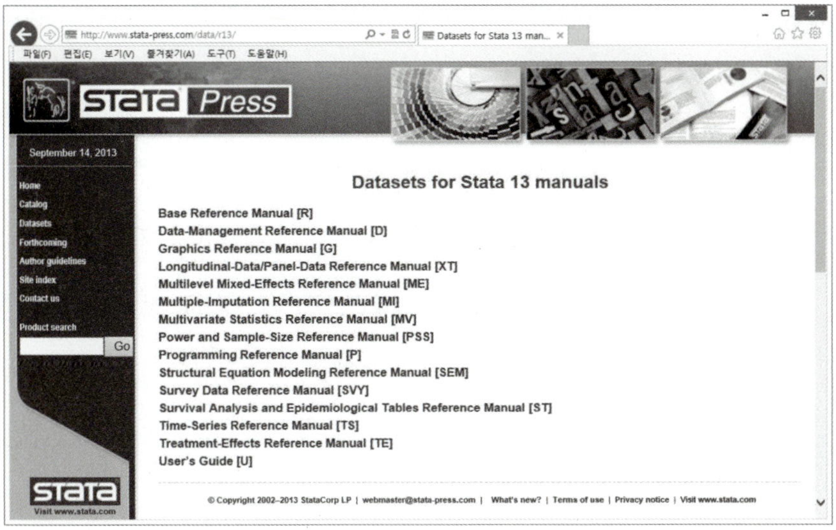

**01.** 명령어를 이용하여 web dataset을 불러오기 위해서는 해당자료가 위치한 곳을 알고 있어야 한다. 우리는 [그림 2.1.8]에서 보는 것과 같이 dataset의 위치와 파일명을 알고 있다고 가정하였을 경우 명령어 창에 아래와 같이 입력할 수 있다.

```
. use http://www.STATA-press.com/data/r13/auto.dta
```

[그림 2.1.8] Web dataset의 use 결과

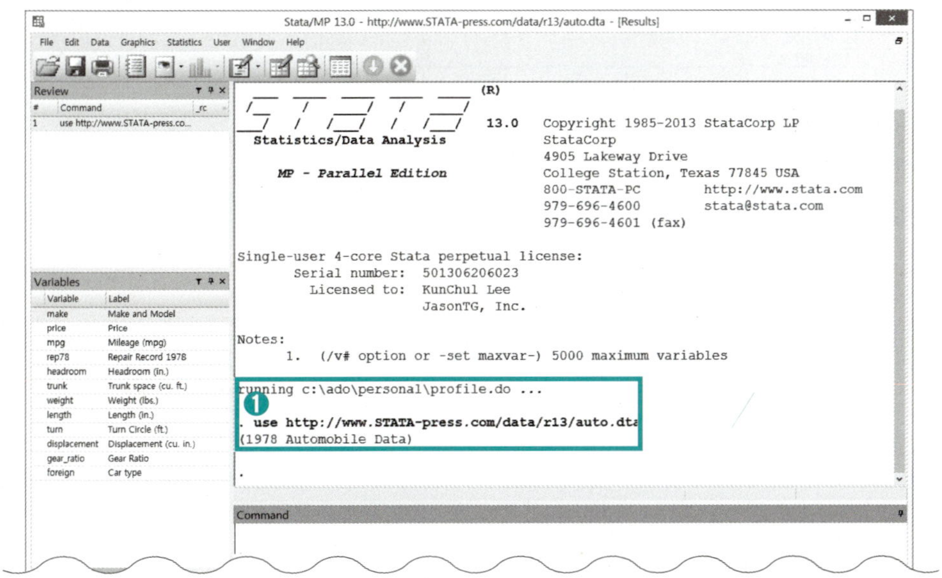

**02.** STATA는 Example Dataset을 제공하고 있는데, 이 Dataset은 Manual에서 사용하고 있는 자료들이다.

## 2.1.3 | use

마지막으로 use의 경우는 사용자가 저장한 dataset을 불러오고자 할 경우에 사용된다. 메뉴에서 **File** > **Open**을 순차적으로 선택한 후 DATA_OECD_CO2.dta를 선택 한 후 열기를 클릭하면 된다.

실습자료 **DATA_OECD_CO2.dta**

C:\> 명령어

```
. use "C:\STATA\DM\OECD\DATA_OECD_CO2.dta", clear
```

**01.** 명령어 창에서 help use를 입력하면, [그림 2.1.9]의 help use창이 새롭게 나타난다.

**[그림 2.1.9]** Help use

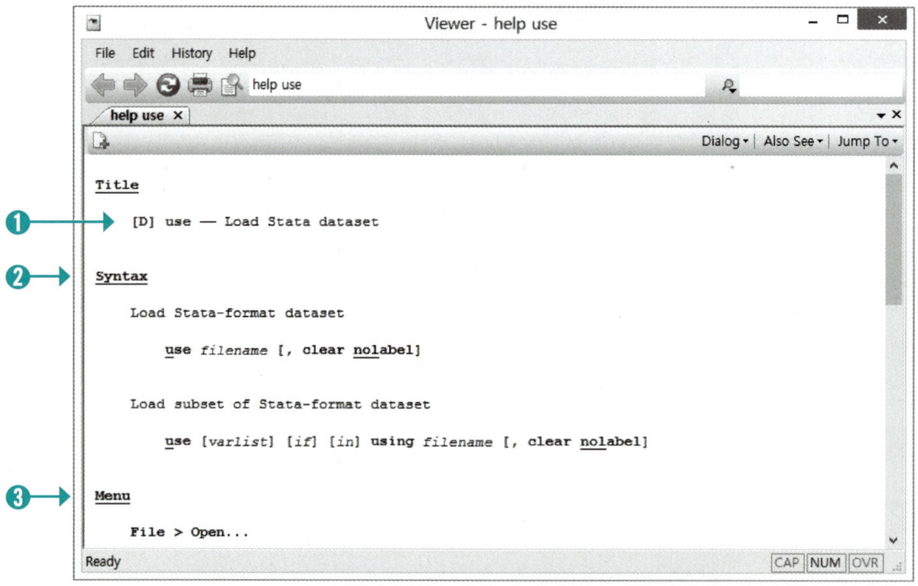

**02.** [그림 2.1.9]에서 보는 것과 같이 ❶ Title에 [D] use – Load Stata dataset 표시를 볼 수 있는데, 여기서 [D] use를 클릭하면 pdf 파일의 manual을 볼 수 있다. ❷ Syntax를 보면 use를 활용하는 문법을 설명하고 있다. 여기서 use에 u 밑에 밑줄이 표시되어 있는 것을 볼 수 있다. 이 밑줄의 의미는 use를 모두 입력하지 않고 u라고 입력해도 STATA가 use라고 입력한 것처럼 실행하겠다는 것을 의미한다. ❸ Menu는 use를 메뉴에서 어떻게 사용하는지 순서를 표시해 주고 있다.

# 2.2 import

STATA 메뉴에서 **File > Open** 할 수 있는 파일의 확장자는 다음과 같다.

- Stata Data (*.dta)
- Stata Graph (*.gph)
- SEM Path Diagram (*.stsem)
- Do Files (*.do, *.ado)
- Dictionary (*.dct)
- Help Files (*.sthlp, *.hlp)
- SMCL Files (*.smcl)
- MATA Files (*.mata)

그 중에서 Data 파일은 dta라는 확장자를 가진 파일이다. 그러나 실증분석을 위해 연구자가 만나게 되는 Data 파일의 확장자는 실습용으로 작성된 경우를 제외하고는 Excel 파일(*.xls, *.csv), 텍스트 파일(*.txt), *.raw 파일 등이다. 이러한 자료를 STATA에서 사용할 수 있도록 Import(Overview of Importing data into STATA)하는 방법을 각각의 경우에 따라 실습한다.

STATA 13버전에서 Import 할 수 있는 메뉴의 유형은 다음과 같다.

- Excel spreadsheet(*.xls, *.xlsx) ◀ 버전 12부터 적용 가능
- Text data (delimited, *.csv, …)
- Text data created by a spreadsheet ◀ 버전 12까지 유효(insheet)
- Text data in fixed format
- Text data in fixed format with a dictionary

- Unformatted text data
- SAS XPORT
- Haver Analytics database
- ODBC data source
- XML data

## 2.2.1 Excel spreadsheet

이 기능은 STATA 버전 12부터 가능하다. 버전 12이전까지는 Excel 파일을 csv 또는 txt 파일의 형태로 변경한 후 import하였다. 그러나 버전 12이상에서는 Excel 파일을 직접 import 할 수 있다. Excel 파일을 import 할 경우, 명령어를 직접 사용하는 것도 좋지만, STATA가 익숙하지 않은 사용자는 메뉴를 이용하는 것을 권한다. 특히 do 파일을 이용하여 한번에 모든 분석을 수행하고자 할 경우, 메뉴를 통해 실행된 결과는 결과 창에 나타난다. 이 결과창의 명령문을 do 파일에 복사하여 붙여 넣기를 하면 유용하게 사용할 수 있다.

실습자료 `C:\STATA\DM\BOK\INTEREST.xls`

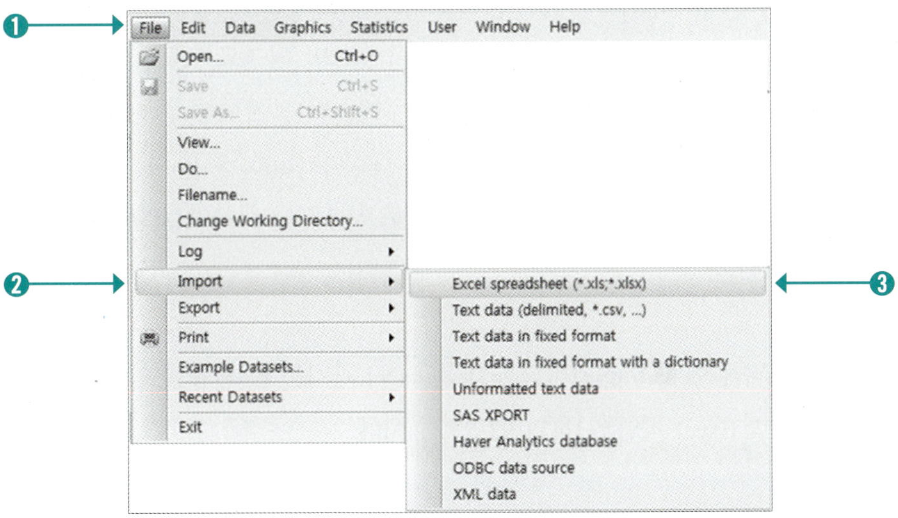

**01.** [그림 2.2.1]과 같이 File > Import > Excel spreadsheet(*.xls, *.xlsx)를 순차적으로 선택한다.

[그림 2.2.2] Excel 자료의 Import – Step 2

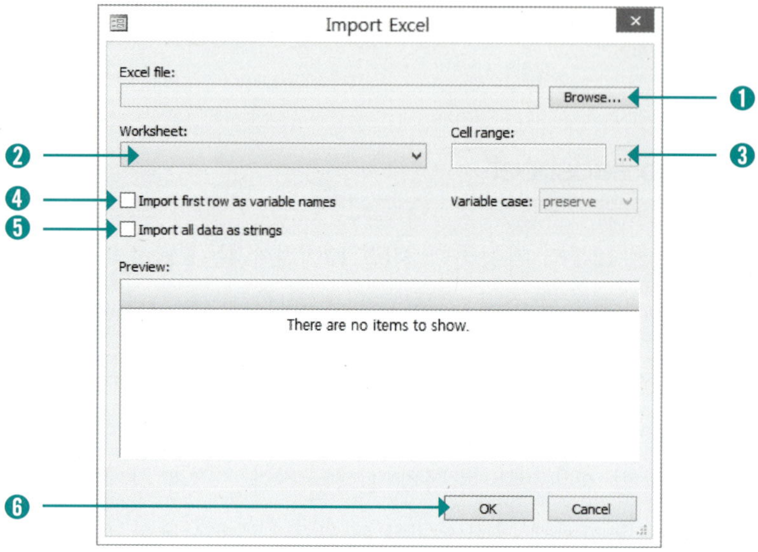


**02.** [그림 2.2.2]에서 사용자는 분석하고자 하는 Excel 파일을 ❶ **Browse**…를 이용하여 선택한다. ❷ Excel 파일에 여러 개의 Worksheet가 있으면 해당 **Worksheet**를 선택한다. ❸ Excel 파일 중 특정 범위에 있는 자료를 사용하고자 하면 **Cell range:**를 선택한다. ❹ 사용되는 Excel 파일의 첫 번째 행에 변수명이 표시되어 있으면 체크표시를 한다. 그렇지 않으면 선택하지 않는 것이 좋다. 이유는 STATA에서 변수명은 기본적으로 숫자로 시작되는 것을 허용하고 있지 않기 때문이다. 예를 들면 1_ID는 허용되지 않지만 ID_1은 사용 가능하다. ❺ Excel 파일의 내용을 모두 문자변수로 설정하고자 할 경우 체크표시를 한다. ❻ 설정이 완료되면 OK를 클릭한다.

**03.** [그림 2.2.2]와 같이 ❶ import하고자 하는 excel 파일은 Browse를 이용하여 선택한다. 실습을 위해 사용할 Excel 파일은 INTEREST.xls이다.

[그림 2.2.3] Excel 자료의 Import - Step 2(Excel file 선택)

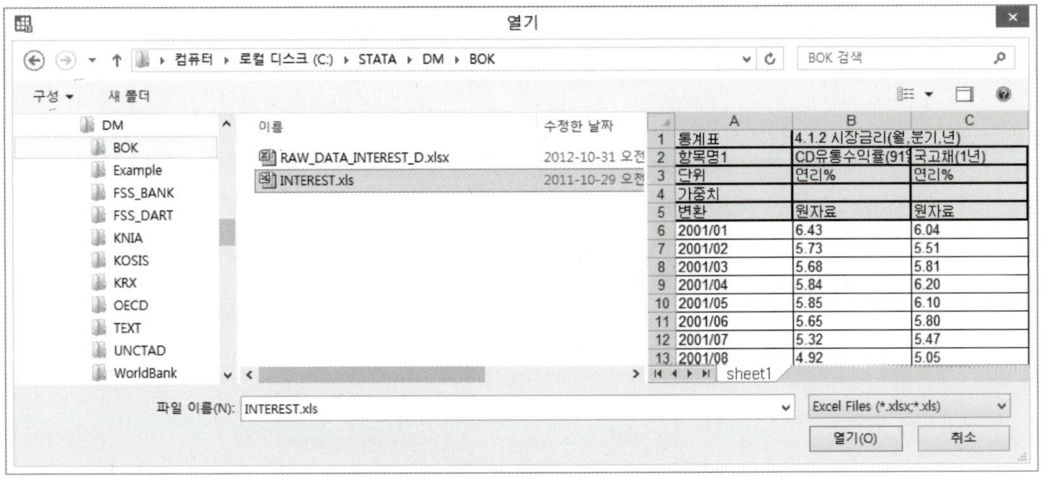


[그림 2.2.4] Excel 자료의 Import - Step 3(Excel file 선택)

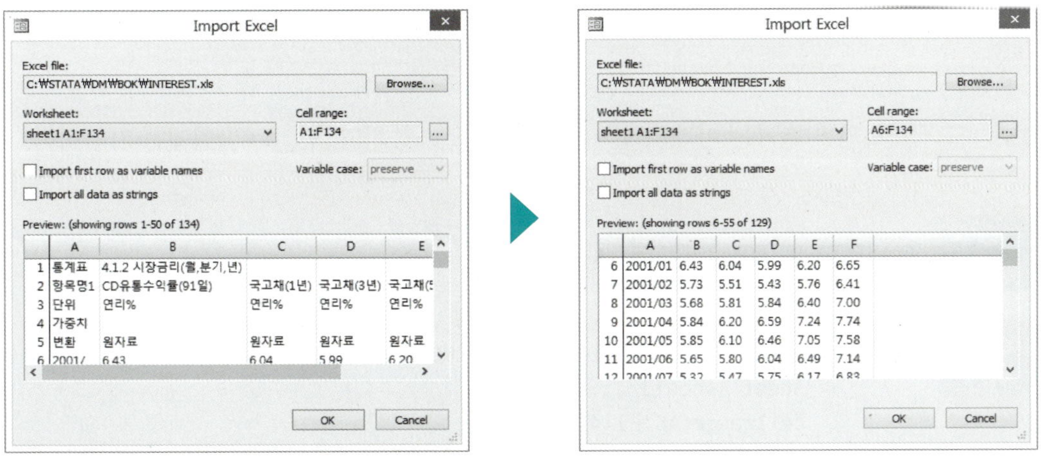


**04.** [그림 2.2.4]에서 Cell range를 A1:F134를 A6:F134로 수정한다. 물론 수정하지 않아도 된다. 즉 Excel 파일을 Import 후 drop 명령어를 이용하여 분석에 사용되지 않는 범위의 Data를 삭제할 수 있다. 그리고 Import first row as variable names와 Import all data as strings는 체크하지 않았다. 위와 같이 선택한 후 OK를 클릭하면 [그림 2.2.5]와 같은 결과가 나타난다. 엑셀자료의 import에서 Import first row as variable names을 선택하지 않으면 변수의 이름을 자동으로 A, B, C, D, E, F로 설정한다. 이 경우 연구자는 변수의 이름을 수정

(rename)하여 분석에 사용하면 된다.

**[그림 2.2.5]** Excel 자료의 Import 결과

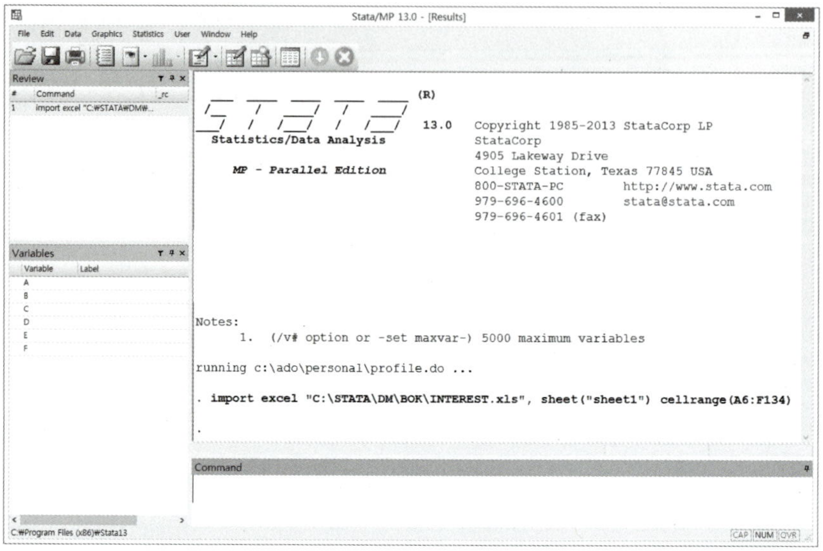


**05.** [그림 2.2.5]의 결과는 아래와 같이 입력하여도 가능하다. 단, do 파일에서 가능하다.

실습자료 **C:\STATA\DM\BOK\INTEREST.xls**

C:\> 명령어

```
. import excel "C:\STATA\DM\BOK\INTEREST.xls",      ///
        sheet("sheet1")                             ///
        cellrange(A6:F134)
또는
. cd C:\STATA\DM\BOK\
. import excel INTEREST.xls,                        ///
        sheet("sheet1")                             ///
        cellrange(A6:F134)
```

**06.** 명령어를 다시 설명하면 ❶ import excel은 Excel 자료를 import 한다는 의미이다. 그리고 ❷ "C:₩STATA₩DM₩BOK₩INTEREST.xls"는 해당 Excel자료의 경로와 파일을 의미한다. 만약 이 경로가 길 경우에 우리 눈으로 확인(가독성)하는 데 쉽지 않을 수 있

다. 이 경우 cd(change directory)라는 명령어를 사용하면 INTEREST.xls만 입력하면 된다. 즉 경로 C:₩STATA₩DM₩BOK₩를 표시하지 않아도 된다. 이 실습은 do파일에서 설명하도록 하겠다. ❸ sheet("sheet1")은 해당 Excel에 있는 sheet를 선택하는 것이다. ❹ cellrange(A6:F434)는 자료의 범위를 의미한다. 또한 '///'의 의미는 명령문이 길어 가독성이 떨어지는 것을 방지하기 위한 것이다. 즉, 줄 바꿈이다.

또한 다른 실습자료에 대한 명령어는 다음과 같다.

실습자료: **FSS_BANK\FSS_BANK_1.xlsx**

```
. import excel "C:\STATA\DM\FSS_BANK\FSS_BANK_1.xlsx",                  ///
        sheet("sheet1")                                                  ///
        cellrange(A3:G15) clear
```

실습자료: **FSS_BANK\FSS_BANK_2.xlsx**

```
. import excel "C:\STATA\DM\FSS_BANK\FSS_BANK_2.xlsx",                  ///
        sheet("sheet1")                                                  ///
        cellrange(A3:G15) clear
```

실습자료: **KNIA\201106\7. 조직현황 201106.xls**

```
. import excel "C:\STATA\DM\KNIA\201106\7. 조직현황 201106.xls",   ///
        sheet("조직현황(최종)")                                     ///
        cellrange(A8:M40) clear
```

실습자료: **KNIA\201107\7. 조직현황 201107.xls**

```
. import excel "C:\STATA\DM\KNIA\201107\7. 조직현황 201107.xls",   ///
        sheet("조직현황(최종)")                                     ///
        cellrange(A8:M40) clear
```

실습자료: **KOSIS\DEATH_2010.xls**

```
. import excel "C:\STATA\DM\KOSIS\DEATH_2010.xls",                     ///
        sheet("sheet1")                                                 ///
        cellrange(A12:E1560) clear
```

실습자료: **KRX\STOCK_IND_A005930.xls**

```
. import excel "C:\STATA\DM\KRX\STOCK_IND_A005930.xls",                ///
        sheet("Sheet2")                                                 ///
        cellrange(A4:J202) clear
```

```
실습자료: KRX\STOCK_INDEX_KOSPI.xls
. import excel "C:\STATA\DM\KRX\STOCK_INDEX_KOSPI.xls",          ///
        sheet("Sheet2")                                          ///
        cellrange(A4:AD202) clear

실습자료: OECD\OECD_TOTAL.xlsx
. import excel "C:\STATA\DM\OECD\OECD_TOTAL.xlsx",               ///
        sheet("GDP")                                             ///
        cellrange(A2:K35) clear

. import excel "C:\STATA\DM\OECD\OECD_TOTAL.xlsx",               ///
        sheet("CO2")                                             ///
        cellrange(A2:J43) clear
```

## 2.2.2 Text data(delimited, *.csv, …)

연구자는 실증분석을 위해 사용 가능한 자료가 Excel 파일 외에 text 또는 csv 파일이 있을 수 있다. 특히 text 파일은 다양한 형태로 변수와 변수를 구분할 수 있다. 즉 변수와 변수를 Comma, Tab, Space, White space, Custom으로 구분되는 자료를 Import 할 때 사용될 수 있다. 이 기능은 버전 13에서 수정된 메뉴이며, 기존의 insheet를 upgrade된 부분이다.

**01.** [그림 2.2.6]과 같이 **File > Import > Text data(delimited, *.csv, …)**를 순차적으로 선택하면 [그림 2.2.7]의 Import delimited text data 창이 나타난다.

[그림 2.2.6] Text data(delimited, *.csv, …)자료의 Import – Step 1

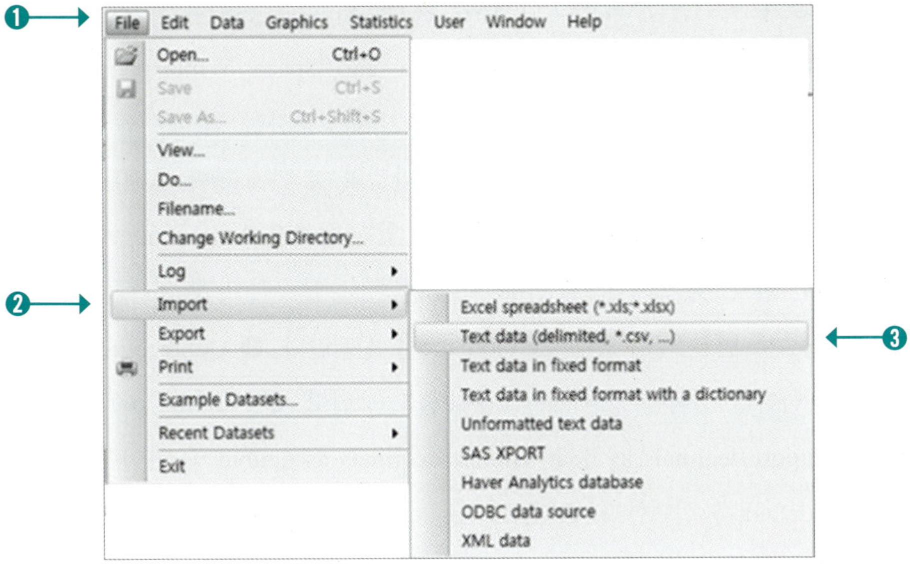

[그림 2.2.7] Text data(delimited, *.csv, …)자료의 Import – Step 2

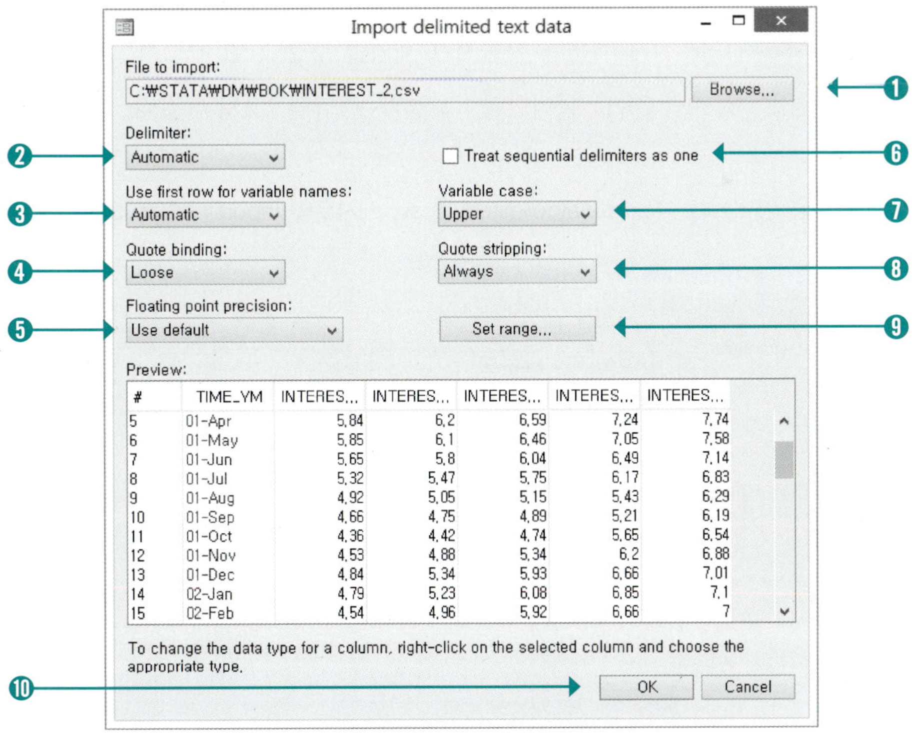

**02.** 실습자료는 INTEREST_2.csv 파일이다. [그림 2.2.7]에서 ❶ INTEREST_2.csv 파일을 선택한다(경로: C:₩STATA₩DM₩BOK₩). ❷ Delimiter:는 csv 파일이기 때문에 별도로 선택하지 않는다. Delimiter는 Automatic, Comma, Tab, Space, Whitespace, Custom으로 구분하고 있다. 특히 Custom은 사용자가 Data 파일의 구분자를 별도로 할 경우에 적용한다. ❸ Use first row for variable names:는 해당 파일의 첫 번째 행에 표시된 변수 명을 사용할지 여부를 선택하게 된다. 사용자가 선택할 수 있는 항목은 Automatic, Always, Never, Custom이 있다. 만약 첫 번째 행에 변수명이 있음에도 불구하고 Never를 선택하면 자료가 모두 문자변수로 변경된다. 예제는 Automatic을 선택한다. ❹ Quote binding:은 Loose, Strict, Off 중 하나를 선택한다. 예제는 Loose를 선택한다. ❺ Floating point precision:은 use default, Import decimals as float, Import decimals as double 중 하나를 선택한다. 예제에서는 use default를 선택한다. ❻ Treat sequential delimiters as one은 체크하지 않는다. ❼ Variable case:는 Lower, Upper, Preserve 중 하나를 선택한다. 예제에서는 Upper를 선택한다. ❽ Quote stripping:은 숫자변수에 표시된 Quote를 표시할지 여부를 묻는 것으로, Automatic, Always, Never 중 하나를 선택한다. 예제에서는 Always를 선택한다. ❾ Set range:는 자동으로 자료를 읽기 때문에 사용자가 제외할 부분이 없다면 특별히 설정하지 않는다. ❿ 모든 설정이 끝나면 OK를 클릭한다. 그 결과는 [그림 2.2.8]과 같다.

**[그림 2.2.8]** Text data(delimited, *.csv, …)자료의 Import – Step 3

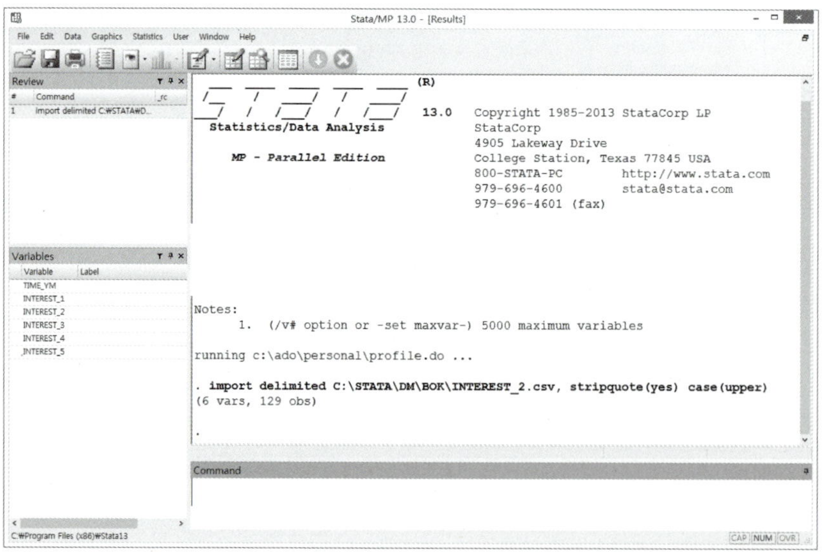

참고 **버전 12까지 적용된 Text data created by a spreadsheet**

일반적으로 text 형태로 data를 제공하고 있는 기관보다는 엑셀(*.xls, *.csv)형태로 제공하는 기관이 더 많은 것 같다. 따라서 본 예제는 엑셀로 다운로드 된 자료를 *.txt와 *.csv로 저장한 후 Import를 실습한다.

실습자료

```
. C:\STATA\DM\BOK\INTEREST.csv
. C:\STATA\DM\BOK\INTEREST.txt
```

**03.** 버전 13의 메뉴에는 Text data created by a spreadsheet가 없다. 따라서 [그림 2.2.9]와 같이 명령어 창에 db insheet를 입력하게 되면, [그림 2.2.10]의 화면이 나타난다.

**[그림 2.2.9]** Text data의 Import

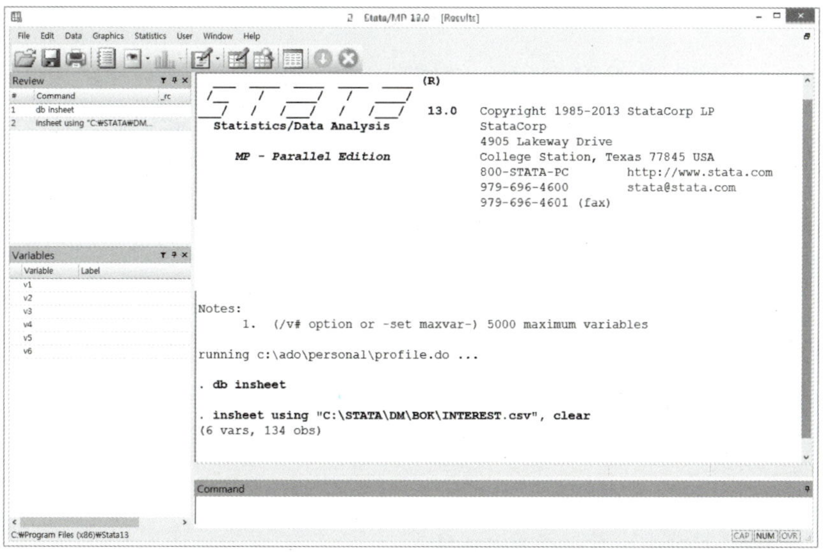

[그림 2.2.10] Text data의 Import–Step 2

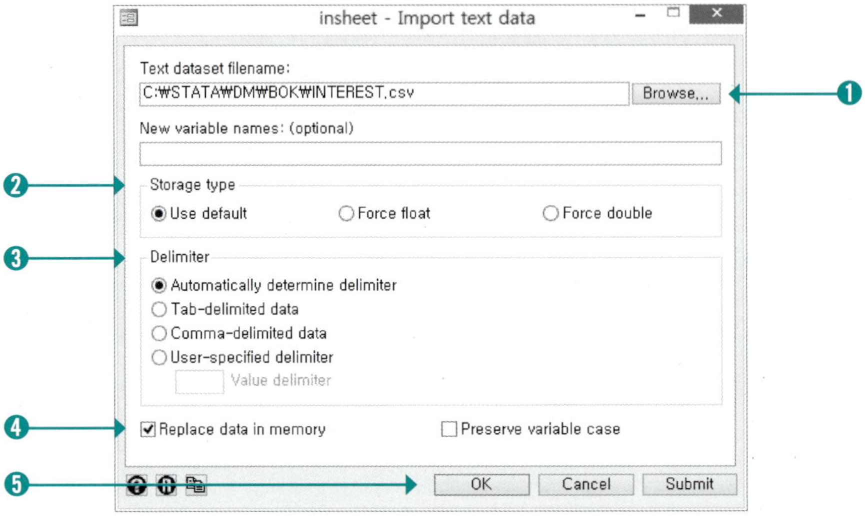


**04.** 연구자는 ❶ csv 파일이 있는 경로와 파일을 Browse…를 이용하여 선택한다. ❷ 그 후 Storage type를 선택한 후 ❸ Delimiter 중 해당하는 부분을 선택한다. ❹ 연구자가 csv 파일을 import하기 전에 작업하던 자료가 있으면 import되지 않기 때문에 선행 작업 Data를 메모리에서 삭제한다. 여기서 삭제의 의미는 Data 자체를 삭제하는 것이 아니라 STATA 화면에서만 삭제하는 것이다. 주의해야 할 것은 연구자가 작업하던 자료를 저장해야 한다면, Import하기 전에 반드시 저장해야 한다. Replace data in memory를 체크하면 ", clear"가 표시된다. ❺ 마지막으로 OK를 클릭한다. csv 파일을 import하면 자동으로 생성되는 변수명은 v1~v6이다.

## 2.2.3 | Text data in fixed format

Dataset은 특정한 구분자(, |, "(공백)" 등)로 구분하여 저장되는 것이 일반적이다. 그러나 전산시스템에서 Dataset을 관리하는 방법은 각 변수 값을 구분자 없이 그 길이를 정하여 저장하는 경우가 있다. OECD에서 제공하고 있는 OECD 회원국에서 연료의 소비로 발생하는 CO2의 배출량을 Excel에서 ASCII Dataset으로 만드는 방법과 그 방법으로 만들어진 Dataset을 STATA에서 Import하는 방법을 실습한다.

[그림 2.2.11] ASCII Data 예제-OECD자료

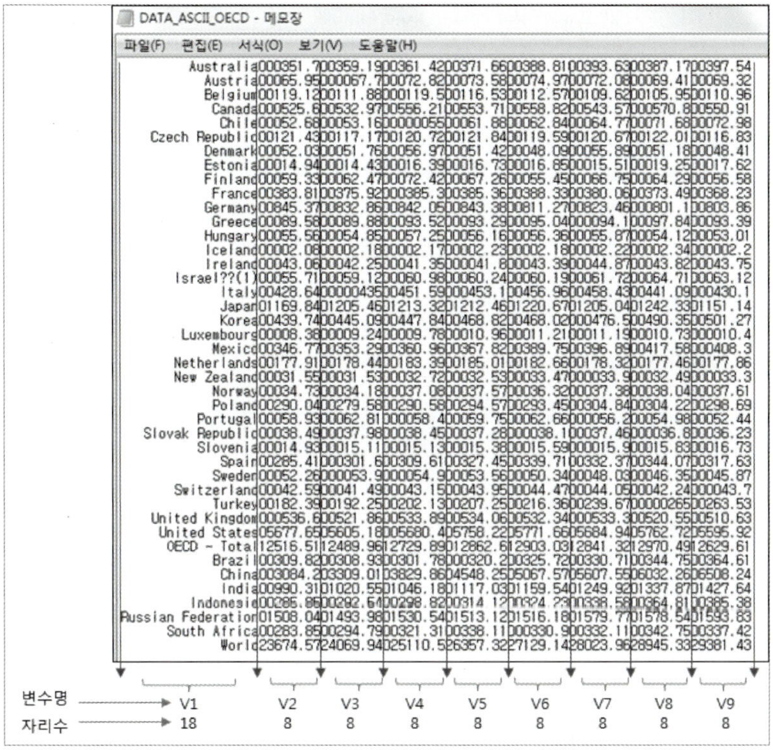


[그림 2.2.12] Text data in fixed format 자료의 Import - Step 1

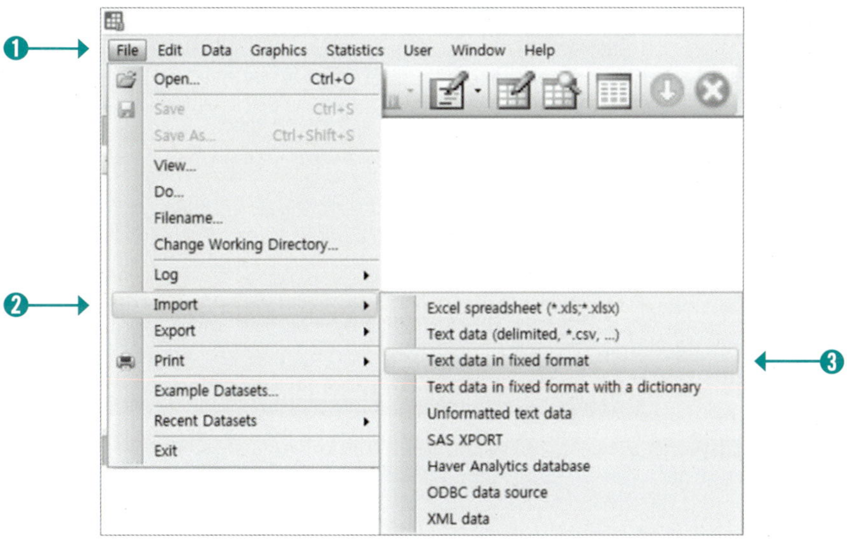

**[그림 2.2.13]** Text data in fixed format 자료의 Import – Step 2

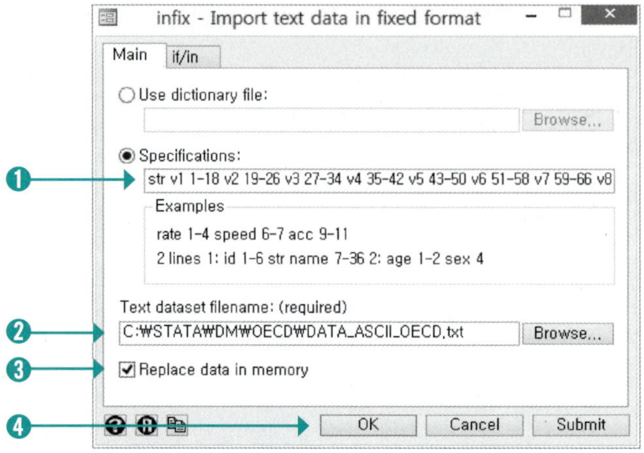


**05.** [그림 2.2.13]에서 ❶은 [그림 2.2.11]에 있는 변수에 대한 길이를 입력하되 시작과 끝에 대한 정보를 입력한다. 특히 문자변수는 "str"로 표시해 주어야 한다. ❷ Import 할 파일의 경로를 확인한다. ❸ Replace data in memory를 체크한다. 마지막으로 ❹ OK를 클릭한다. 그 결과는 [그림 2.2.14]와 같다.

**[그림 2.2.14]** Text data in fixed format 자료의 Import – 결과

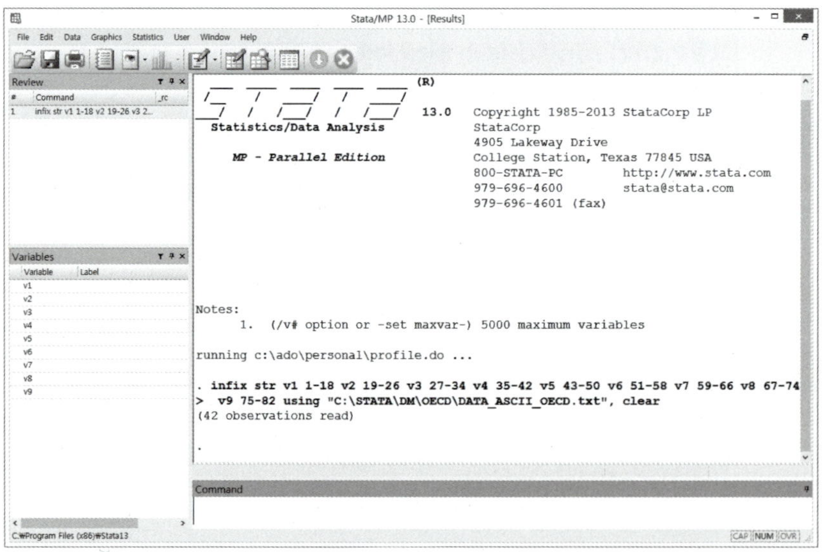

실습자료 OECD\DATA_ASCII_OECD.txt

```
. infix str v1 1-18 v2 19-26 v3 27-34 v4 35-42 v5 43-50          ///
        v6 51-58 v7 59-66 v8 67-74 v9 75-82                      ///
    using "C:\STATA\DM\OECD\DATA_ASCII_OECD.txt", clear
```

## 2.2.4 Text data in fixed format with a dictionary

이 명령어를 실행하기 위해서는 dictionary 파일과 data 파일이 존재해야 한다.

- **dictionary 파일**

```
infile dictionary {
      str10 s_time "s_time"
            s_cd91
            s_int_1y
            s_int_3y
            s_int_5y
            s_int_10y
      }
```

- **data 파일**

```
using("C:\STATA\DM\BOK\INTEREST_DCT.txt")
```

이 Data는 INTEREST.xls와 동일한 자료이다. 이제 실습해 보기로 한다.

[그림 2.2.15] Text data in fixed format with a dictionary 자료의 Import – Step 1

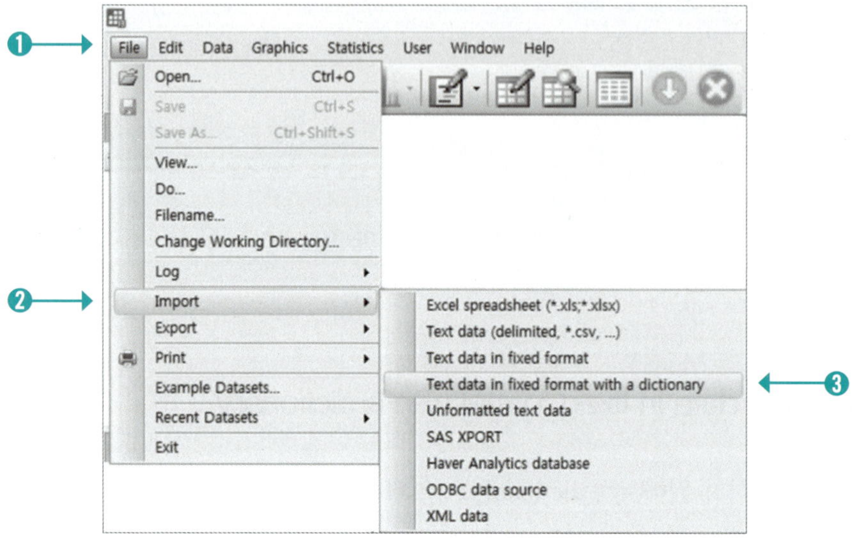


**01.** [그림 2.2.15]와 같이 메뉴에서 **File > Import > Text data in fixed format with a dictionary**를 순차적으로 선택한다. [그림 2.2.16]의 대화상자가 나타난다.

[그림 2.2.16] infile의 대화상자

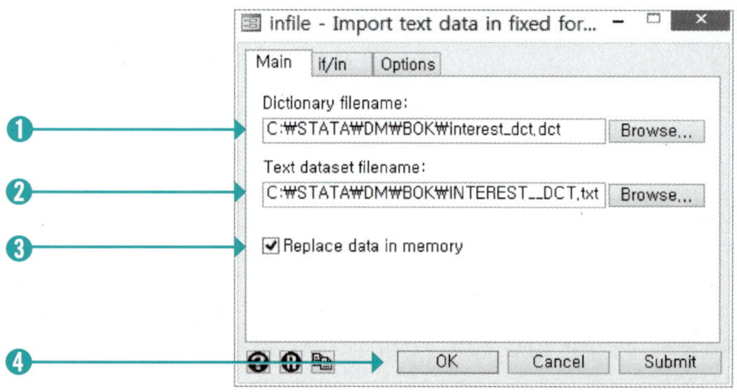


**02.** [그림 2.2.16]에서 우선 ❶ Dictionary filename에 원하는 파일을 선택한다.

. C:₩STATA₩DM₩BOK₩INTEREST_DCT.dct

**03.** 다음으로 ❷ Text dataset filename에 원하는 파일을 선택한다.

. C:₩STATA₩DM₩BOK₩INTEREST_DCT.txt

**04.** 이후 ❸ Replace data in memory를 체크한 후 ❹ OK를 클릭한다. 이를 실행하면 다음의 명령어를 결과 창에서 볼 수 있다.

```
. infile using "C:\STATA\DM\BOK\INTEREST_DCT.dct",          ///
        using("C:\STATA\DM\BOK\INTEREST_DCT.txt") clear
```

첫 번째 줄은 dictionary file이 존재하는 위치와 그 파일명을 입력하고, 두 번째 줄은 실제 Data가 존재하는 파일의 경로를 입력하면 된다.

## 2.2.5 Unformatted text data

[그림 2.2.17] Unformatted text data 자료의 Import – Step 1

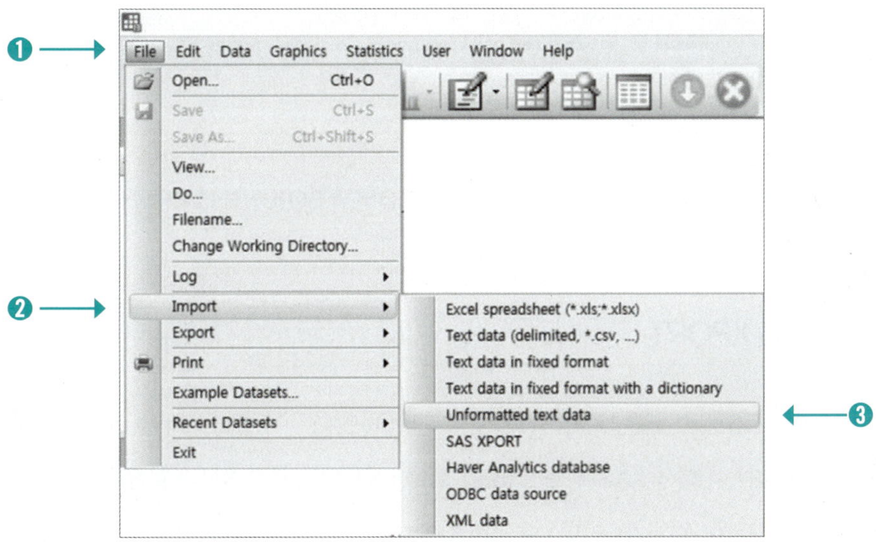

[그림 2.2.18] Unformatted text data 자료의 Import – Step 2

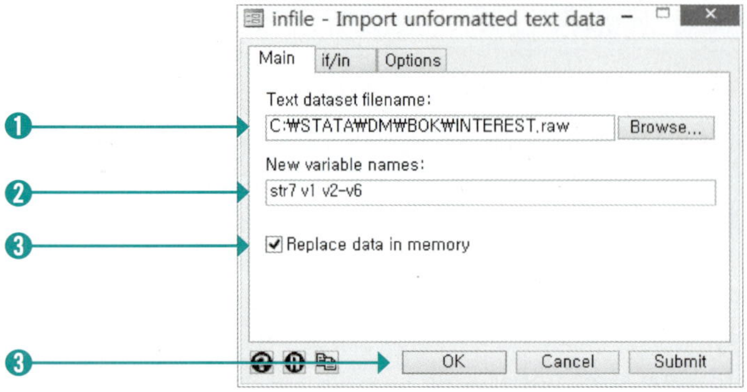


**01.** [그림 2.2.18]에서 ❶ Text dataset filename:은 Browse…를 이용하여 Import할 파일을 선택한다. ❷ New variable name:은 Import할 파일의 변수를 어떻게 설정할 것인지에 대하여 설정하는 부분이다. 특히 문자변수인 경우 str#을 이용하는데, #은 해당 문자변수의 길이를 의미한다. ❸ Replace data in memory를 체크한 후 ❹ OK를 클릭한다.

실습자료 DM\BOK\INTEREST.raw

```
. infile str7 v1 v2-v6 using "C:₩STATA₩DM₩BOK₩INTEREST.raw", clear
```

## 2.2.6 | SAS XPORT

SAS 시스템에 적용되고 있는 Dataset은 *.sas7bdta이다. 이 Dataset을 STATA에서 직접 Import하지 못한다. 따라서 SAS에서 Export 할 때 STATA에서 읽을 수 있는 형태로 저장해야 한다. * usesas를 이용할 수 있다. 단, SAS가 설치되어 있어야 한다.

## 2.2.7 | ODBC

일반적으로 STATA를 이용하여 통계분석 등을 수행할 때, 연구자가 만날 수 있는 데이터의 유형은 위와 같은 형태일 것이다. 그러나 별도의 DB(Data Base)를 보유하고 있는 기관 또는 회사에서는 DB에 접근 가능할 경우 STATA는 ODBC를 이용하여 Import 또는 Export를 수행할 수 있다.

ODBC는 DB와 연동되는 형태의 Data Import 및 Export를 수행에 도움을 준다. 따라서 DB와 연동되기 때문에 DB에 접근이 가능해야 한다. ODBC를 연결하기 위해 선행 작업이 있다. 이 예제를 위해 오라클 데이터베이스(Oracle Database) 11g를 오라클 홈페이지에서 다운로드 받았다. 오라클 데이터베이스 설치와 관련한 부분은 별도로 설명하지 않겠다. 제어판의 관리도구를 이용하여 ODBC를 설정한 후 STATA에서 ODBC를 이용하여 Import와 Export를 하면 된다. 다시 한번 이야기 하지만 ODBC 예제는 오라클 DB가 설치되어 있다는 가정하에서 설명한다.

**01.** 제어판의 관리도구를 선택하면 ODBC 연결과 관련한 부분이 있다. 작성에 적용된 환경은 Windows 8, 64 비트에서 설정하였다.

**[그림 2.2.19]** ODBC 설정 초기화면

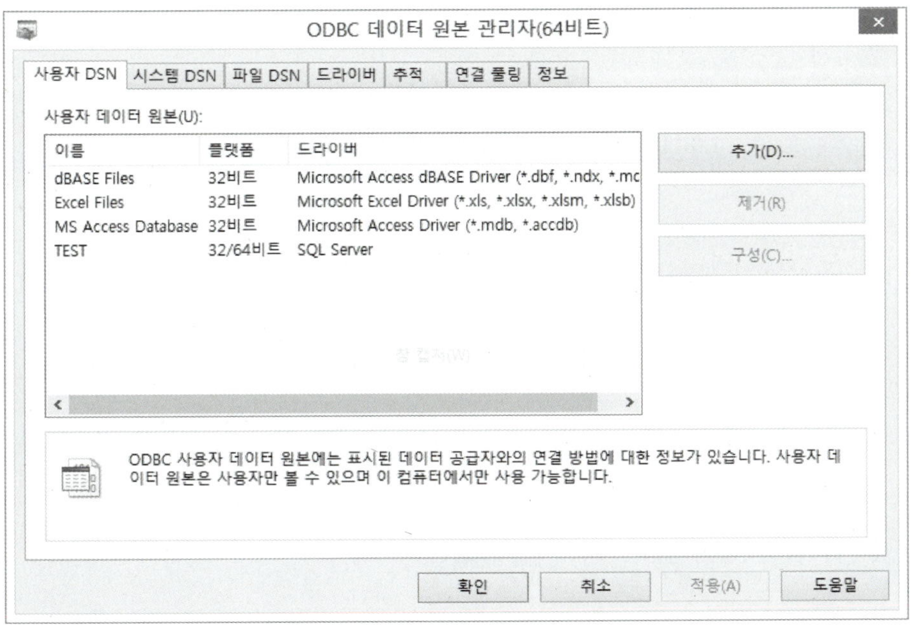


**02.** 연구자는 [그림 2.2.19]의 대화상자에서 추가(D)…를 선택하면 [그림 2.2.20]의 대화상자가 나타난다.

[그림 2.2.20] ODBC 설정을 위한 DB 선택

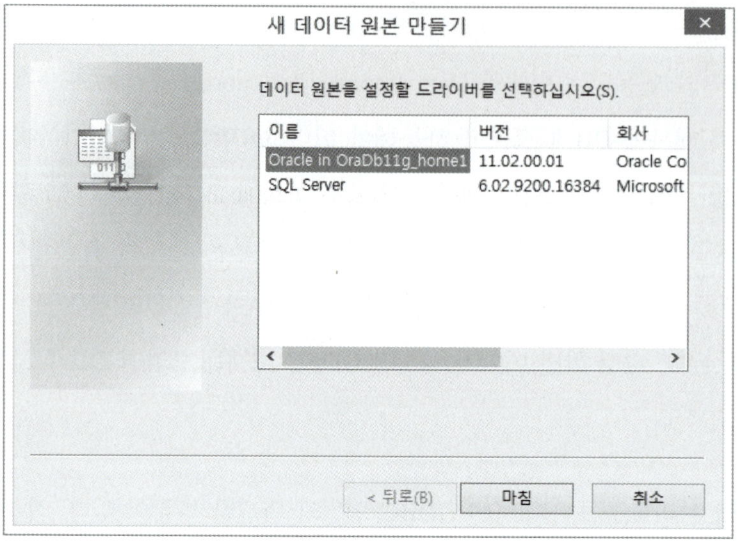


**03.** [그림 2.2.20]에서 연구자가 설정 가능한 DB를 선택한 후 마침을 실행한다. 예제에서는 오라클 DB(11g)를 선택하였다. [그림 2.2.20]과 같이 설정하면 [그림 2.2.21]의 대화상자가 나타난다.

[그림 2.2.21] Oracle ODBC Driver 설정

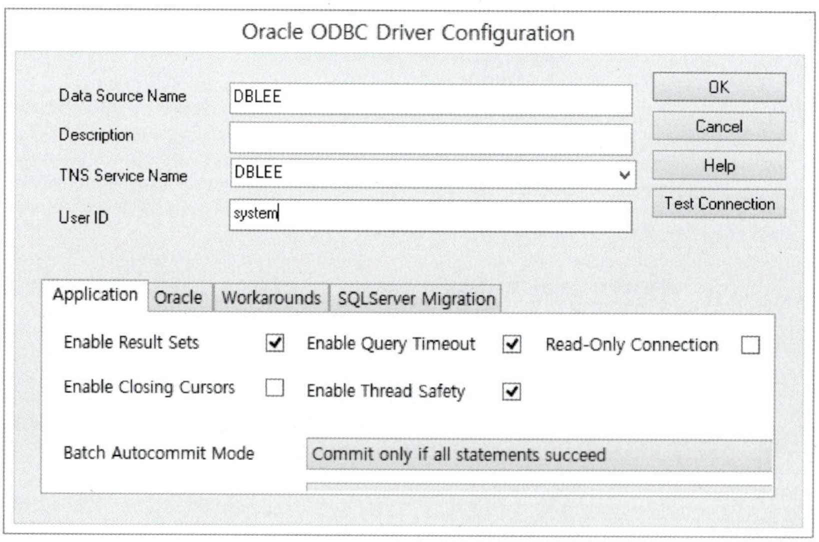

**04.** [그림 2.2.21]의 대화상자에서 Data Source Name에 해당하는 정보(예시: DBLEE)를 입력한다. TNS Service Name은 해당 정보(예시: DBLEE)를 선택한다. User ID에 일반적으로 system을 입력한 후 오른쪽에 있는 Test Connection을 실행한다. 실행 결과는 [그림 2.2.22]의 (A) 와 같다. 이 대화상자에서 Service Name과 User Name이 자동으로 설정된다. 다만 Password만 입력하고 OK를 실행한다. 실행된 과정에 오류가 없으면 [그림 2.2.22]의 (B) 와 같이 성공적으로 연결되었다는 메시지가 나타난다.

**[그림 2.2.22]** Oracle ODBC Driver 설정

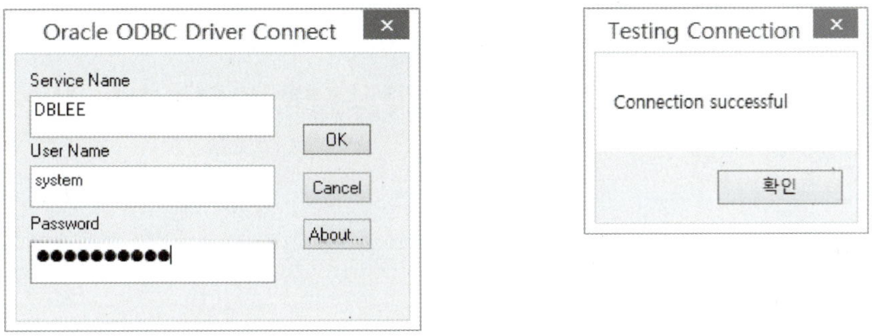


(A) (B)

**05.** [그림 2.2.22]의 (A) 대화상자에서 Password에 정보를 입력한다. 그리고 OK를 실행하면 [그림 2.2.22]의 (B) 대화상자가 나타나며, 성공적으로 연결이 되었음을 확인한 후 확인을 실행한다. 이렇게 설정한 결과는 [그림 2.2.23]와 같이 새로운 ODBC가 연결되어 있는 것을 확인할 수 있다.

[그림 2.2.23] Oracle ODBC Driver 설정

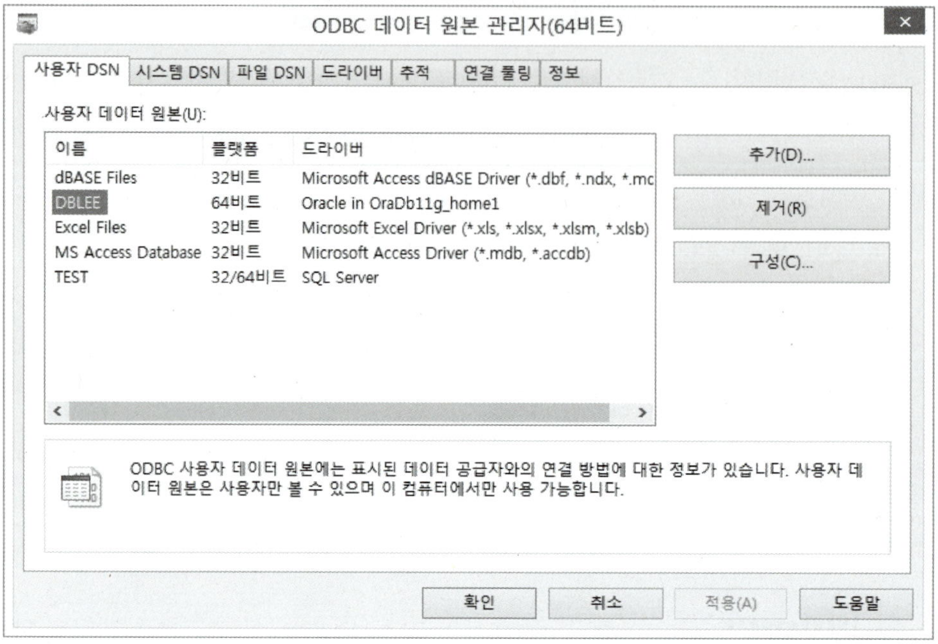


**06.** 이와 같이 설정하면 DBLEE가 추가되었음을 확인하고 확인을 클릭한다. 위 설정까지 완료되면 제어판을 종료한다. ODBC를 이용한 Data의 Import와 Export의 설정이 끝났기 때문에 이제는 STATA를 실행한 후 메뉴에서 **File > Import > ODBC data source**를 순차적으로 실행한다. 아래 그림과 같이 DBLEE를 바로 선택하면 중간에 보이는 에러 메시지가 나타난다. 이 경우 Authentication을 선택한다.

[그림 2.2.24] Oracle ODBC Driver 설정

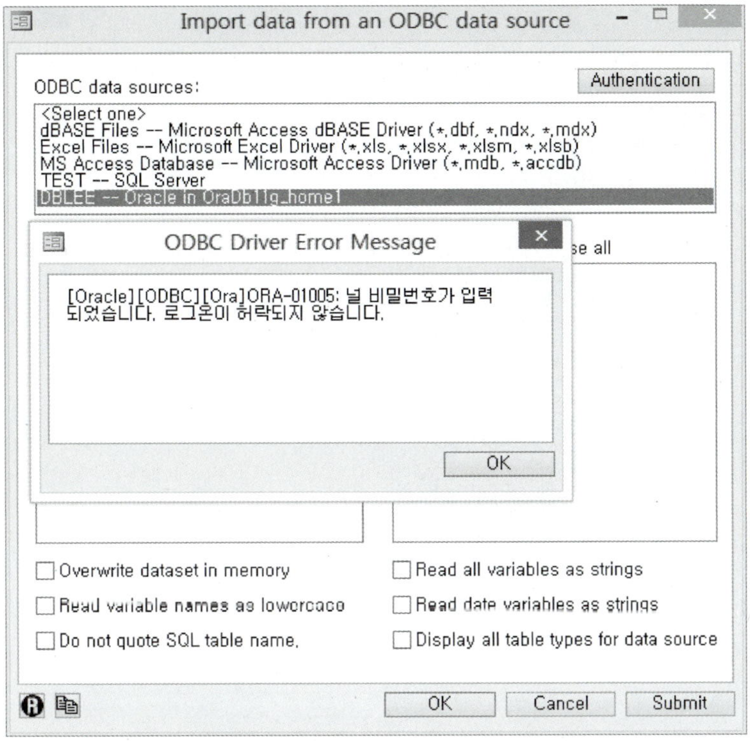


[그림 2.2.25] Oracle ODBC Driver 설정

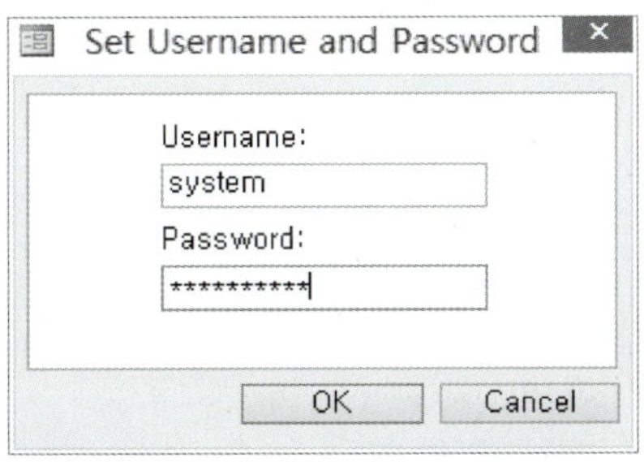


**07.** 위와 같이 설정하면 아래와 같이 DB가 보이고 해당 DB를 선택하면 된다.

[그림 2.2.26] Oracle ODBC Driver 설정

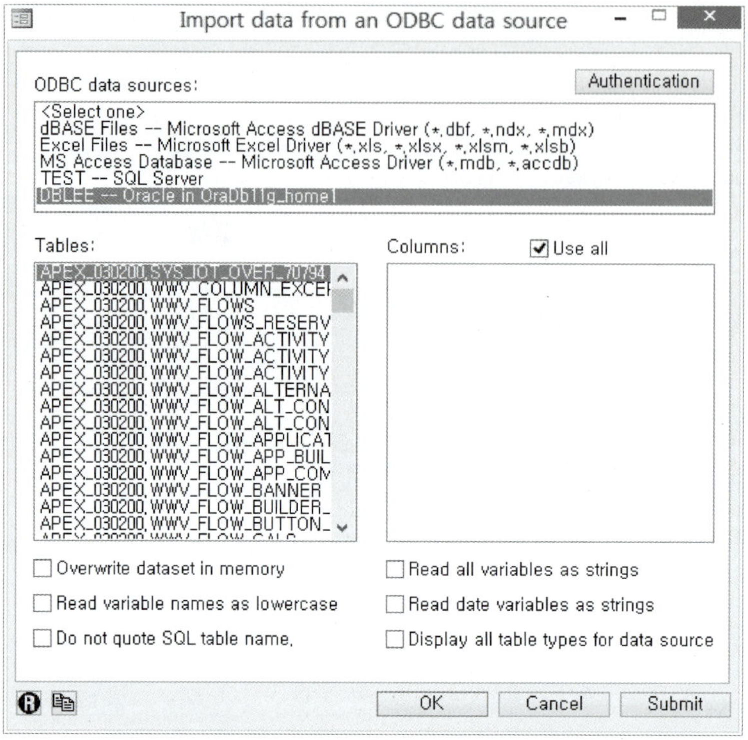


**08.** DO 파일에서의 예시는 다음과 같다. DB는 오라클에서 기본적으로 제공되는 자료를 추출한 형태이다.

```
. clear
. set more off
. set rmsg on
. local U system      // User 설정
. local P 실제비밀번호  // Password 설정
. odbc list
. odbc query "DBLEE" , user(`U') password(`P')
. odbc describe "SCOTT.EMP", user(`U') password(`P')
. odbc load, table("SCOTT.EMP") ///
            user(`U') password(`P') clear lowercase noquote
. list id
```

**09.** 또 다른 방법은 [그림 2.2.25]와 같이 설정한 후 do 파일에 다음과 같이 입력하고 실행한 결과를 살펴보자.

```
. odbc describe "SCOTT.EMP"
. odbc load, exec("select * from SCOTT.EMP") clear
. sort JOB SAL
. list, sepby(JOB) divider
```

**[그림 2.2.27]** odbc describe 결과

```
. odbc describe "SCOTT.EMP"

DataSource: DBLEE (query)
Table:      SCOTT.EMP (load)
-----------------------------------------------------------
Variable Name                               Variable Type
-----------------------------------------------------------
EMPNO                                       DECIMAL
ENAME                                       VARCHAR2
JOB                                         VARCHAR2
MGR                                         DECIMAL
HIREDATE                                    DATE
SAL                                         DECIMAL
COMM                                        DECIMAL
DEPTNO                                      DECIMAL
```

[그림 2.2.28] list 결과

```
. list, sepby(JOB) divider
```

| | EMPNO | ENAME | JOB | MGR | HIREDATE | SAL | COMM | DEPTNO |
|---|---|---|---|---|---|---|---|---|
| 1. | 7902 | FORD | ANALYST | 7566 | 03dec1981 00:00:00 | 3000 | . | 20 |
| 2. | 7788 | SCOTT | ANALYST | 7566 | 19apr1987 00:00:00 | 3000 | . | 20 |
| 3. | 7369 | SMITH | CLERK | 7902 | 17dec1980 00:00:00 | 800 | . | 20 |
| 4. | 7900 | JAMES | CLERK | 7698 | 03dec1981 00:00:00 | 950 | . | 30 |
| 5. | 7876 | ADAMS | CLERK | 7788 | 23may1987 00:00:00 | 1100 | . | 20 |
| 6. | 7934 | MILLER | CLERK | 7782 | 23jan1982 00:00:00 | 1300 | . | 10 |
| 7. | 7782 | CLARK | MANAGER | 7839 | 09jun1981 00:00:00 | 2450 | . | 10 |
| 8. | 7698 | BLAKE | MANAGER | 7839 | 01may1981 00:00:00 | 2850 | . | 30 |
| 9. | 7566 | JONES | MANAGER | 7839 | 02apr1981 00:00:00 | 2975 | . | 20 |
| 10. | 7839 | KING | PRESIDENT | . | 17nov1981 00:00:00 | 5000 | . | 10 |
| 11. | 7654 | MARTIN | SALESMAN | 7698 | 28sep1981 00:00:00 | 1250 | 1400 | 30 |
| 12. | 7521 | WARD | SALESMAN | 7698 | 22feb1981 00:00:00 | 1250 | 500 | 30 |
| 13. | 7844 | TURNER | SALESMAN | 7698 | 08sep1981 00:00:00 | 1500 | 0 | 30 |
| 14. | 7499 | ALLEN | SALESMAN | 7698 | 20feb1981 00:00:00 | 1600 | 300 | 30 |

만약 사용자가 SQL을 잘 사용한다면 ODBC를 활용하여 Data를 처리하는 것이 편리할 수 있을 것으로 판단된다. 자세한 사항은 STATA 매뉴얼을 참조하기 바란다.

# 2.3 save

Import한 Dataset을 *.dta로 저장하는 방법은 일반적으로 알고 있는 것과 동일하다.

. save "C:₩STATA₩DM₩[출처기관]₩[새로운파일명].dta", replace

**01.** 여기서, 'replace'는 기존에 저장된 Dataset을 변경하고자 할 때 사용된다. 그러나 일반적으로는 '다른 이름으로 저장'을 선택한 후 저장한다.

**02.** 명령어 save는 sa라고 입력해도 save와 동일한 결과를 도출한다. 명령어창에 halp save를 입력하면 그 결과를 확인할 수 있다.

**[그림 2.3.1]** Dataset 저장(다른 이름으로 저장)

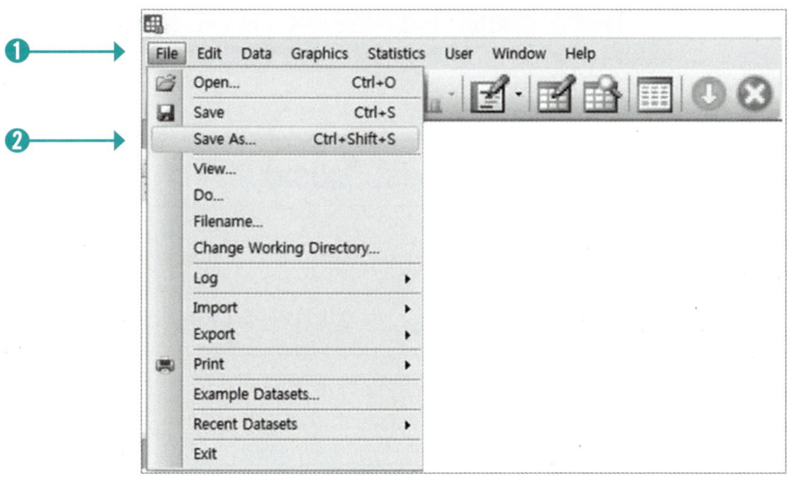

# 2.4 Export

STATA에서 사용한 Dataset을 다른 이름으로 저장(*.dta가 아닌 형태)하는 것을 Export한다고 말한다. 따라서 앞서 Import한 형태로 Dataset을 Export 할 수 있다. 그 유형은 다음과 같다.

- Data to Excel spreadsheet(*.xls, *.xlsx)
- Results to Excel spreadsheet(*.xls, *.xlsx)
- Text data(delimited, *.csv,…)
- Text data(fixed- or free-format)
- ODBC data source
- SAS XPORT
- XML data

## 2.4.1 Data to Excel spreadsheet(*.xls, *.xlsx)

실습에 사용할 자료는 메리츠화재보험회사의 주가자료이다. 이 주가자료는 2011년 1월부터 2011년 11월까지 일자별 주가자료이다. 그 구성은 [그림 2.4.1]과 같다.

[그림 2.4.1] DATA_STOCK_IND_A000060의 Dataset 개요

```
. use "C:\STATA\DM\KRX\DATA_STOCK_IND_A000060.dta", clear
```

| | ID_NM | TIME | END_VAL | DIF_VAL | TRADE_N | TRADE_M | M_VAL | H_VAL | L_VAL | M_T_VAL | STOCK_NO |
|---|---|---|---|---|---|---|---|---|---|---|---|
| 1 | 메리츠화재 | 2011/01/10 | 9,300 | 상승 460 | 2,213,431 | 20,358,168,310 | 8,860 | 9,980 | 8,830 | 1,151,340 | 123,800,000 |
| 2 | 메리츠화재 | 2011/01/11 | 9,290 | 하락 10 | 860,531 | 8,017,156,340 | 9,300 | 9,460 | 9,100 | 1,150,102 | 123,800,000 |
| 3 | 메리츠화재 | 2011/01/12 | 9,260 | 하락 30 | 724,440 | 6,737,183,600 | 9,280 | 9,360 | 9,160 | 1,146,388 | 123,800,000 |
| 4 | 메리츠화재 | 2011/01/13 | 9,500 | 상승 240 | 1,861,797 | 17,827,544,090 | 9,420 | 9,900 | 9,320 | 1,176,100 | 123,800,000 |
| 5 | 메리츠화재 | 2011/01/14 | 9,530 | 상승 30 | 1,313,671 | 12,633,873,750 | 9,640 | 9,790 | 9,450 | 1,179,814 | 123,800,000 |
| 6 | 메리츠화재 | 2011/01/17 | 9,520 | 하락 10 | 697,913 | 6,639,460,360 | 9,550 | 9,680 | 9,440 | 1,178,576 | 123,800,000 |
| 7 | 메리츠화재 | 2011/01/18 | 9,550 | 상승 30 | 825,823 | 7,885,674,360 | 9,520 | 9,680 | 9,440 | 1,182,290 | 123,800,000 |
| 8 | 메리츠화재 | 2011/01/19 | 9,920 | 상승 370 | 999,052 | 9,762,958,740 | 9,570 | 9,930 | 9,490 | 1,228,096 | 123,800,000 |
| 9 | 메리츠화재 | 2011/01/20 | 10,000 | 상승 80 | 938,533 | 9,373,968,670 | 9,880 | 10,200 | 9,810 | 1,238,000 | 123,800,000 |
| 10 | 메리츠화재 | 2011/01/21 | 10,250 | 상승 250 | 1,591,391 | 16,241,650,100 | 10,000 | 10,400 | 9,950 | 1,268,950 | 123,800,000 |
| 11 | 메리츠화재 | 2011/01/24 | 10,150 | 하락 100 | 1,065,014 | 10,719,843,400 | 10,250 | 10,300 | 9,940 | 1,256,570 | 123,800,000 |
| 12 | 메리츠화재 | 2011/01/25 | 10,200 | 상승 50 | 694,188 | 7,096,352,600 | 10,350 | 10,400 | 10,050 | 1,262,760 | 123,800,000 |
| 13 | 메리츠화재 | 2011/01/26 | 10,200 | 0 | 1,239,896 | 12,496,419,950 | 10,100 | 10,300 | 9,940 | 1,262,760 | 123,800,000 |
| 14 | 메리츠화재 | 2011/01/27 | 10,150 | 하락 50 | 722,722 | 7,289,098,850 | 10,150 | 10,200 | 10,000 | 1,256,570 | 123,800,000 |
| 15 | 메리츠화재 | 2011/01/28 | 10,500 | 상승 350 | 1,139,944 | 11,725,373,950 | 10,050 | 10,500 | 10,000 | 1,299,900 | 123,800,000 |
| 16 | 메리츠화재 | 2011/01/31 | 10,400 | 하락 100 | 980,488 | 10,267,877,550 | 10,150 | 10,700 | 10,150 | 1,287,520 | 123,800,000 |
| 17 | 메리츠화재 | 2011/02/01 | 10,400 | 0 | 1,074,453 | 11,338,888,200 | 10,500 | 10,800 | 10,300 | 1,287,520 | 123,800,000 |
| 18 | 메리츠화재 | 2011/02/07 | 10,050 | 하락 350 | 847,208 | 8,701,267,150 | 10,500 | 10,600 | 10,050 | 1,244,190 | 123,800,000 |
| 19 | 메리츠화재 | 2011/02/08 | 9,820 | 하락 230 | 561,177 | 5,609,302,410 | 10,100 | 10,150 | 9,820 | 1,215,716 | 123,800,000 |
| 20 | 메리츠화재 | 2011/02/09 | 10,050 | 상승 230 | 467,184 | 4,679,172,200 | 9,920 | 10,150 | 9,890 | 1,244,190 | 123,800,000 |

Variables

Filter variables here

| Variable | Label |
|---|---|
| ID_NM | 회사명 |
| TIME | 일자 |
| END_VAL | 종가 |
| DIF_VAL | 대비 |
| TRADE_N | 거래량 |
| TRADE_M | 거래대금 |
| M_VAL | 시가 |
| H_VAL | 고가 |
| L_VAL | 저가 |
| M_T_VAL | 시가총액 |
| STOCK_NO | 상장주식수 |

Properties

Variables

| | |
|---|---|
| Name | ID_NM |
| Label | 회사명 |
| Type | str10 |
| Format | %10s |

**01.** [그림 2.4.1]에서 보는 것과 같이 11개의 변수로 구성되어 있다. 이 주가정보를 excel 형태로 export하는 과정을 살펴보자. 우선 [그림 2.4.2]와 같이 **File > Export > Data to Excel spreadsheet(*.xls, *.xlsx)**를 선택한다. 그러면 [그림 2.1.3] 화면이 나타난다.

[그림 2.4.2] Excel 형태로 Data Export Menu

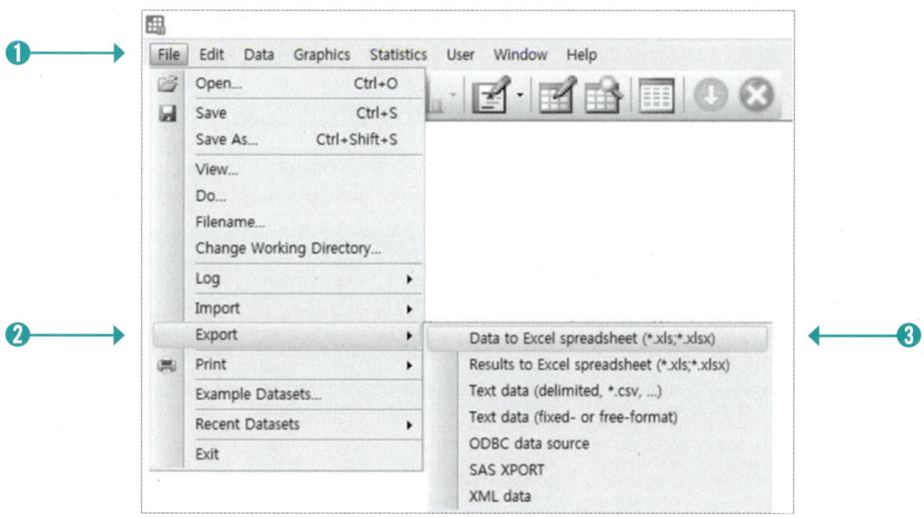

[그림 2.4.3] Excel Export를 위한 대화상자

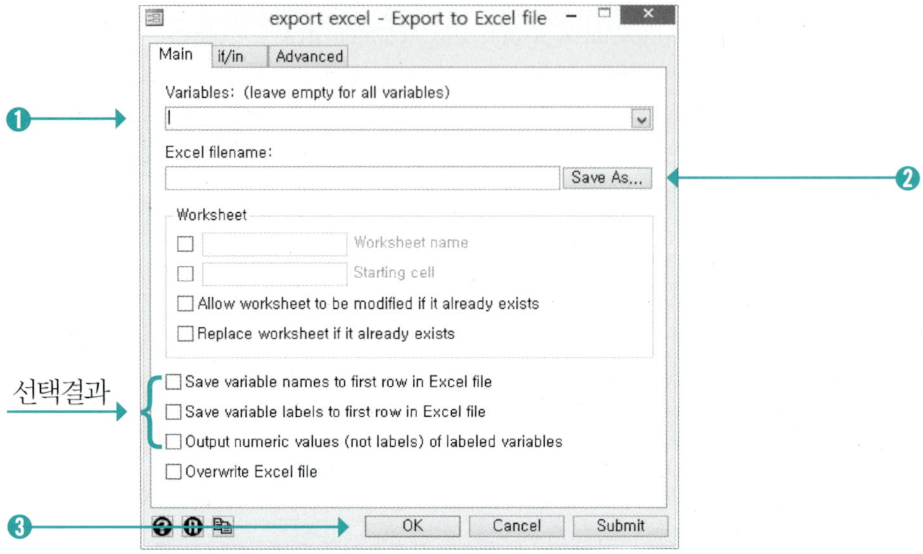


**02.** [그림 2.4.3]에서 특별한 경우가 아니면 ❶ Variable:(leave empty for all variable)은 공란으로 남겨 놓는다. ❷ Excel filename의 Save As…를 클릭하여 원하는 경로와 파일명을 입력한다. 이와 같이 설정한 후 ❸ OK를 클릭하면 [그림 2.4.4]의 형태로 저장(Case 1)된다.

[그림 2.4.4] Excel 형태로 Export한 결과(Case 1)

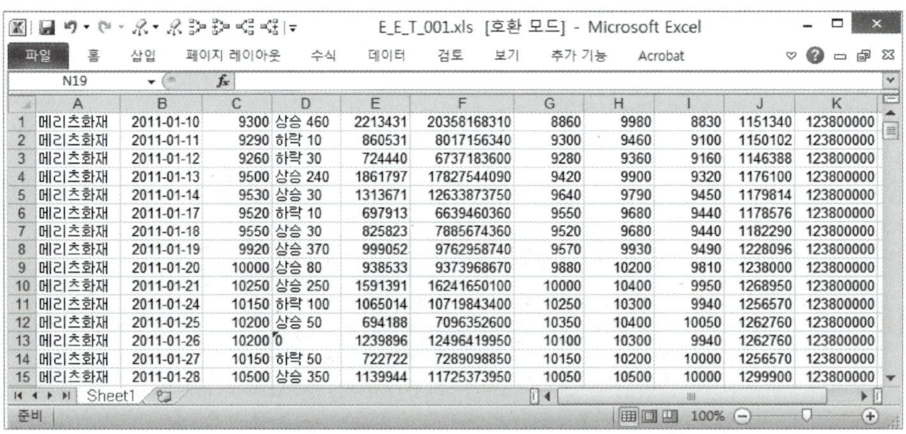
E_E_T_001.xls [호환 모드] - Microsoft Excel

| | A | B | C | D | E | F | G | H | I | J | K |
|---|---|---|---|---|---|---|---|---|---|---|---|
| 1 | 메리츠화재 | 2011-01-10 | 9300 | 상승 460 | 2213431 | 20358168310 | 8860 | 9980 | 8830 | 1151340 | 123800000 |
| 2 | 메리츠화재 | 2011-01-11 | 9290 | 하락 10 | 860531 | 8017156340 | 9300 | 9460 | 9100 | 1150102 | 123800000 |
| 3 | 메리츠화재 | 2011-01-12 | 9260 | 하락 30 | 724440 | 6737183600 | 9280 | 9360 | 9160 | 1146388 | 123800000 |
| 4 | 메리츠화재 | 2011-01-13 | 9500 | 상승 240 | 1861797 | 17827544090 | 9420 | 9900 | 9320 | 1176100 | 123800000 |
| 5 | 메리츠화재 | 2011-01-14 | 9530 | 상승 30 | 1313671 | 12633873750 | 9640 | 9790 | 9450 | 1179814 | 123800000 |
| 6 | 메리츠화재 | 2011-01-17 | 9520 | 하락 10 | 697913 | 6639460360 | 9550 | 9680 | 9440 | 1178576 | 123800000 |
| 7 | 메리츠화재 | 2011-01-18 | 9550 | 상승 30 | 825823 | 7885674360 | 9520 | 9680 | 9440 | 1182290 | 123800000 |
| 8 | 메리츠화재 | 2011-01-19 | 9920 | 상승 370 | 999052 | 9762958740 | 9570 | 9930 | 9490 | 1228096 | 123800000 |
| 9 | 메리츠화재 | 2011-01-20 | 10000 | 상승 80 | 938533 | 9373968670 | 9880 | 10200 | 9810 | 1238000 | 123800000 |
| 10 | 메리츠화재 | 2011-01-21 | 10250 | 상승 250 | 1591391 | 16241650100 | 10000 | 10400 | 9950 | 1268950 | 123800000 |
| 11 | 메리츠화재 | 2011-01-24 | 10150 | 하락 100 | 1065014 | 10719843400 | 10250 | 10300 | 9940 | 1256570 | 123800000 |
| 12 | 메리츠화재 | 2011-01-25 | 10200 | 상승 50 | 694188 | 7096352600 | 10350 | 10400 | 10050 | 1262760 | 123800000 |
| 13 | 메리츠화재 | 2011-01-26 | 10200 | 0 | 1239896 | 12496419950 | 10100 | 10300 | 9940 | 1262760 | 123800000 |
| 14 | 메리츠화재 | 2011-01-27 | 10150 | 하락 50 | 722722 | 7289098850 | 10150 | 10200 | 10000 | 1256570 | 123800000 |
| 15 | 메리츠화재 | 2011-01-28 | 10500 | 상승 350 | 1139944 | 11725373950 | 10050 | 10500 | 10000 | 1299900 | 123800000 |

```
. export excel using "C:\STATA\DM\KRX\E_E_T_001.xls"
```

**03.** [그림 2.4.3]에서 ❸ Save variable names to first row in Excel file(Case 2)을 체크 한 후 OK를 클릭한다. 그 결과는 [그림 2.4.5]와 같다.

[그림 2.4.5] Excel 형태로 Export한 결과(Case 2)

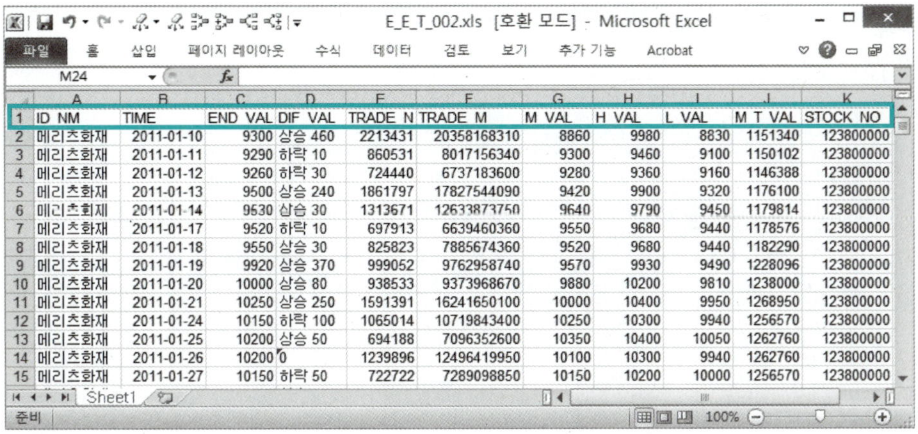

E_E_T_002.xls [호환 모드] - Microsoft Excel

|  | A | B | C | D | E | F | G | H | I | J | K |
|---|---|---|---|---|---|---|---|---|---|---|---|
| 1 | ID NM | TIME | END VAL | DIF VAL | TRADE N | TRADE M | M VAL | H VAL | L VAL | M T VAL | STOCK NO |
| 2 | 메리츠화재 | 2011-01-10 | 9300 | 상승 460 | 2213431 | 20358168310 | 8860 | 9980 | 8830 | 1151340 | 123800000 |
| 3 | 메리츠화재 | 2011-01-11 | 9290 | 하락 10 | 860531 | 8017156340 | 9300 | 9460 | 9100 | 1150102 | 123800000 |
| 4 | 메리츠화재 | 2011-01-12 | 9260 | 하락 30 | 724440 | 6737183600 | 9280 | 9360 | 9160 | 1146388 | 123800000 |
| 5 | 메리츠화재 | 2011-01-13 | 9500 | 상승 240 | 1861797 | 17827544090 | 9420 | 9900 | 9320 | 1176100 | 123800000 |
| 6 | 메리츠화재 | 2011-01-14 | 9530 | 상승 30 | 1313671 | 12633873750 | 9640 | 9790 | 9450 | 1179814 | 123800000 |
| 7 | 메리츠화재 | 2011-01-17 | 9520 | 하락 10 | 697913 | 6639460360 | 9550 | 9680 | 9440 | 1178576 | 123800000 |
| 8 | 메리츠화재 | 2011-01-18 | 9550 | 상승 30 | 825823 | 7885674360 | 9520 | 9680 | 9440 | 1182290 | 123800000 |
| 9 | 메리츠화재 | 2011-01-19 | 9920 | 상승 370 | 999052 | 9762958740 | 9570 | 9930 | 9490 | 1228096 | 123800000 |
| 10 | 메리츠화재 | 2011-01-20 | 10000 | 상승 80 | 938533 | 9373968670 | 9880 | 10200 | 9810 | 1238000 | 123800000 |
| 11 | 메리츠화재 | 2011-01-21 | 10250 | 상승 250 | 1591391 | 16241650100 | 10000 | 10400 | 9950 | 1268950 | 123800000 |
| 12 | 메리츠화재 | 2011-01-24 | 10150 | 하락 100 | 1065014 | 10719843400 | 10250 | 10300 | 9940 | 1256570 | 123800000 |
| 13 | 메리츠화재 | 2011-01-25 | 10200 | 상승 50 | 694188 | 7096352600 | 10350 | 10400 | 10050 | 1262760 | 123800000 |
| 14 | 메리츠화재 | 2011-01-26 | 10200 | 0 | 1239896 | 12496419950 | 10100 | 10300 | 9940 | 1262760 | 123800000 |
| 15 | 메리츠화재 | 2011-01-27 | 10150 | 하락 50 | 722722 | 7289098850 | 10150 | 10200 | 10000 | 1256570 | 123800000 |

```
. export excel using "C:\STATA\DM\KRX\E_E_T_002.xls", ///
        firstrow(variables)
```

**04.** [그림 2.4.3]에서 ❹ Save variable label to first row in Excel file(Case 3)을 체크 한 후 OK를 클릭한다. 그 결과는 [그림 2.4.6]과 같다.

[그림 2.4.6] Excel 형태로 Export한 결과(Case 3)

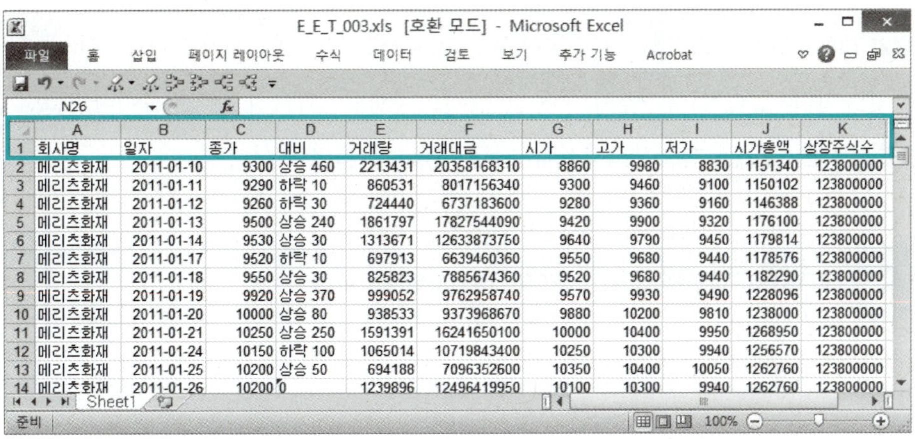

E_E_T_003.xls [호환 모드] - Microsoft Excel

|  | A | B | C | D | E | F | G | H | I | J | K |
|---|---|---|---|---|---|---|---|---|---|---|---|
| 1 | 회사명 | 일자 | 종가 | 대비 | 거래량 | 거래대금 | 시가 | 고가 | 저가 | 시가총액 | 상장주식수 |
| 2 | 메리츠화재 | 2011-01-10 | 9300 | 상승 460 | 2213431 | 20358168310 | 8860 | 9980 | 8830 | 1151340 | 123800000 |
| 3 | 메리츠화재 | 2011-01-11 | 9290 | 하락 10 | 860531 | 8017156340 | 9300 | 9460 | 9100 | 1150102 | 123800000 |
| 4 | 메리츠화재 | 2011-01-12 | 9260 | 하락 30 | 724440 | 6737183600 | 9280 | 9360 | 9160 | 1146388 | 123800000 |
| 5 | 메리츠화재 | 2011-01-13 | 9500 | 상승 240 | 1861797 | 17827544090 | 9420 | 9900 | 9320 | 1176100 | 123800000 |
| 6 | 메리츠화재 | 2011-01-14 | 9530 | 상승 30 | 1313671 | 12633873750 | 9640 | 9790 | 9450 | 1179814 | 123800000 |
| 7 | 메리츠화재 | 2011-01-17 | 9520 | 하락 10 | 697913 | 6639460360 | 9550 | 9680 | 9440 | 1178576 | 123800000 |
| 8 | 메리츠화재 | 2011-01-18 | 9550 | 상승 30 | 825823 | 7885674360 | 9520 | 9680 | 9440 | 1182290 | 123800000 |
| 9 | 메리츠화재 | 2011-01-19 | 9920 | 상승 370 | 999052 | 9762958740 | 9570 | 9930 | 9490 | 1228096 | 123800000 |
| 10 | 메리츠화재 | 2011-01-20 | 10000 | 상승 80 | 938533 | 9373968670 | 9880 | 10200 | 9810 | 1238000 | 123800000 |
| 11 | 메리츠화재 | 2011-01-21 | 10250 | 상승 250 | 1591391 | 16241650100 | 10000 | 10400 | 9950 | 1268950 | 123800000 |
| 12 | 메리츠화재 | 2011-01-24 | 10150 | 하락 100 | 1065014 | 10719843400 | 10250 | 10300 | 9940 | 1256570 | 123800000 |
| 13 | 메리츠화재 | 2011-01-25 | 10200 | 상승 50 | 694188 | 7096352600 | 10350 | 10400 | 10050 | 1262760 | 123800000 |
| 14 | 메리츠화재 | 2011-01-26 | 10200 | 0 | 1239896 | 12496419950 | 10100 | 10300 | 9940 | 1262760 | 123800000 |

```
. export excel using "C:\STATA\DM\KRX\E_E_T_003.xls", ///
        firstrow(varlabels)
```

**05.** [그림 2.4.3]에서 ❺ Output numeric values (not labels) of labeled variable (Case 4)을 체크 한 후 OK를 클릭한다. 그 결과는 [그림 2.4.7]과 같다.

**[그림 2.4.7]** Excel 형태로 Export한 결과(Case 4)

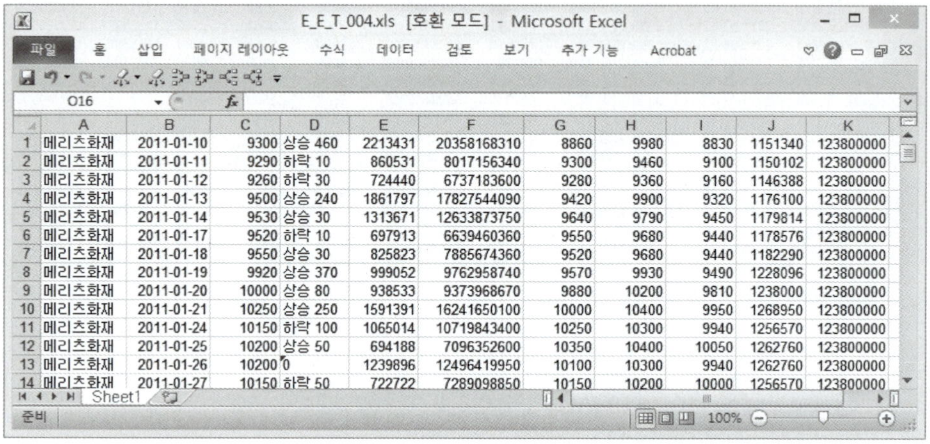


| | A | B | C | D | E | F | G | H | I | J | K |
|---|---|---|---|---|---|---|---|---|---|---|---|
| 1 | 메리츠화재 | 2011-01-10 | 9300 | 상승 460 | 2213431 | 20358168310 | 8860 | 9980 | 8830 | 1151340 | 123800000 |
| 2 | 메리츠화재 | 2011-01-11 | 9290 | 하락 10 | 860531 | 8017156340 | 9300 | 9460 | 9100 | 1150102 | 123800000 |
| 3 | 메리츠화재 | 2011-01-12 | 9260 | 하락 30 | 724440 | 6737183600 | 9280 | 9360 | 9160 | 1146388 | 123800000 |
| 4 | 메리츠화재 | 2011-01-13 | 9500 | 상승 240 | 1861797 | 17827544090 | 9420 | 9900 | 9320 | 1176100 | 123800000 |
| 5 | 메리츠화재 | 2011-01-14 | 9530 | 상승 30 | 1313671 | 12633873750 | 9640 | 9790 | 9450 | 1179814 | 123800000 |
| 6 | 메리츠화재 | 2011-01-17 | 9520 | 하락 10 | 697913 | 6639460360 | 9550 | 9680 | 9440 | 1178576 | 123800000 |
| 7 | 메리츠화재 | 2011-01-18 | 9550 | 상승 30 | 825823 | 7885674360 | 9520 | 9680 | 9440 | 1182290 | 123800000 |
| 8 | 메리츠화재 | 2011-01-19 | 9920 | 상승 370 | 999052 | 9762958740 | 9570 | 9930 | 9490 | 1228096 | 123800000 |
| 9 | 메리츠화재 | 2011-01-20 | 10000 | 상승 80 | 938533 | 9373968670 | 9880 | 10200 | 9810 | 1238000 | 123800000 |
| 10 | 메리츠화재 | 2011-01-21 | 10250 | 상승 250 | 1591391 | 16241650100 | 10000 | 10400 | 9950 | 1268950 | 123800000 |
| 11 | 메리츠화재 | 2011-01-24 | 10150 | 하락 100 | 1065014 | 10719843400 | 10250 | 10300 | 9940 | 1256570 | 123800000 |
| 12 | 메리츠화재 | 2011-01-25 | 10200 | 상승 50 | 694188 | 7096352600 | 10350 | 10400 | 10050 | 1262760 | 123800000 |
| 13 | 메리츠화재 | 2011-01-26 | 10200 | 0 | 1239896 | 12496419950 | 10100 | 10300 | 9940 | 1262760 | 123800000 |
| 14 | 메리츠화재 | 2011-01-27 | 10150 | 하락 50 | 722722 | 7289098850 | 10150 | 10200 | 10000 | 1256570 | 123800000 |

```
. export excel using "C:\STATA\DM\KRX\E_E_T_004.xls", nolabel
```

## 2.4.2 | Text data(delimited, *.csv, …)

이 Text data(delimited, *.csv,…)를 이용한 dataset의 export는 *.csv, *.txt, *.raw 형태로 저장이 가능하다. 실습자료는 앞서 사용한 메리츠화재보험회사의 주가자료이다. [그림 2.4.8]과 같이 **File > Export > Text data(delimited, *.csv,...)**를 선택한다.

실습자료 **C:\STATA\DM\KRX\DATA_STOCK_IND_A000060.dta**

[그림 2.4.8] Text data(delimited, *.csv,…) 메뉴

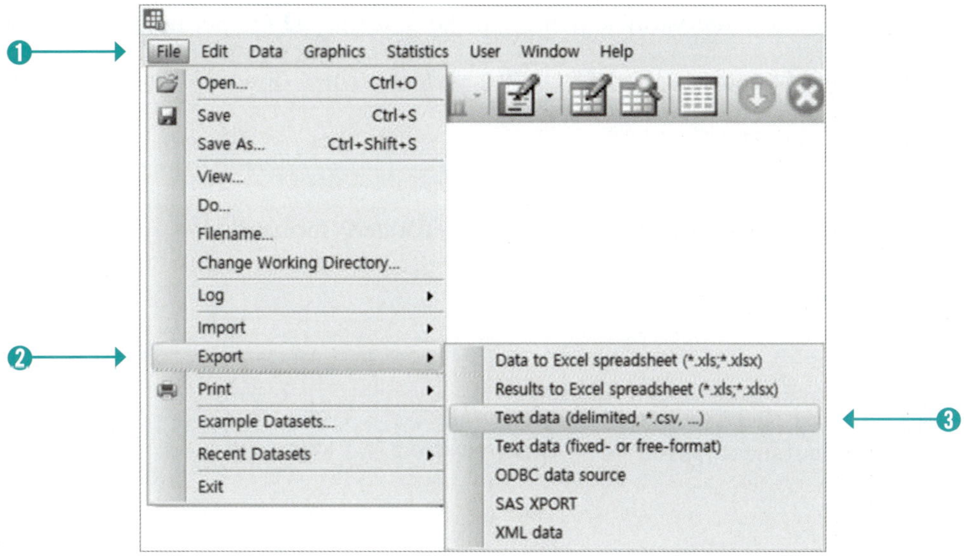


[그림 2.4.9] Text data(delimited, *.csv,…) 대화상자

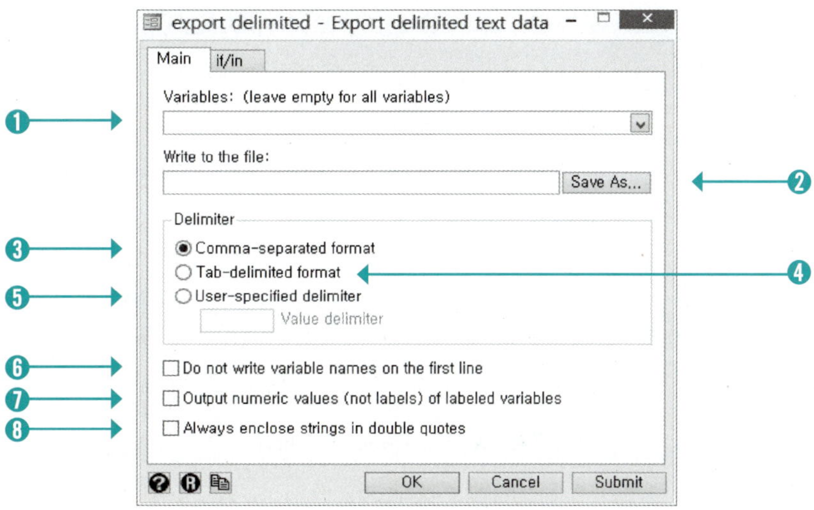


**01.** [그림 2.4.9]의 outsheet 대화상자에서 우선 ❶ Variables: (leave empty for all variable)의 경우는 특별한 경우가 아니면 선택하지 않는다. ❷ Write to the file에 원하는 경로와 파일명을 입력한다. 그리고 Delimiter에는 3가지 옵션이 있다. Delimiter는 구분자를 의미하며, 변수와 변수의 구분, 관측 값과 관측 값을 구분한다. ❸ Tab-delimited format와 ❹

Comma-separated(instead of tab-separated) format 그리고 ❺ User-separated delimiter가 있다. 또한 ❻ Do not write variable names on the first line, ❼ Output numeric values(not labels) of labeled variables 그리고 ❽ Do not enclose strings in double quotes가 있다. 이 각각의 조건에 따른 export의 형태를 살펴보자.

**02.** 우선 ❸ Comma-separated(instead of tab-separated) format를 선택하고, 파일의 확장자를 csv와 txt를 각각 선택하였을 경우(Case 1)

C:\> 명령어

```
. ❶ outsheet using "C:\STATA\DM\KRX\E_C_T_002.csv"
. ❷ outsheet using "C:\STATA\DM\KRX\E_T_T_002.txt"
```

**[그림 2.4.10]** Case 1(csv 파일)

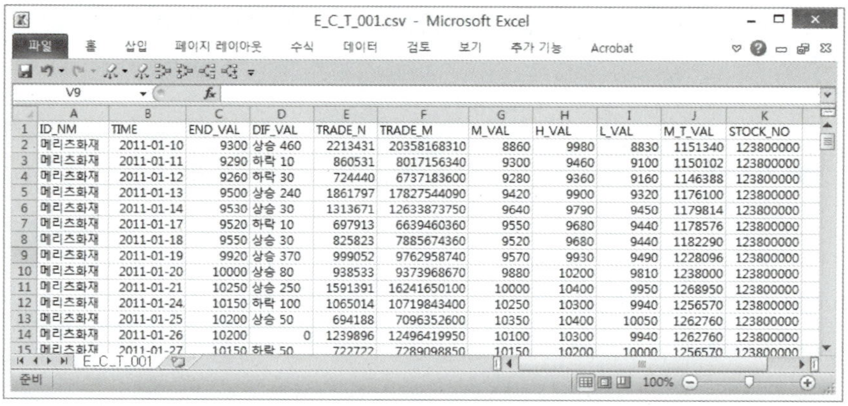

E_C_T_001.csv - Microsoft Excel

| | A | B | C | D | E | F | G | H | I | J | K |
|---|---|---|---|---|---|---|---|---|---|---|---|
| 1 | ID_NM | TIME | END_VAL | DIF_VAL | TRADE_N | TRADE_M | M_VAL | H_VAL | L_VAL | M_T_VAL | STOCK_NO |
| 2 | 메리츠화재 | 2011-01-10 | 9300 | 상승 460 | 2213431 | 20358168310 | 8860 | 9980 | 8830 | 1151340 | 123800000 |
| 3 | 메리츠화재 | 2011-01-11 | 9290 | 하락 10 | 860531 | 8017156340 | 9300 | 9460 | 9100 | 1150102 | 123800000 |
| 4 | 메리츠화재 | 2011-01-12 | 9260 | 하락 30 | 724440 | 6737183600 | 9280 | 9360 | 9160 | 1146388 | 123800000 |
| 5 | 메리츠화재 | 2011-01-13 | 9500 | 상승 240 | 1861797 | 17827544090 | 9420 | 9900 | 9320 | 1176100 | 123800000 |
| 6 | 메리츠화재 | 2011-01-14 | 9530 | 상승 30 | 1313671 | 12633873750 | 9640 | 9790 | 9450 | 1179814 | 123800000 |
| 7 | 메리츠화재 | 2011-01-17 | 9520 | 하락 10 | 697913 | 6639460360 | 9550 | 9680 | 9440 | 1178576 | 123800000 |
| 8 | 메리츠화재 | 2011-01-18 | 9550 | 상승 30 | 825823 | 7885674360 | 9520 | 9680 | 9440 | 1182290 | 123800000 |
| 9 | 메리츠화재 | 2011-01-19 | 9920 | 상승 370 | 999052 | 9762958740 | 9570 | 9930 | 9490 | 1228096 | 123800000 |
| 10 | 메리츠화재 | 2011-01-20 | 10000 | 상승 80 | 938533 | 9373968670 | 9880 | 10200 | 9810 | 1238000 | 123800000 |
| 11 | 메리츠화재 | 2011-01-21 | 10250 | 상승 250 | 1591391 | 16241650100 | 10000 | 10400 | 9950 | 1268950 | 123800000 |
| 12 | 메리츠화재 | 2011-01-24 | 10150 | 하락 100 | 1065014 | 10719843400 | 10250 | 10300 | 9940 | 1256570 | 123800000 |
| 13 | 메리츠화재 | 2011-01-25 | 10200 | 상승 50 | 694188 | 7096352600 | 10350 | 10400 | 10050 | 1262760 | 123800000 |
| 14 | 메리츠화재 | 2011-01-26 | 10200 | 0 | 1239896 | 12496419950 | 10100 | 10300 | 9940 | 1262760 | 123800000 |
| 15 | 메리츠화재 | 2011-01-27 | 10150 | 하락 50 | 722722 | 7289098850 | 10150 | 10200 | 10000 | 1256570 | 123800000 |

**[그림 2.4.11]** Case 1(txt 파일)

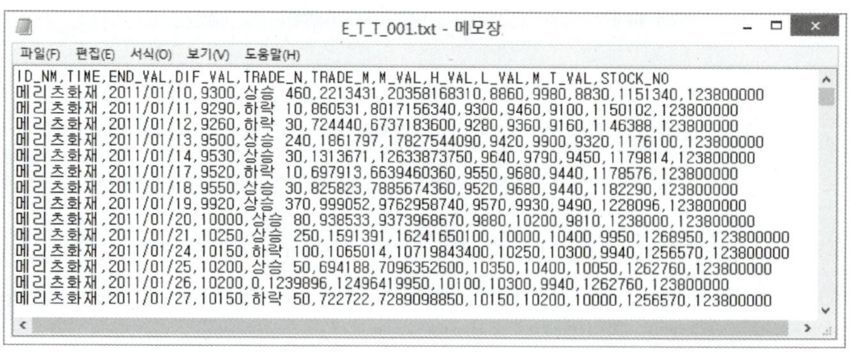

E_T_T_001.txt - 메모장

```
ID_NM,TIME,END_VAL,DIF_VAL,TRADE_N,TRADE_M,M_VAL,H_VAL,L_VAL,M_T_VAL,STOCK_NO
메리츠화재,2011/01/10,9300,상승 460,2213431,20358168310,8860,9980,8830,1151340,123800000
메리츠화재,2011/01/11,9290,하락 10,860531,8017156340,9300,9460,9100,1150102,123800000
메리츠화재,2011/01/12,9260,하락 30,724440,6737183600,9280,9360,9160,1146388,123800000
메리츠화재,2011/01/13,9500,상승 240,1861797,17827544090,9420,9900,9320,1176100,123800000
메리츠화재,2011/01/14,9530,상승 30,1313671,12633873750,9640,9790,9450,1179814,123800000
메리츠화재,2011/01/17,9520,하락 10,697913,6639460360,9550,9680,9440,1178576,123800000
메리츠화재,2011/01/18,9550,상승 30,825823,7885674360,9520,9680,9440,1182290,123800000
메리츠화재,2011/01/19,9920,상승 370,999052,9762958740,9570,9930,9490,1228096,123800000
메리츠화재,2011/01/20,10000,상승 80,938533,9373968670,9880,10200,9810,1238000,123800000
메리츠화재,2011/01/21,10250,상승 250,1591391,16241650100,10000,10400,9950,1268950,123800000
메리츠화재,2011/01/24,10150,하락 100,1065014,10719843400,10250,10300,9940,1256570,123800000
메리츠화재,2011/01/25,10200,상승 50,694188,7096352600,10350,10400,10050,1262760,123800000
메리츠화재,2011/01/26,10200,0,1239896,12496419950,10100,10300,9940,1262760,123800000
메리츠화재,2011/01/27,10150,하락 50,722722,7289098850,10150,10200,10000,1256570,123800000
```

## 03. Delimiter에서 ❹ Tab-delimited format를 선택하였을 경우(Case 2)

C:\> 명령어

```
. cd C:\STATA\DM\KRX\
. ❶ outsheet using E_C_T_001.csv", delimiter(tab)
. ❷ outsheet using E_T_T_001.txt", delimiter(tab)
```

[그림 2.4.12] Case 2(csv 파일)

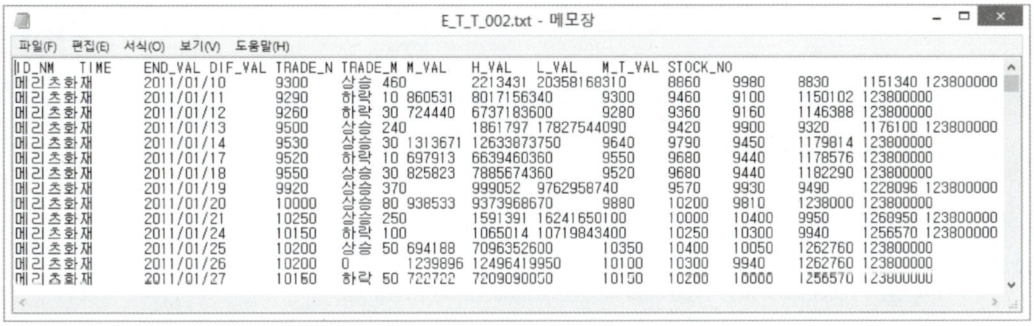


[그림 2.4.13] Case 2(txt 파일)

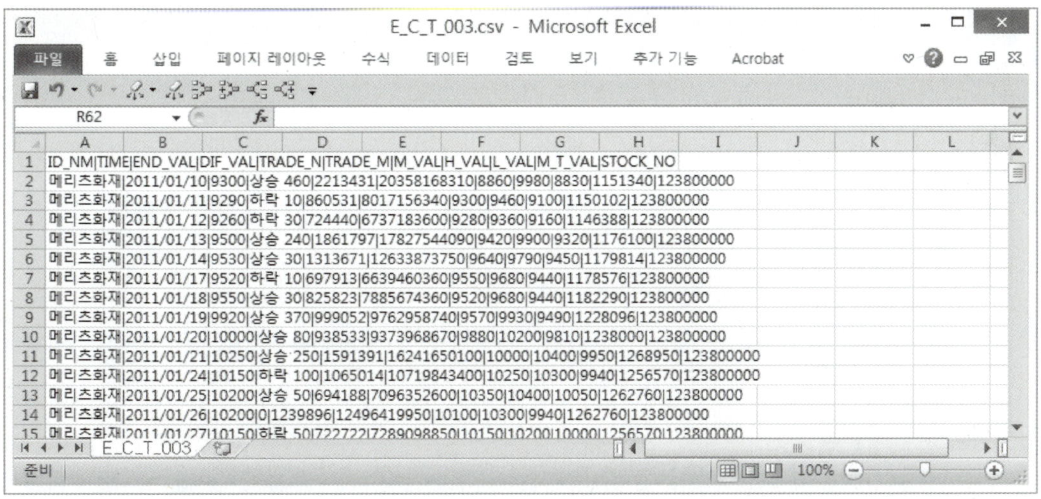

**04.** Delimiter에서 ❺ User-separated delimiter를 선택하고 구분자를 "|"를 선택하였을 경우(Case 3)

C:\> 명령어

```
. ❶ outsheet using "C:\STATA\DM\KRX\E_C_T_003.csv", delimiter("|")
. ❷ outsheet using "C:\STATA\DM\KRX\E_T_T_003.txt", delimiter("|")
```

[그림 2.4.14] Case 3(csv 파일)

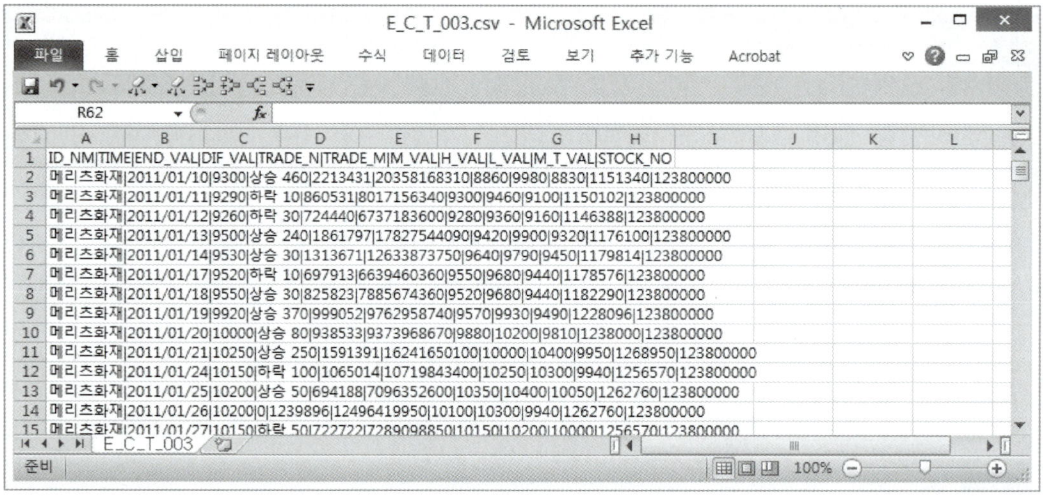


[그림 2.4.15] Case 3(txt 파일)

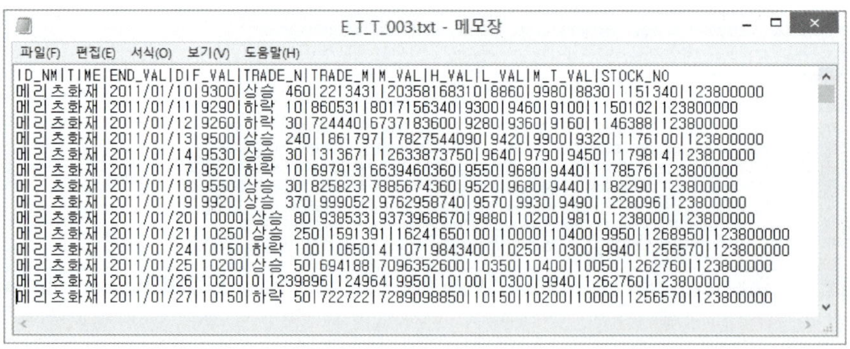

**05.** 또한 구분자 ❸과 ❻ Do not write variable names on the first line을 선택하였을 경우(Case 4)

```
. ❶ outsheet using "C:\STATA\DM\KRX\E_C_T_004.csv", nonames
. ❷ outsheet using "C:\STATA\DM\KRX\E_T_T_004.txt", nonames
```

[그림 2.4.16] Case 4(csv 파일)

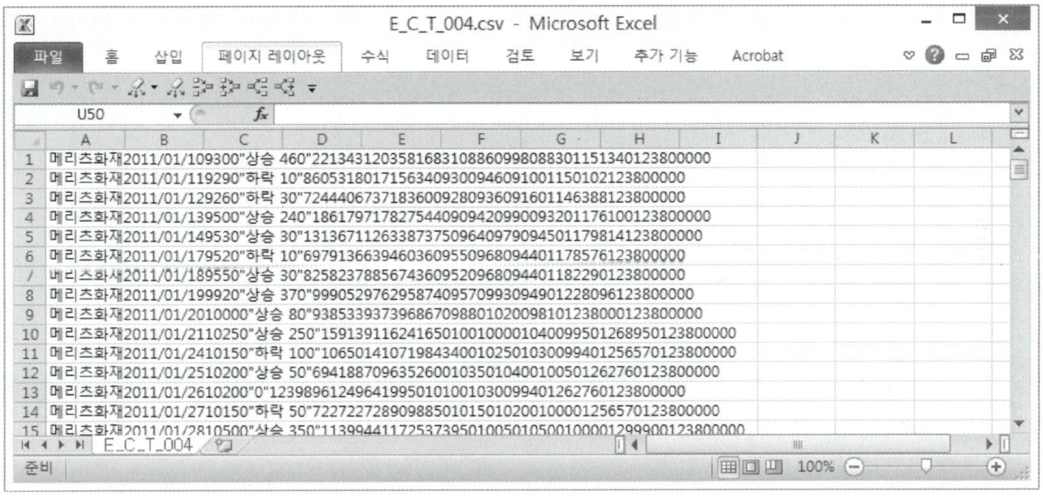


[그림 2.4.17] Case 4(txt 파일)

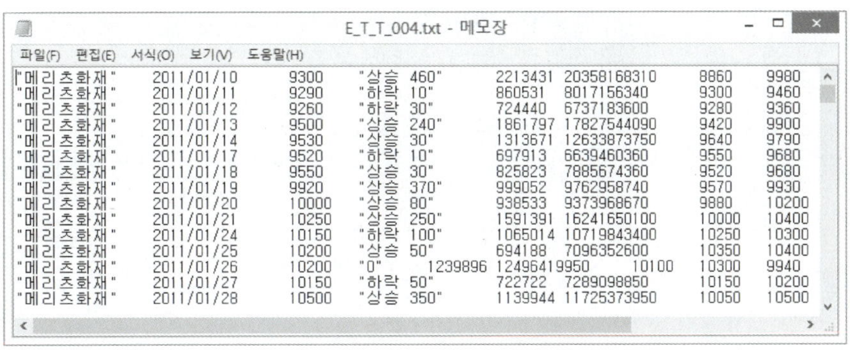

## 06. 구분자 ❹와 ❻ Do not write variable names on the first line 을 선택하였을 경우(Case 5)

C:\> 명령어

```
. ❶ outsheet using "C:\STATA\DM\KRX\E_C_T_005.csv", comma nonames
. ❷ outsheet using "C:\STATA\DM\KRX\E_T_T_005.txt", comma nonames
```

[그림 2.4.18] Case 5(csv 파일)

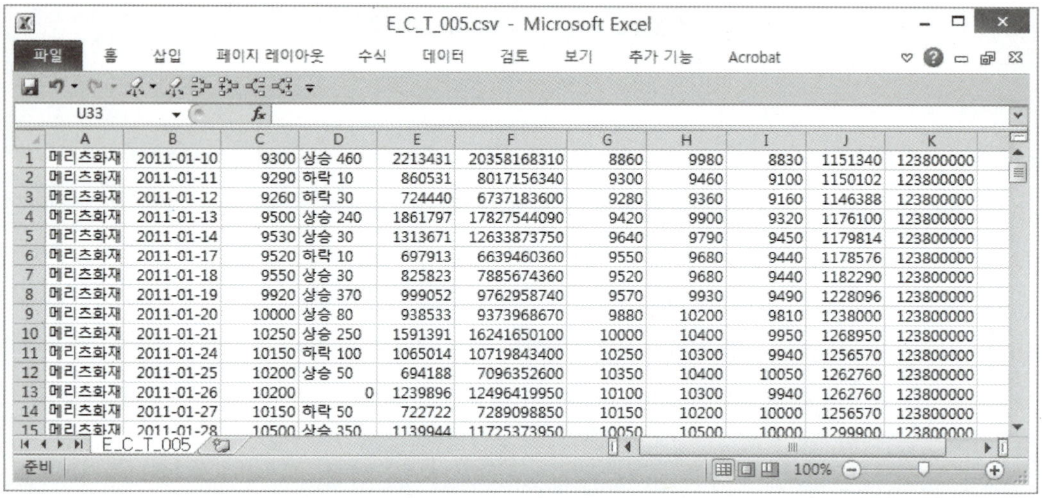

| | A | B | C | D | E | F | G | H | I | J | K |
|---|---|---|---|---|---|---|---|---|---|---|---|
| 1 | 메리츠화재 | 2011-01-10 | 9300 | 상승 460 | 2213431 | 20358168310 | 8860 | 9980 | 8830 | 1151340 | 123800000 |
| 2 | 메리츠화재 | 2011-01-11 | 9290 | 하락 10 | 860531 | 8017156340 | 9300 | 9460 | 9100 | 1150102 | 123800000 |
| 3 | 메리츠화재 | 2011-01-12 | 9260 | 하락 30 | 724440 | 6737183600 | 9280 | 9360 | 9160 | 1146388 | 123800000 |
| 4 | 메리츠화재 | 2011-01-13 | 9500 | 상승 240 | 1861797 | 17827544090 | 9420 | 9900 | 9320 | 1176100 | 123800000 |
| 5 | 메리츠화재 | 2011-01-14 | 9530 | 상승 30 | 1313671 | 12633873750 | 9640 | 9790 | 9450 | 1179814 | 123800000 |
| 6 | 메리츠화재 | 2011-01-17 | 9520 | 하락 10 | 697913 | 6639460360 | 9550 | 9680 | 9440 | 1178576 | 123800000 |
| 7 | 메리츠화재 | 2011-01-18 | 9550 | 상승 30 | 825823 | 7885674360 | 9520 | 9680 | 9440 | 1182290 | 123800000 |
| 8 | 메리츠화재 | 2011-01-19 | 9920 | 상승 370 | 999052 | 9762958740 | 9570 | 9930 | 9490 | 1228096 | 123800000 |
| 9 | 메리츠화재 | 2011-01-20 | 10000 | 상승 80 | 938533 | 9373968670 | 9880 | 10200 | 9810 | 1238000 | 123800000 |
| 10 | 메리츠화재 | 2011-01-21 | 10250 | 상승 250 | 1591391 | 16241650100 | 10000 | 10400 | 9950 | 1268950 | 123800000 |
| 11 | 메리츠화재 | 2011-01-24 | 10150 | 하락 100 | 1065014 | 10719843400 | 10250 | 10300 | 9940 | 1256570 | 123800000 |
| 12 | 메리츠화재 | 2011-01-25 | 10200 | 상승 50 | 694188 | 7096352600 | 10350 | 10400 | 10050 | 1262760 | 123800000 |
| 13 | 메리츠화재 | 2011-01-26 | 10200 | 0 | 1239896 | 12496419950 | 10100 | 10300 | 9940 | 1262760 | 123800000 |
| 14 | 메리츠화재 | 2011-01-27 | 10150 | 하락 50 | 722722 | 7289098850 | 10150 | 10200 | 10000 | 1256570 | 123800000 |
| 15 | 메리츠화재 | 2011-01-28 | 10500 | 상승 350 | 1139944 | 11725373950 | 10050 | 10500 | 10000 | 1299900 | 123800000 |

[그림 2.4.19] Case 5(txt 파일)

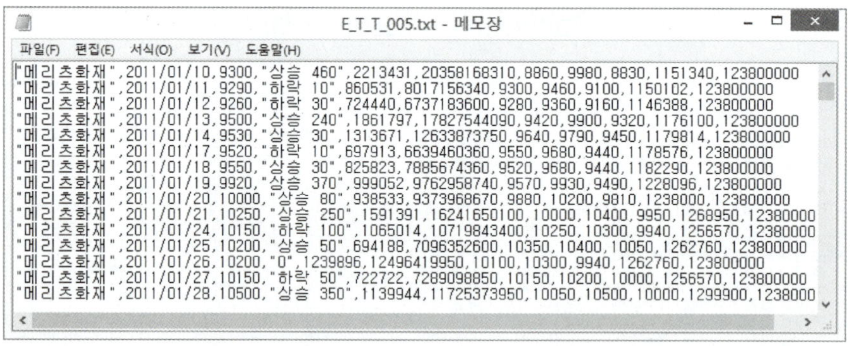

```
"메리츠화재",2011/01/10,9300,"상승 460",2213431,20358168310,8860,9980,8830,1151340,123800000
"메리츠화재",2011/01/11,9290,"하락 10",860531,8017156340,9300,9460,9100,1150102,123800000
"메리츠화재",2011/01/12,9260,"하락 30",724440,6737183600,9280,9360,9160,1146388,123800000
"메리츠화재",2011/01/13,9500,"상승 240",1861797,17827544090,9420,9900,9320,1176100,123800000
"메리츠화재",2011/01/14,9530,"상승 30",1313671,12633873750,9640,9790,9450,1179814,123800000
"메리츠화재",2011/01/17,9520,"하락 10",697913,6639460360,9550,9680,9440,1178576,123800000
"메리츠화재",2011/01/18,9550,"상승 30",825823,7885674360,9520,9680,9440,1182290,123800000
"메리츠화재",2011/01/19,9920,"상승 370",999052,9762958740,9570,9930,9490,1228096,123800000
"메리츠화재",2011/01/20,10000,"상승 80",938533,9373968670,9880,10200,9810,1238000,123800000
"메리츠화재",2011/01/21,10250,"상승 250",1591391,16241650100,10000,10400,9950,1268950,12380000
"메리츠화재",2011/01/24,10150,"하락 100",1065014,10719843400,10250,10300,9940,1256570,12380000
"메리츠화재",2011/01/25,10200,"상승 50",694188,7096352600,10350,10400,10050,1262760,123800000
"메리츠화재",2011/01/26,10200,"0",1239896,12496419950,10100,10300,9940,1262760,123800000
"메리츠화재",2011/01/27,10150,"하락 50",722722,7289098850,10150,10200,10000,1256570,123800000
"메리츠화재",2011/01/28,10500,"상승 350",1139944,11725373950,10050,10500,10000,1299900,1238000
```

**07.** 마지막으로 구분자 ❺와 ❻ Do not write variable names on the first line을 선택하였을 경우(Case 6)

```
C:\> 명령어
. ❶ outsheet using "C:\STATA\DM\KRX\E_C_T_006.csv", delimiter("|")
  nonames
. ❷ outsheet using "C:\STATA\DM\KRX\E_T_T_006.txt", delimiter("|")
  nonames
```

**[그림 2.4.20]** Case 6(csv 파일)

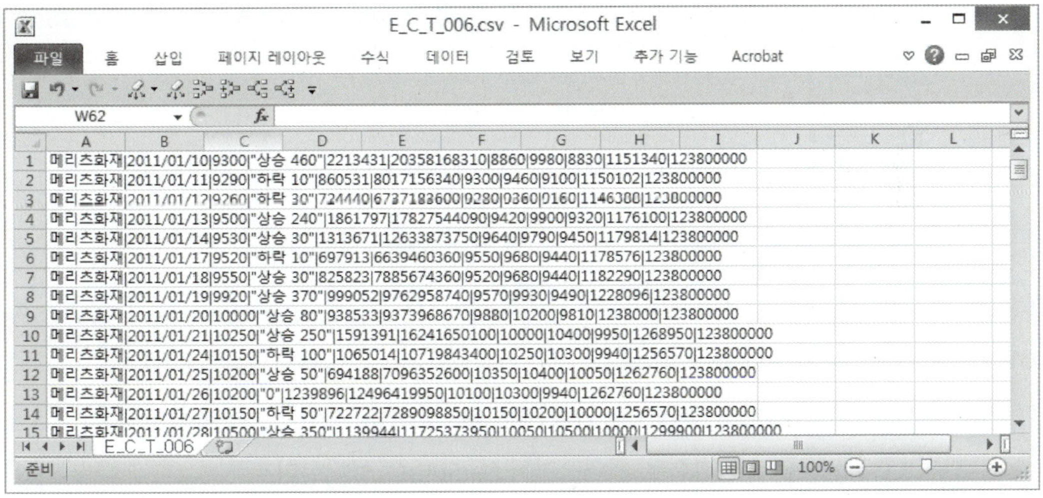


**[그림 2.4.21]** Case 1(txt 파일)

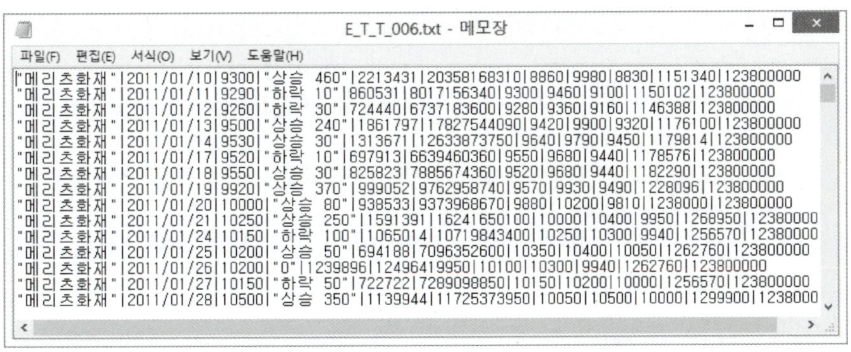

## 2.4.3 | Text data(fixed- or free-format)

Text data 중 fixed- or free-format으로 Data를 Export할 경우 대화상자는 [그림 2.4.22]와 같다.

[그림 2.4.22] outfile의 대화상자

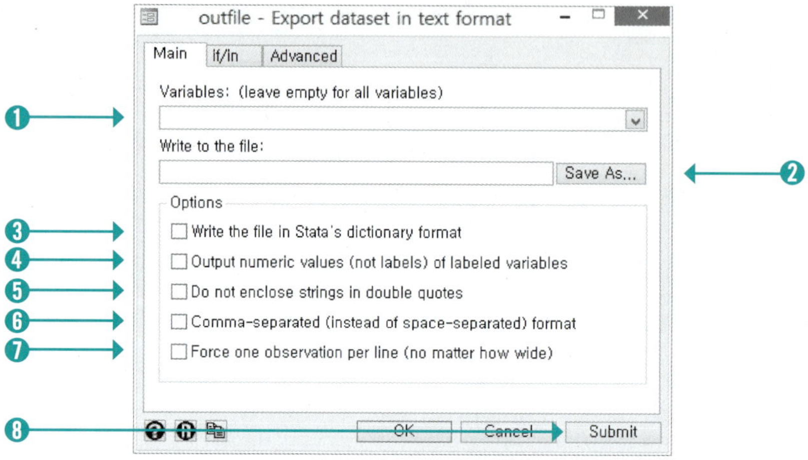


**01.** [그림 2.4.22]의 Options 항목별로 명령어는 아래와 같다. ❶ KOSPI_DATA만 Export할 경우 Variables에 KOSPI_DATA를 입력한다. ❷ 저장하고자 하는 위치와 파일명을 설정한다. 그리고 Options을 순차적으로 선택하면서 Summit을 클릭한다.

실습자료

```
C:\STATA\DM\KRX\DATA_STOCK_INDEX_KOSPI.dta
```

C:\> 명령어

```
. ❶ outfile KOSPI_DATA using DATA_E_KOSPI_INDEX_CASE_31.raw, replace
. ❷ outfile KOSPI_DATA using DATA_E_KOSPI_INDEX_CASE_32.raw, ///
   dictionary replace
. ❸ outfile KOSPI_DATA using DATA_E_KOSPI_INDEX_CASE_33.raw, ///
   nolabel replace
. ❹ outfile KOSPI_DATA using DATA_E_KOSPI_INDEX_CASE_34.raw, ///
   noquote replace
. ❺ outfile KOSPI_DATA using DATA_E_KOSPI_INDEX_CASE_35.raw, ///
   replace comma
. ❻ outfile KOSPI_DATA using DATA_E_KOSPI_INDEX_CASE_36.raw, ///
   replace wide
```

[그림 2.4.23]은 Outfile의 결과값이다.

**[그림 2.4.23]** outfile의 결과

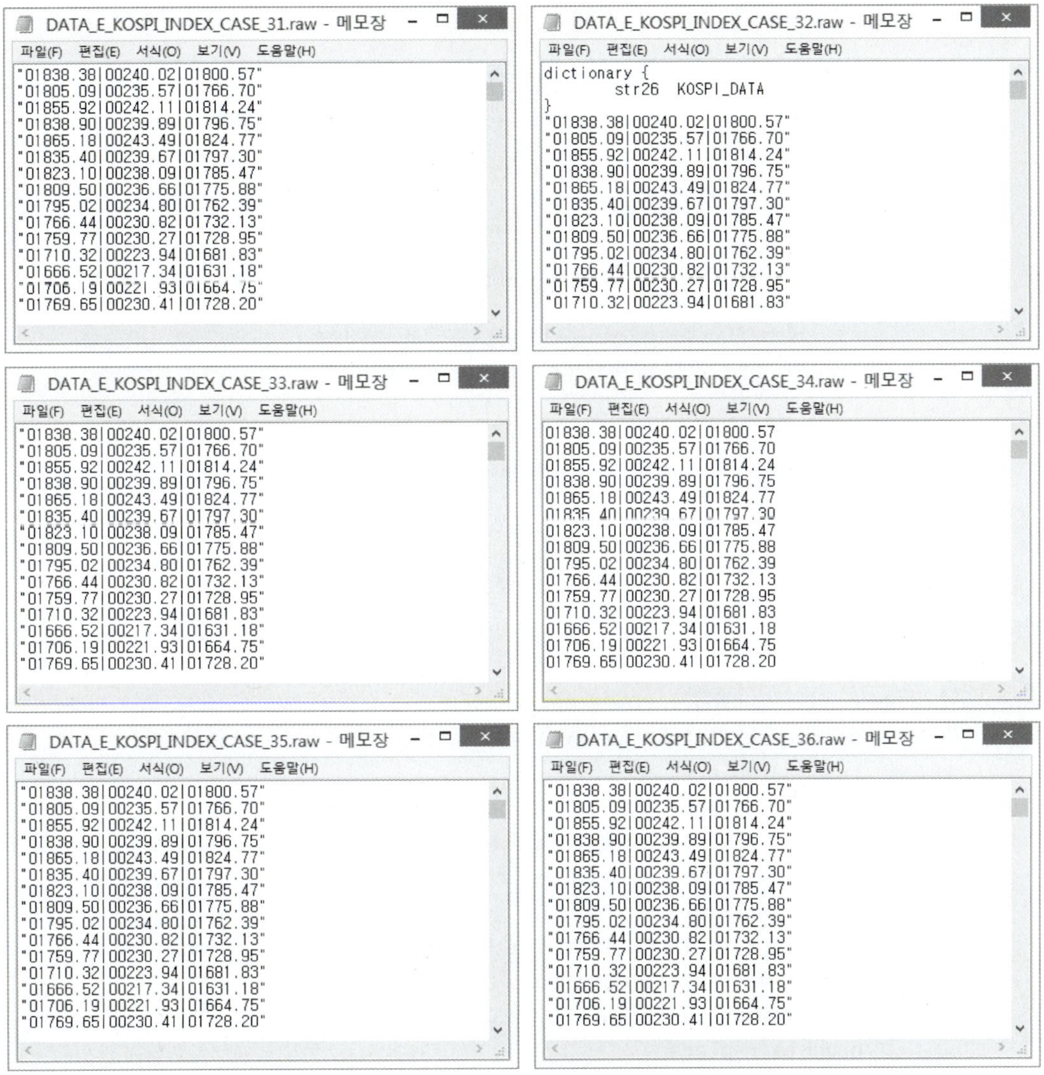

DATA_E_KOSPI_INDEX_CASE_31.raw - 메모장

파일(F) 편집(E) 서식(O) 보기(V) 도움말(H)

```
"01838.38|00240.02|01800.57"
"01805.09|00235.57|01766.70"
"01855.92|00242.11|01814.24"
"01838.90|00239.89|01796.75"
"01865.18|00243.49|01824.77"
"01835.40|00239.67|01797.30"
"01823.10|00238.09|01785.47"
"01809.50|00236.66|01775.88"
"01795.02|00234.80|01762.39"
"01766.44|00230.82|01732.13"
"01759.77|00230.27|01728.95"
"01710.32|00223.94|01681.83"
"01666.52|00217.34|01631.18"
"01706.19|00221.93|01664.75"
"01769.65|00230.41|01728.20"
```

DATA_E_KOSPI_INDEX_CASE_32.raw - 메모장

파일(F) 편집(E) 서식(O) 보기(V) 도움말(H)

```
dictionary {
        str26  KOSPI_DATA
}
"01838.38|00240.02|01800.57"
"01805.09|00235.57|01766.70"
"01855.92|00242.11|01814.24"
"01838.90|00239.89|01796.75"
"01865.18|00243.49|01824.77"
"01835.40|00239.67|01797.30"
"01823.10|00238.09|01785.47"
"01809.50|00236.66|01775.88"
"01795.02|00234.80|01762.39"
"01766.44|00230.82|01732.13"
"01759.77|00230.27|01728.95"
"01710.32|00223.94|01681.83"
```

DATA_E_KOSPI_INDEX_CASE_33.raw - 메모장

파일(F) 편집(E) 서식(O) 보기(V) 도움말(H)

```
"01838.38|00240.02|01800.57"
"01805.09|00235.57|01766.70"
"01855.92|00242.11|01814.24"
"01838.90|00239.89|01796.75"
"01865.18|00243.49|01824.77"
"01835.40|00239.67|01797.30"
"01823.10|00238.09|01785.47"
"01809.50|00236.66|01775.88"
"01795.02|00234.80|01762.39"
"01766.44|00230.82|01732.13"
"01759.77|00230.27|01728.95"
"01710.32|00223.94|01681.83"
"01666.52|00217.34|01631.18"
"01706.19|00221.93|01664.75"
"01769.65|00230.41|01728.20"
```

DATA_E_KOSPI_INDEX_CASE_34.raw - 메모장

파일(F) 편집(E) 서식(O) 보기(V) 도움말(H)

```
01838.38|00240.02|01800.57
01805.09|00235.57|01766.70
01855.92|00242.11|01814.24
01838.90|00239.89|01796.75
01865.18|00243.49|01824.77
01835.40|00239.67|01797.30
01823.10|00238.09|01785.47
01809.50|00236.66|01775.88
01795.02|00234.80|01762.39
01766.44|00230.82|01732.13
01759.77|00230.27|01728.95
01710.32|00223.94|01681.83
01666.52|00217.34|01631.18
01706.19|00221.93|01664.75
01769.65|00230.41|01728.20
```

DATA_E_KOSPI_INDEX_CASE_35.raw - 메모장

파일(F) 편집(E) 서식(O) 보기(V) 도움말(H)

```
"01838.38|00240.02|01800.57"
"01805.09|00235.57|01766.70"
"01855.92|00242.11|01814.24"
"01838.90|00239.89|01796.75"
"01865.18|00243.49|01824.77"
"01835.40|00239.67|01797.30"
"01823.10|00238.09|01785.47"
"01809.50|00236.66|01775.88"
"01795.02|00234.80|01762.39"
"01766.44|00230.82|01732.13"
"01759.77|00230.27|01728.95"
"01710.32|00223.94|01681.83"
"01666.52|00217.34|01631.18"
"01706.19|00221.93|01664.75"
"01769.65|00230.41|01728.20"
```

DATA_E_KOSPI_INDEX_CASE_36.raw - 메모장

파일(F) 편집(E) 서식(O) 보기(V) 도움말(H)

```
"01838.38|00240.02|01800.57"
"01805.09|00235.57|01766.70"
"01855.92|00242.11|01814.24"
"01838.90|00239.89|01796.75"
"01865.18|00243.49|01824.77"
"01835.40|00239.67|01797.30"
"01823.10|00238.09|01785.47"
"01809.50|00236.66|01775.88"
"01795.02|00234.80|01762.39"
"01766.44|00230.82|01732.13"
"01759.77|00230.27|01728.95"
"01710.32|00223.94|01681.83"
"01666.52|00217.34|01631.18"
"01706.19|00221.93|01664.75"
"01769.65|00230.41|01728.20"
```

## 2.4.4 SAS XPORT

Export 중 SAS 파일에서 읽을 수 있는 Dataset의 export 명령어는 다음과 같다.

[그림 2.4.24] SAS Export 메뉴

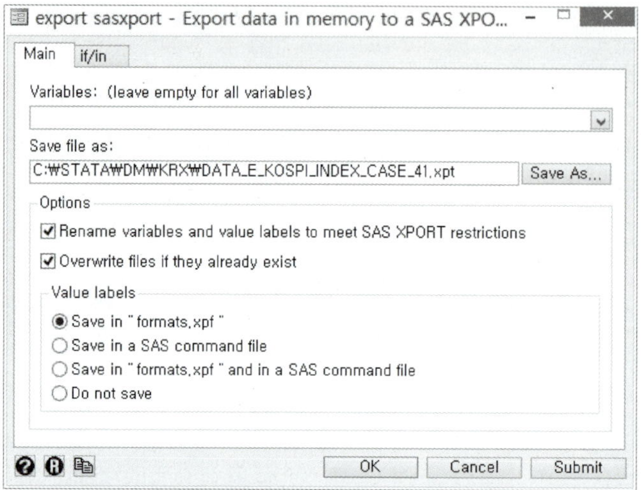


C:\>
명령어

```
. ❶ export sasxport KOSPI_DATA                                    ///
   using "C:\STATA\DM\KRX\DATA_E_KOSPI_INDEX_CASE_41.xpt",        ///
   rename replace
. ❷ export sasxport KOSPI_DATA                                    ///
   using "C:\STATA\DM\KRX\DATA_E_KOSPI_INDEX_CASE_42.xpt",        ///
   rename vallabfile(sascode) replace
. ❸ export sasxport KOSPI_DATA                                    ///
   using "C:\STATA\DM\KRX\DATA_E_KOSPI_INDEX_CASE_43.xpt",        ///
   rename vallabfile(both) replace
. ❹ outsheet using "C:\STATA\DM\OECD\EXPORT_OECD_CO2_1.raw"       ///
   noquote replace
. ❺ outsheet using "C:\STATA\DM\OECD\EXPORT_OECD_CO2_2.raw",      ///
   nolabel                                                        ///
   noquote replace
```

DATA MANAGEMENT
USING STATA

# CHAPTER 03

# 데이터관리 기능

# 3.1 Describe Data

Describe Data 메뉴는 Dataset에 대한 간략한 정보를 보여주는 기능을 하는데, ❶ describe, ❷ codebook, ❸ inspect, ❹ list, ❺ ds, ❻ summarize의 명령어가 있다. [그림 3.1.1]의 메뉴를 이용하여 실행할 수 있다.

[그림 3.1.1] describe data 메뉴 구조

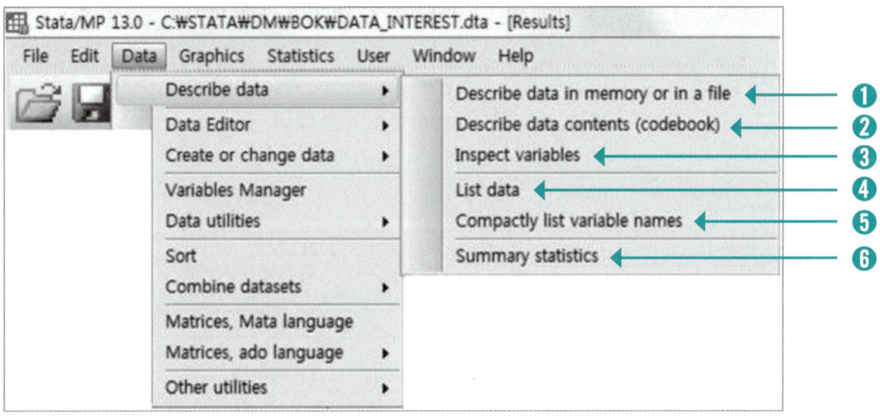


## 3.1.1 | describe

describe 명령어는 일반적으로 [그림 3.1.2]의 describe 대화상자에서 별도의 선택 없이 OK를 실행한다(실습자료: DATA_INTEREST.dta).

**[그림 3.1.2]** describe 대화상자

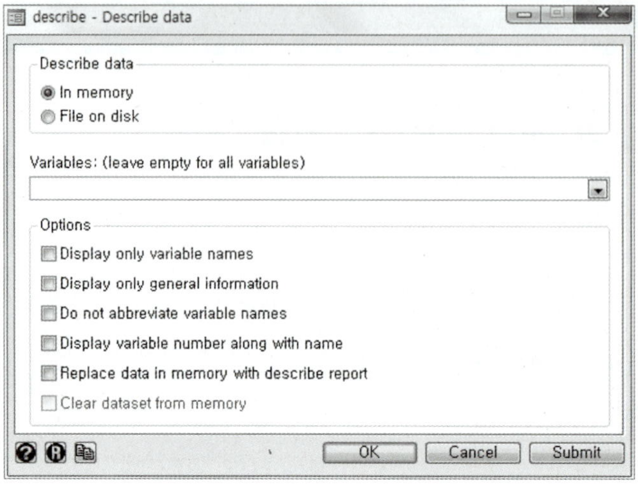


[그림 3.1.2] 실행 결과는 [그림 3.1.3]과 같다.

**[그림 3.1.3]** describe 실행 결과

```
. describe

Contains data from C:\STATA\DM\BOK\DATA_INTEREST.dta
  obs:           129
 vars:            14                          29 Oct 2013 10:17
 size:         9,546
--------------------------------------------------------------------------
              storage  display    value
variable name   type   format     label      variable label
--------------------------------------------------------------------------
s_time          str7   %9s                   관측년월
n_cd91          double %10.2f                CD91
n_int1y         double %10.2f                국고채1년
n_int3y         double %10.2f                국고채3년
n_int5y         double %10.2f                국고채5년
n_int10y        double %10.2f                국고채10년
s_cd91          str4   %9s                   CD91
s_int_1y        str4   %9s                   국고채1년
s_int_3y        str4   %9s                   국고채3년
s_int_5y        str4   %9s                   국고채5년
s_int_10y       str4   %9s                   국고채10년
year            int    %10.0g                관측년도
month           byte   %10.0g                관측월
yearmonth       float  %tm                   관측년월
--------------------------------------------------------------------------
Sorted by:  s_time
```

## 3.1.2 | codebook

codebook은 Dataset에 있는 변수의 특성을 파악하는데 유용한 명령어다. [그림 3.1.1]에서 ❷를 선택하면 [그림 3.1.4]의 codebook 대화상자가 나타난다.

[그림 3.1.4] codebook 대화상자

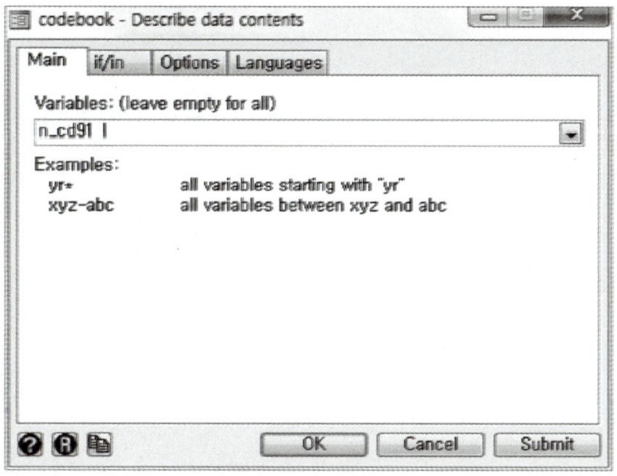


[그림 3.1.4]에서 Variables에 n_cd91을 선택하고 OK를 실행하면 [그림 3.1.5]의 결과가 도출된다.

[그림 3.1.5] codebook 실행 결과

```
   . codebook n_cd91, all

❶ {              Dataset:  C:\STATA\DM\BOK\DATA_INTEREST.dta
              Last saved:  29 Oct 2013 10:17

                   Label:  [none]
❷ {  Number of variables:  14
  Number of observations:  129
                    Size:  9,546 bytes ignoring labels, etc.

   -------------------------------------------------------------------------------
❸ {n_cd91                                                                    CD91
   -------------------------------------------------------------------------------

                    type:  numeric (double)

                   range:  [2.41,6.43]                  units:  .01
❹ {        unique values:  95                       missing .:  0/129

                    mean:   4.17078
                std. dev:   1.01338

             percentiles:        10%       25%       50%       75%       90%
                                2.66       3.5      4.27      4.91      5.52
```

[그림 3.1.5]에서 ❶ 파일의 경로와 저장 정보, ❷ Dataset에 대한 정보(Dataset의 라벨, 변수 개수, 관측값 수, 크기), ❸ 변수명(n_cd91)과 라벨명(CD91)의 정보, ❹ 변수의 type과 범위, 기초통계량(평균, 표준편차, 퍼센타일)의 정보를 보여준다. 특히 missing value의 개수와 변수 내 동일한 값의 개수를 표시해 준다.

## 3.1.3 | inspect

[그림 3.1.1]에서 ❸을 선택하면 [그림 3.1.6]의 inspect 대화상자가 나타난다.

[그림 3.1.6] inspect 대화상자

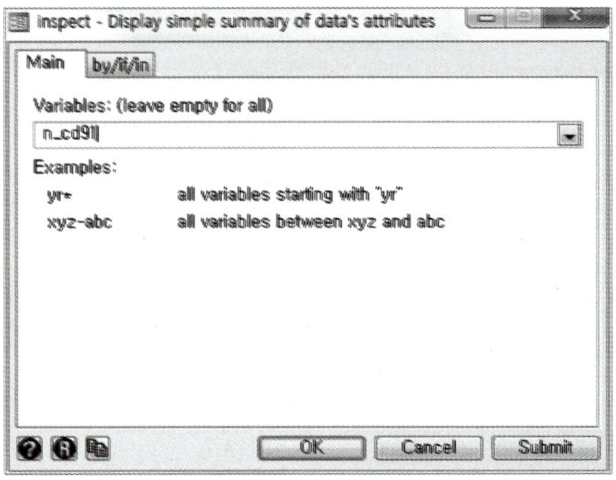


[그림 3.1.6]의 inspect 대화상자에서 Variables에 n_cd91 변수를 선택한 후 OK를 실행한다. 그 결과는 [그림 3.1.7]과 같다.

**[그림 3.1.7]** inspect 실행 결과

```
. inspect n_cd91

n_cd91:  CD91                             Number of Observations
_____________                           _________________________
                                         Total   Integers   Nonintegers
|          #                  Negative      -         -            -
|     #    #                  Zero          -         -            -
|  #  #    #    #             Positive    129         -          129
|  #  #    #    #                        -----     -----        -----
|  #  #    #    #             Total       129         -          129
|  #  #    #    #    #        Missing       -
+----------------------                  -----
2.41                 6.43                 129
  (95 unique values)
```

[그림 3.1.7]에서 ❶ inspect 명령어와 해당 변수의 정보, ❷ 최소값과 최대값에 대한 정보와 그 분포에 대한 정보, ❸ 유일한 값(unique value)을 가진 관측값의 개수, ❹ 음수(Negative), 영(Zero), 양수(Positive) 그리고 결측값(Missing)에 대한 정보를 보여주고 있다.

# 3.2 rename

통계분석을 위한 Dataset은 연구자가 이해할 수 있도록 변수명을 설정해야 한다. 물론 변수명을 단순하게 v1, x1, y1 등으로 설정할 수 있다. 이 경우 별도로 변수에 대한 정보(코드북)를 가지고 있어야 한다. 그러나 늘 코드북을 보고 분석할 수 없을 것이다. 따라서 연구자가 변수명을 보고 쉽게 이해할 수 있고, 그 변수가 의미하는 것은 무엇인지를 알 수 있도록 작성하는 것이 필요하다.

실습자료 **C:\STATA\DM\BOK\INTEREST.xls**

C:\> 명령어

```
. import excel "C:\STATA\DM\BOK\INTEREST.xls",    ///
        sheet("sheet1")                           ///
        cellrange(A6:F134) clear
```

위와 같이 Excel 자료를 import하면, A ~ F까지의 변수가 생성된다. 여기서 rename A CODE는 A라는 변수를 CODE라는 변수로 변경한다는 의미이다. 만약 *.csv 파일이나 *.txt 파일을 import하면 v1부터 시작하여 해당 변수의 수만큼 생성된다. 실습할 자료의 변수명 변경은 아래와 같다.

```
C:\>
명령어

rename [기존변수] [New Variable]
. rename A s_time
. rename B s_cd91
. rename C s_int_1y
. rename D s_int_3y
. rename E s_int_5y
. rename F s_int_10y
또는
. rename (A B C D E F)                                          ///
        (s_time s_cd91 s_int_1y s_int_3y s_int_5y s_int_10y)
```

위 변수명에 대한 변경을 쉽게 하는 방법은 Excel(RAW_DATA_INTEREST_D.xlsx)을 참고하기 바란다.

rename 적용 전 결과를 list 명령어로 살펴보면 [그림 3.2.1]과 같다.

**[그림 3.2.1]** rename 적용 이전의 결과

```
     +-----------------------------------------+
     |       A       B       C       D       E       F |
     |-----------------------------------------|
  1. | 2001/01    6.43    6.04    5.99    6.20    6.65 |
  2. | 2001/02    5.73    5.51    5.43    5.76    6.41 |
  3. | 2001/03    5.68    5.81    5.84    6.40    7.00 |
     +-----------------------------------------+
```

rename 적용 후 결과는 [그림 3.2.2]와 같다.

**[그림 3.2.2]** rename 적용 이후 결과

```
     +-------------------------------------------------------------+
     |  s_time   s_cd91   s_int_1y   s_int_3y   s_int_5y   s_int_10y |
     |-------------------------------------------------------------|
  1. | 2001/01     6.43       6.04       5.99       6.20        6.65 |
  2. | 2001/02     5.73       5.51       5.43       5.76        6.41 |
  3. | 2001/03     5.68       5.81       5.84       6.40        7.00 |
     +-------------------------------------------------------------+
```

메뉴에서 [그림 3.2.3]과 같이 **Data > Data utilities > Rename groups of variables**를 순차적으로 선택하면 된 [그림 3.2.4]의 대화상자가 나타난다.

[그림 3.2.3] rename 메뉴 선택

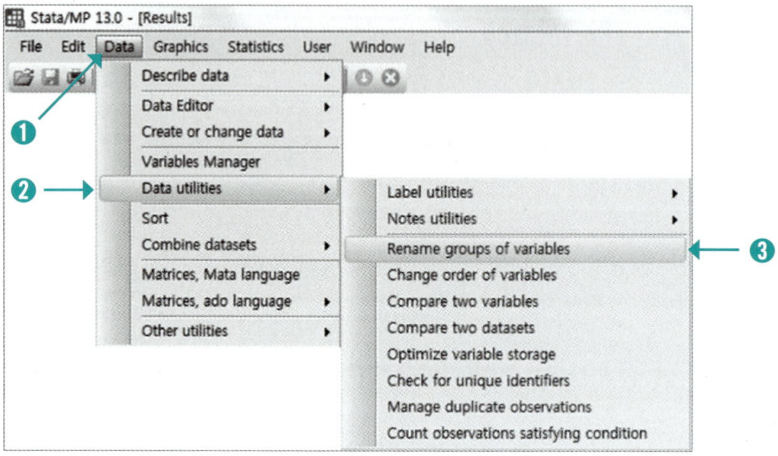


## 3.2.1 | Rename list of variables

[그림 3.2.4]에서 보는 것과 같이 rename 명령어는 5가지 유형으로 변경이 가능하다. 그 유형은 ❶ Rename list of variables, ❷ Change the case on groups of variable names, ❸ Change/add prefix on variable names, ❹ Change/add suffix on variable names, ❺ Advanced가 있다.

각 유형별로 예시를 들어 설명하면, 우선 [그림 3.2.4]에서 Rename syntax에서 ⦿ Rename list of variables을 선택한다. 이후 Existing variable names: 변수 A를 선택한다. New variable names: s_time을 입력한다. 이후 OK를 클릭한다. 이 경우 결과창에 나타나는 결과는 아래와 같다.

```
. rename (A) (s_time)
```

[그림 3.2.4] rename 대화상자 – 예시(1)

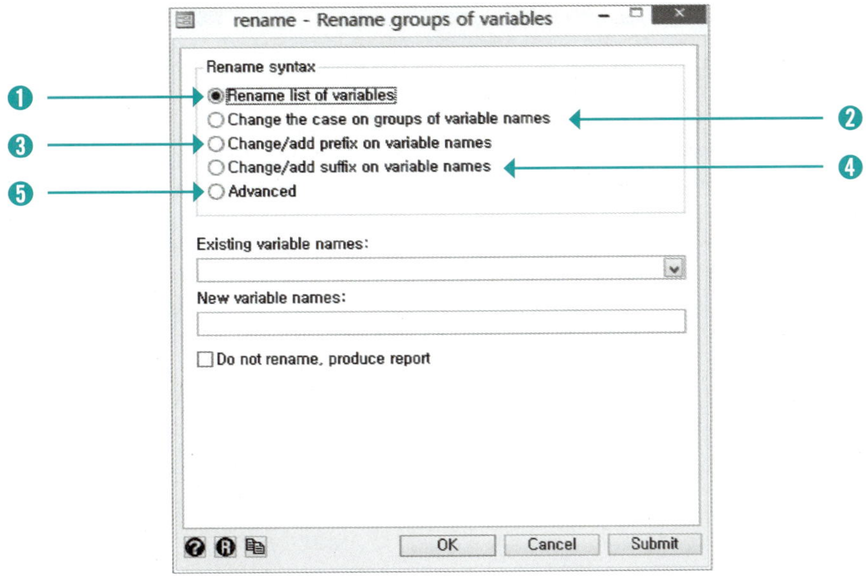


## 3.2.2 | Change the case on groups of variable names

두번째 유형은 [그림 3.2.4]에서 Rename syntax에서 ⦿ Change the case on groups of variable names을 선택하면 [그림 3.2.5]의 대화상자가 나타난다.

[그림 3.2.5]에서 Existing variable name에 s_time을 선택한다(❷). 이후 ⦿ Uppercase variable names를 선택한다(❸). 이후 OK를 클릭한다. 이 결과의 명령어는 다음과 같다.

```
. rename (s_time), upper
```

그리고 변수명이 s_time에서 S_TIME으로 변경되는 것을 확인할 수 있다. 반대로 Existing variable names에서 위에서 변경한 S_TIME을 선택하고 ⦿ Lowercase variable names을 선택한 후 OK를 클릭하였을 경우 명령어는 아래와 같다.

```
. rename (S_TIME), lower
```

물론 변수명이 S_TIME에서 s_time으로 변경된 것을 확인할 수 있다.

[그림 3.2.5] rename 대화상자 – 예시(2)

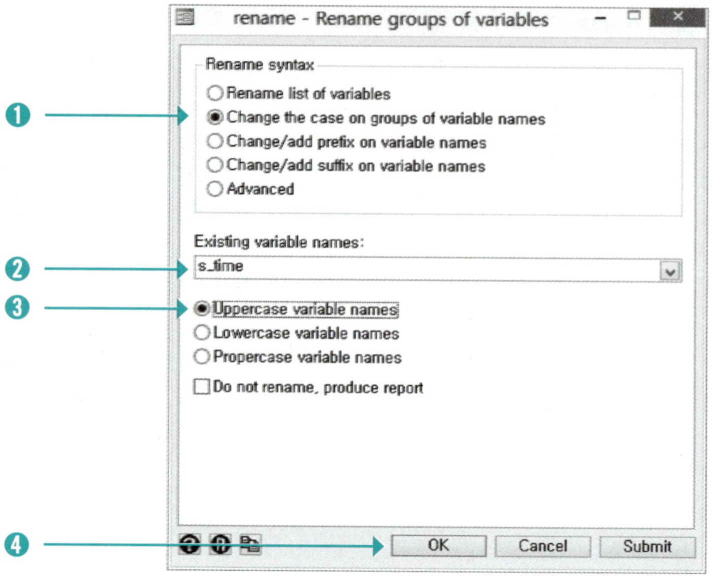


## 3.2.3 Change/add prefix on variable names

[그림 3.2.6]을 설명하기에 앞서 다음과 같이 Do-file editor에 입력 후 실행하자.

```
. clear
. import excel "C:\STATA\DM\BOK\INTEREST.xls", ///
        sheet("sheet1")                        ///
        cellrange(A6:F134) clear
. rename (A B C D E F)(s_time s_cd91 s_int_1y s_int_3y s_int_5y s_int_10y)
```

[그림 3.2.6]에서 Rename syntax 중 ⊙ Change/add prefix on variable names를 선택한다. 이후 Old prefix에 s_를 입력하고, New prefix에 S_를 입력한다. 이후 OK를 클릭한다. 이 경우에 결과창에 나타나는 명령어는 아래와 같다.

```
. rename s_* S_*
```

위 실행에 따른 결과를 살펴보면, 변수의 시작이 s_가 S_로 변경되어 있음을 확인할 수 있다.

[그림 3.2.6] rename 대화상자 - 예시(3)

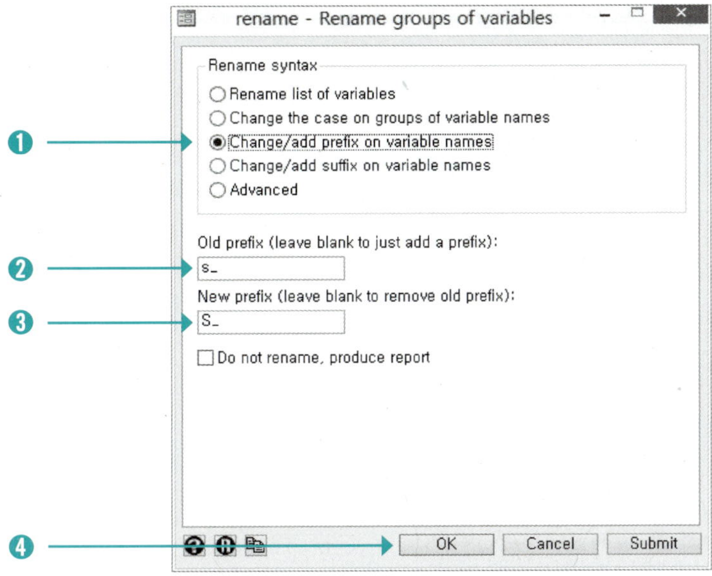


## 3.2.4 | Change/add suffix on variable names

[그림 3.2.7]의 대화상자에서 Rename syntax 중 ⦿ Change/add suffix on variable names를 선택한다. Old suffix에 y를 입력한다. New suffix에 _YEAR를 입력한다. 그리고 OK를 클릭한다. 이 경우 결과창에 나타나는 명령어는 다음과 같다.

```
. rename *y *_YEAR
```

그리고 변수창에는 기존에 y로 끝나던 변수들이 _YEAR로 변경되어 있음을 확인 할 수 있다.

[그림 3.2.7] rename 대화상자 - 예시(4)

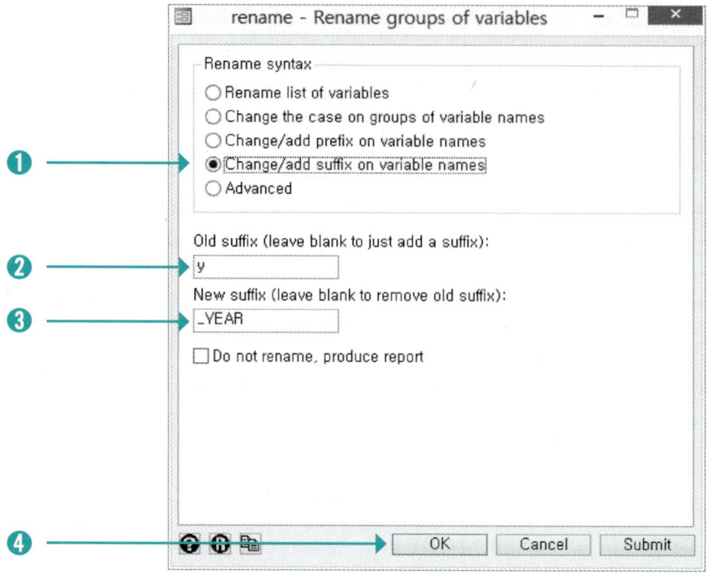


## 3.2.5 | 변수명 일괄 변경

여러 변수(예 A ~ F)를 대화상자에서 일괄적으로 변경하고자 할 경우 [그림 3.2.8]과 같이 실행하면 된다.

[그림 3.2.8]에서 Rename syntax 중 ⊙ Rename list of variables를 선택한 후 Existing variable name에 A B C D E F를 입력한다. New variable name에 s_time s_cd91 s_int_1y s_int_3y s_int_5y s_int_10를 입력한다. 그리고 OK를 클릭한다. 그 결과는 아래와 같다.

```
. rename (A B C D E F) (s_time s_cd91 s_int_1y s_int_3y s_int_5y s_int_10y)
```

[그림 3.2.8] 여러 변수를 일시에 변경하는 경우

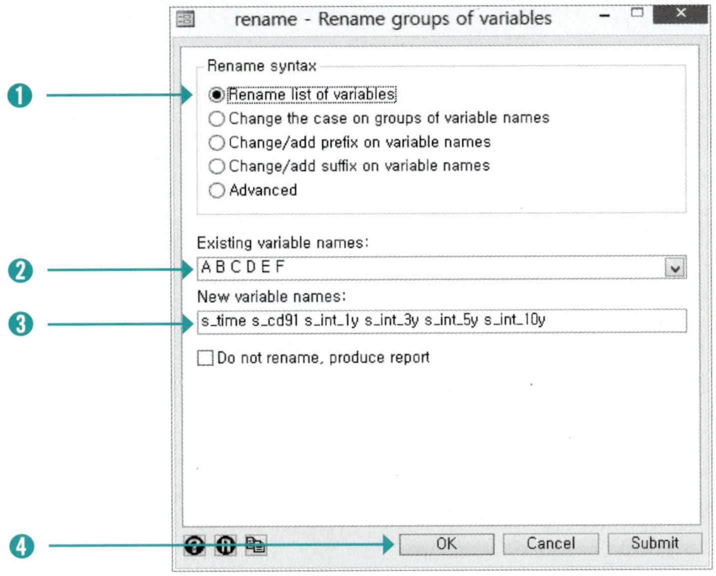

# 3.3 label

변수이름을 수정(rename)한 후 연구자는 한글 또는 영문으로 그 변수에 대한 설명(label)을 표시하면 더욱 편리하게 분석할 수 있다. 이 실습을 위해 rename에서 사용한 dataset을 활용하여 실습해 보자.

실습자료 **C:\STATA\DM\BOK\Interest_Label.dta**

[그림 3.3.1] 실습 Dataset의 개요

```
. use C:\STATA\DM\BOK\Interest_Label.dta, clear

. describe

Contains data from C:\STATA\DM\BOK\Interest_Label.dta
  obs:           129
 vars:             6                          25 Nov 2012 10:32
 size:         3,483
---------------------------------------------------------------
                storage  display     value
variable name   type     format      label      variable label
---------------------------------------------------------------
s_time          str7     %9s
s_cd91          str4     %9s
s_int_1y        str4     %9s
s_int_3y        str4     %9s
s_int_5y        str4     %9s
s_int_10y       str4     %9s
---------------------------------------------------------------
Sorted by:
```

[그림 3.3.1]의 describe는 dataset의 특징을 한눈으로 파악할 수 있는 명령어이다. [그림 3.3.1]

에서 variable label에 정보가 없는 것을 볼 수 있다. 그러나 아래와 같이 명령어를 실행하면 variable label에 연구자가 표시하고자 했던 정보가 포함된다.

C:\> 명령어

```
. label variable s_time     "관측년월"
. label variable s_cd91     "CD91"
. label variable s_int_1y   "국고채1년"
. label variable s_int_3y   "국고채3년"
. label variable s_int_5y   "국고채5년"
. label variable s_int_10y  "국고채10년"
```

이 명령어의 실행 결과에 대하여 describe를 실행해 보면 [그림 3.3.2]와 같다.

**[그림 3.3.2] label이 표시된 실습자료의 개요**

```
. describe

Contains data from C:\STATA\DM\BOK\Interest_Label.dta
  obs:           129
 vars:             6                          25 Nov 2012 10:32
 size:         3,483
----------------------------------------------------------------
              storage  display     value
variable name   type   format      label      variable label
----------------------------------------------------------------
s_time          str7   %9s                    관측년월
s_cd91          str4   %9s                    CD91
s_int_1y        str4   %9s                    국고채1년
s_int_3y        str4   %9s                    국고채3년
s_int_5y        str4   %9s                    국고채5년
s_int_10y       str4   %9s                    국고채10년
----------------------------------------------------------------
Sorted by:
```

연구자가 위와 같이 변수가 6개일 경우 수작업으로 변수에 라벨을 표시할 수 있으나 설문지와 같은 경우에 변수의 라벨을 하나씩 입력하기란 고통일 수 있다. 이를 쉽게 작성하는 방법은 7.9.1을 참고하기 바란다.

변수에 대한 라벨을 표시하게 되면 연구자는 각 변수가 무엇을 의미하는지에 대해서 코

드북을 참고하지 않아도 될 수 있다. 또한 변수의 라벨에 범주형(예: 남자(1), 여자(0))의 경우도 코드북을 참고할 필요가 있다. 그러나 라벨에 이러한 내용을 표시하면 쉽게 자료를 파악할 수 있다. 이제 그 방법을 실습하도록 한다.

실습자료 **C:\STATA\DM\FSS_DART\FSS_DART_Label_define.dta**

실습자료 FSS_DART_Label_Define.dta는 보험회사를 대상으로 회계감사에 대한 정보를 포함하는 Dataset이다. 그 내용은 [그림 3.3.3]과 같다.

**[그림 3.3.3]** RAW_DART Dataset의 개요

```
. use C:\STATA\DM\FSS_DART\FSS_DART_Label_define.dta, clear

. describe

Contains data from C:\STATA\DM\FSS_DART\FSS_DART_Label_define.dta
  obs:           404
 vars:             8                          25 Nov 2012 11:08
 size:        36,764
----------------------------------------------------------------
              storage    display     value
variable name  type      format      label      variable label
----------------------------------------------------------------
ID             float     %9.0g                  회사코드
TIME           float     %tmCCYY-NN             결산년월
COMP_NM        str28     %28s                   회사명
REPO_NM        str20     %20s                   보고서명
REPO_FY        str9      %9s                    회계연도
AUD_NM         str12     %12s                   감사법인
N_AUD_CD       float     %9.0g                  감사법인 코드
REPR_DT        str10     %10s                   감사일자
----------------------------------------------------------------
Sorted by:  ID
```

[그림 3.3.3]에서 보는 것과 같이 AUD_NM은 문자변수[str12, %12s]로 그 목록은 [그림 3.3.4]와 같다. AUD_NM 변수는 문자변수이기 때문에 숫자변수로 변경하는 과정을 generate 명

령어와 replace 명령어를 이용하여 과정을 살펴보자.

**[그림 3.3.4]** **감사법인 목록**

```
. tabulate AUD_NM

     감사법인 |      Freq.     Percent        Cum.
------------+-----------------------------------
다산회계법인 |          1        0.25        0.25
보람회계법인 |          2        0.50        0.74
산동회계법인 |          4        0.99        1.73
삼녁회계법인 |          1        0.25        1.98
삼일회계법인 |        109       26.98       28.96
삼정회계법인 |         61       15.10       44.06
신한회계법인 |         12        2.97       47.03
안건회계법인 |         36        8.91       55.94
안진회계법인 |        104       25.74       81.68
제원회계법인 |          2        0.50       82.18
진성회계법인 |          2        0.50       82.67
하나회계법인 |          3        0.74       83.42
한영회계법인 |         67       16.58      100.00
------------+-----------------------------------
       Total |   404   100.00
```

[그림 3.3.3]의 N_AUD_CD는 다음과 같이 생성한 것이다.

C:\> 명령어

```
. generate N_AUD_CD=1
. replace  N_AUD_CD=2  if AUD_NM=="안진회계법인"
. replace  N_AUD_CD=3  if AUD_NM=="한영회계법인"
. replace  N_AUD_CD=4  if AUD_NM=="삼정회계법인"
. replace  N_AUD_CD=5  if AUD_NM=="안건회계법인"
. replace  N_AUD_CD=6  if AUD_NM=="신한회계법인"
. replace  N_AUD_CD=7  if AUD_NM=="산동회계법인"
. replace  N_AUD_CD=8  if AUD_NM=="하나회계법인"
. replace  N_AUD_CD=9  if AUD_NM=="보람회계법인"
. replace  N_AUD_CD=10 if AUD_NM=="제원회계법인"
. replace  N_AUD_CD=11 if AUD_NM=="진성회계법인"
. replace  N_AUD_CD=12 if AUD_NM=="다산회계법인"
. replace  N_AUD_CD=13 if AUD_NM=="삼덕회계법인"
. label variable N_AUD_CODE   "감사법인_코드"
```

[그림 3.3.5]는 AUD_NM을 코드화한 N_AUD_CODE의 결과값이다. 그러나 N_AUD_CODE 변수만 보고 그 코드가 어느 감사법인을 의미하는지 알 수 없다. 따라서 이 경우 N_AUD_CODE에 label을 부여하게 되면 숫자변수이면서 그 내용을 알 수 있다.

**[그림 3.3.5]** AUD_NM을 N_AUD_CODE로 변환한 결과

```
. tabulate AUD_NM

    감사법인 |      Freq.     Percent        Cum.
-------------+-----------------------------------
다산회계법인 |          1        0.25        0.25
보람회계법인 |          2        0.50        0.74
산동회계법인 |          4        0.99        1.73
삼덕회계법인 |          1        0.25        1.98
삼일회계법인 |        109       26.98       28.96
삼정회계법인 |         61       15.10       44.06
신한회계법인 |         12        2.97       47.03
안건회계법인 |         36        8.91       55.94
안진회계법인 |        104       25.74       81.68
제원회계법인 |          2        0.50       82.18
진성회계법인 |          2        0.50       82.67
하나회계법인 |          3        0.74       83.42
한영회계법인 |         67       16.58      100.00
-------------+-----------------------------------
       Total |        404      100.00
```

```
. tabulate N_AUD_CODE

감사법인_코 |
         드 |      Freq.     Percent        Cum.
------------+-----------------------------------
          1 |          1        0.25        0.25
          2 |          2        0.50        0.74
          3 |          4        0.99        1.73
          4 |          1        0.25        1.98
          5 |        109       26.98       28.96
          6 |         61       15.10       44.06
          7 |         12        2.97       47.03
          8 |         36        8.91       55.94
          9 |        104       25.74       81.68
         10 |          2        0.50       82.18
         11 |          2        0.50       82.67
         12 |          3        0.74       83.42
         13 |         67       16.58      100.00
------------+-----------------------------------
      Total |        404      100.00
```

이제 N_AUD_CODE에 label을 정의하는 과정을 실습해 보자.

**[그림 3.3.6]** Data Editor

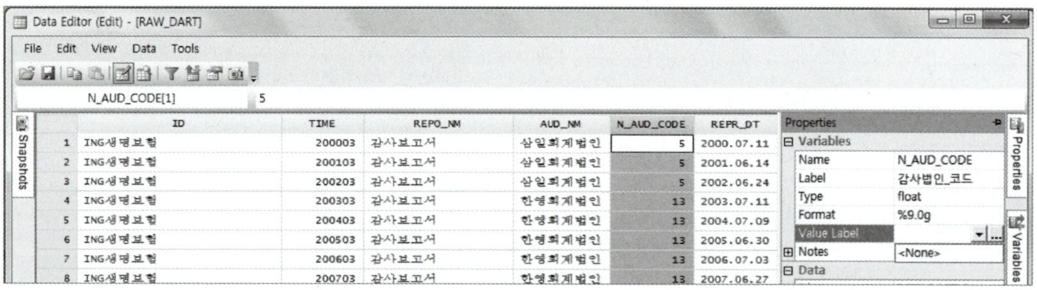


[그림 3.3.6]에서 N_AUD_CODE를 두 번 클릭하면, 오른쪽과 같이 [Properties]가 나타난다. 그리고 [Value Label]의 ...를 클릭하면, [그림 3.3.7]의 화면이 나타난다.

**[그림 3.3.7]** Value Label을 입력하기

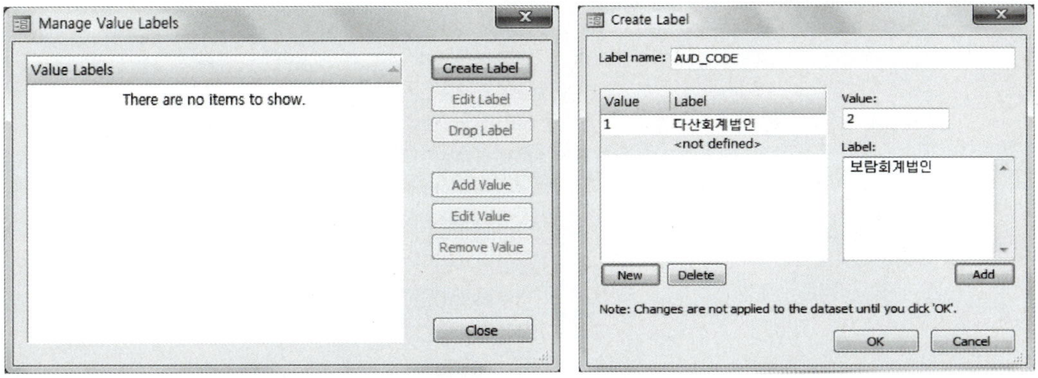


(A) (B)

[그림 3.3.7]의 (A)는 Value label을 입력하기 위한 초기화면이다. 여기서 [Create Label]을 선택하면 (B)화면이 나타난다. (B)화면에서 [Label name]에 원하는 코드값 (AUD_CODE)을 입력한다. 이후 Value에 원하는 값을 입력하고 Label에 그 코드값을 입력한다. 이후 Add를 선택하면 코드값이 추가된다. 이와 같이 Value에 1부터 13까지 입력한다.

**[그림 3.3.8]** Value Label의 입력된 화면

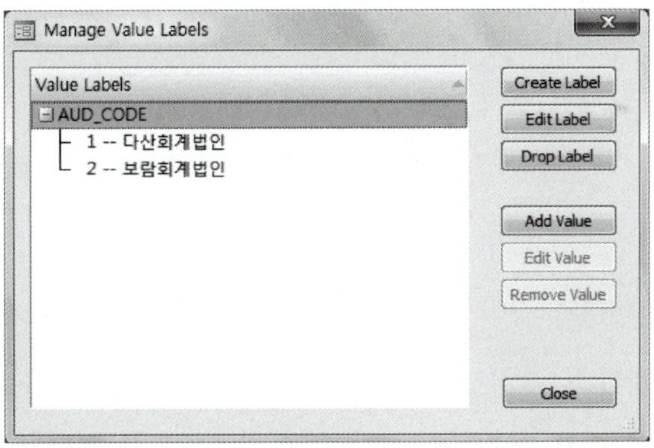


[그림 3.3.8]은 Value Label을 입력한 화면이며, 그 value의 일부만 입력한 상태이다. Value Label의 전체를 표시하면 아래와 같다.

**C:\> 명령어**

```
. label define AUD_CODE  1   "다산회계법인"           ///
                         2   "보람회계법인"           ///
                         3   "산동회계법인"           ///
                         4   "삼덕회계법인"           ///
                         5   "삼일회계법인"           ///
                         6   "삼정회계법인"           ///
                         7   "신한회계법인"           ///
                         8   "안건회계법인"           ///
                         9   "안진회계법인"           ///
                         10  "제원회계법인"           ///
                         11  "진성회계법인"           ///
                         12  "하나회계법인"           ///
                         13  "한영회계법인"
```

***주:** 위 명령어 중 "///"은 줄바꿈을 의미하며, 실행하는데 영향을 주지 않는다.

위 명령어는 13개 감사법인을 모두 포함한 경우이다.

**[그림 3.3.9] Value Label 입력된 상태**

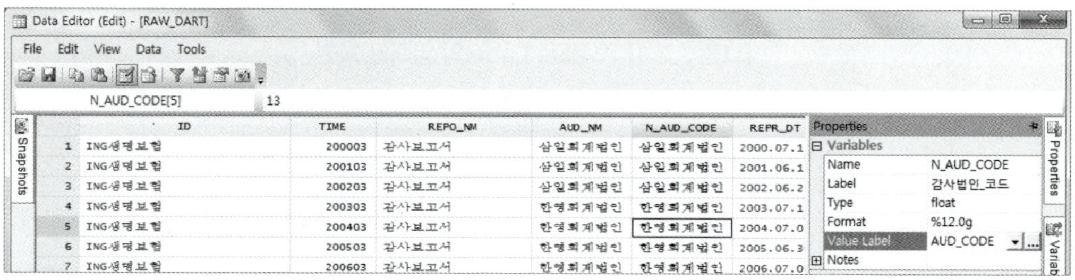


[그림 3.3.9]와 [그림 3.3.10]과 같이 감사법인 코드(AUD_CODE)가 표시되어 있음을 확인할 수 있다. [그림 3.3.9]에서 N_AUD_CODE의 값은 파란색으로 표시되어 있다. STATA에서 범주형변수는 파란색으로 표시하고 있다. 그러나 연구자들은 범주형변수에 Value Label에 그 값(번호와 Value)을 동시에 표시되어 있다면 코드북을 찾지 않고 분석이 가능할 수 있을 것이다. 그것을 가능하게 해 주는 명령어가 numlabel이다.

**C:\> 명령어**

```
. numlabel, add
. numlabel, remove
```

[그림 3.3.10] Describe로 살펴본 Value Label

```
. describe

Contains data
  obs:           404
 vars:             6
 size:        10,908
---------------------------------------------------------------
              storage   display     value
variable name  type     format      label      variable label
---------------------------------------------------------------
ID            float    %-32.0g     ID         회사명
A_ID          float    %-16.0g     AUD_CODE   회계감사법인
SEQ           byte     %8.0g                  관측번호
TIME          float    %tmCCYY-NN             감사년도
REPO_ID       float    %-23.0g     REPO_ID    보고서명
REPR_DT       str10    %10s                   감사일자
---------------------------------------------------------------
Sorted by:  ID  SEQ
     Note:  dataset has changed since last saved
```

위 두 명령어의 결과를 list를 이용하여 확인해 보면 [그림 3.3.11]과 같다.

[그림 3.3.11] numlabel add와 remove의 결과

```
. numlabel, add

. list AUD_NM N_AUD_CODE in 1/10, sep(0)

     +------------------------------------+
     | AUD_NM              N_AUD_CODE     |
     |------------------------------------|
  1. | 다산회계법인     1. 다산회계법인   |
  2. | 보람회계법인     2. 보람회계법인   |
  3. | 보람회계법인     2. 보람회계법인   |
  4. | 산동회계법인     3. 산동회계법인   |
  5. | 산동회계법인     3. 산동회계법인   |
  6. | 산동회계법인     3. 산동회계법인   |
  7. | 산동회계법인     3. 산동회계법인   |
  8. | 삼덕회계법인     4. 삼덕회계법인   |
  9. | 삼일회계법인     5. 삼일회계법인   |
 10. | 삼일회계법인     5. 삼일회계법인   |
     +------------------------------------+
```

(A) numlabel, add

```
. numlabel, remove

. list AUD_NM N_AUD_CODE in 1/10, sep(0)

     +------------------------------------+
     | AUD_NM              N_AUD_CODE     |
     |------------------------------------|
  1. | 다산회계법인        다산회계법인   |
  2. | 보람회계법인        보람회계법인   |
  3. | 보람회계법인        보람회계법인   |
  4. | 산동회계법인        산동회계법인   |
  5. | 산동회계법인        산동회계법인   |
  6. | 산동회계법인        산동회계법인   |
  7. | 산동회계법인        산동회계법인   |
  8. | 삼덕회계법인        삼덕회계법인   |
  9. | 삼일회계법인        삼일회계법인   |
 10. | 삼일회계법인        삼일회계법인   |
     +------------------------------------+
```

(B) numlabel, remove

[그림 3.3.11]의 (A)에서 보는 것과 같이 number와 Value Label을 동시에 보여 줌으로서 연구자는 분석을 용이하게 수행할 수 있다.

대화상자를 이용하여 numlabel 명령어의 기능을 살펴보자. 메뉴에서 **Data > Data utilities > Label utilities > Prepend values to value labeles**을 순차적으로 선택한다.

**실습자료** `C:\STATA\DM\KOSIS\RAW_DEATH2010.dta`

**[그림 3.3.12]** numlabel을 위한 Menu

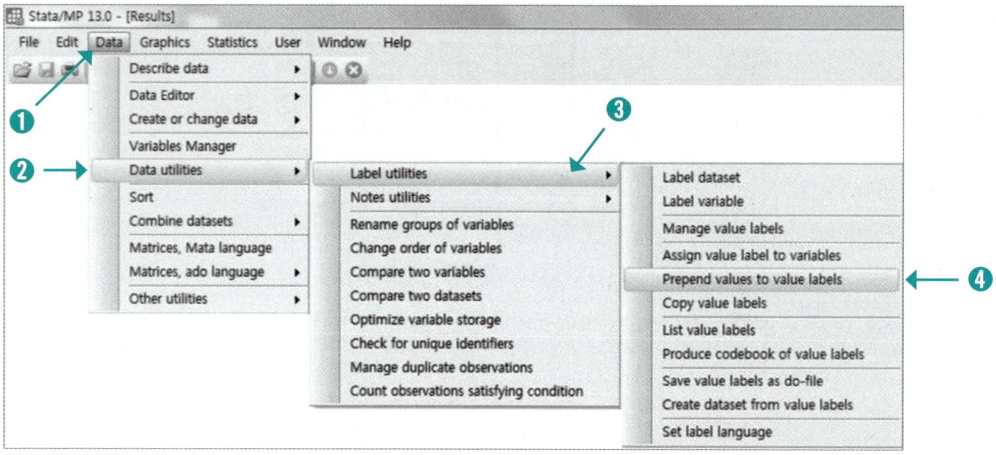


**[그림 3.3.13]** numlabel의 대화상자

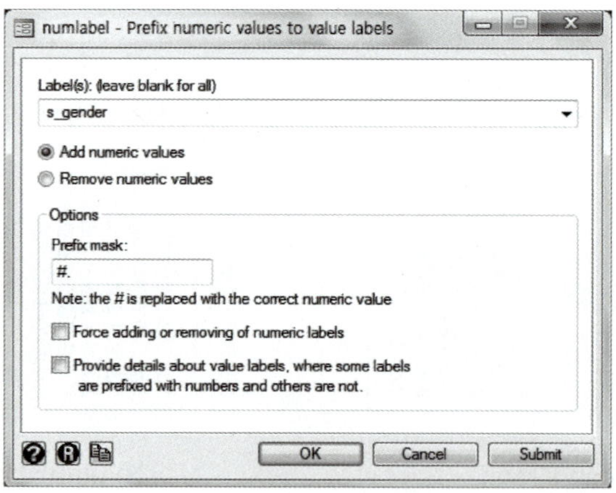


[그림 3.3.12]를 수행하기 전에 encode gender, generate(s_gender)를 먼저 실시한다. 이후 [그림 3.3.13]에서 Label(s)에 s_gender를 선택한 후 OK를 클릭한다. 이 경우 numlabel s_gender, add mask("#.")로 결과 창에 나타난다. 이후 list를 이용하여 그 결과 값(그림 3.3.14)을 확인할 수 있다.

[그림 3.3.14] numlabel 적용 결과

```
. list s_gender in 1/5

     +-----------+
     | s_gender  |
     |-----------|
  1. |    1. 계  |
  2. |    1. 계  |
  3. |    1. 계  |
  4. |    1. 계  |
  5. |    1. 계  |
     +-----------+
```

앞서 설명한 것과 같이 RAW_DEATH2010.dta 자료의 s_gender 변수는 없다. 이 변수를 [그림 3.3.15]와 같이 생성한 후 numlabel 명령어를 적용하면 된다.

[그림 3.3.15] numlabel 에러 발생 사례

```
. use "C:\STATA\DM\KOSIS\RAW_DEATH2010.dta", clear

. numlabel s_gender, add mask("#. ")
value label s_gender not found
r(111);

. encode gender, generate(s_gender)

. numlabel s_gender, add mask("#. ")
```

# 3.4 generate

## 3.4.1 | Basic

실습자료 C:\STATA\DM\BOK\INTEREST.dta

이 실습자료는 한국은행에서 제공하는 일별금리자료 중 국고채 3년자료이다. 이 자료를 활용하여 기본적인 변수를 생성하는 과정을 실습한다. 변수 TIME은 년월일이며, INT_01은 국고채 3년자료이다.

> generate에서 활용할 수 있는 기능은 if와 in 이 있을 수 있다.
> if 문에서 사용할 수 있는 논리식은
> == : 같다.
> ~= or != : 같지 않다.
> > : 크다.
> < : 작다.
> >= : 크거나 같다.
> <= : 작거나 같다.
> & : 그리고
> |(☞ shift + ₩) : 또는

우선 기본적인 변수생성과정을 설명하는데, INT_01_1 ~ INT_01_4 까지 각각 INT_01에 2를 더하고, 빼고, 곱하고 그리고 나누기를 실습해 보자.

[그림 3.4.1] generate 실행 메뉴

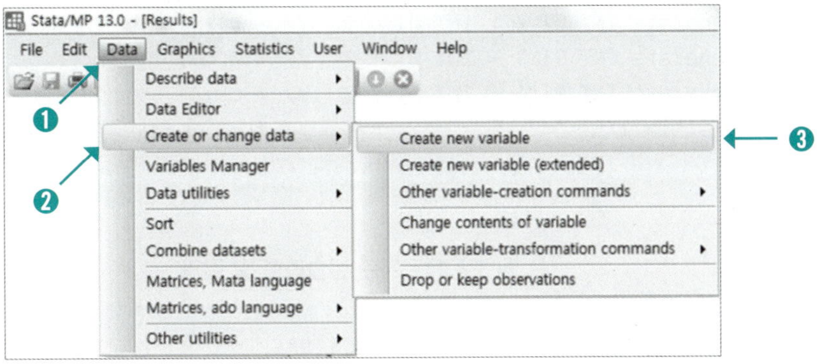


[그림 3.4.1]과 같이 **Data > Create or change data > Create new variable**을 순차적으로 선택하면 [그림 3.4.2]의 generate 대화상자가 나타난다. 여기서 Variable type은 기본적으로 설정된 float를 유지한다. Variable name은 새롭게 생성되는 변수이름인 INT_01_1을 입력한다. 그리고 Specify a value or an expression에 INT_01 + 2를 입력한다. 특별한 경우에는 Create…를 선택하여 식을 입력한다. 설정이 완료되면 OK를 실행한다.

[그림 3.4.2] generate 대화상자

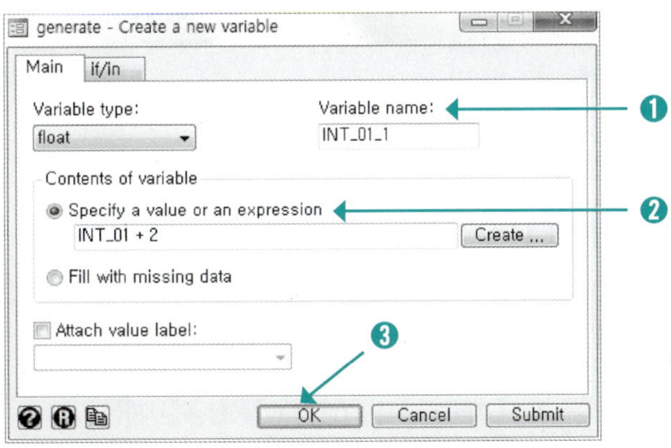


[그림 3.4.2]와 같이 INT_01 변수에 2를 빼고, 곱하고, 나누기를 실행해 본다. 그 명령어는 아래와 같다.

C:\> 명령어

```
. generate INT_01_1 = INT_01 + 2   // + 더하기
. generate INT_01_2 = INT_01 - 2   // - 빼기
. generate INT_01_3 = INT_01 * 2   // * 곱하기
. generate INT_01_4 = INT_01 / 2   // / 나누기
. list in 1/5                      // 처음부터 5개의 관측값 보기
```

**[그림 3.4.3] 기본 실습과정 및 결과**

```
. use "C:\STATA\DM\BOK\INTEREST.dta", clear

. generate INT_01_1 = INT_01 + 2   // + 더하기

. generate INT_01_2 = INT_01 - 2   // - 빼기

. generate INT_01_3 = INT_01 * 2   // * 곱하기

. generate INT_01_4 = INT_01 / 2   // / 나누기

. list in 1/5                      // 처음부터 5개의 관측값 보기
```

| | TIME | INT_01 | INT_01_1 | INT_01_2 | INT_01_3 | INT_01_4 |
|---|---|---|---|---|---|---|
| 1. | 2001/01/02 | 6.67 | 8.67 | 4.67 | 13.34 | 3.335 |
| 2. | 2001/01/03 | 6.64 | 8.64 | 4.64 | 13.28 | 3.32 |
| 3. | 2001/01/04 | 6.37 | 8.37 | 4.37 | 12.74 | 3.185 |
| 4. | 2001/01/05 | 6.19 | 8.19 | 4.19 | 12.38 | 3.095 |
| 5. | 2001/01/08 | 6.10 | 8.1 | 4.1 | 12.2 | 3.05 |

만약 위 결과값을 직접 STATA에서 확인할 수 있는데, 그 명령어가 display이다. 이 명령어는 명령어 창에 직접 값을 계산할 수 있다.

**[그림 3.4.4] display를 활용한 계산**

```
. display 6.67+2
8.67

. display 6.67-2
4.67

. display 6.67*2
13.34

. display 6.67/2
3.335
```

[그림 3.4.4]에서 보는 값과 [그림 3.4.3]의 값이 일치하는 것을 알 수 있다. STATA에서는 명령어창에서 display 명령어를 이용하여 확인할 수 있다.

이상과 같이 generate [new variable] = [산식]으로 적용된다.

## 3.4.2 문자변수 붙이기

STATA에서 숫자를 더하는 것 이외에도 문자를 더하는 경우도 가능하다.

실습자료 **C:\STATA\DM\KNIA\WORD.dta**

[그림 3.4.5]는 보험회사(소계, 합계를 포함)에 대한 문자변수이다. [그림 3.4.5]에서 보험회사명이 중간에 공백이 포함되어 있어 보기 좋지 않은 형태로 되어 있다. 위 자료를 '메리츠'로 수정하여 사용할 경우가 생길 수 있다. 이를 위해 word라는 명령어를 이용하여 새로운 ID_NM을 만들어 보자.

**[그림 3.4.5] 자료의 결과**

```
. list in 1/10, sep(0)

     +----------------+
     | ID             |
     |----------------|
  1. | 메   리   츠   |
  2. | 한        화   |
  3. | 롯        데   |
  4. | 그        린   |
  5. | 흥        국   |
  6. | 삼        성   |
  7. | 현        대   |
  8. | L    I    G    |
  9. | 동        부   |
 10. | 소        계   |
     +----------------+
```

[그림 3.4.6] generate 실행 메뉴

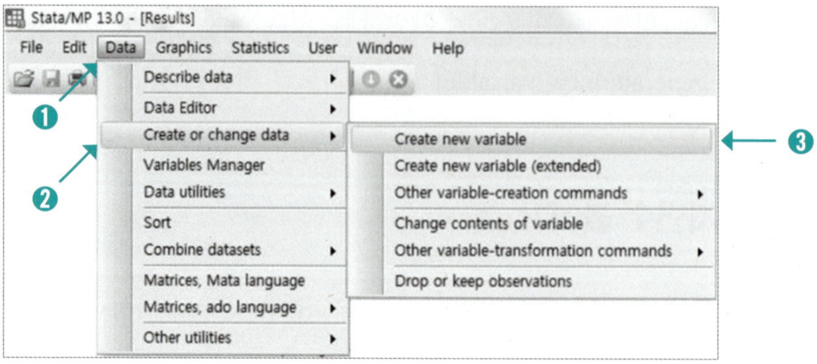


[그림 3.4.7] Word 명령어

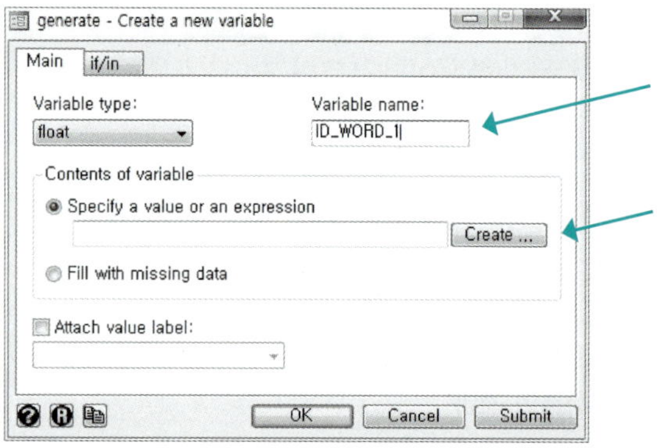


❶ Variable name에 새로운 변수 이름을 입력한다. ID_WORD_1

❷ Create를 클릭한다.

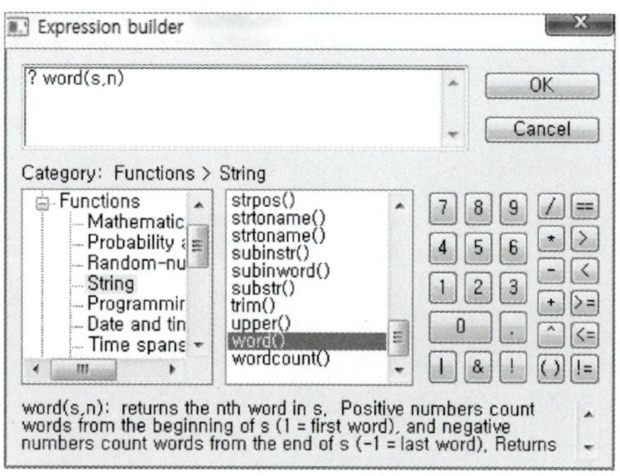


❸ Funtions 중 String을 선택한다.

❹ word()를 두 번 클릭한다.

❺ ? word(s,n)을 확인 한 후 OK를 선택한다.

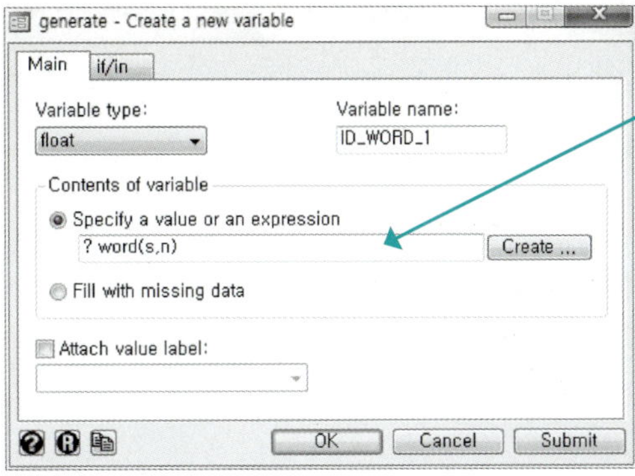


❻ Specify a value or an expression 중 ?word(s,n)가 표현된 것을 확인한다.

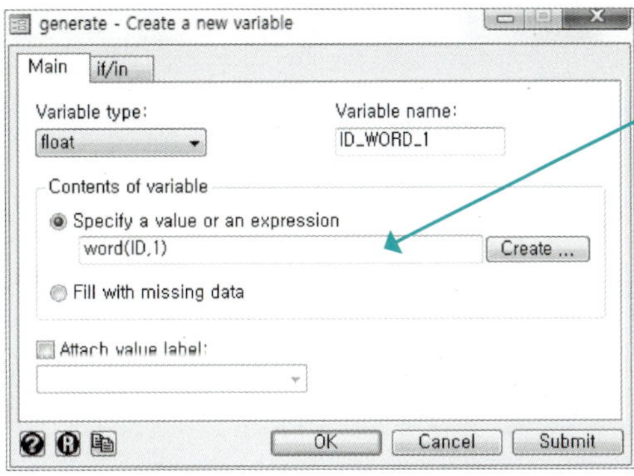


❼ ?를 삭제하고, s를 ID로 수정하며, n을 1로 수정한다.

❽ OK를 선택한다.

[그림 3.4.7]의 일련의 과정을 마치면 그 결과는 generate str ID_WORD_1 = word(ID,1)라는 명령어를 입력한 것과 같으며, 그 결과는 [그림 3.4.8]과 같다.

**[그림 3.4.8]** ID_WORD_1의 결과

| | ID | TIME | ID_WORD_1 |
|---|---|---|---|
| 1 | 메 리 츠 | 201106 | 메 |
| 2 | 한 화 | 201106 | 한 |
| 3 | 롯 데 | 201106 | 롯 |
| 4 | 그 린 | 201106 | 그 |
| 5 | 흥 국 | 201106 | 흥 |
| 6 | 삼 성 | 201106 | 삼 |
| 7 | 현 대 | 201106 | 현 |
| 8 | L I G | 201106 | L |
| 9 | 동 부 | 201106 | 동 |
| 10 | 소 계 | 201106 | 소 |
| 11 | 서 울 보 증 | 201106 | 서 |
| 12 | 코 리 안 리 | 201106 | 코 |
| 13 | A X A | 201106 | A |
| 14 | 더 케 이 | 201106 | 더 |
| 15 | E R G O 다 음 | 201106 | E |
| 16 | 하이카다이렉트 | 201106 | 하이카다이렉트 |
| 17 | 합 계 | 201106 | 합 |

[그림 3.4.8]에서 보는 것과 같이 ID_WORD_1에는 ID의 WORD 1에 해당하는 값이 표시되어 있다. 즉 공백을 제외한 WORD가 작성된 것이다. 위와 같은 작업을 7회 수행한다. 즉 ID_WORD_7까지 실시한다. 그 결과는 [그림 3.4.9]와 같다.

[그림 3.4.9] Word 명령어 실행 결과

| | ID | TIME | ID_WORD_1 | ID_WORD_2 | ID_WORD_3 | ID_WORD_4 | ID_WORD_5 | ID_WORD_6 | ID_WORD_7 |
|---|---|---|---|---|---|---|---|---|---|
| 1 | 메 리 츠 | 201106 | 메 | 리 | 츠 | | | | |
| 2 | 한 화 | 201106 | 한 | 화 | | | | | |
| 3 | 롯 데 | 201106 | 롯 | 데 | | | | | |
| 4 | 그 린 | 201106 | 그 | 린 | | | | | |
| 5 | 흥 국 | 201106 | 흥 | 국 | | | | | |
| 6 | 삼 성 | 201106 | 삼 | 성 | | | | | |
| 7 | 현 대 | 201106 | 현 | 대 | | | | | |
| 8 | L I G | 201106 | L | I | G | | | | |
| 9 | 동 부 | 201106 | 동 | 부 | | | | | |
| 10 | 소 계 | 201106 | 소 | 계 | | | | | |
| 11 | 서 울 보 증 | 201106 | 서 | 울 | 보 | 증 | | | |
| 12 | 코 리 안 리 | 201106 | 코 | 리 | 안 | 리 | | | |
| 13 | A X A | 201106 | A | X | A | | | | |
| 14 | 더 케 이 | 201106 | 더 | 케 | 이 | | | | |
| 15 | E R G O 다 음 | 201106 | E | R | G | O | 다 | 음 | |
| 16 | 하이카다이렉트 | 201106 | 하이카다이렉트 | | | | | | |
| 17 | 합 계 | 201106 | 합 | 계 | | | | | |
| 18 | C H A R T I S | 201106 | C | H | A | R | T | I | S |
| 19 | A C E | 201106 | A | C | E | | | | |
| 20 | F E D E R A L | 201106 | F | E | D | E | R | A | L |
| 21 | G e n R e | 201106 | G | e | n | R | e | | |
| 22 | F. A. T. I. C | 201106 | F. | A. | T. | I. | C | | |

이제 ID_WORD_1~7의 내용을 이용하여 하나의 변수 ID_WORD 즉, 공백 없는 ID 변수를 만들어 보자. 방법은 간단한데, ID_WORD_1~7이 문자변수이기 때문에 '+'를 이용하여 만들면 된다.

C:\>
명령어

```
. generate str ID_WORD =   ID_WORD_1       ///
                         + ID_WORD_2       ///
                         + ID_WORD_3       ///
                         + ID_WORD_4       ///
                         + ID_WORD_5       ///
                         + ID_WORD_6       ///
                         + ID_WORD_7
```

**[그림 3.4.10] 문자형변수의 조합 만들기**

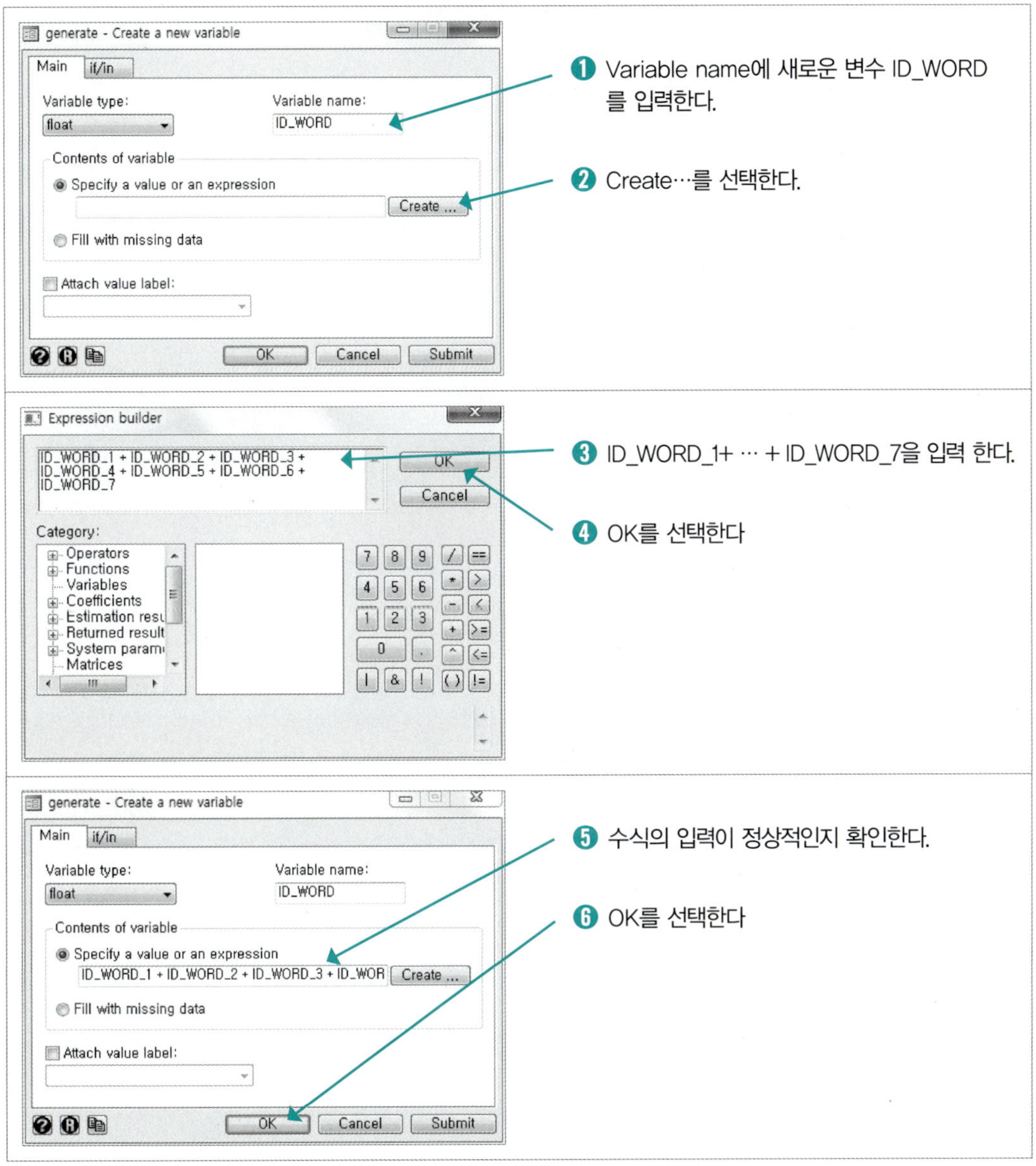


그 결과는 [그림 3.4.11]과 같다. 즉, 공백 없이 손해보험회사의 회사명이 표시된다.

[그림 3.4.11] 7개의 Word 변수를 하나의 변수로 통합

| | ID | TIME | ID_WORD_1 | ID_WORD_2 | ID_WORD_3 | ID_WORD_4 | ID_WORD_5 | ID_WORD_6 | ID_WORD_7 | ID_WORD |
|---|---|---|---|---|---|---|---|---|---|---|
| 1 | 메 리 츠 | 201106 | 메 | 리 | 츠 | | | | | 메리츠 |
| 2 | 한 화 | 201106 | 한 | 화 | | | | | | 한화 |
| 3 | 롯 데 | 201106 | 롯 | 데 | | | | | | 롯데 |
| 4 | 그 린 | 201106 | 그 | 린 | | | | | | 그린 |
| 5 | 흥 국 | 201106 | 흥 | 국 | | | | | | 흥국 |
| 6 | 삼 성 | 201106 | 삼 | 성 | | | | | | 삼성 |
| 7 | 현 대 | 201106 | 현 | 대 | | | | | | 현대 |
| 8 | L I G | 201106 | L | I | G | | | | | LIG |
| 9 | 동 부 | 201106 | 동 | 부 | | | | | | 동부 |
| 10 | 소 계 | 201106 | 소 | 계 | | | | | | 소계 |
| 11 | 서 울 보 증 | 201106 | 서 | 울 | 보 | 증 | | | | 서울보증 |
| 12 | 코 리 안 리 | 201106 | 코 | 리 | 안 | 리 | | | | 코리안리 |
| 13 | A X A | 201106 | A | X | A | | | | | AXA |
| 14 | 더 케 이 | 201106 | 더 | 케 | 이 | | | | | 더케이 |
| 15 | E R G O 다 음 | 201106 | E | R | G | O | 다 | 음 | | ERGO다음 |
| 16 | 하이카다이렉트 | 201106 | 하이카다이렉트 | | | | | | | 하이카다이렉트 |
| 17 | 합 계 | 201106 | 합 | 계 | | | | | | 합계 |
| 18 | C H A R T I S | 201106 | C | H | A | R | T | I | S | CHARTIS |
| 19 | A C E | 201106 | A | C | E | | | | | ACE |
| 20 | F E D E R A L | 201106 | F | E | D | E | R | A | L | FEDERAL |
| 21 | G e n R e | 201106 | G | e | n | R | e | | | GenRe |
| 22 | F. A. T. I. C | 201106 | F. | A. | T. | I. | C | | | F.A.T.I.C |

# 3.5 egen

egen 명령어는 generate에서 추가적으로 변수를 생성할 수 있는 확장명령어이다. 적용 가능한 egen은 다음과 같다.

```
. anycount        . anymatch        . anyvalue
. concat          . count           . cut
. diff            . ends            . fill
. group           . iqr             . kurt
. mad             . max*            . mdev
. mean*           . median          . min
. mode            . mtr             . pc
. pctile          . rank            . rowfirst
. rowlast         . rowmax          . rowmean
. rowmedian       . rowmin          . rowmiss
. rownonmiss      . rowpctile       . rowsd
. rowtotal        . sd              . seq*
. number          . skew            . std
. tag             . total
```

egen 명령어의 실행은 [그림 3.5.1]과 같이 **Data > Create or change data > Create new variable(extended)**를 순차적으로 실행하면 된다.

[그림 3.5.1] egen 메뉴 실행

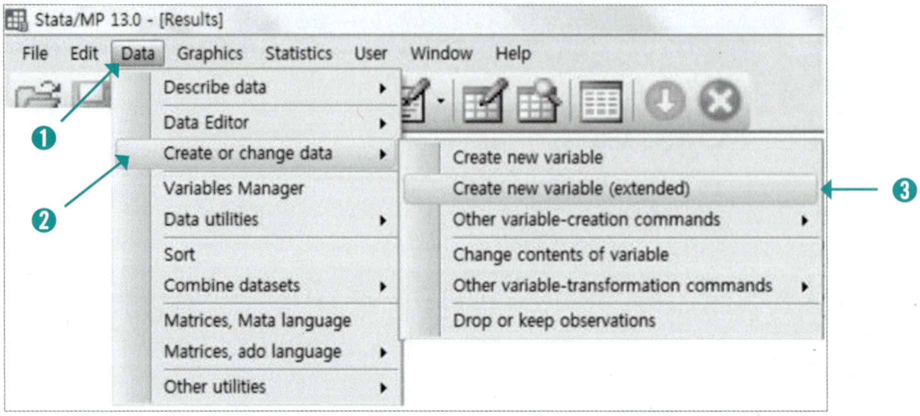


실습자료 **C:\STATA\DM\KOSIS\DEATH_2010.dta**

실습자료는 통계청에서 제공하는 자료 중 성별, 연령별에 대한 2010년 사망자수 자료이다.

C:\> 명령어

```
. use "C:\STATA\DM\KOSIS\DEATH_2010.dta", clear
. ❶ egen total_seq = seq()
. ❷ egen total_no=max(total_seq)
. ❸ bysort gender: egen g_seq=seq()
. ❹ bysort gender: egen g_total_no=max(g_seq)
```

위 명령어를 살펴보면, ❶ total_seq는 관측되고 있는 자료에 순번을 부여하는 명령어이다. 그 결과는 1~52까지의 값이 순차적으로 기록된다. ❷ total_no는 관측값의 최대값을 기록하게 된다. 즉 52라는 값이 기록된다. 이제는 성별, 즉 남자와 여자에 대한 연령별 관측값을 부여하는데 ❸ g_seq는 각 성별에 대한 순번을 부여하는 명령어로 그 결과값은 1~26까지의 값이 남자와 여자 모두 동일한 형태로 기록된다. 또한 ❹ g_total은 각 연령별 관측값의 최대값을 기록하게 되는데 즉, 26이란 값이 기록된다. 위 명령어 중 ❷에 해당하는 부분의 대화상자 설정은 [그림 3.5.2]와 같다.

[그림 3.5.2] egen 대화상자

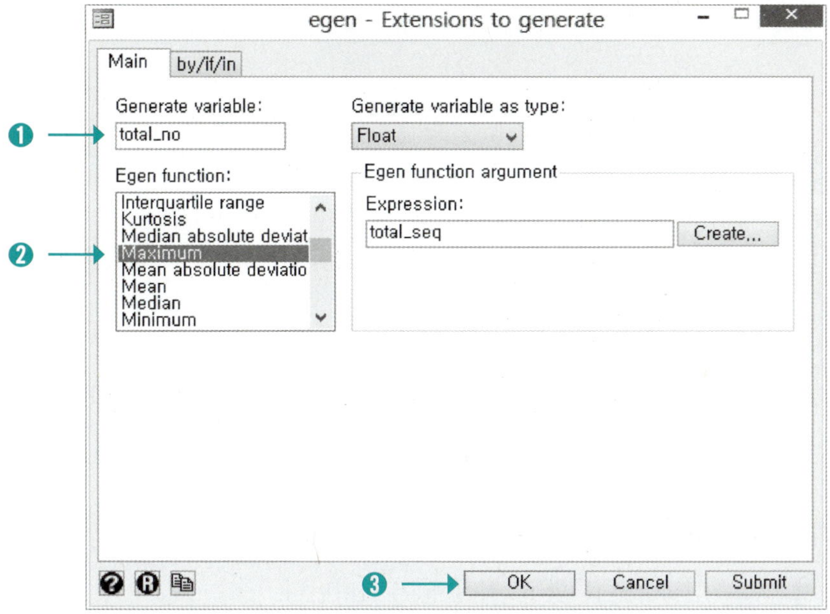


C:\> 명령어

```
. ❶ egen mean_death_pop = mean(death_pop)
. ❷ bysort gender: egen g_m_d_p= mean(death_pop)
. ❸ egen row_total = rowtotal(total_seq total_no)
```

이제 사망자수의 평균을 계산해 보자. 이렇게 구한 평균은 특정한 의미가 없는 것으로 고려하자. ❶ **mean_death_pop**는 전체(52개 관측값)의 평균을 의미하며, 동일한 값(16377.692)이 모든 관측값에 기록된다. ❷ **g_m_d_p**의 경우도 각 연령별 사망자수의 평균(남: 17,615.04, 여: 15,140.35)이 계산된다. ❸ **row_total**은 **total_seq**와 **total_no**의 값을 합한 값이다.

[그림 3.5.3]에 사용된 list 명령어를 설명하면, 우선 'in 1/10'의 의미는 처음부터 10번째까지에 해당하는 값을 의미하며, abb(20)은 변수명에 대하여 그 길이가 20 이상이면 줄여서 보여준다는 의미이다. 마지막 sep(0)의 경우는 STATA에서 기본적으로 5개 관측값이 구분을 하여 보여준다. 이 구분값 없이 그 결과를 보여달라는 의미이다.

[그림 3.5.3] egen 산출 결과

```
. list row_total total_seq total_no in 1/10, abb(20) sep(0)

     +-----------------------------------+
     | row_total   total_seq   total_no  |
     |-----------------------------------|
  1. |        53           1         52  |
  2. |        54           2         52  |
  3. |        55           3         52  |
  4. |        56           4         52  |
  5. |        57           5         52  |
  6. |        58           6         52  |
  7. |        59           7         52  |
  8. |        60           8         52  |
  9. |        61           9         52  |
 10. |        62          10         52  |
     +-----------------------------------+
```

메뉴를 이용하는 경우, 우선 **Data > Create or change data > Create new variable (extended)**를 순차적으로 선택하면 [그림 3.5.4]와 같이 나타난다.

[그림 3.5.4] egen 화면 – sequences

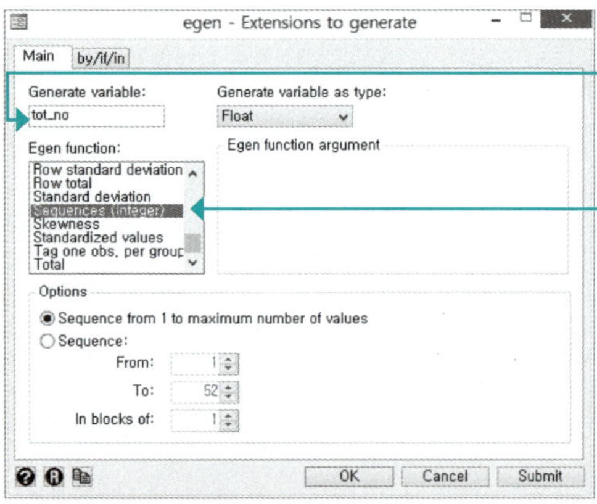


❶ Generate variable:에 새롭게 생성하는 변수의 이름을 입력한다.

❷ Egen function에서 Sequences (integer)를 선택한다.

❸ OK를 선택한다.

[그림 3.5.4]에서 ❶ Generate variable에 tot_no라고 입력하고, ❷ Egen function에 Sequences(interger)를 선택한 후 OK를 클릭하면 'egen float tot_no = seq()'라는 명령어가 생긴다.

[그림 3.5.5] egen 화면 - maximum

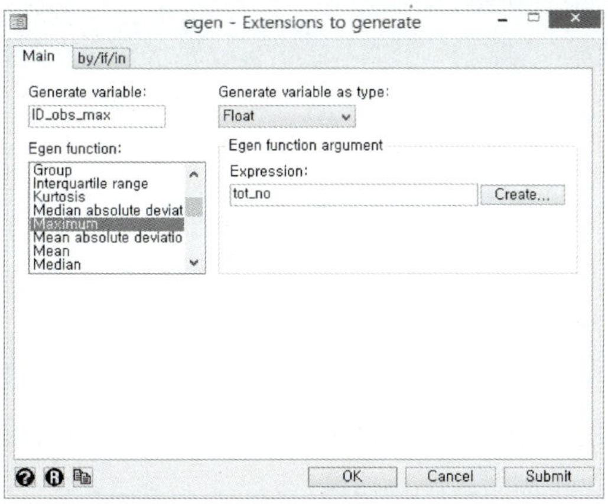


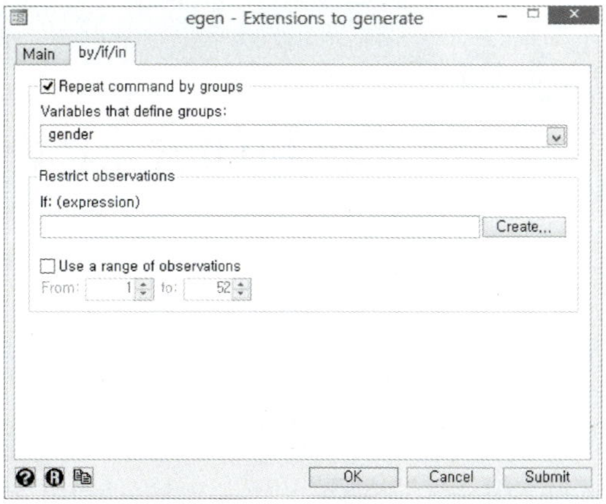


[그림 3.5.5]에서 ❶ Generate variable에 ID_obs_max라고 입력하고, ❷ Egen function에 Maximum을 선택한 후 ❸ Expression에 tot_no를 입력한다. 이후 by/if/in에서 ❹ Repeat commend by groups에 체그표시를 하고 ❺ gender를 입력한 후 OK를 클릭한다.

# 3.6 edit(replace)

이 명령어는 해당 값을 사용자가 직접 수정할 수 있다. 여기서 해당 값은 변수에 대한 값과 변수명, 라벨명 등을 말한다. edit 명령어는 [그림 3.6.1]과 같이 **Data > Data Editor > Data Editor(Edit)**를 순차적으로 실행하면 [그림 3.6.2]의 화면이 나타난다. 또는 아이콘()을 선택하면 된다.

[그림 3.6.1] edit 메뉴 실행

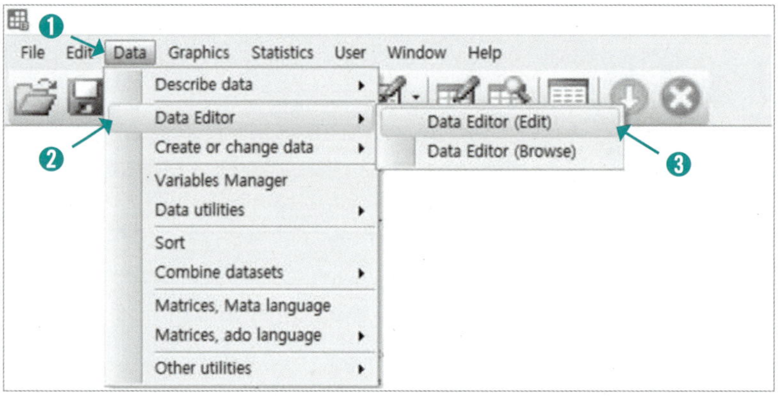


[그림 3.6.2]는 다양한 기능을 수행할 수 있다. ❶ gender를 sex를 수정하면 rename을 한 것과 같으며, ❷ 성별을 남녀로 수정하면 label variable을 한 것과 같다.

[그림 3.6.2] edit 실행 화면

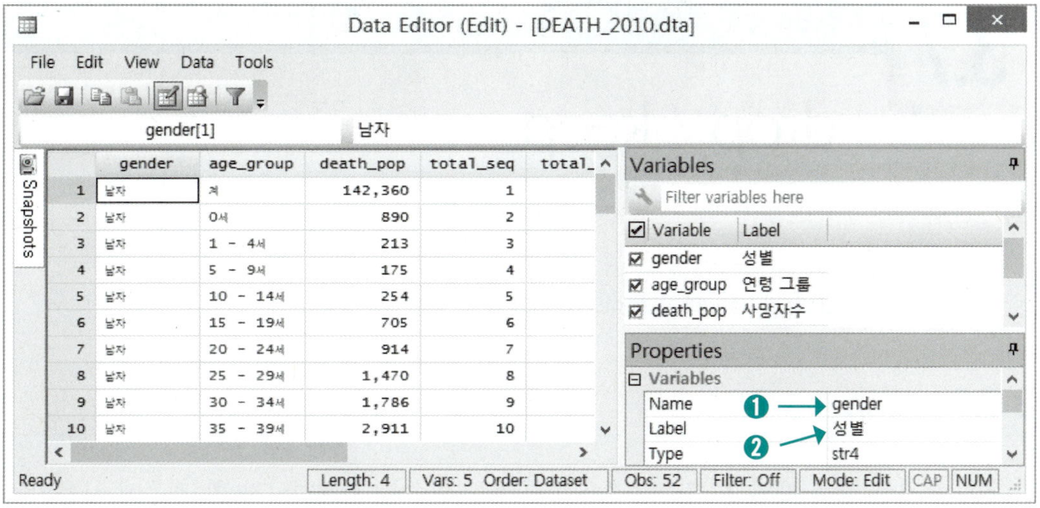

# 3.7 drop / keep

drop과 keep에 공통적으로 사용할 수 있는 if 문이다.

## 3.7.1 drop

drop은 특정한 값을 제외하고자 할 경우와 특정한 변수를 삭제하고자 할 경우에 사용되는 명령어이다. 이 drop은 keep와 반대되는 개념이다.

실습자료 **C:\STATA\DM\OECD\GDP.dta**

실습자료 GDP.dta는 OECD 회원국의 2001년부터 2008년까지의 GDP자료이다. 이 자료의 구성은 [그림 3.7.1]과 같다.

[그림 3.7.1]에서 COUN_NO는 국가를 구분할 수 있는 번호로 즉, ID를 의미한다. TIME은 2001년부터 2008년까지 Yearly 기준이다. COUN_CD는 COUN_NO와 동일하지만 문자변수(str2)이다. 그리고 COUN_NM은 OECD 회원국의 국가 명(str15)이다. 마지막 변수는 GDP이다.

[그림 3.7.1] 실습자료(GDP)의 개요

```
. use "C:\STATA\DM\OECD\GDP.dta", clear

. describe

Contains data from C:\STATA\DM\OECD\GDP.dta
  obs:           272
 vars:             5                          12 Nov 2011 16:17
 size:         7,616
----------------------------------------------------------------------
                   storage    display    value
variable name      type       format     label      variable label
----------------------------------------------------------------------
COUN_NO            byte       %10.0g
TIME               int        %9.0g
COUN_CD            str2       %9s
COUN_NM            str15      %15s
GDP                double     %10.0g
----------------------------------------------------------------------
Sorted by:  COUN_NO  TIME
```

[그림 3.7.2] 실습자료의 구성

```
. list in 1/10, sep(0)

     +---------------------------------------------------------+
     | COUN_NO   TIME   COUN_CD     COUN_NM               GDP  |
     |---------------------------------------------------------|
  1. |       1   2001        01   Australia      -.51536831   |
  2. |       1   2002        01   Australia       .70161141   |
  3. |       1   2003        01   Australia       1.2911532   |
  4. |       1   2004        01   Australia       .97227915   |
  5. |       1   2005        01   Australia       1.1816353   |
  6. |       1   2006        01   Australia        1.250429   |
  7. |       1   2007        01   Australia       1.3722157   |
  8. |       1   2008        01   Australia      -.21895192   |
  9. |       2   2001        02     Austria      -.19344696   |
 10. |       2   2002        02     Austria      -.91484622   |
     +---------------------------------------------------------+
```

Drop은 특정한 값을 삭제할 수 있으며, 특정한 변수를 삭제할 수 있다. 우선 변수를 삭제해 보자. 연구자는 drop 명령어를 적용할 경우 신중해야 한다. STATA에서 삭제된 정보를 되살릴 수 없기 때문이다. 따라서 연구자는 do 파일을 이용하여 분석을 수행하되, 원본 Dataset에서 직접 drop 기능을 적용하지 않아야 한다.

[그림 3.7.2]에서 COUN_CD 변수를 삭제해 보자.

C:\> 명령어

```
. ❶ use "C:\STATA\DM\OECD\GDP.dta", clear
. ❷ sort COUN_NO TIME
. ❸ drop COUN_CD
. ❹ list in 1/5, sep(0)
```

위 명령어(❸)와 같이 drop [삭제할 변수명: COUN_CD]을 입력하면 선택한 변수가 삭제된다. 위에서 COUN_CD 변수가 삭제된 것을 [그림 3.7.3]에서 확인할 수 있다.

**[그림 3.7.3] COUN_CD 변수 삭제 결과**

```
. list in 1/5, sep(0)

     +-------------------------------------------+
     | COUN_NO   TIME     COUN_NM           GDP  |
     |-------------------------------------------|
  1. |       1   2001   Australia   -.51536831  |
  2. |       1   2002   Australia    .70161141  |
  3. |       1   2003   Australia    1.2911532  |
  4. |       1   2004   Australia    .97227915  |
  5. |       1   2005   Australia    1.1816353  |
     +-------------------------------------------+
```

이제 TIME은 2001부터 2008까지의 값을 가지는데, 이 중에서 2004의 값을 모두 삭제해 보자.

C:\> 명령어

```
. ❶ drop if TIME==2004
. ❷ list in 1/5, sep(0)
```

위 명령어 ❶의 의미는 변수 TIME 중 2004로 표시된 값만 삭제하라는 것이다. 그 결과는 [그림 3.7.4]와 같다.

[그림 3.7.4] TIME 변수 중 2004년도를 삭제한 결과

| | COUN_NO | TIME | COUN_NM | GDP |
|---|---|---|---|---|
| 1. | 1 | 2001 | Australia | -.51536831 |
| 2. | 1 | 2002 | Australia | .70161141 |
| 3. | 1 | 2003 | Australia | 1.2911532 |
| 4. | 1 | 2005 | Australia | 1.1816353 |
| 5. | 1 | 2006 | Australia | 1.250429 |

[그림 3.7.4]는 [그림 3.7.3]에 있던 TIME 중 2004로 표시된 값이 없는 것을 확인할 수 있을 것이다.

이제 메뉴를 통해서 drop을 하는 방법을 살펴보자. 우선 [그림 3.7.5]와 같이 **Data > Create or change data > Keep or drop observations**을 순차적으로 선택한다.

[그림 3.7.5] Keep or drop 실행을 위한 메뉴 선택

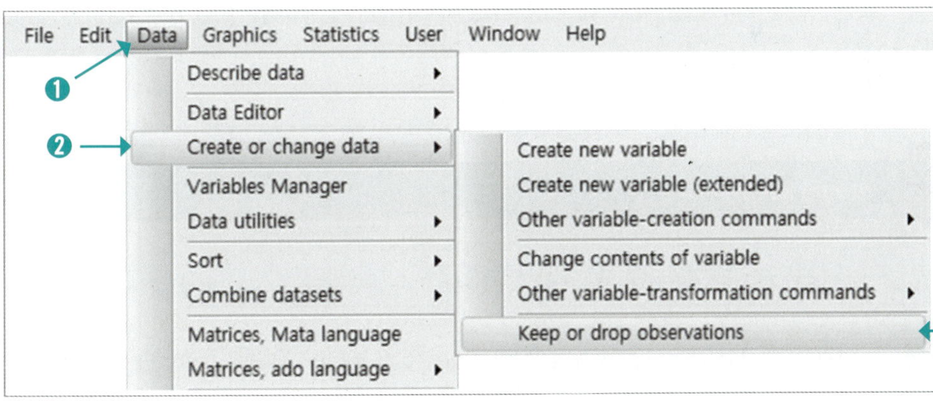


[그림 3.7.5]를 선택하면 [그림 3.7.6]의 대화상자가 나타난다.

**[그림 3.7.6]** drop을 위한 대화상자

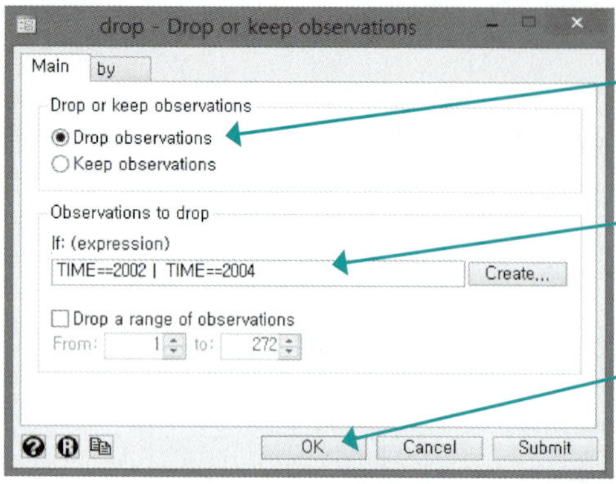


❶ Drop or keep observation에서 Drop observations을 선택한다.

❷ Observations to drop의 if 부분에 해당 조건을 입력한다.

❸ OK를 선택한다.

[그림 3.7.6]에서 보는 것과 같이 선택과 입력된 결과의 명령어는 아래와 같다.

C:\> 명령어

```
. ❶ drop if TIME==2002 | TIME==2004
```

## 3.7.2 keep

변수 또는 값을 유지하고자 할 경우에 사용가능하며, 실습은 drop과 동일한 결과가 도출되도록 실행한다.

**TIP drop와 keep에서 if 문**

```
use "C:\STATA\DM\OECD\GDP.dta", clear
```

위 실습자료에서 TIME 변수 중 2002, 2004의 값만 삭제하고자 한다면, 다음의 두 가지 명령어를 사용할 수 있다.

```
drop if TIME==2002 | TIME==2004
```

또는

```
keep if TIME!=2002 | TIME!=2004
```

그 결과는 아래와 같다.

|  | COUN_NO | TIME | COUN_CD | COUN_NM | GDP |
|---|---|---|---|---|---|
| 1. | 1 | 2001 | 01 | Australia | -.51536831 |
| 2. | 1 | 2003 | 01 | Australia | 1.2911532 |
| 3. | 1 | 2005 | 01 | Australia | 1.1816353 |
| 4. | 1 | 2006 | 01 | Australia | 1.250429 |
| 5. | 1 | 2007 | 01 | Australia | 1.3722157 |

여기서 "|" (키보드:Shift+₩)는 또는(or)의 의미이다.

# 3.8 sort / gsort

## 3.8.1 | sort

sort는 말 그대로 변수의 값에 대한 정렬을 하고자 할 때 이용된다. 정렬은 내림차순과 오름차순으로 구분되는데, sort는 내림차순(A → Z)으로만 가능하다는 한계가 있다.

실습자료 C:\STATA\DM\BOK\DATA_INTEREST.dta

[그림 3.8.1] Dataset 개요

```
. use "C:\STATA\DM\BOK\DATA_INTEREST.dta", clear

. describe

Contains data from C:\STATA\DM\BOK\DATA_INTEREST.dta
  obs:           129
 vars:            14                          1 Oct 2012 04:47
 size:         9,546
------------------------------------------------------------
              storage   display    value
variable name   type    format     label    variable label
------------------------------------------------------------
s_time          str7    %9s                 관측년월
n_cd91          double  %10.2f              CD91
n_int1y         double  %10.2f              국고채1년
n_int3y         double  %10.2f              국고채3년
n_int5y         double  %10.2f              국고채5년
n_int10y        double  %10.2f              국고채10년
s_cd91          str4    %9s                 CD91
```

```
s_int_1y        str4      %9s                    국고채1년
s_int_3y        str4      %9s                    국고채3년
s_int_5y        str4      %9s                    국고채5년
s_int_10y       str4      %9s                    국고채10년
year            int       %10.0g                 관측년도
month           byte      %10.0g                 관측월
yearmonth       float     %tm                    관측년월
-------------------------------------------------------------
Sorted by:  s_time
```

C:\> 명령어

```
. ❶ use "C:\STATA\DM\BOK\DATA_INTEREST.dta", clear
. ❷ sort s_time
. ❸ list s_time n_cd91- n_int_10y, sep(0) abb(20) divider
```

**[그림 3.8.2]** sort 결과

| | s_time | n_cd91 | n_int1y | n_int3y | n_int5y | n_int10y |
|---|---|---|---|---|---|---|
| 1. | 2001/01 | 6.43 | 6.04 | 5.99 | 6.20 | 6.65 |
| 2. | 2001/02 | 5.73 | 5.51 | 5.43 | 5.76 | 6.41 |
| 3. | 2001/03 | 5.68 | 5.81 | 5.84 | 6.40 | 7.00 |
| 4. | 2001/04 | 5.84 | 6.20 | 6.59 | 7.24 | 7.74 |
| 5. | 2001/05 | 5.85 | 6.10 | 6.46 | 7.05 | 7.58 |
| | (중 략) | | | | | |
| 125. | 2011/05 | 3.46 | 3.43 | 3.66 | 3.97 | 4.34 |
| 126. | 2011/06 | 3.53 | 3.49 | 3.65 | 3.92 | 4.24 |
| 127. | 2011/07 | 3.59 | 3.59 | 3.77 | 3.98 | 4.23 |
| 128. | 2011/08 | 3.59 | 3.50 | 3.57 | 3.73 | 3.96 |
| 129. | 2011/09 | 3.58 | 3.41 | 3.45 | 3.56 | 3.75 |

[그림 3.8.2]에서 보는 것과 같이 2001/1부터 2011/09로 정렬되고 있음을 알 수 있다. 이제 메뉴에서 [그림 3.8.3]과 같이 **Data > Sort > Ascending sort**를 순차적으로 선택한다.

[그림 3.8.3] Sort 선택 메뉴

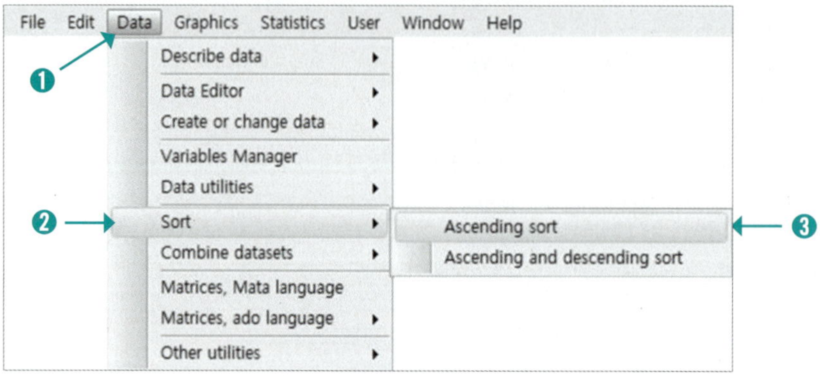


[그림 3.8.4] Sort 대화상자

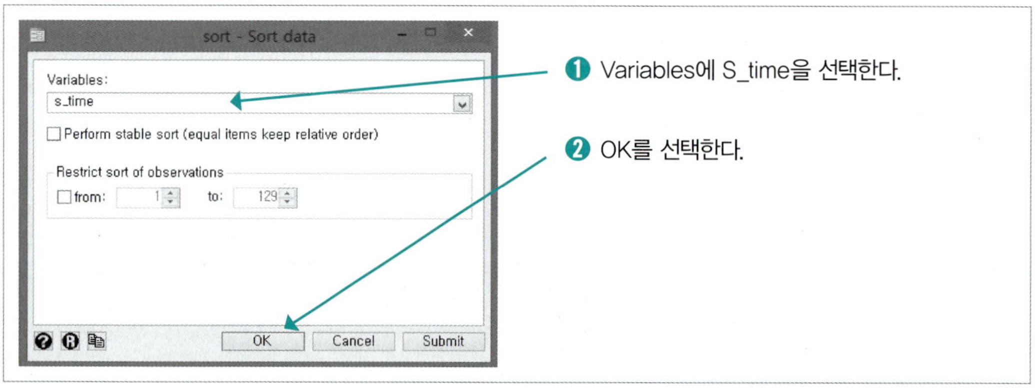


## 3.8.2 | gsort

gsort의 기능은 sort의 단점인 오름차순(Z → A)을 사용할 수 있다는 것이다.

C:\> 명령어

```
. ❶ use "C:\STATA\DM\BOK\DATA_INTEREST.dta", clear
. ❷ gsort s_time
. ❸ list s_time n_cd91 in 1/5, sep(0) abb(20) divider
. ❹ list s_time n_cd91 in -5/-1, sep(0) abb(20) divider
. ❺ gsort -s_time
. ❻ list s_time n_cd91 in 1/5, sep(0) abb(20) divider
. ❼ list s_time n_cd91 in -5/-1, sep(0) abb(20) divider
```

위 명령어 ❷는 sort의 기능과 동일하다. 그러나 명령어 ❺는 sort와 다르게 정렬된다. 즉, 오름차순으로 정렬된다. 그 결과는 [그림 3.8.5]와 같다.

**[그림 3.8.5]** gsort 결과 비교

gsort s_time(❶)

| | s_time | n_cd91 |
|---|---|---|
| 1. | 2001/01 | 6.43 |
| 2. | 2001/02 | 5.73 |
| 3. | 2001/03 | 5.68 |
| 4. | 2001/04 | 5.84 |
| 5. | 2001/05 | 5.85 |
| (중간 생략) | | |
| 125. | 2011/05 | 3.46 |
| 126. | 2011/06 | 3.53 |
| 127. | 2011/07 | 3.59 |
| 128. | 2011/08 | 3.59 |
| 129. | 2011/09 | 3.58 |

gsort -s_time(❷)

| | s_time | n_cd91 |
|---|---|---|
| 1. | 2011/09 | 3.58 |
| 2. | 2011/08 | 3.59 |
| 3. | 2011/07 | 3.59 |
| 4. | 2011/06 | 3.53 |
| 5. | 2011/05 | 3.46 |
| (중간 생략) | | |
| 125. | 2001/05 | 5.85 |
| 126. | 2001/04 | 5.84 |
| 127. | 2001/03 | 5.68 |
| 128. | 2001/02 | 5.73 |
| 129. | 2001/01 | 6.43 |

[그림 3.8.5]에서 보는 것과 같이 ❶의 경우는 내림차순으로 정렬된 부분이며, ❷의 경우는 오름차순으로 정렬된 부분이다. 특히 ❷의 경우 시계열자료를 분석하고자 할 경우 현재부터 과거의 Data를 분석하고자 할 때 오름차순으로 시계열표시를 하고자 할 경우에 적용하면 유용하다.

이제 메뉴를 이용하여 gsort의 기능을 살펴보자. 우선 메뉴에서 **Data > Sort > Ascending and descending sort**를 순차적으로 선택한다. 그 과정은 [그림 3.8.6]과 같다. 그리고 이 선택으로 [그림 3.8.7]의 대화상자가 나타난다.

**[그림 3.8.6]** gsort 메뉴 선택

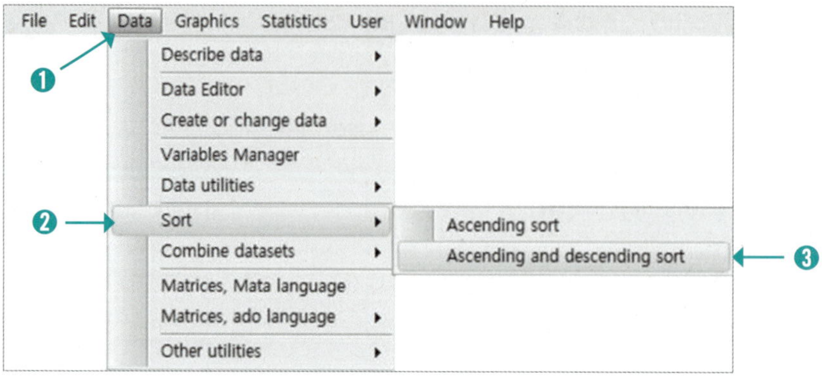


**[그림 3.8.7]** gsort의 대화상자

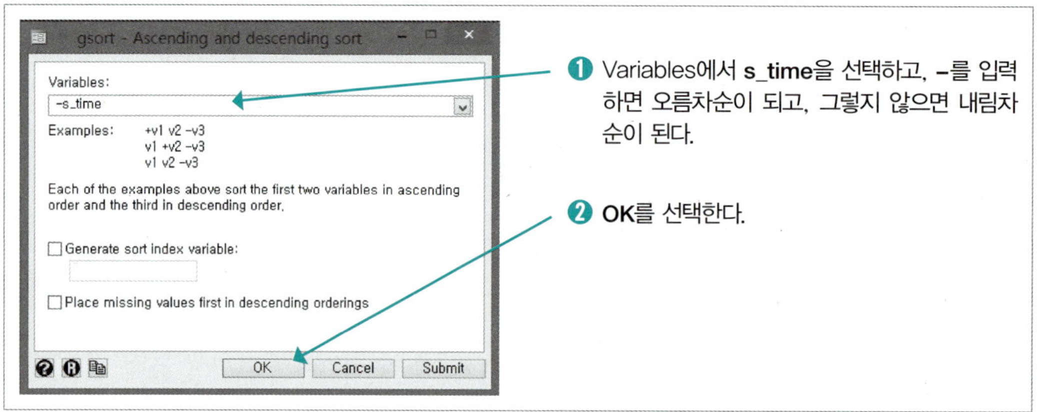


[그림 3.8.7]에서 □Generate sort index variable:에 체크하면 새로운 변수의 이름을 입력하여야 한다. 이렇게 생성된 변수에는 순번이 기록된다. [그림 3.8.7]의 상태에서 OK를 선택하면 gsort −s_time이 결과 창에 표시됨을 확인할 수 있다.

# 3.9 encode / recode / decode

## 3.9.1 | encode

문자변수를 범주형변수로 변경하기에 유용한 명령어가 encode이다. 실습을 통해서 그 기능을 살펴보자.

실습자료 **C:\STATA\DM\KOSIS\RAW_DEATH2010.dta**

실습에 사용할 Data는 RAW_DEATH2010.dta이다. 이 자료는 5개의 변수로 구성되어 있으며, death_nm (사망원인), gender (성별), age_group (연령 그룹)변수이다. 이들 변수는 문자형(str65, str4, str9)변수이다. 문자변수는 연산을 수행할 수 없다.

우선 문자변수를 범주형변수로 변환(encode)해 보자. 이를 위해 메뉴에서 **Data > Create or change data > Other variable-transformation commands > Encode value labels from string variable**를 순차적으로 선택한다.

[그림 3.9.1] Dataset(RAW_DEATH2010)의 구성

```
. use C:\STATA\DM\KOSIS\RAW_DEATH2010.dta

. describe

Contains data from C:\STATA\DM\KOSIS\RAW_DEATH2010.dta
  obs:          1,549
 vars:              5                          20 Sep 2012 09:15
 size:        139,410
```

```
------------------------------------------------------------------------
                 storage  display    value
variable name    type     format     label        variable label
------------------------------------------------------------------------
death_nm         str65    %65s                    사망원인
gender           str4     %9s                     성별
age_group        str9     %9s                     연령 그룹
death_pop        long     %10.0gc                 사망자수
death_ratio      double   %10.0g                  사망률(십만명당)
------------------------------------------------------------------------
Sorted by:
```

[그림 3.9.2] Encode 대화상자

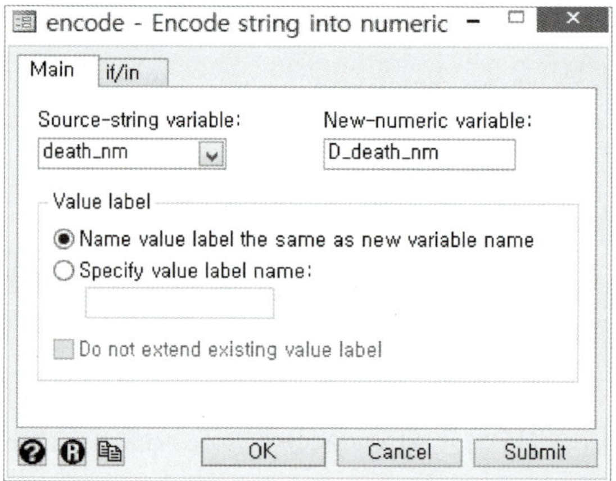


[그림 3.9.2]에서 Source-string variable에 'death_nm'을 선택한 후 New-numeric variable에 'D_death_nm'이라고 입력한 후 OK를 선택한다. 이 결과에 대한 명령어는 다음과 같다.

C:\> 명령어

```
. encode death_nm, generate(D_death_nm)
```

이후 describe를 실행해 보면 value label에 D_death_nm이 표시되고 있음을 알 수 있다. 물론 이 변수(D_death_nm)는 더 이상 문자변수가 아니다. 이제 동일한 방법으로 gender, age_group을 실행해 본다.

C:\> 명령어

```
. encode gender, generate(D_gender)
. encode age_group, generate(D_age_group)
```

이제 위에서 생성된 변수의 구성을 살펴보면, [그림 3.9.3]과 같다.

**[그림 3.9.3] 변수 형태 변경 후 Dataset**

```
. encode death_nm, generate(D_death_nm)

. encode gender, generate(D_gender)

. encode age_group, generate(D_age_group)

. describe

Contains data from C:\STATA\DM\KOSIS\RAW_DEATH2010.dta
  obs:         1,549
 vars:             8                          20 Sep 2012 09:15
 size:       157,998
-----------------------------------------------------------
               storage  display  value
variable name  type     format   label       variable label
-----------------------------------------------------------
death_nm       str65    %65s                 사망원인
gender         str4     %9s                  성별
age_group      str9     %9s                  연령 그룹
death_pop      long     %10.0gc              사망자수
death_ratio    double   %10.0g               사망률(십만명당)
D_death_nm     long     %65.0g   D_death_nm  사망원인
D_gender       long     %8.0g    D_gender    성별
D_age_group    long     %9.0g    D_age_group 연령 그룹
-----------------------------------------------------------
Sorted by:
```

**[그림 3.9.4]** encode 결과 값

```
. encode age_group, generate(D_age_group)

. list in 1/25, sep(0)

     +--------------------------------------------------------------+
     | death_nm   gender   age_group   death_~p   death_~o   D_age_g~p |
     |--------------------------------------------------------------|
  1. |       계       계          계    255,403        512          계 |
  2. |       계       계         0세      1,506        345         0세 |
  3. |       계       계     1 - 4세        386       20.9     1 - 4세 |
  4. |       계       계     5 - 9세        277       10.8     5 - 9세 |
  5. |       계       계   10 - 14세        417       12.7   10 - 14세 |
  6. |       계       계   15 - 19세      1,034       29.4   15 - 19세 |
  7. |       계       계   20 - 24세      1,411       45.1   20 - 24세 |
  8. |       계       계   25 - 29세      2,349       61.8   25 - 29세 |
  9. |       계       계   30 - 34세      2,809       72.2   30 - 34세 |
 10. |       계       계   35 - 39세      4,464      100.7   35 - 39세 |
 11. |       계       계   40 - 44세      6,890      156.5   40 - 44세 |
 12. |       계       계   45 - 49세     10,689      247.9   45 - 49세 |
 13. |       계       계   50 - 54세     14,117      357.8   50 - 54세 |
 14. |       계       계   55 - 59세     14,187      510.1   55 - 59세 |
 15. |       계       계   60 - 64세     16,397      749.2   60 - 64세 |
 16. |       계       계   65 - 69세     23,371     1227.3   65 - 69세 |
 17. |       계       계   70 - 74세     32,541     2117.1   70 - 74세 |
 18. |       계       계   75 - 79세     36,987     3700.2   75 - 79세 |
 19. |       계       계    80세이상     85,501     9423.9    80세이상 |
 20. |       계       계   80 - 84세     36,391     6575.4   80 - 84세 |
 21. |       계       계   85 - 89세     29,383    11448.3   85 - 89세 |
 22. |       계       계    90세이상     19,727    20298.7    90세이상 |
 23. |       계       계   15세 미만      2,586       31.8   15세 미만 |
 24. |       계       계   15 - 64세     74,347      204.2   15 - 64세 |
 25. |       계       계   65세 이상    178,400     3335.7   65세 이상 |
     +--------------------------------------------------------------+
```

(a) label value 적용

```
. label values D_age_group .

. list in 1/25, sep(0)

     +------------------------------------------------------------+
     | death_nm   gender   age_group   death_~p   death_~o   D_age_~p |
     |------------------------------------------------------------|
  1. |       계       계          계    255,403        512         25 |
  2. |       계       계         0세      1,506        345          1 |
  3. |       계       계     1 - 4세        386       20.9          2 |
  4. |       계       계     5 - 9세        277       10.8         13 |
  5. |       계       계   10 - 14세        417       12.7          3 |
  6. |       계       계   15 - 19세      1,034       29.4          4 |
  7. |       계       계   20 - 24세      1,411       45.1          7 |
  8. |       계       계   25 - 29세      2,349       61.8          8 |
  9. |       계       계   30 - 34세      2,809       72.2          9 |
 10. |       계       계   35 - 39세      4,464      100.7         10 |
 11. |       계       계   40 - 44세      6,890      156.5         11 |
 12. |       계       계   45 - 49세     10,689      247.9         12 |
 13. |       계       계   50 - 54세     14,117      357.8         14 |
 14. |       계       계   55 - 59세     14,187      510.1         15 |
 15. |       계       계   60 - 64세     16,397      749.2         16 |
 16. |       계       계   65 - 69세     23,371     1227.3         17 |
 17. |       계       계   70 - 74세     32,541     2117.1         19 |
 18. |       계       계   75 - 79세     36,987     3700.2         20 |
 19. |       계       계    80세이상     85,501     9423.9         22 |
 20. |       계       계   80 - 84세     36,391     6575.4         21 |
 21. |       계       계   85 - 89세     29,383    11448.3         23 |
 22. |       계       계    90세이상     19,727    20298.7         24 |
 23. |       계       계   15세 미만      2,586       31.8          6 |
 24. |       계       계   15 - 64세     74,347      204.2          5 |
 25. |       계       계   65세 이상    178,400     3335.7         18 |
     +------------------------------------------------------------+
```

(b) label value 해제

[그림 3.9.4]는 encode를 한 후 label을 삭제하기 전(a)과 후(b)의 결과이다.

## 3.9.2 | recode

encode는 가나다 순, 알파벳 순 또는 번호 순으로 문자변수를 범주형변수로 변환해 주는 기능을 한다. 따라서 이 경우 순번을 수정해야 할 필요가 있는데 이 때 recode 명령어를 사용한다.

**실습자료** **C:\STATA\DM\KOSIS\RAW_DEATH2010.dta**

이 자료를 연구자가 어떻게 활용하느냐에 따라 다르게 사용될 수 있다. 5세 단위로 구분된 경우에 한하여 분석하고자 한다고 가정해 보자. 그러면 [그림 3.9.4]는 수정되어야 한다. 이를 위해 메뉴에서 **Data > Create or change data > Other variable-transformation commands > Recode categorical variable** 순으로 선택한다.

[그림 3.9.5] recode 대화상자

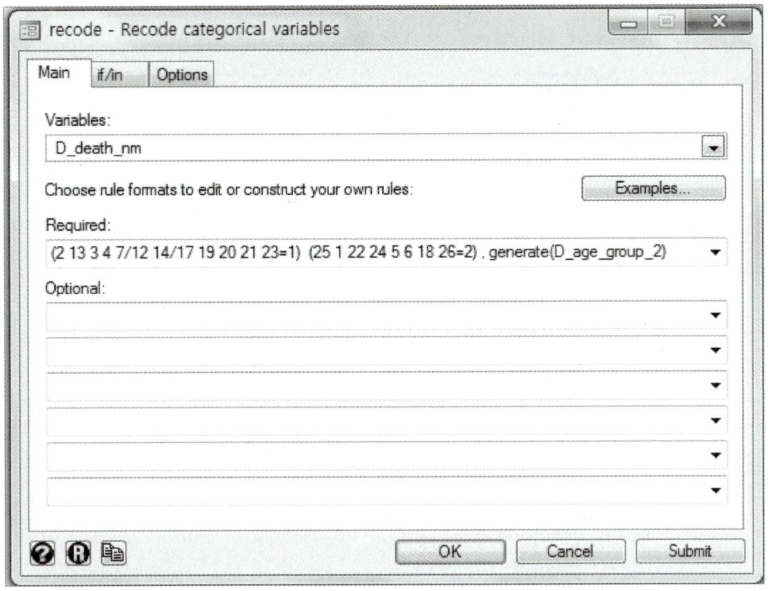


C:\>
명령어

```
. recode D_age_group (2 13 3 4 7/12 14/17 19 20 21 23=1) ///
                     (25 1 22 24 5 6 18 26=2)             ///
                     , generate(D_age_group_2)
```

위 명령에서 26은 '연령미상'에 대한 encode 값이다.

**[그림 3.9.6]** recode 결과값

```
. bysort D_age_group_2: tab D_age_group

-------------------------------------------------------
-> D_age_group_2 = 1

    연령 그룹 |      Freq.     Percent        Cum.
--------------+-----------------------------------
     2. 1 - 4세 |         60        5.58        5.58
   3. 10 - 14세 |         60        5.58       11.16
   4. 15 - 19세 |         60        5.58       16.74
   7. 20 - 24세 |         60        5.58       22.33
   8. 25 - 29세 |         60        5.58       27.91
   9. 30 - 34세 |         60        5.58       33.49
  10. 35 - 39세 |         60        5.58       39.07
  11. 40 - 44세 |         60        5.58       44.65
  12. 45 - 49세 |         60        5.58       50.23
    13. 5 - 9세 |         60        5.58       55.81
  14. 50 - 54세 |         60        5.58       61.40
  15. 55 - 59세 |         60        5.58       66.98
  16. 60 - 64세 |         60        5.58       72.56
  17. 65 - 69세 |         59        5.49       78.05
  19. 70 - 74세 |         59        5.49       83.53
  20. 75 - 79세 |         59        5.49       89.02
  21. 80 - 84세 |         59        5.49       94.51
  23. 85 - 89세 |         59        5.49      100.00
--------------+-----------------------------------
        Total |      1,075      100.00

-------------------------------------------------------
-> D_age_group_2 = 2

    연령 그룹 |      Freq.     Percent        Cum.
--------------+-----------------------------------
        1. 0세 |         60       12.66       12.66
   5. 15 - 64세 |         59       12.45       25.11
   6. 15세 미만 |         59       12.45       37.55
  18. 65세 이상 |         59       12.45       50.00
   22. 80세이상 |         59       12.45       62.45
   24. 90세이상 |         59       12.45       74.89
        25. 계 |         60       12.66       87.55
   26. 연령미상 |         59       12.45      100.00
--------------+-----------------------------------
        Total |        474      100.00
```

[그림 3.9.6]은 recode 명령어를 실행 한 후 그 결과값을 보여주는 것으로, 5세 단위로 설정한 값은 D_age_group_2를 1의 값을 부여하고, 그렇지 않은 것은 2를 부여한 결과값이다.

또 다른 방법은 generate와 replace를 이용하여 수정하는 것이다.

C:\> 명령어

```
. generat age_group_1=26
. replace age_group_1=1  if age_group=="1 - 4세"
. replace age_group_1=2  if age_group=="5 - 9세"
. replace age_group_1=3  if age_group=="10 - 14세"
. replace age_group_1=4  if age_group=="15 - 19세"
. replace age_group_1=5  if age_group=="20 - 24세"
. replace age_group_1=6  if age_group=="25 - 29세"
. replace age_group_1=7  if age_group=="30 - 34세"
. replace age_group_1=8  if age_group=="35 - 39세"
. replace age_group_1=9  if age_group=="40 - 44세"
. replace age_group_1=10 if age_group=="45 - 49세"
```

```
. replace age_group_1=11 if age_group=="50 - 54세"
. replace age_group_1=12 if age_group=="55 - 59세"
. replace age_group_1=13 if age_group=="60 - 64세"
. replace age_group_1=14 if age_group=="65 - 69세"
. replace age_group_1=15 if age_group=="70 - 74세"
. replace age_group_1=16 if age_group=="75 - 79세"
. replace age_group_1=17 if age_group=="80 - 84세"
. replace age_group_1=18 if age_group=="85 - 89세"
. replace age_group_1=19 if age_group=="0세"
. replace age_group_1=20 if age_group=="80세이상"
. replace age_group_1=21 if age_group=="90세이상"
. replace age_group_1=22 if age_group=="15세 미만"
. replace age_group_1=23 if age_group=="15 - 64세"
. replace age_group_1=24 if age_group=="65세 이상"
. replace age_group_1=25 if age_group=="연령미상"
```

이 age_group_1은 1부터 26까지 값을 가진다. 따라서 D_age_group_3를 1과 2를 부여한 값을 만들면 아래와 같다. 여기서 "1/18"의 의미는 1부터 18까지를 말한다.

C:\>
명령어

```
. recode age_group_1 (1/18 =1)                    ///
                     (19/26=2)                    ///
                     , generate(D_age_group_3)
```

## 3.9.3 decode

decode는 [그림 3.9.7]과 같이 Value Label이 포함된 변수(문자변수처럼 보이는 숫자변수, 파란색)를 문자변수로 변경하고자 할 경우에 적용되는 명령어이다. [그림 3.9.7]은 이미 변경된 경우이며, decode를 실습해 보자.

[그림 3.9.7] decode를 적용한 변수

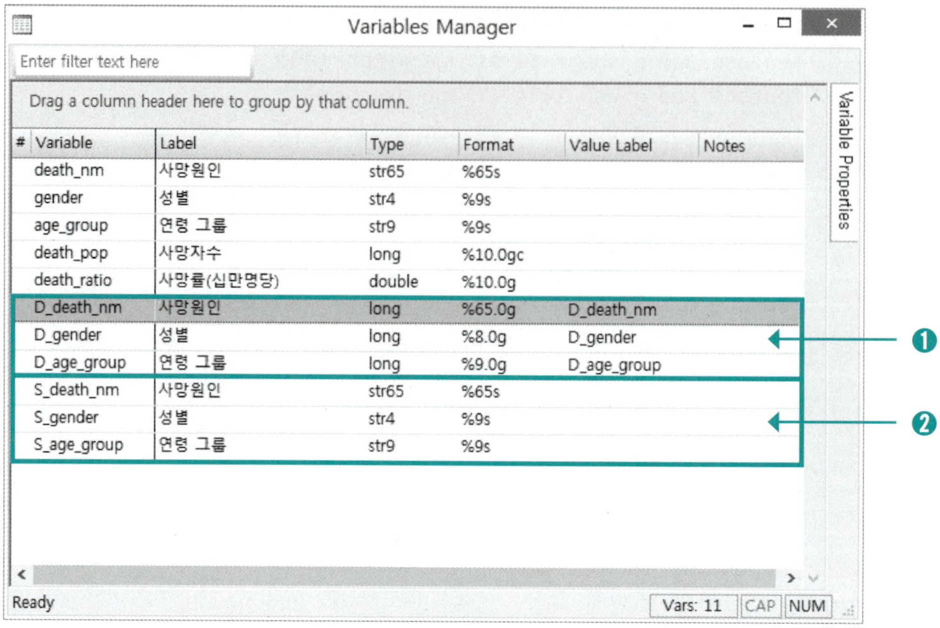

우선 메뉴에서 **Data > Create or change data > Other variable-transformation commands > Decode strings from labeled numeric variable**를 순차적으로 선택하면 [그림 3.9.8]의 decode 대화상자가 나타난다.

[그림 3.9.8] decode 대화상자

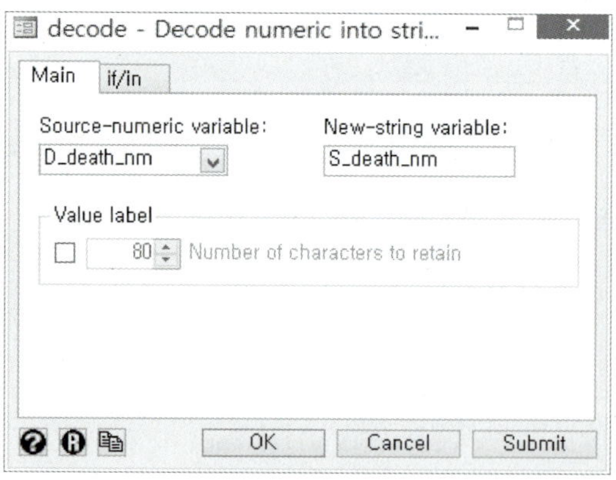

[그림 3.9.8] decode 대화상자에서 Source-numeric variable에 D_death_nm을 선택하고 New-string variable에 문자변수를 의미하는 S를 포함하여 S_death_nm을 입력한 후 OK를 실행한다.

C:\> 명령어

```
. use "D:\STATA\DM\KOSIS\RAW_DEATH2010.dta", clear
. encode death_nm       , generate(D_death_nm)
. encode gender         , generate(D_gender)
. encode age_group      , generate(D_age_group)
. decode D_death_nm     , generate(S_death_nm)
. decode D_gender       , generate(S_gender)
. decode D_age_group    , generate(S_age_group)
```

decode를 사용하는데 있어서 주의사항은 value label이 포함된 변수에 한하여 decode 명령어가 실행된다. 그 예를 살펴보자.

```
. decode death_pop , generate(S_death_pop)
death_pop not labeled
r(182);
```

## 3.10 destring / tostring



### 3.10.1 | destring

문자변수는 연산이 가능하지 않기 때문에 특별한 경우를 제외하고는 숫자변수로 변환하여 사용한다. 다음의 자료를 이용하여 실습한다.

실습자료

```
C:\STATA\DM\KRX\STOCK_INDEX_KOSPI.xls
```

C:\> 명령어

```
. import excel "C:\STATA\DM\KRX\STOCK_INDEX_KOSPI.xls", ///
        sheet("Sheet1") clear
```

**[그림 3.10.1] 실습자료 불러오기(Importing) 결과**

| | A | B | C | D | E |
|---|---|---|---|---|---|
| 1 | 년/월/일 | 코스피 | 코스피 200 | 코스피 100 | 코스피 50 |
| 2 | 2011/10/21 | 1,838.38 | 240.02 | 1,800.57 | 1,544.86 |
| 3 | 2011/10/20 | 1,805.09 | 235.57 | 1,766.70 | 1,513.37 |
| 4 | 2011/10/19 | 1,855.92 | 242.11 | 1,814.24 | 1,551.73 |
| 5 | 2011/10/18 | 1,838.90 | 239.89 | 1,796.75 | 1,538.26 |
| 6 | 2011/10/17 | 1,865.18 | 243.49 | 1,824.77 | 1,563.64 |
| 7 | 2011/10/14 | 1,835.40 | 239.67 | 1,797.30 | 1,542.06 |
| 8 | 2011/10/13 | 1,823.10 | 238.09 | 1,785.47 | 1,532.49 |
| 9 | 2011/10/12 | 1,809.50 | 236.66 | 1,775.88 | 1,526.90 |
| 10 | 2011/10/11 | 1,795.02 | 234.80 | 1,762.39 | 1,515.13 |

(A)

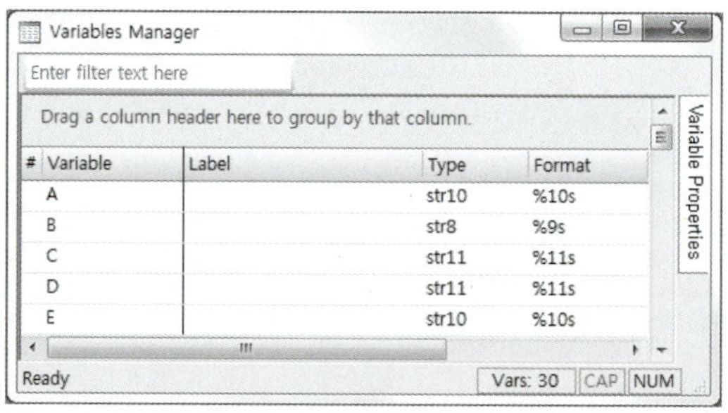


(B)

[그림 3.10.1]의 자료는 일별 KOSPI 주가지수이다. [그림 3.10.1]과 같이 Data 값이 **빨간색으로 표시**되어 있다. A(년/월/일) 변수를 제외한 다른 변수를 숫자로 인식해야 연산이 가능해진다. (B)의 Type은 모두 str로 시작되고 Format은 모두 s로 끝나고 있다. 즉, 문자변수임을 표시해 주고 있는 것이다. 변수 A를 제외한 나머지 변수를 숫자변수로 변환하는 과정을 설

명하면 다음과 같다.

C:\> 명령어

```
. ❶ drop in 1
. ❷ destring, replace ignore(,)
```

위 명령에서 ❶ drop in 1의 의미는 첫 번째 관측 값을 삭제하는 것이며, ❷ destring, replace ignore(,)의 의미는 3자리마다 표시되어 있는 “,”을 무시하고 문자변수를 숫자변수로 변환하는 옵션이다.

**[그림 3.10.2] destring 실행 결과**

| | A | B | C | D | E |
|---|---|---|---|---|---|
| 1 | 2011/10/21 | 1838.38 | 240.02 | 1800.57 | 1544.86 |
| 2 | 2011/10/20 | 1805.09 | 235.57 | 1766.7 | 1513.37 |
| 3 | 2011/10/19 | 1855.92 | 242.11 | 1814.24 | 1551.73 |
| 4 | 2011/10/18 | 1838.9 | 239.89 | 1796.75 | 1538.26 |
| 5 | 2011/10/17 | 1865.18 | 243.49 | 1824.77 | 1563.64 |
| 6 | 2011/10/14 | 1835.4 | 239.67 | 1797.3 | 1542.06 |
| 7 | 2011/10/13 | 1823.1 | 238.09 | 1785.47 | 1532.49 |
| 8 | 2011/10/12 | 1809.5 | 236.66 | 1775.88 | 1526.9 |
| 9 | 2011/10/11 | 1795.02 | 234.8 | 1762.39 | 1515.13 |
| 10 | 2011/10/10 | 1766.44 | 230.82 | 1732.13 | 1488.72 |

(A)

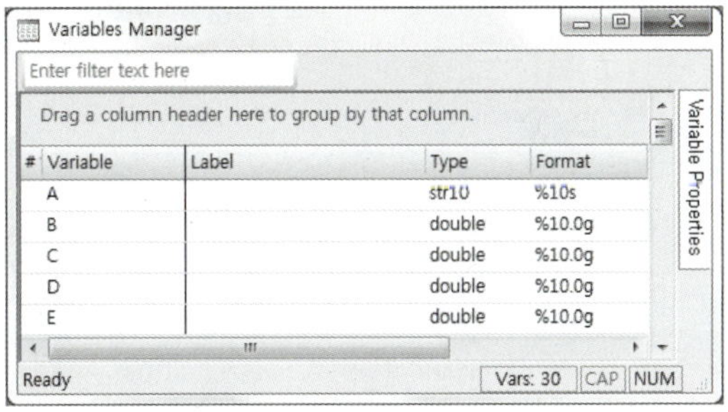


(B)

[그림 3.10.2]와 같이 변수 A를 제외한 모든 변수가 숫자변수로 변환되었다. 일반적으로 문자변수를 숫자변수로 변경할 경우 새로운 변수를 생성하여 사용하는데, 본 예제에서는 새로운 변수를 생성하지 않았다.

참고 **destring 후 새로운 변수를 생성하고자 할 경우**

```
. destring B C D, generate(B_S C_S D_S) ignore(,)
```

destring을 적용한 결과는 아래와 같다.

| | A | B | B_S | C | C_S | D | D_S |
|---|---|---|---|---|---|---|---|
| 1 | 2011/10/21 | 1,838.38 | 1838.38 | 240.02 | 240.02 | 1,800.57 | 1800.57 |
| 2 | 2011/10/20 | 1,805.09 | 1805.09 | 235.57 | 235.57 | 1,766.70 | 1766.7 |
| 3 | 2011/10/19 | 1,855.92 | 1855.92 | 242.11 | 242.11 | 1,814.24 | 1814.24 |
| 4 | 2011/10/18 | 1,838.90 | 1838.9 | 239.89 | 239.89 | 1,796.75 | 1796.75 |
| 5 | 2011/10/17 | 1,865.18 | 1865.18 | 243.49 | 243.49 | 1,824.77 | 1824.77 |
| 6 | 2011/10/14 | 1,835.40 | 1835.4 | 239.67 | 239.67 | 1,797.30 | 1797.3 |
| 7 | 2011/10/13 | 1,823.10 | 1823.1 | 238.09 | 238.09 | 1,785.47 | 1785.47 |
| 8 | 2011/10/12 | 1,809.50 | 1809.5 | 236.66 | 236.66 | 1,775.88 | 1775.88 |
| 9 | 2011/10/11 | 1,795.02 | 1795.02 | 234.80 | 234.8 | 1,762.39 | 1762.39 |
| 10 | 2011/10/10 | 1,766.44 | 1766.44 | 230.82 | 230.82 | 1,732.13 | 1732.13 |

명령어에서 볼 수 있듯이 destring 다음의 B C D는 문자변수이며, generate 다음의 B_S C_S D_S는 문자변수를 숫자변수로 변경하며, 마지막 ignore는 “,”로 표시된 부분을 무시하고 숫자변수로 변경하는 옵션이다. 여기서 _S를 한 것은 string 변수임을 이해하기 쉽게 하기 위해서 표시한 것이다.

**[그림 3.10.3]** Menu를 이용한 destring

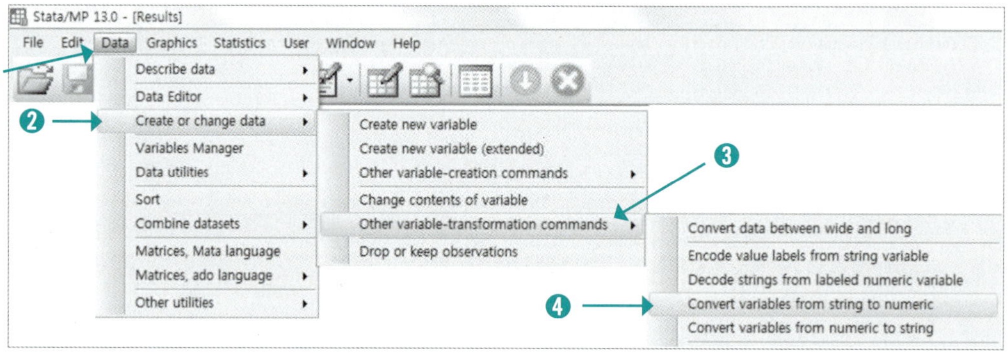


[그림 3.10.3]에서 보는 것과 같이 **Data > Create or change data > Other variable-transformation commands > Convert variables from string to numeric**을 순서대로 선택한다.

[그림 3.10.4] 대화상자를 이용한 destring

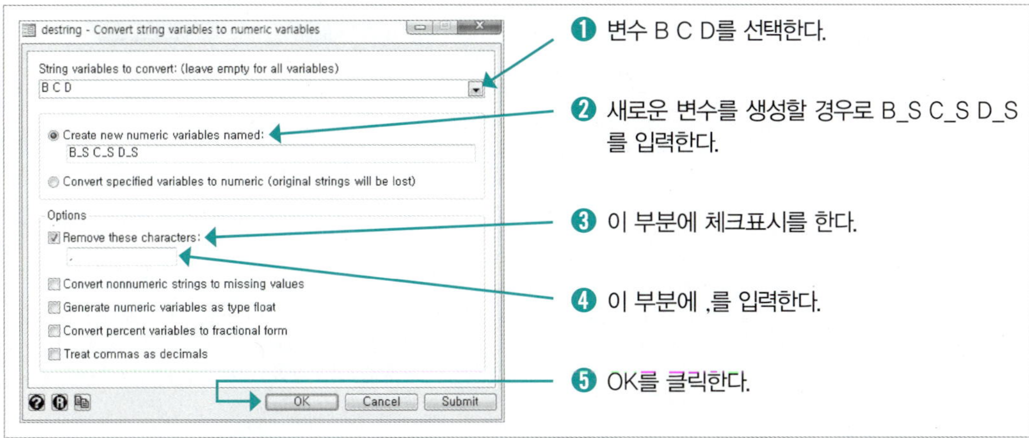


[그림 3.10.4]에서 보는 것과 같이 ❶ String variables to convert:(leave empty for all variables)에 B C D를 입력한다. ❷ Create new numeric variables named:에 B_S C_S D_S를 입력한다. Option에서 ❸ Remove these characters:를 체크표시 한다. 그리고 ❹ ,를 입력한다. 이후 ❺ OK를 클릭하면 [그림 3.10.5]의 결과가 나타난다. 그리고 [그림 3.10.6]은 앞서 명령어를 이용한 destring 결과이다.

[그림 3.10.5] 대화상자를 이용한 destring 결과

```
. destring B C D, generate(B_S C_S D_S) ignore(,)
B: characters , removed; B_S generated as double
C has all characters numeric; C_S generated as double
D: characters , removed; D_S generated as double
```

[그림 3.10.4]에서 대화상자에서 Remove these characters:를 체크표시 한 후 "/"를 입력하면 그 결과는 [그림 3.10.6]과 같다.

[그림 3.10.6] 대화상자를 이용한 destring 결과(명령어)

```
. destring, replace ignore(,)
A contains characters not specified in ignore(); no replace
B: characters , removed; replaced as double
C has all characters numeric; replaced as double
D: characters , removed; replaced as double
E: characters , removed; replaced as double
F: characters , removed; replaced as double
G: characters , removed; replaced as double
H: characters , removed; replaced as double
I: characters , removed; replaced as double
J: characters , removed; replaced as double
K has all characters numeric; replaced as double
L has all characters numeric; replaced as double
M: characters , removed; replaced as double
N: characters , removed; replaced as double
O has all characters numeric; replaced as double
P: characters , removed; replaced as double
Q: characters , removed; replaced as double
R: characters , removed; replaced as double
S: characters , removed; replaced as double
T: characters , removed; replaced as double
U has all characters numeric; replaced as double
V has all characters numeric; replaced as double
W has all characters numeric; replaced as double
X: characters , removed; replaced as double
Y has all characters numeric; replaced as double
Z has all characters numeric; replaced as double
AA has all characters numeric; replaced as double
AB: characters , removed; replaced as double
AC: characters , removed; replaced as double
AD: characters , removed; replaced as double
```

[그림 3.10.7] “, /”를 선택한 결과

| | A | B | C | D | E | F | G |
|---|---|---|---|---|---|---|---|
| 1 | 20111021 | 1838.38 | 240.02 | 1800.57 | 1544.86 | 1794.71 | 2162.1 |
| 2 | 20111020 | 1805.09 | 235.57 | 1766.7 | 1513.37 | 1760.81 | 2137.08 |
| 3 | 20111019 | 1855.92 | 242.11 | 1814.24 | 1551.73 | 1810.52 | 2198.7 |
| 4 | 20111018 | 1838.9 | 239.89 | 1796.75 | 1538.26 | 1793.8 | 2179.21 |
| 5 | 20111017 | 1865.18 | 243.49 | 1824.77 | 1563.64 | 1821.87 | 2193.2 |
| 6 | 20111014 | 1835.4 | 239.67 | 1797.3 | 1542.06 | 1793.7 | 2156.39 |
| 7 | 20111013 | 1823.1 | 238.09 | 1785.47 | 1532.49 | 1781.49 | 2143.32 |
| 8 | 20111012 | 1809.5 | 236.66 | 1775.88 | 1526.9 | 1770.49 | 2112.91 |
| 9 | 20111011 | 1795.02 | 234.8 | 1762.39 | 1515.13 | 1757.17 | 2093.89 |
| 10 | 20111010 | 1766.44 | 230.82 | 1732.13 | 1488.72 | 1727.73 | 2062.39 |

[그림 3.10.7]의 결과를 위하여 입력해야 하는 명령어는 다음과 같으며, 대화상자를 이용할 경우 [그림 3.10.4]의 ❸에 “, /”를 입력하면 된다. 그러면 생성되는 명령어는 아래와 같다.

C:\> 명령어

```
. ❶ destring B C D, generate(B_S C_S D_S) ignore(,/)
```

[그림 3.10.2]에서 A변수의 경우 문자변수를 substr의 명령어를 이용하여 YEAR, MONTH, DAY 변수를 각각 생성하는 과정을 설명한다. 여기서 substr 명령어는 문자변수일 경우에 한하여 적용 가능한 명령어이다.

## 3.10.2 | tostring

숫자변수를 경우에 따라서는 문자변수로 변경할 필요가 있을 수 있다. 이 과정을 일별자료를 이용하여 실습해 보자.

실습자료 **C:\STATA\DM\KRX\DATA_STOCK_TIME.dta**

C:\> 명령어

```
. ❶ use "C:\STATA\DM\KRX\DATA_STOCK_TIME.dta", clear
. ❷ list TIME in 1/5
```

위 명령어의 결과는 [그림 3.10.8]과 같다.

**[그림 3.10.8] 실습자료의 구성**

|  | TIME |
|---|---|
| 1. | 2011/10/10 |
| 2. | 2011/10/11 |
| 3. | 2011/10/12 |
| 4. | 2011/10/13 |
| 5. | 2011/10/14 |

[그림 3.10.8]에서 보는 것과 같이 시간변수 TIME을 이용하여 새롭게 YEAR, MONTH, DAY 변수를 만들어 보자.

C:\> 명령어

```
. ❶ tostring TIME, generate(TIME_S) force usedisplayformat
. ❷ list TIME TIME_S in 1/5
```

**[그림 3.10.9] 대화상자를 이용한 tostring**

|  | TIME | TIME_S |
|---|---|---|
| 1. | 2011/10/10 | 2011/10/10 |
| 2. | 2011/10/11 | 2011/10/11 |
| 3. | 2011/10/12 | 2011/10/12 |
| 4. | 2011/10/13 | 2011/10/13 |
| 5. | 2011/10/14 | 2011/10/14 |

(A)

|  | TIME | TIME_S |
|---|---|---|
| 1 | 2011/10/10 | 2011/10/10 |
| 2 | 2011/10/11 | 2011/10/11 |
| 3 | 2011/10/12 | 2011/10/12 |
| 4 | 2011/10/13 | 2011/10/13 |
| 5 | 2011/10/14 | 2011/10/14 |

(B)

(A)는 list 명령어에 의해 실행된 결과이다.

(B)는 Edit에서 Print Screen한 결과이다.

[그림 3.10.9]에서 보는 것과 같이 변수 TIME_S는 문자변수로 변경되었음을 알 수 있다. 즉, **빨간색**으로 표시된 결과가 문자변수임을 알려주고 있다.

참고

### tostring 명령어의 유용성

시간변수는 시간에 대한 정보를 담고 있다. 실증분석에서 사용되는 시간변수의 형태는 년 월 일을 포함하는 것이 일반적이다. 만약 시간변수의 값이 2012/10/23의 형태를 가지는 5년간 일별자료를 가지고 있다고 가정해 보자. 연구자가 특정연도를 기준으로 분석하고자 한다면, if 문을 사용하게 될 것이다. 이 경우 연구자는 연도변수를 생성해야 한다.

```
. generate year_1 = yofd(date(TIME_S,"YMD"))
. generate year_2 = substr(TIME_S,1,4)
. list in 1/5
```

위 두 가지 방법을 생각해 볼 수 있다. 물론 이 방법 이외에도 다양한 방법이 있을 수 있다. 위 list 결과는 아래와 같다.

```
    -----------------------------------------
    TIME         TIME_S       year_1   year_2
    -----------------------------------------
1.  2011/10/10   2011/10/10   2011     2011
2.  2011/10/11   2011/10/11   2011     2011
3.  2011/10/12   2011/10/12   2011     2011
4.  2011/10/13   2011/10/13   2011     2011
5.  2011/10/14   2011/10/14   2011     2011
    -----------------------------------------
```

이제 메뉴를 이용한 tostring 방법을 살펴보자. 우선 [그림 3.10.10]과 같이 메뉴에서 **Data > Create or change data > Other variable- transformation commands > Convert variable from numeric to string**을 순차적으로 선택하면 [그림 3.10.11]의 tostring 대화상자가 나타난다.

**[그림 3.10.10]** tostring 메뉴 실행

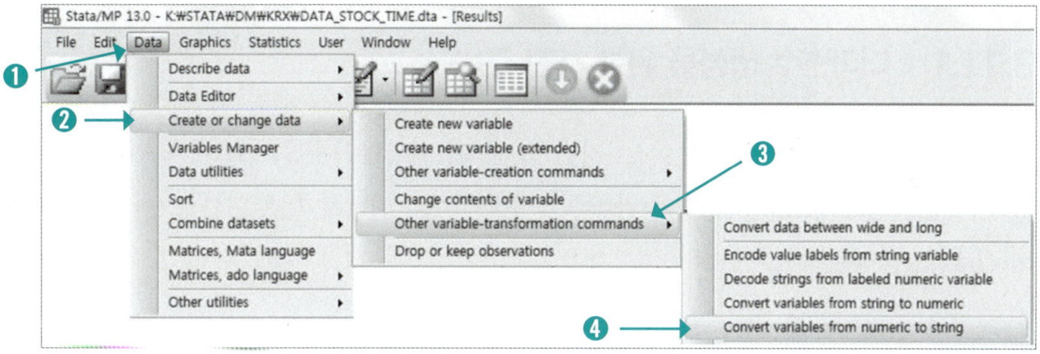

**[그림 3.10.11]** Menu를 이용한 tostring

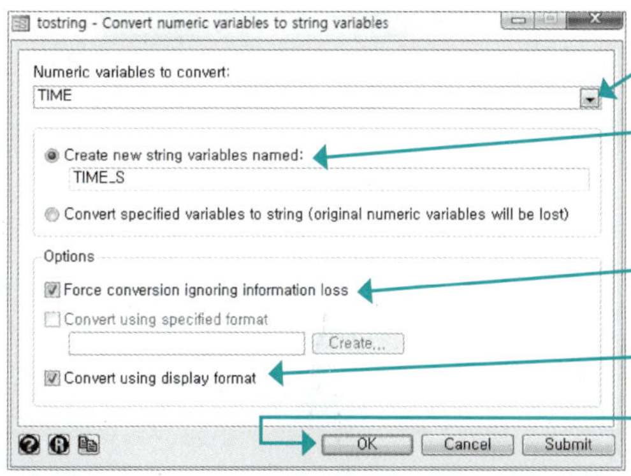


[그림 3.10.11]에서 보는 것과 같이 ❶ Numeric variables to conver:에 변수 TIME을 선택한다. ❷ Create new string variables named:에 TIME_S를 입력한다. Option 중 ❸ Force conversion ignoring information loss에 체크표시를 한다. 이 기능은 일종의 오류를 무시한다거나 강제로 실행하게 해 준다. ❹ Convert using display format에 체크표시를 한다. 이 기능은 실제로 보여지는 값으로 문자변수로 변환할 수 있도록 해 준다. ❺ 모든 설정이 끝나면 OK를 클릭한다. 실행된 결과에서 발생하는 결과는 [그림 3.10.9]와 같다.

# 3.11 더미변수 만들기

## 3.11.1 더미변수 생성을 위한 사전 준비

더미변수를 분석모형에 사용하는 경우가 있는데, 이 더미변수를 STATA에서 쉽게 만들 수 있다. 실습은 범주형으로 구분된 문자변수를 숫자변수로 변환하고 그 변환된 변수를 이용하여 더미변수를 만드는 과정이다.

실습자료

C:\STATA\DM\KOSIS\RAW_DEATH2010.dta
실습Do File: DO_더미변수 만들기.do

실습에 사용할 Data는 RAW_DEATH2010.dta이다. 이 자료는 5개의 변수로 구성되어 있으며, death_nm(사망원인), gender(성별), age_group(연령그룹) 변수는 문자형(str65, str4, str9) 변수이다. 문자변수는 연산을 수행할 수 없다.

**[그림 3.11.1]** Dataset(RAW_DEATH2010)의 구성

```
. describe

Contains data from C:\STATA\DM\KOSIS\RAW_DEATH2010.dta
  obs:         1,549
 vars:             5                          20 Sep 2012 09:15
 size:       139,410
-------------------------------------------------------------------
                storage   display      value
variable name   type      format       label      variable label
-------------------------------------------------------------------
death_nm        str65     %65s                    사망원인
```

```
gender          str4        %9s                     성별
age_group       str9        %9s                     그룹
death_pop       long        %10.0gc                 사망자수
death_ratio     double      %10.0g                  사망률(십만명당)
-----------------------------------------------------------------
Sorted by:
```

우선 문자변수를 숫자변수로 변환한다. 이를 위해 메뉴에서 **Data > Create or change data > Other variable-transformation commands > Encode value labels from string variable** 를 순차적으로 선택한다.

[그림 3.11.2] encode 실행 메뉴

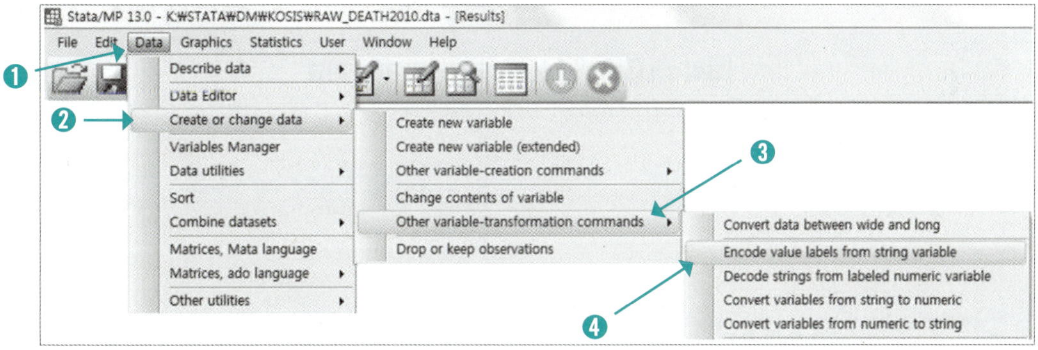


[그림 3.11.2]를 선택하여 실행하면 [그림 3.11.3]의 encode 대화상자가 나타난다.

[그림 3.11.3] Encode 대화상자

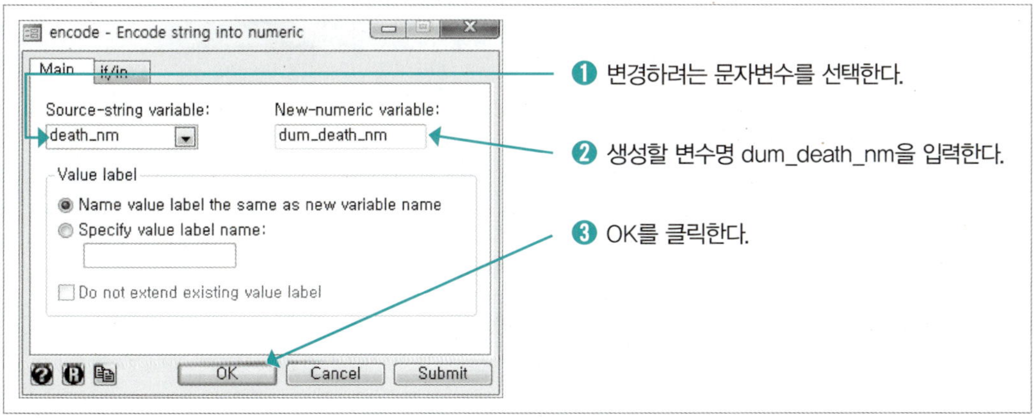

[그림 3.11.3]에서 ❶ Source-string variable에 'death_nm'을 선택한 후 ❷ New-numeric variable에 dum_death_nm이라고 입력한 후 ❸ OK를 선택한다. 이 결과에 대한 명령어는 다음과 같다.

C:\> 명령어

```
. ❶ encode death_nm, generate(dum_death_nm)
```

[그림 3.11.4]는 encode를 반영한 결과이다. 변수 death_nm은 문자변수로 빨간색이며, 새롭게 생성된 변수 dum_death_nm은 범주형변수로 파란색이다. 이 범주형변수는 비록 문자처럼 보일지라도 실제는 숫자변수이다. 이를 확인할 수 있는 방법은 numlabel, add라고 입력하면 알 수 있다. 그 결과는 [그림 3.11.5]와 같다.

**[그림 3.11.4] encode가 반영된 결과 비교**

| | death_nm | dum_death_nm |
|---|---|---|
| 1 | 계 | 계 |
| 2 | 눈 및 눈부속기의 질환 (H00-H57) | 눈 및 눈부속기의 질환 (H00-H57) |
| 3 | 근육골격계통 및 결합 조직의 질환 (M00-M99) | 근육골격계통 및 결합 조직의 질환 (M00-M99) |
| 4 | 신경계통의 질환 (G00-G98) | 신경계통의 질환 (G00-G98) |
| 5 | 질병이환 및 사망의 외인 (V01-Y89) | 질병이환 및 사망의 외인 (V01-Y89) |
| 6 | 정신 및 행동장애 (F01-F99) | 정신 및 행동장애 (F01-F99) |
| 7 | 임신 출산 및 산후기 (O00-O99) | 임신 출산 및 산후기 (O00-O99) |
| 8 | 귀 및 꼭지돌기의 질환 (H60-H93) | 귀 및 꼭지돌기의 질환 (H60-H93) |
| 9 | 출생전후기에 기원한 특정병태 (P00-P96) | 출생전후기에 기원한 특정병태 (P00-P96) |
| 10 | 혈액 및 조혈기관질환과 면역기전을 침범하는 특정장애 (D50-D89)(명) | 혈액 및 조혈기관질환과 면역기전을 침범하는 특정장애 (D50-D89)(명) |

**[그림 3.11.5] encode에 numlabel 명령어를 적용한 결과**

| | death_nm | dum_death_nm |
|---|---|---|
| 1 | 계 | 1. 계 |
| 2 | 귀 및 꼭지돌기의 질환 (H60-H93) | 2. 귀 및 꼭지돌기의 질환 (H60-H93) |
| 3 | 근육골격계통 및 결합 조직의 질환 (M00-M99) | 3. 근육골격계통 및 결합 조직의 질환 (M00-M99) |
| 4 | 내분비 영양 및 대사 질환 (E00-E88) | 4. 내분비 영양 및 대사 질환 (E00-E88) |
| 5 | 눈 및 눈부속기의 질환 (H00-H57) | 5. 눈 및 눈부속기의 질환 (H00-H57) |
| 6 | 달리 분류되지 않은 증상 징후 (R00-R99) | 6. 달리 분류되지 않은 증상 징후 (R00-R99) |
| 7 | 비뇨생식기계통의 질환 (N00-N98) | 7. 비뇨생식기계통의 질환 (N00-N98) |
| 8 | 선천 기형 변형 및 염색체 이상 (Q00-Q99) | 8. 선천 기형 변형 및 염색체 이상 (Q00-Q99) |
| 9 | 소화기계통의 질환 (K00-K92) | 9. 소화기계통의 질환 (K00-K92) |
| 10 | 순환기계통의 질환 (I00-I99) | 10. 순환기계통의 질환 (I00-I99) |

이제 동일한 방법으로 gender, age_group을 실행해 보자.

```
C:\>
명령어
. ❶ encode gender    , generate(dum_gender)
. ❷ encode age_group, generate(dum_age_group)
```

이제 위에서 생성된 변수의 구성을 살펴보면, [그림 3.11.6]과 같다.

**[그림 3.11.6] 변수 형태 변경 후 Dataset**

```
. describe

Contains data from C:\STATA\DM\KOSIS\RAW_DEATH2010.dta
  obs:          1,549
 vars:              8                          20 Sep 2012 09:15
 size:        157,998
-----------------------------------------------------------------
                storage   display    value
variable name   type      format     label         variable label
-----------------------------------------------------------------
death_nm        str65     %-65s                      사망원인
dum_death_nm    long      %-69.0g    dum_death_nm    사망원인
gender          str4      %9s                        성별
dum_gender      long      %8.0g      dum_gender      성별
age_group       str9      %9s                        연령 그룹
dum_age_group   long      %9.0g      dum_age_group   연령 그룹
death_pop       long      %10.0gc                    사망자수
death_ratio     double    %10.0g                     사망률(십만명당)
-----------------------------------------------------------------
Sorted by:  gender  age_group  dum_death_nm
     Note:  dataset has changed since last saved
```

## 3.11.2 | tabulate

그럼 더미변수를 만드는 과정을 설명하면, 우선 tabulate 명령어를 이용하여 어떠한 범주가 각 변수에 존재하는지를 확인한다.

C:\> 명령어

```
. ❶ tabulate dum_death_nm
. ❷ tabulate dum_gender
. ❸ tabulate dum_age_group
. ❹ bysort death_nm: egen class_no=seq()
. ❺ sort class_no dum_death_nm
. ❻ numlabel, add
. ❼ format %-65s death_nm
. ❽ format %-65.0g dum_death_nm
. ❾ list dum_death_nm if class_no==1, sep(0)
```

**[그림 3.11.7] 사망원인의 종류**

```
. list dum_death_nm if class_no==1, sep(0)

     +-------------------------------------------------------------+
     | dum_death_nm                                                |
     |-------------------------------------------------------------|
  1. | 1. 계                                                       |
  2. | 2. 귀 및 꼭지돌기의 질환 (H60-H93)                          |
  3. | 3. 근육골격계통 및 결합 조직의 질환 (M00-M99)               |
  4. | 4. 내분비 영양 및 대사 질환 (E00-E88)                       |
  5. | 5. 눈 및 눈부속기의 질환 (H00-H57)                          |
  6. | 6. 달리 분류되지 않은 증상 징후 (R00-R99)                   |
  7. | 7. 비뇨생식기계통의 질환 (N00-N98)                          |
  8. | 8. 선천 기형 변형 및 염색체 이상 (Q00-Q99)                  |
  9. | 9. 소화기계통의 질환 (K00-K92)                              |
 10. | 10. 순환기계통의 질환 (I00-I99)                             |
 11. | 11. 신경계통의 질환 (G00-G98)                               |
 12. | 12. 신생물 (C00-D48)                                        |
 13. | 13. 임신 출산 및 산후기 (O00-O99)                           |
 14. | 14. 정신 및 행동장애 (F01-F99)                              |
 15. | 15. 질병이환 및 사망의 외인 (V01-Y89)                       |
 16. | 16. 출생전후기에 기원한 특정병태 (P00-P96)                  |
 17. | 17. 특정 감염성 및 기생충성 질환 (A00-B99)                  |
 18. | 18. 피부 및 피부밑조직의 질환 (L00-L98)                     |
 19. | 19. 혈액 및 조혈기관질환과 면역기전을 침범하는 특정장애 (D50-D89)(명) |
 20. | 20. 호흡기계통의 질환 (J00-J98)                              |
     +-------------------------------------------------------------+
```

[그림 3.11.7]에서 보는 것과 같이 사망원인은 계를 포함하여 20개로 구분하고 있음을 알 수

있다. 위 사망원인을 이용하여 더미변수를 만드는 과정을 설명하면 다음과 같다.

[그림 3.11.8]에서 보는 것과 같이 메뉴에서 **Data > Create or change data > Other variable-creation commands > Create indicator variables**를 순차적으로 선택하면 [그림 3.11.9]의 tabulate 대화상자가 나타난다.

**[그림 3.11.8]** tabulate…, generate() 메뉴 실행

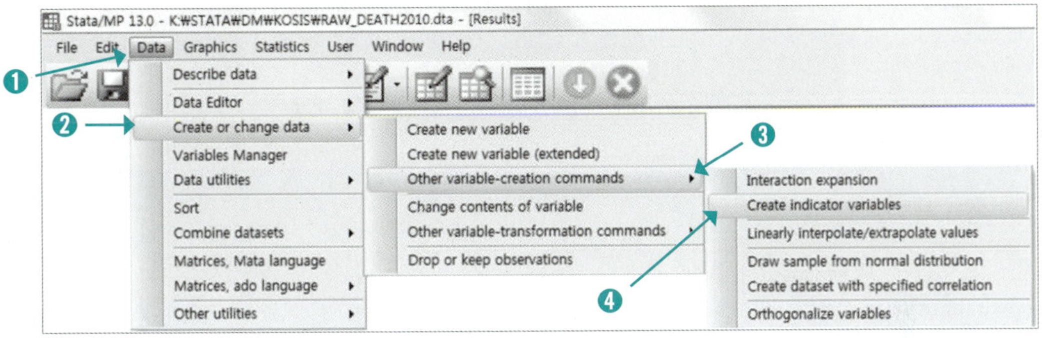


**[그림 3.11.9]** 더미변수 생성을 위한 대화상자

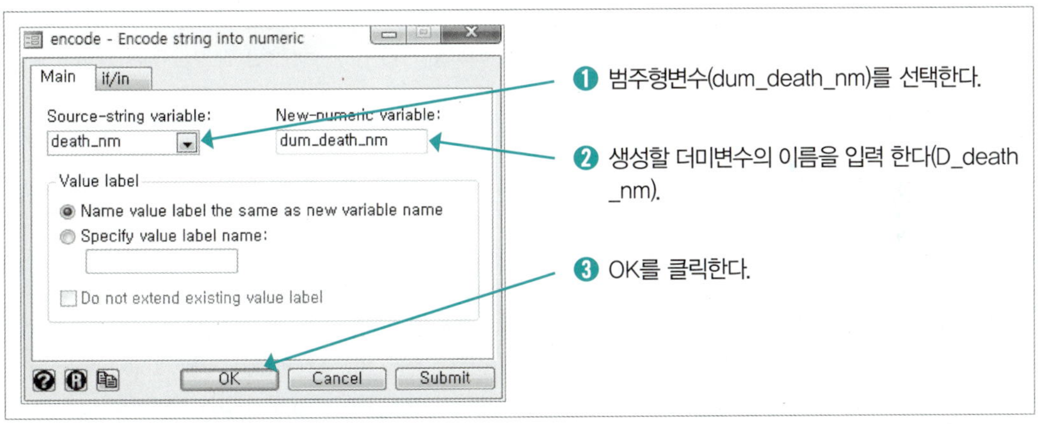


[그림 3.11.9]에서 ❶ 범주형변수인 dum_death_nm을 선택한다. ❷ 새로운 생성할 더미변수의 이름을 D_death_nm이라고 입력한다. 이후 ❸ OK를 클릭한다. 동일한 방법으로 dum_gender(D_gender)와 dum_age_group(D_age_group)도 실행해 보며, 그 명령어는 다음과 같다.

```
. ❶ quietly tabulate dum_death_nm,  generate(D_death_nm)
. ❷ quietly tabulate dum_gender,    generate(D_gender)
. ❸ quietly tabulate dum_age_group, generate(D_age_group)
. ❹ describe D_death_nm*
```

위 명령어의 실행 결과는 D_death_nm1부터 D_death_nm20까지 사망원인에 대한 더미변수가 생성된다. 각 생성된 더미변수를 살펴보면 [그림 3.11.10]과 같다.

**[그림 3.11.10] 더미변수 생성 결과변수의 개요**

```
. describe D_death_nm*

              storage   display    value
variable name type      format     label      variable label
-----------------------------------------------------------------------------
D_death_nm1     byte      %8.0g                 dum_death_nm==1. 계
D_death_nm2     byte      %8.0g                 dum_death_nm==2. 귀 및 꼭지돌기의 질환 (H60-H93)
D_death_nm3     byte      %8.0g                 dum_death_nm==3. 근육골격계통 및 결합 조직의 질환
                                                (M00-M99)
D_death_nm4     byte      %8.0g                 dum_death_nm==4. 내분비 영양 및 대사 질환 (E00-
                                                E88)
D_death_nm5     byte      %8.0g                 dum_death_nm==5. 눈 및 눈부속기의 질환 (H00-H57)
D_death_nm6     byte      %8.0g                 dum_death_nm==6. 달리 분류되지 않은 증상 징후
                                                (R00-R99)
D_death_nm7     byte      %8.0g                 dum_death_nm==7. 비뇨생식기계통의 질환 (N00-N98)
D_death_nm8     byte      %8.0g                 dum_death_nm==8. 선천 기형 변형 및 염색체 이상
                                                (Q00-Q99)
D_death_nm9     byte      %8.0g                 dum_death_nm==9. 소화기계통의 질환 (K00-K92)
D_death_nm10    byte      %8.0g                 dum_death_nm==10. 순환기계통의 질환 (I00-I99)
D_death_nm11    byte      %8.0g                 dum_death_nm==11. 신경계통의 질환 (G00-G98)
D_death_nm12    byte      %8.0g                 dum_death_nm==12. 신생물 (C00-D48)
D_death_nm13    byte      %8.0g                 dum_death_nm==13. 임신 출산 및 산후기 (O00-O99)
D_death_nm14    byte      %8.0g                 dum_death_nm==14. 정신 및 행동장애 (F01-F99)
D_death_nm15    byte      %8.0g                 dum_death_nm==15. 질병이환 및 사망의 외인 (V01-
                                                 Y89)
D_death_nm16    byte      %8.0g                 dum_death_nm==16. 출생전후기에 기원한 특정병태
                                                 (P00-P96)
D_death_nm17    byte      %8.0g                 dum_death_nm==17. 특정 감염성 및 기생충성 질환
                                                 (A00-B99)
```

```
D_death_nm18    byte        %8.0g              dum_death_nm==18. 피부 및 피부밑조직의 질환 (L00-L98)
D_death_nm19    byte        %8.0g              dum_death_nm==19. 혈액 및 조혈기관질환과 면역기전을 침범
                                                                  하는 특정장애 (D50-D89)(명)
D_death_nm20    byte        %8.0g              dum_death_nm==20. 호흡기계통의 질환 (J00-J98)
```

위 describe D_death_nm*의 명령어 중 *가 의미하는 것은 D_death_nm으로 시작하는 모든 변수를 의미한다. 즉 D_death_nm1 ~ D_death_nm20까지의 변수에 대한 개요를 볼 수 있다.

동일한 방법으로 D_gender와 D_age_group 변수에 대한 개요를 확인해 볼 수 있을 것이다.

## 3.11.3 xi 적용

계량모형에서 더미변수와 함께 사용되는 변수가 교호작용(상호작용)변수이다. 이 교호작용 변수를 STATA에서 직접 모형에 적용할 수 있으며, 또는 별도의 변수를 생성할 수 있다. 그 중 별도의 방법으로 변수를 생성하는 부분을 설명하고자 한다. [그림 3.11.11]과 같이 메뉴에서 **Data > Create or change data > Other variable-creation commands > Interaction expansion** 순으로 실행하면 [그림 3.11.12]와 같은 대화상자가 나타난다.

**[그림 3.11.11]** xi – Interaction expansion 메뉴 실행

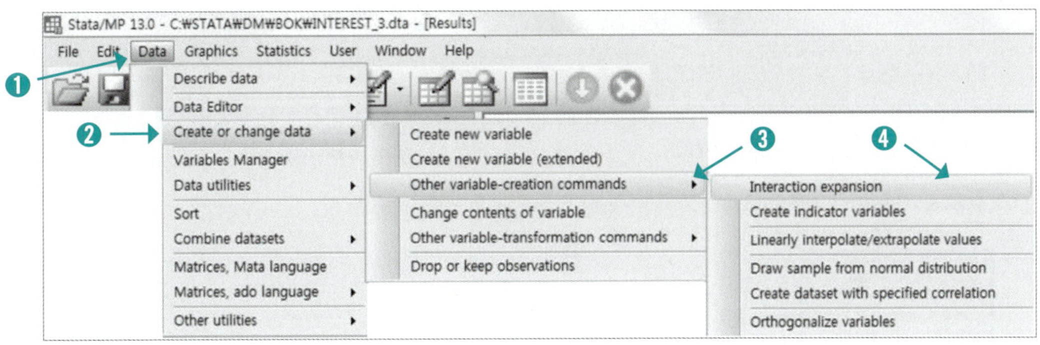

**[그림 3.11.12]** xi 대화상자

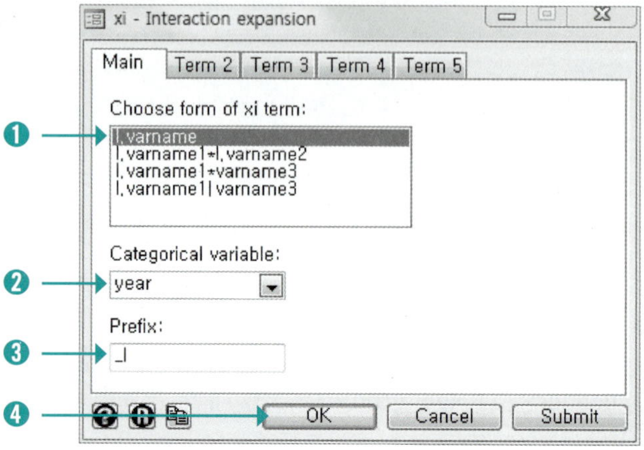


[그림 3.11.12]에서 교호작용변수의 생성은 3가지 유형으로 생성할 수 있다. 그 중 앞서 설명한 tabulate를 이용한 방법 이외의 방법으로 더미변수를 만드는 과정을 우선 설명하고 교호작용변수의 생성을 설명하고자 한다. 우선 xi 명령어를 이용하여 더미변수를 만들어 보자. [그림 3.11.12]에서 ❶ Choose form of xi term: I.varname을 선택한다. ❷ Categorical variable: year 변수를 선택한다. ❸ Prefic: _I 상태를 유지한다. 사용자는 초기 상태(_I)로 유지할 수 있으며, 변경도 가능하다. ❹ OK를 실행한다. 그 결과는 [그림 3.11.13]과 같다.

**[그림 3.11.13]** xi 실행 결과

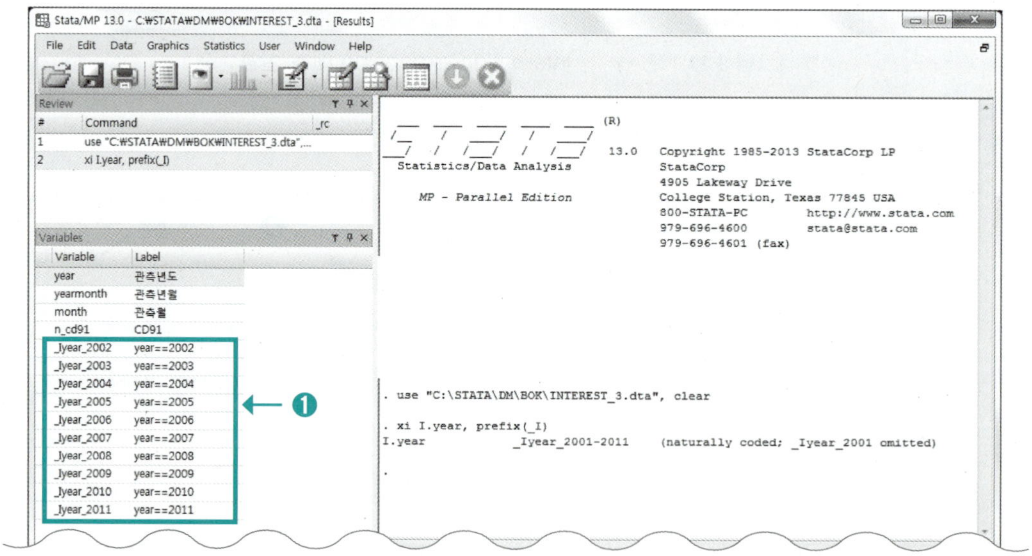

[그림 3.11.13]에서 보는 것과 같이 새로운 변수인 _Iyear_2002 ~ _Iyear_2011가 생성(❶)된 것을 확인할 수 있을 것이다. 새롭게 생성된 변수는 시작을 _I로 하며, year 변수와 각 year의 속성값(2002 ~ 2011)을 가지게 된다. 명령어는 아래와 같다.

C:\> 명령어

```
. ❶ use "C:\STATA\DM\BOK\INTEREST_3.dta", clear
. ❷ xi I.year, prefix(_I)
. ❸ sort month year
. ❹ list year n_cd91 _Iyear_* in 1/11, abb(20) sepby(year) div
```

위 실행결과를 살펴보기 위해 month year로 정렬(❸ sort)하고, list 명령어로 11개 관측값을 살펴보았다. 위 명령어 ❹에서 _Iyear_*의 의미는 _Iyear_로 시작되는 모든 변수를 말하며, abb(20)은 변수의 단축 없이(_Iyear~02) 변수이름을 모두 보여주라는 의미이다. 그리고 sepby(year)는 year별로 선(line)으로 구별하라는 의미이며, 마지막 div는 변수와 변수를 선(line)으로 구분하라는 의미이다. 그 결과는 [그림 3.11.14]와 같다.

**[그림 3.11.14]** xi 결과에 대한 list 화면

| | year | n_cd91 | _Iyear_2002 | _Iyear_2003 | _Iyear_2004 | _Iyear_2005 | _Iyear_2006 | _Iyear_2007 | _Iyear_2008 | _Iyear_2009 | _Iyear_2010 | _Iyear_2011 |
|---|---|---|---|---|---|---|---|---|---|---|---|---|
| 1. | 2001 | 6.43 | 0 | 0 | 0 | 0 | 0 | 0 | 0 | 0 | 0 | 0 |
| 2. | 2002 | 4.79 | 1 | 0 | 0 | 0 | 0 | 0 | 0 | 0 | 0 | 0 |
| 3. | 2003 | 4.70 | 0 | 1 | 0 | 0 | 0 | 0 | 0 | 0 | 0 | 0 |
| 4. | 2004 | 4.26 | 0 | 0 | 1 | 0 | 0 | 0 | 0 | 0 | 0 | 0 |
| 5. | 2005 | 3.47 | 0 | 0 | 0 | 1 | 0 | 0 | 0 | 0 | 0 | 0 |
| 6. | 2006 | 4.15 | 0 | 0 | 0 | 0 | 1 | 0 | 0 | 0 | 0 | 0 |
| 7. | 2007 | 4.92 | 0 | 0 | 0 | 0 | 0 | 1 | 0 | 0 | 0 | 0 |
| 8. | 2008 | 5.81 | 0 | 0 | 0 | 0 | 0 | 0 | 1 | 0 | 0 | 0 |
| 9. | 2009 | 3.22 | 0 | 0 | 0 | 0 | 0 | 0 | 0 | 1 | 0 | 0 |
| 10. | 2010 | 2.88 | 0 | 0 | 0 | 0 | 0 | 0 | 0 | 0 | 1 | 0 |
| 11. | 2011 | 2.93 | 0 | 0 | 0 | 0 | 0 | 0 | 0 | 0 | 0 | 1 |

[그림 3.11.14]에서 보는 것과 같이 해당년에 해당하는 더미변수가 생성되었다.

이제 교호작용변수를 생성하는 과정을 살펴보자. 실습자료는 INTEREST_2 이다. 우선 Data의 속성을 파악하기 위해 list 명령어를 [그림 3.11.5]와 같이 실행하였다.

[그림 3.11.15] list 명령어 대화상자

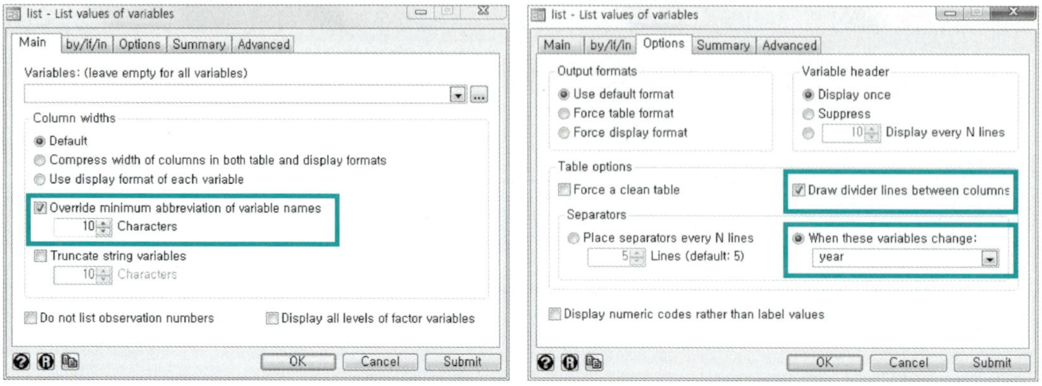

[그림 3.11.15]는 메뉴에서 **Data > Describe data > List data**를 순차적으로 선택한 결과 나타난 list 대화상자이다. 명령어 창에서 'db list'라고 입력하여도 된다. [그림 3.11.15] 중 Main에서 Override minimum abbreviation of variable name을 선택하고 Characters에 10을 입력한다. 아래 명령어의 abbreviate(10)에 해당하는 명령어이다. 이 기능은 변수명이 길 경우 해당 변수명을 모두 보고 싶을 때 사용될 수 있다. [그림 3.11.15]의 Option에서는 Draw divider lines between colums를 선택(명령어 부분의 divider)하고, When these variables change에 year을 선택(명령어 부분의 sepby(year)) 한 후 OK를 실행한다. 이렇게 설정한 후 실행된 결과는 [그림 3.11.16]과 같다.

```
. list, abbreviate(10) divider sepby(year)
```

[그림 3.11.16] list 명령어 실행 결과

| | year | month | n_cd91 |
|---|---|---|---|
| 1. | 2008 | 8 | 5.77 |
| 2. | 2008 | 9 | 5.79 |
| 3. | 2008 | 10 | 6.03 |
| 4. | 2008 | 11 | 5.62 |
| 5. | 2008 | 12 | 4.68 |
| 6. | 2009 | 8 | 2.48 |
| 7. | 2009 | 9 | 2.64 |
| 8. | 2009 | 10 | 2.79 |
| 9. | 2009 | 11 | 2.79 |
| 10. | 2009 | 12 | 2.82 |
| 11. | 2010 | 8 | 2.63 |
| 12. | 2010 | 9 | 2.66 |
| 13. | 2010 | 10 | 2.66 |
| 14. | 2010 | 11 | 2.73 |
| 15. | 2010 | 12 | 2.80 |

위 [그림 3.11.16]의 자료를 이용하여 더미변수와 교호작용변수를 생성해 보자. [그림 3.11.17]에서 ❶ Choose form of xi term에서 I.varname1*I.varname2를 선택한다. ❷ Categorical variable에 year를 선택한다. ❸ Categorical variable에 month를 선택한다. 이후 OK를 실행한다.

[그림 3.11.17] xi 대화상자

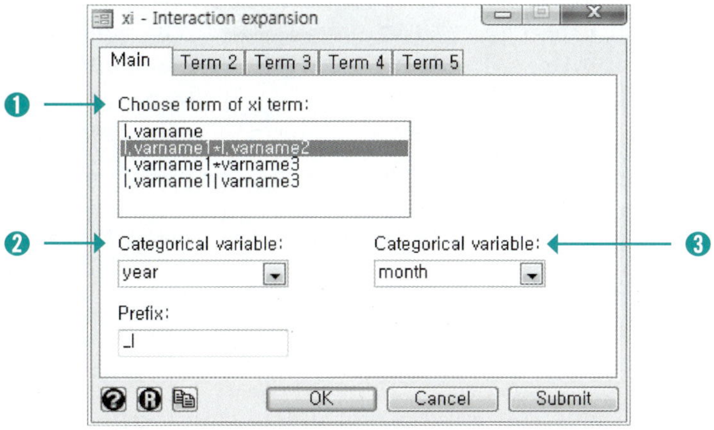


```
. xi I.year*I.month, prefix(_I)
```

[그림 3.11.17]의 실행결과를 살펴보면, 우선 새롭게 생성된 변수가 있는데, 이 부분은 describe 명령어를 이용해서 살펴보면 [그림 3.11.18]과 같다.

[그림 3.11.18] xi 실행 결과(Case 2)

```
. describe, fullnames

Contains data from C:\STATA\DM\BOK\INTEREST_2.dta
  obs:            15
 vars:            17                              30 Oct 2013 09:59
 size:           375
---------------------------------------------------------------------------
                    Storage    display   value
variable name       type       format    label     variable label
---------------------------------------------------------------------------
Year                int        %10.0g              관측년도
month               byte       %10.0g              관측월
n_cd91              double     %10.2f              CD91
_Iyear_2009         byte       %8.0g          ❶ { year==2009
_Iyear_2010         byte       %8.0g            { year==2010
_Imonth_9           byte       %8.0g            { month==9
_Imonth_10          byte       %8.0g          ❷ { month==10
_Imonth_11          byte       %8.0g            { month==11
_Imonth_12          byte       %8.0g            { month==12
```

```
_IyeaXmon_2009_9     byte     %8.0g          year==2009 & month==9
_IyeaXmon_2009_10    byte     %8.0g          year==2009 & month==10
_IyeaXmon_2009_11    byte     %8.0g          year==2009 & month==11
_IyeaXmon_2009_12    byte     %8.0g     ❸    year==2009 & month==12
_IyeaXmon_2010_9     byte     %8.0g          year==2010 & month==9
_IyeaXmon_2010_10    byte     %8.0g          year==2010 & month==10
_IyeaXmon_2010_11    byte     %8.0g          year==2010 & month==11
_IyeaXmon_2010_12    byte     %8.0g          year==2010 & month==12
-----------------------------------------------------------------------------
Sorted by:
```

[그림 3.11.18]에서 보는 것과 같이 3가지 유형의 변수가 생성된 것을 알 수 있다. ❶은 [그림 3.11.17]의 year에 대한 더미변수를 생성한 부분이고, ❷는 [그림 3.11.17]의 month에 대한 더미변수를 생성한 부분이다. 그리고 ❸은 year와 month를 조합하여 생성한 더미변수(교호작용변수)이다. 앞서 설명한 tabulate를 이용하여 생성한 더미변수는 해당 경우에 따라 더미변수가 생성되는데 반해 xi는 n-1개의 더미변수를 생성하고 있다. 즉 year는 3개년(2008, 2009, 2010)으로 구성된 범주형변수이다. 그런데 생성된 더미변수는 _Iyear_2009, _Iyear2010으로 두 개의 더미변수가 생성된 것이다. 연구자는 어떤 기준으로 계량모형을 설정할 것인지를 고려하여 더미변수를 생성할 것인지를 결정해야 한다.

이제 xi의 3번째 Case를 살펴보자. [그림 3.11.19]에서 ❶ Choose form of xi term에서 I.varname1*varname3을 선택한다. ❷ Categorical variable에 year를 선택한다. ❸ Continuous variable에 n_cd91을 선택한 후 OK를 실행한다.

**[그림 3.11.19]** xi 대화상자

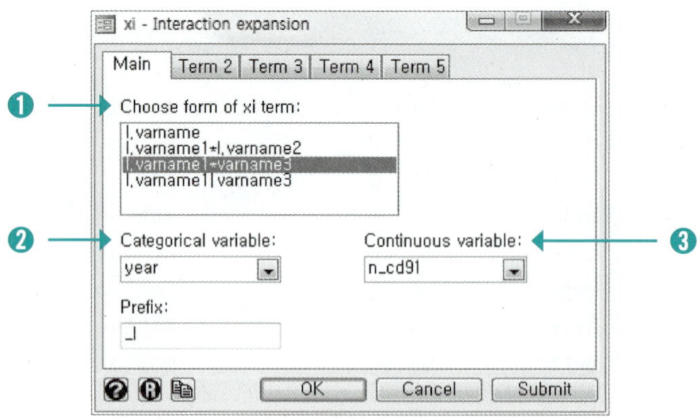

```
. xi I.year*n_cd91, prefix(_I)
```

[그림 3.11.19]의 실행 결과는 [그림 3.11.20]과 같다.

**[그림 3.11.20]** xi 실행 결과(Case 3)

```
. describe

Contains data from C:\STATA\DM\BOK\INTEREST_2.dta
  obs:            15
 vars:             7                          30 Oct 2013 09:59
 size:           435
-----------------------------------------------------------------------
                   Storage     display   value
variable name      type        format    label     variable label
-----------------------------------------------------------------------
year               int         %10.0g              관측년도
month              byte        %10.0g              관측월
n_cd91             double      %10.2f              CD91
_Iyear_2009        byte        %8.0g               year==2009
_Iyear_2010        byte        %8.0g               year==2010
_IyeaXn_c_2009     double      %10.0g              (year==2009)*n_cd91
_IyeaXn_c_2010     double      %10.0g              (year==2010)*n_cd91
-----------------------------------------------------------------------
Sorted by:
```

[그림 3.11.20]에서 보는 것과 같이 _Iyear_2009, _Iyear_2010의 더미변수가 생성되었으며, _IyearXn_c_2009, _IyearXn_c_2010의 교호작용변수가 생성되었음을 확인할 수 있다. 여기서 n_c는 연속형변수인 n_cd91을 의미한다.

**[그림 3.11.21]** list 결과

| | year | month | n_cd91 | _Iyear_2009 | _Iyear_2010 | _IyeaXn_c_2009 | _IyeaXn_c_2010 |
|---|---|---|---|---|---|---|---|
| 1. | 2008 | 8 | 5.77 | 0 | 0 | 0 | 0 |
| 2. | 2008 | 9 | 5.79 | 0 | 0 | 0 | 0 |
| 3. | 2008 | 10 | 6.03 | 0 | 0 | 0 | 0 |
| 4. | 2008 | 11 | 5.62 | 0 | 0 | 0 | 0 |
| 5. | 2008 | 12 | 4.68 | 0 | 0 | 0 | 0 |
| 6. | 2009 | 8 | 2.48 | 1 | 0 | 2.48 | 0 |
| 7. | 2009 | 9 | 2.64 | 1 | 0 | 2.64 | 0 |
| 8. | 2009 | 10 | 2.79 | 1 | 0 | 2.79 | 0 |
| 9. | 2009 | 11 | 2.79 | 1 | 0 | 2.79 | 0 |
| 10. | 2009 | 12 | 2.82 | 1 | 0 | 2.82 | 0 |
| 11. | 2010 | 8 | 2.63 | 0 | 1 | 0 | 2.63 |
| 12. | 2010 | 9 | 2.66 | 0 | 1 | 0 | 2.66 |
| 13. | 2010 | 10 | 2.66 | 0 | 1 | 0 | 2.66 |
| 14. | 2010 | 11 | 2.73 | 0 | 1 | 0 | 2.73 |
| 15. | 2010 | 12 | 2.80 | 0 | 1 | 0 | 2.8 |

```
. list, abbreviate(20) divider sep(0)
```

[그림 3.11.21]에서 보는 것과 같이 _Iyear_2009는 year 값이 2009일 경우 1의 값을, 그렇지 않을 경우에는 0으로 설정된다. _IyearXn_c_2009는 year 값이 2009일 경우에 _Iyear_2009 값에 n_cd91의 값을 곱하여 산출한 값을 보여준다.

이제 xi의 4번째 Case를 살펴보자. [그림 3.11.19]에서 ❶ Choose form of xi term에서 I.varname1|varname3을 선택한다. ❷ Categorical variable에 year를 선택한다. ❸ Continuous variable에 n_cd91을 선택한 후 OK를 실행한다.

**[그림 3.11.22]** xi 대화상자(Case 4)

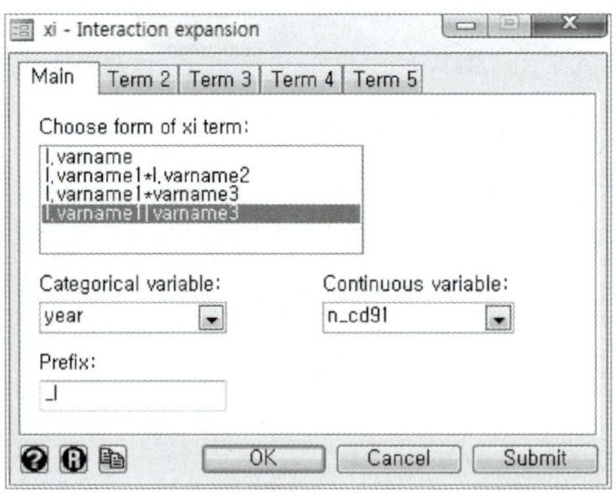


```
. xi I.year|n_cd91, prefix(_I)
```

[그림 3.11.22]의 실행 결과는 xi의 Case 3과 동일한 결과가 산출되었다.

# 3.12 시계열자료 처리하기

## 3.12.1 문자변수를 이용한 시간변수 만들기

일반적으로 기초자료를 STATA로 import할 때, 시간변수라고 판단되는 경우가 문자변수로 되어 있는 경우가 종종 있다. 이 경우 문자변수가 비록 시간변수라 하더라도 시간변수의 기능을 수행할 수 없다. 따라서 문자변수를 시간(숫자)변수로 변경하여야 한다. 또한 변경된 시간변수는 연구자뿐만 아니라 이 자료를 이용하는 사람의 눈으로 시간변수임을 확인할 수 있도록 시간변수의 format을 변경할 필요가 있다. 이제 일별주가자료를 이용하여 실습하도록 하자.

실습자료 C:\STATA\DM\KRX\DATA_STOCK_IND_A005930_1.dta

[그림 3.12.1] 실습자료의 개요

```
. describe

Contains data from C:\STATA\DM\KRX\DATA_STOCK_IND_A005930_1.dta
  obs:           199
 vars:            10                          7 Dec 2012 10:02
 size:        11,343
--------------------------------------------------------------------------
              storage   display    value
variable name   type      format     label      variable label
--------------------------------------------------------------------------
TIME            str10     %10s                  일자
END_VAL         long      %10.0fc               종가
DIF_VAL         str11     %11s                  대비
```

```
TRADE_N        long        %10.0fc              거래량
TRADE_M        double      %15.0fc              거래대금
M_VAL          long        %12.0fc              시가
H_VAL          long        %12.0fc              고가
L_VAL          long        %12.0fc              저가
M_T_VAL        long        %12.0fc              시가총액
STOCK_NO       long        %12.0fc              상장주식수
-------------------------------------------------------------------------
Sorted by:
     Note:  dataset has changed since last saved
```

[그림 3.12.1]에서 보는 것과 같이 TIME 변수는 storage type이 str10이며, 이를 display format으로는 %10s로 표시됨을 확인할 수 있을 것이다.

**[그림 3.12.2]** Dataset의 구성

|  | TIME | END_VAL | TRADE_N |
|---|---|---|---|
| 1. | 2011/10/21 | 917,000 | 466,429 |
| 2. | 2011/10/20 | 907,000 | 569,192 |
| 3. | 2011/10/19 | 886,000 | 214,254 |
| 4. | 2011/10/18 | 883,000 | 277,012 |
| 5. | 2011/10/17 | 890,000 | 213,700 |

[그림 3.12.1]에서 TIME 변수가 문자변수임을 확인하였으며, 그 구성은 [그림 3.12.2]와 같다. 따라서 TIME 변수를 숫자변수로 변환하여야 하는데, 위와 같은 형태는 date라는 명령어를 이용하여 변수를 추가로 생성할 수 있다. 그 방법은 아래와 같다.

C:\> 명령어

```
. use "C:\STATA\DM\KRX\DATA_STOCK_IND_A005930_1.dta", clear
. ❶ generate TIME1  =date(TIME,"YMD")
. ❷ generate TIME1_1=date(TIME,"YMD")
. ❸ format %tdccYY/NN/DD TIME1_1
. ❹ list TIME TIME1 TIME1_1 END_VAL in 1/5, sep(0)
```

**[그림 3.12.3]** 새롭게 생성한 TIME 변수의 형태

```
. list TIME TIME1 TIME1_1 END_VAL in 1/5, sep(0)

     +----------------------------------------------+
     |       TIME   TIME1      TIME1_1    END_VAL  |
     |----------------------------------------------|
  1. | 2011/10/21   18921   2011/10/21    917,000  |
  2. | 2011/10/20   18920   2011/10/20    907,000  |
  3. | 2011/10/19   18919   2011/10/19    886,000  |
  4. | 2011/10/18   18918   2011/10/18    883,000  |
  5. | 2011/10/17   18917   2011/10/17    890,000  |
     +----------------------------------------------+
```

[그림 3.12.3]에서 보는 것과 같이 TIME1과 TIME1_1은 동일한 값이다. 다만 format이 다를 뿐이다.

**TIP 시간변수의 Format 변경**

2011/10/21에 대한 format 유형은 아래와 같다.

| Format | 결과 값 | 비고 |
|---|---|---|
| %td | 21oct2011 | |
| %tdMon_DD,_CCYY | Oct 21, 2011 | |
| %tdMonth_DD,_CCYY | October 21, 2011 | |
| %tdNN/DD/CCYY | 10/21/2011 | |
| %tdCCYY-NN-DD | 2011-10-21 | |
| %tdCCYY/NN/DD | 2011/10/21 | Customize format |
| %tdCCYYNNDD | 20111021 | Customize format |

위 예제에서 보듯이 사용자의 선호에 따라 다양하게 format을 변경할 수 있다. 그리고 Customize format은 data editor에서 수정하지 않고 직접 command로 수정할 수 있다. 마지막 format(%tdCCYYNNDD)을 사용할 것을 추천하며, 그 이유는 향후 이 시간변수를 문자변수로 변경할 때 유용하기 때문이다.

즉, tostring TIME1_1, generate(TIME1_1_S) force usedisplayformat 이렇게 변경하면 TIME1_1_S는 빨간색으로 변경된 문자변수가 된다. 여기서 substr를 이용하여 year(2011), month(10), day(21)의 새로운 변수를 생성할 수 있다. 물론 이렇게 만드는 방법은 이외에도 다양하다. 연구자의 선호에 따라 달리 할 수 있다.

## 3.12.2 문자변수를 시간변수로 분리하기

위 예제에서 TIME 변수가 문자변수임을 앞서 설명하였다. 이 TIME변수를 YEAR, MONTH, DAY변수로 변경하는 방법을 실습해 보자.

C:\> 명령어

```
. use "C:\STATA\DM\KRX\STOCK_IND_A005930_1.dta", clear
. ❶ generate YEAR  = substr(TIME,1,4)
. ❷ generate MONTH = substr(TIME,6,2)
. ❸ generate DAY   = substr(TIME,9,2)
. ❹ order TIME YEAR MONTH DAY
. ❺ list TIME YEAR MONTH DAY END_VAL in 1/5, sep(0)
```

**[그림 3.12.4]** 새롭게 생성한 YEAR, MONTH, DAY 변수의 형태

```
. list TIME YEAR MONTH DAY END_VAL in 1/5, sep(0)

     +-----------------------------------------------+
     |       TIME   YEAR   MONTH   DAY     END_VAL   |
     |-----------------------------------------------|
  1. | 2011/10/21   2011      10    21     917,000   |
  2. | 2011/10/20   2011      10    20     907,000   |
  3. | 2011/10/19   2011      10    19     886,000   |
  4. | 2011/10/18   2011      10    18     883,000   |
  5. | 2011/10/17   2011      10    17     890,000   |
     +-----------------------------------------------+
```

참고 **substr의 의미**

Substr는 문자변수를 일정한 범위만 설정하여 새로운 변수를 만들 수 있는 기능을 한다. 위 예에서 ❶ substr(TIME,1,4)는 TIME 변수의 첫 번째부터 네 번째까지의 값을 이용하려는 명령어 즉, 년도(YYYY)를 의미이다. 그리고 TIME을 보면 "/"로 표시된 부분이 있기 때문에 이 부분 다음인 ❷ substr(TIME,6,2)를 입력하게 되면 월(MM)의 값이 표시된다. 마지막으로 ❸ substr(TIME,9,2)의 경우

도 "/" 부분 다음부터 두 자리 숫자인 일자(DD)를 입력하게 된다.

위 결과는 TIME 변수를 YEAR, MONTH, DAY로 분리하였다. 이렇게 분리된 변수는 문자변수이다. [그림 3.12.5]에서 위 3개의 변수가 문자변수임을 알 수 있다.

**[그림 3.12.5]** 생성된 YEAR, MONTH, DAY 변수의 개요

```
. describe TIME YEAR MONTH DAY

              storage  display    value
variable name   type   format     label      variable label
------------------------------------------------------------
TIME            str10  %10s                  TIME
YEAR            str4   %9s                   YEAR
MONTH           str2   %9s                   MONTH
DAY             str2   %9s                   DAY
```

이 문자변수 YEAR, MONTH, DAY를 숫자변수로 변경하는 명령어는 destring이다.

C:\> 명령어

```
. ❶ destring YEAR MONTH DAY, replace
. ❷ describe YEAR MONTH DAY
. ❸ list TIME YEAR MONTH DAY END_VAL in 1/5, sep(0)
```

**[그림 3.12.6]** 문자변수를 숫자변수로 변경하는 명령어 및 그 결과

```
. destring YEAR MONTH DAY, replace
YEAR has all characters numeric; replaced as int
MONTH has all characters numeric; replaced as byte
DAY has all characters numeric; replaced as byte
```

[그림 3.12.6]에서 보는 것과 같이 YEAR MONTH DAY 변수가 숫자변수로 변환이 정상적으로 진행되었다.

**[그림 3.12.7]** 숫자변수로 변경 후 Dataset의 특성

```
. describe TIME YEAR MONTH DAY

              storage  display     value
variable name   type   format      label      variable label
-------------------------------------------------------------
TIME            str10  %10s                   TIME
YEAR            int    %10.0g                 YEAR
MONTH           byte   %10.0g                 MONTH
DAY             byte   %10.0g                 DAY
```

[그림 3.12.7]에서 보는 것과 같이 [그림 3.12.4]와 보여지는 값은 동일하나, 그 형태는 다르다.

**[그림 3.12.8]** 숫자변수로 변경 후 data 값

```
. list TIME YEAR MONTH DAY END_VAL in 1/5, sep(0)

     +------------------------------------------------+
     |       TIME   YEAR   MONTH   DAY    END_VAL     |
     |------------------------------------------------|
  1. | 2011/10/21   2011      10    21    917,000     |
  2. | 2011/10/20   2011      10    20    907,000     |
  3. | 2011/10/19   2011      10    19    886,000     |
  4. | 2011/10/18   2011      10    18    883,000     |
  5. | 2011/10/17   2011      10    17    890,000     |
     +------------------------------------------------+
```

destring 명령어를 이용하여 문자변수를 숫자변수로 변경한 변수 YEAR, MONTH, DAY를 이용하여 TIME2라는 시간변수로 변경하면 다음과 같다.

C:\> 명령어

```
. ❶ generate TIME2  = mdy(MONTH, DAY, YEAR)
. ❷ generate TIME2_1= mdy(MONTH, DAY, YEAR)
. ❸ order TIME TIME1 TIME1_1 TIME2 TIME2_1
. ❹ format %tdccYY/NN/DD TIME2_1
. ❺ list TIME TIME1 TIME2 TIME1_1 TIME2_1 END_VAL in 1/5
```

[그림 3.12.9] 시간변수를 통합한 data 값 비교

```
. list TIME TIME1 TIME2 TIME1_1 TIME2_1 END_VAL  in 1/5

     +---------------------------------------------------------------------+
     |       TIME   TIME1   TIME2      TIME1_1      TIME2_1   END_VAL |
     |---------------------------------------------------------------------|
  1. | 2011/10/21   18921   18921   2011/10/21   2011/10/21   917,000 |
  2. | 2011/10/20   18920   18920   2011/10/20   2011/10/20   907,000 |
  3. | 2011/10/19   18919   18919   2011/10/19   2011/10/19   886,000 |
  4. | 2011/10/18   18918   18918   2011/10/18   2011/10/18   883,000 |
  5. | 2011/10/17   18917   18917   2011/10/17   2011/10/17   890,000 |
     +---------------------------------------------------------------------+
```

[그림 3.12.9]에서 보는 것과 같이 TIME1과 TIME2는 서로 동일한 값이며, TIME, TIME1_1, TIME2_1도 동일한 값이다. 이는 시간변수를 어떻게 처리하느냐에 따라 명령어가 다르게 작성됨을 보여주는 것이다.

분기별 실습자료는 금융감독원에서 제공하고 있는 은행 전체에 대한 분기별 임원수에 대한 자료이다.

C:\> 명령어

```
. ❶ use C:\STATA\DM\FSS_BANK\S_DATA_TIME_00.dta, clear
. ❷ list SEQ_NO TIME_S x_1 in 1/5
```

[그림 3.12.10] 실습자료의 구성

```
. list SEQ_NO TIME_S x_1 in 1/5

     +--------------------------+
     | SEQ_NO   TIME_S   x_1 |
     |--------------------------|
  1. |      1   200903   422 |
  2. |      2   200906   423 |
  3. |      3   200909   420 |
  4. |      4   200912   423 |
  5. |      5   201003   430 |
     +--------------------------+
```

[그림 3.12.10]에서 TIME_S는 시간표시한 문자변수이다. 이 TIME_S를 직접 시간변수를 새로운 변수로 변환하는 과정을 살펴보면

C:\>
명령어

```
. ❶ generate Y = substr(TIME_S,1,4)
. ❷ generate M = substr(TIME_S,6,4)
. ❸ destring Y M, replace
. ❹ list SEQ_NO TIME_S Y M in 1/5
```

**[그림 3.12.11] 변수생성 결과**

```
. destring Y M, replace
Y has all characters numeric; replaced as int
M has all characters numeric; replaced as byte

. list SEQ_NO TIME_S Y M in 1/5

     +--------------------------------+
     | SEQ_NO   TIME_S      Y    M    |
     |--------------------------------|
  1. |      1   200903   2009    3    |
  2. |      2   200906   2009    6    |
  3. |      3   200909   2009    9    |
  4. |      4   200912   2009    2    |
  5. |      5   201003   2010    3    |
     +--------------------------------+
```

[그림 3.12.11]에서 보는 것과 같이 TIME_S는 년월자료가 문자변수이다. 이 부분을 Y와 M 변수를 생성하며, 이 두 변수도 문자변수이다. 위 명령어 ❸을 실행하면 문자변수가 숫자변수로 변경된다. 변수 Y와 M을 이용하여 TIME_N이라는 숫자변수인 시간변수를 만들어 시계열자료의 설정이 가능하다. 시계열자료의 생성은 아래의 명령어를 순차적으로 실행하면 된다.

C:\>
명령어

```
. ❶ generate TIME_N=ym(Y, M)
. ❷ list SEQ_NO TIME_S Y M TIME_N in 1/5
```

[그림 3.12.12] 시간변수생성 결과

```
. list SEQ_NO TIME_S Y M TIME_N TIME_N2 in 1/5

     +-------------------------------------------------------+
     | SEQ_NO    TIME_S       Y   M    TIME_N    TIME_N2     |
     |-------------------------------------------------------|
  1. |      1    200903    2009   3       590    2009/03     |
  2. |      2    200906    2009   6       593    2009/06     |
  3. |      3    200909    2009   9       596    2009/09     |
  4. |      4    200912    2009   2       589    2009/02     |
  5. |      5    201003    2010   3       602    2010/03     |
     +-------------------------------------------------------+
```

[그림 3.12.12]에서 보는 것과 같이, 새롭게 생성한 TIME_N과 TIME_N2는 동일한 값이며, 사람의 눈으로 보여지는 것만 590과 2009/03으로 보여지게 된다. 그러나 STATA가 연산하거나 시계열자료를 설정할 경우에 590을 인식하게 된다.

## 3.12.3 요일변수를 활용하기

시계열자료는 다양한 형태로 변경이 가능하다. 특히 일별자료를 일주일(월, 화, 수, 목, 금, 토, 일)로 표시할 수 있다.

C:\> 명령어

```
. ❶ use C:\STATA\DM\KRX\DATA_STOCK_INDEX_KOSPI_DOW.dta, clear
. ❷ list TIME KOSPI KOSPI_200 in 1/5, abb(20)
```

[그림 3.12.13] 실습자료의 구성

```
     +---------------------------------------+
     |       TIME       KOSPI    KOSPI_200   |
     |---------------------------------------|
  1. | 2011/10/21    1,838.38       240.02   |
  2. | 2011/10/20    1,805.09       235.57   |
  3. | 2011/10/19    1,855.92       242.11   |
  4. | 2011/10/18    1,838.90       239.89   |
  5. | 2011/10/17    1,865.18       243.49   |
     +---------------------------------------+
```

[그림 3.12.13]의 TIME 변수는 문자변수이다. 이 문자변수를 숫자변수로 변경하고, 새로운 TIME2를 생성한다. 이 생성된 TIME2를 이용하여 새로운 요일변수 TIME3를 생성한다. 그 과정을 살펴보면 다음과 같다.

C:\> 명령어

```
. ❶ generate TIME2=date(TIME,"YMD")
. ❷ generate TIME2_1=date(TIME,"YMD")
. ❸ format %tdCCYY-NN-DD_Da TIME2_1
. ❹ list TIME TIME2 TIME2_1 KOSPI KOSPI_200 in 1/5, abb(20)
```

**[그림 3.12.14] 일별자료의 요일표시**

|  | TIME | TIME2 | TIME2_1 | KOSPI | KOSPI_200 |
|---|---|---|---|---|---|
| 1. | 2011/10/21 | 18921 | 2011-10-21 Fr | 1,838.38 | 240.02 |
| 2. | 2011/10/20 | 18920 | 2011-10-20 Th | 1,805.09 | 235.57 |
| 3. | 2011/10/19 | 18919 | 2011-10-19 We | 1,855.92 | 242.11 |
| 4. | 2011/10/18 | 18918 | 2011-10-18 Tu | 1,838.90 | 239.89 |
| 5. | 2011/10/17 | 18917 | 2011-10-17 Mo | 1,865.18 | 243.49 |

[그림 3.12.14]에서 보는 것과 같이 TIME2_1은 관측년월일_요일을 표시하는 것이다. 이제 여기에 표시된 요일을 새로운 변수로 생성하는 과정을 설명하면 다음과 같다.

C:\> 명령어

```
. ❶ generate TIME3=dow(TIME2_1)
. ❷ label define date     1 "월요일" ///
                          2 "화요일" ///
                          3 "수요일" ///
                          4 "목요일" ///
                          5 "금요일" ///
                          6 "토요일" ///
                          0 "일요일"
. ❸ label values TIME3 date // 표시형식 변경: 숫자를 요일로 변경
. ❹ generate TIME4="월요일" if TIME3==1
.    replace  TIME4="화요일" if TIME3==2
.    replace  TIME4="수요일" if TIME3==3
.    replace  TIME4="목요일" if TIME3==4
.    replace  TIME4="금요일" if TIME3==5
.    replace  TIME4="토요일" if TIME3==6
.    replace  TIME4="일요일" if TIME3==0
```

**[그림 3.12.15] 요일표시를 적용한 결과**

| | TIME | KOSPI | KOSPI_200 | TIME2 | TIME2_1 | TIME3 | TIME4 |
|---|---|---|---|---|---|---|---|
| 1 | 2011/10/21 | 1,838.38 | 240.02 | 18921 | 2011-10-21 Fr | 금요일 | 금요일 |
| 2 | 2011/10/20 | 1,805.09 | 235.57 | 18920 | 2011-10-20 Th | 목요일 | 목요일 |
| 3 | 2011/10/19 | 1,855.92 | 242.11 | 18919 | 2011-10-19 We | 수요일 | 수요일 |
| 4 | 2011/10/18 | 1,838.90 | 239.89 | 18918 | 2011-10-18 Tu | 화요일 | 화요일 |
| 5 | 2011/10/17 | 1,865.18 | 243.49 | 18917 | 2011-10-17 Mo | 월요일 | 월요일 |
| 6 | 2011/10/14 | 1,835.40 | 239.67 | 18914 | 2011-10-14 Fr | 금요일 | 금요일 |
| 7 | 2011/10/13 | 1,823.10 | 238.09 | 18913 | 2011-10-13 Th | 목요일 | 목요일 |
| 8 | 2011/10/12 | 1,809.50 | 236.66 | 18912 | 2011-10-12 We | 수요일 | 수요일 |
| 9 | 2011/10/11 | 1,795.02 | 234.80 | 18911 | 2011-10-11 Tu | 화요일 | 화요일 |
| 10 | 2011/10/10 | 1,766.44 | 230.82 | 18910 | 2011-10-10 Mo | 월요일 | 월요일 |

[그림 3.12.15]에서 보는 것과 같이 TIME3는 요일을 생성하는 dow를 적용한 TIME3 변수에 label을 표시한 것이다. 그리고 TIME4는 그 일자를 활용하여 요일을 표시한 결과이다.

# 3.13 append / merge

## 3.13.1 | append

손해보험협회는 매월 통계자료를 발표하여 Excel로 공시하고 있다. 실습자료는 2011년 6월과 7월의 각 보험회사의 조직현황 자료이다.

실습자료

```
C:\STATA\DM\KNIA\7_201106.dta
C:\STATA\DM\KNIA\7_201107.dta
```

우선 7_201106.dta 자료에 대한 특성을 살펴보기 위해 describe 명령어를 이용한 결과는 [그림 3.13.1]과 같다. 관측 값은 30개이며, 변수는 18개이다.

[그림 3.13.1] 실습자료의 개요

```
. describe

Contains data from C:\STATA\DM\KNIA\7_201106.dta
  obs:            30
 vars:            18                          7 Dec 2012 14:51
 size:         1,920
------------------------------------------------------------
               storage  display    value
variable name  type     format     label      variable label
------------------------------------------------------------
COM_NN         long     %-14.0g    COM_NN     회사명
COM_NM         str14    %-14s                 회사명
ym             float    %tmCCYY-NN
TIME           float    %9.0g
```

```
EMP_01       int      %8.0fc              임직원_임원
EMP_02       int      %8.0fc              임직원_직원
EMP_03       int      %8.0fc              임직원_계
EMP_04       int      %8.0fc              설계사_손보
EMP_05       int      %8.0fc              설계사_제3보험
EMP_06       long     %8.0fc              설계사_손보/제3보험
EMP_07       long     %8.0fc              설계사_계
EMP_08       int      %8.0fc              점포
EMP_09       int      %8.0fc              대리점_개인
EMP_10       int      %8.0fc              대리점_법인
EMP_11       long     %8.0fc              대리점_계
EMP_12       int      %8.0fc              금융기관보험대리점
year         float    %9.0g
month        float    %9.0g
-------------------------------------------------------------------
Sorted by:
```

이제 7_201107.dta 파일을 append하는 과정을 살펴보면 아래 명령어와 같다.

C:\> 명령어

```
. ❶ use            "C:\STATA\DM\KNIA\7_201106.dta", clear
. ❷ append using "C:\STATA\DM\KNIA\7_201107.dta"
. ❸ tabulate TIME
```

**[그림 3.13.2]** append 결과의 확인

```
. tabulate TIME

       TIME |      Freq.     Percent        Cum.
------------+-----------------------------------
     201106 |         30       50.00       50.00
     201107 |         30       50.00      100.00
------------+-----------------------------------
      Total |         60      100.00
```

[그림 3.13.2]에서 보는 것과 같이 2011년 6월자료와 2011년 7월자료가 append된 결과이다. 개별 data 구조는 [그림 3.13.3]과 같다.

[그림 3.13.3] 2011년 6월과 7월의 Data 구조

<table>
<tr><th>Data : 7_201106.dta</th><th>Data : 7_201107.dta</th></tr>
<tr><td><pre>
. list TIME COM_NN in 1/10, sep(0)

     +------------------+
     |   TIME   COM_NN  |
     |------------------|
  1. | 201106   메리츠   |
  2. | 201106   한화     |
  3. | 201106   롯데     |
  4. | 201106   그린     |
  5. | 201106   흥국     |
  6. | 201106   삼성     |
  7. | 201106   현대     |
  8. | 201106   LIG      |
  9. | 201106   동부     |
 10. | 201106   서울보증 |
     +------------------+
</pre></td><td><pre>
. list TIME COM_NN in 1/10, sep(0)

     +------------------+
     |   TIME   COM_NN  |
     |------------------|
  1. | 201107   메리츠   |
  2. | 201107   한화     |
  3. | 201107   롯데     |
  4. | 201107   그린     |
  5. | 201107   흥국     |
  6. | 201107   삼성     |
  7. | 201107   현대     |
  8. | 201107   LIG      |
  9. | 201107   동부     |
 10. | 201107   서울보증 |
     +------------------+
</pre></td></tr>
</table>

Append 결과에 대한 Data 형태는 [그림 3.13.4]와 같다.

[그림 3.13.4] append 결과

| | COM_NN | COM_NM | ym | TIME | EMP_01 | EMP_02 | EMP_03 | EMP_04 | EMP_05 |
|---|---|---|---|---|---|---|---|---|---|
| 1 | 메리츠 | 메리츠 | 2011-06 | 201106 | 35 | 2,001 | 2,036 | 105 | 117 |
| 2 | 메리츠 | 메리츠 | 2011-07 | 201107 | 35 | 2,051 | 2,086 | 105 | 130 |
| 3 | 한화 | 한화 | 2011-07 | 201107 | 26 | 2,410 | 2,436 | 456 | 564 |
| 4 | 한화 | 한화 | 2011-06 | 201106 | 26 | 2,351 | 2,377 | 459 | 556 |
| 5 | 롯데 | 롯데 | 2011-07 | 201107 | 20 | 1,690 | 1,710 | 13 | 16 |
| 6 | 롯데 | 롯데 | 2011-06 | 201106 | 20 | 1,640 | 1,660 | 13 | 16 |
| 7 | 그린 | 그린 | 2011-06 | 201106 | 18 | 788 | 806 | 32 | 42 |
| 8 | 그린 | 그린 | 2011-07 | 201107 | 18 | 779 | 797 | 35 | 44 |
| 9 | 흥국 | 흥국 | 2011-07 | 201107 | 14 | 1,157 | 1,171 | 6 | 5 |
| 10 | 흥국 | 흥국 | 2011-06 | 201106 | 14 | 1,163 | 1,177 | 3 | 3 |
| 11 | 삼성 | 삼성 | 2011-06 | 201106 | 53 | 5,362 | 5,415 | 209 | 211 |
| 12 | 삼성 | 삼성 | 2011-07 | 201107 | 53 | 5,416 | 5,469 | 206 | 212 |
| 13 | 현대 | 현대 | 2011-06 | 201106 | 41 | 2,879 | 2,920 | 134 | 135 |
| 14 | 현대 | 현대 | 2011-07 | 201107 | 44 | 2,873 | 2,917 | 137 | 139 |

이제 메뉴를 이용하여 append하는 방법을 살펴보자. [그림 3.13.5]와 같이 메뉴에서 **Data > Combine datasets > Append datasets**을 순차적으로 선택하면 [그림 3.13.6]의 대화상자가 나타난다.

[그림 3.13.5] Menu를 이용한 append 선택

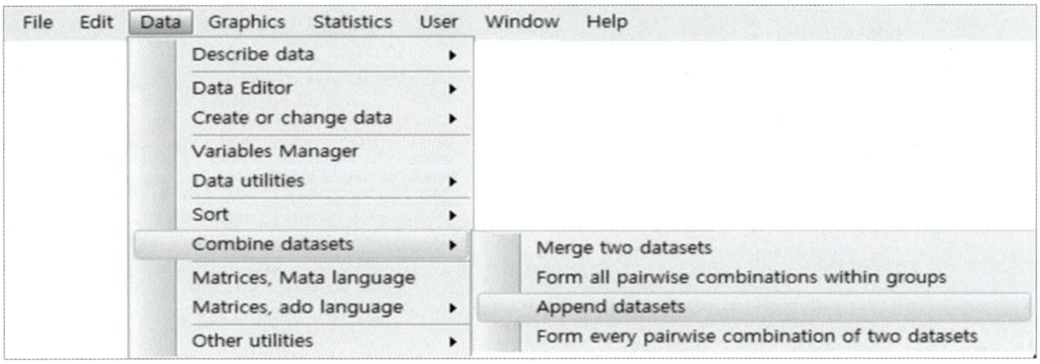


[그림 3.13.6] append 대화상자에서의 선택

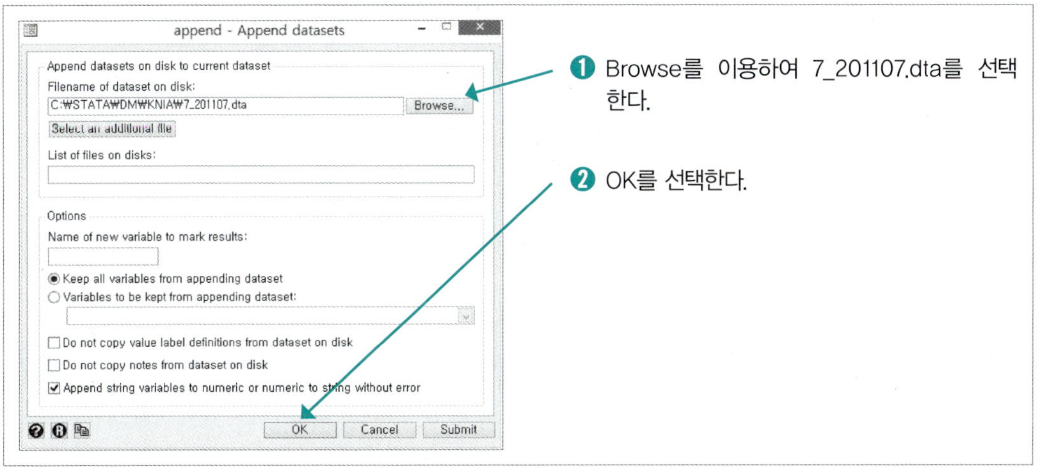


이제 다음의 Dataset에 대한 append를 실습해보자.

실습자료

```
C:\STATA\DM\KNIA\append_ex1_1.dta
C:\STATA\DM\KNIA\append_ex1_2.dta
```

append_ex1_1의 data 구조는 [그림 3.13.7]과 같이 7개의 관측값과 5개의 변수로 구성되어 있으며, append_ex1_2는 7개의 관측값과 8개의 변수로 구성되어 있다. append 결과를 보면 append_ex1_2는 append_ex1_1에 없는 EMP_03, EMP_04, EMP_05가 더 많다. 그리고 append 결과를 보면 append_ex1_1에 없는 변수는 missing 값인 '.'이 표시되어 있다.

[그림 3.13.7] append 이전과 이후

append_ex1_1

| | COM_NN | TIME | EMP_01 | EMP_02 | No |
|---|---|---|---|---|---|
| 1 | 메리츠 | 201106 | 35 | 2,001 | 1 |
| 2 | 한화 | 201106 | 26 | 2,351 | 2 |
| 3 | 롯데 | 201106 | 20 | 1,640 | 3 |
| 4 | 그린 | 201106 | 18 | 788 | 4 |
| 5 | 흥국 | 201106 | 14 | 1,163 | 5 |
| 6 | 삼성 | 201106 | 53 | 5,362 | 6 |
| 7 | 현대 | 201106 | 41 | 2,879 | 7 |

append_ex1_2

| | COM_NN | TIME | EMP_01 | EMP_02 | EMP_03 | EMP_04 | EMP_05 | No |
|---|---|---|---|---|---|---|---|---|
| 1 | 메리츠 | 201107 | 35 | 2,051 | 2,086 | 105 | 130 | 1 |
| 2 | 한화 | 201107 | 26 | 2,410 | 2,436 | 456 | 564 | 2 |
| 3 | 롯데 | 201107 | 20 | 1,690 | 1,710 | 13 | 16 | 3 |
| 4 | 그린 | 201107 | 18 | 779 | 797 | 35 | 44 | 4 |
| 5 | 흥국 | 201107 | 14 | 1,157 | 1,171 | 6 | 5 | 5 |
| 6 | 삼성 | 201107 | 53 | 5,416 | 5,469 | 206 | 212 | 6 |
| 7 | 현대 | 201107 | 44 | 2,873 | 2,917 | 137 | 139 | 7 |

append 결과

| | COM_NN | TIME | EMP_01 | EMP_02 | No | EMP_03 | EMP_04 | EMP_05 |
|---|---|---|---|---|---|---|---|---|
| 1 | 메리츠 | 201106 | 35 | 2,001 | 1 | . | . | . |
| 2 | 한화 | 201106 | 26 | 2,351 | 2 | . | . | . |
| 3 | 롯데 | 201106 | 20 | 1,640 | 3 | . | . | . |
| 4 | 그린 | 201106 | 18 | 788 | 4 | . | . | . |
| 5 | 흥국 | 201106 | 14 | 1,163 | 5 | . | . | . |
| 6 | 삼성 | 201106 | 53 | 5,362 | 6 | . | . | . |
| 7 | 현대 | 201106 | 41 | 2,879 | 7 | . | . | . |
| 8 | 메리츠 | 201107 | 35 | 2,051 | 1 | 2,086 | 105 | 130 |
| 9 | 한화 | 201107 | 26 | 2,410 | 2 | 2,436 | 456 | 564 |
| 10 | 롯데 | 201107 | 20 | 1,690 | 3 | 1,710 | 13 | 16 |
| 11 | 그린 | 201107 | 18 | 779 | 4 | 797 | 35 | 44 |
| 12 | 흥국 | 201107 | 14 | 1,157 | 5 | 1,171 | 6 | 5 |
| 13 | 삼성 | 201107 | 53 | 5,416 | 6 | 5,469 | 206 | 212 |
| 14 | 현대 | 201107 | 44 | 2,873 | 7 | 2,917 | 137 | 139 |

C:\> 명령어

```
. ❶ use            "C:\STATA\DM\KNIA\append_ex1_1.dta", clear
. ❷ append using  "C:\STATA\DM\KNIA\ append_ex1_2.dta"
```

## 3.13.2 | merge

금융감독원에서 제공하고 있는 자료 중 은행에 대한 자료가 5개 분기별로 조회할 수 있도록 되어 있다. 이 자료를 분석하고자 할 경우 merge하여야 한다. 이 과정을 실습해 보자.

실습자료

```
C:\STATA\DM\FSS_BANK\FSS_BANK_1_1.dta
C:\STATA\DM\FSS_BANK\FSS_BANK_2_1.dta
```

우선 실습자료의 특성을 살펴보면, FSS_BANK_1_1과 FSS_BANK_2_1은 모두 13개의 관측값과 7개의 변수로 구성되어 있다.

**[그림 3.13.8]** merge 이전과 이후

FSS_BANK_1_1

| | CODE_NM | CODE_NO | EMP201106 | EMP201103 | EMP201012 | EMP201009 | EMP201006 |
|---|---|---|---|---|---|---|---|
| 1 | 임원 | A1 | 450 | 453 | 447 | 439 | 437 |
| 2 | 상임임원 | A11 | 47 | 48 | 49 | 53 | 52 |
| 3 | 비상임임원 | A12 | 109 | 109 | 102 | 97 | 96 |
| 4 | 이사대우 | A13 | 294 | 296 | 296 | 289 | 289 |
| 5 | 일반직원 | A2 | 97,150 | 97,349 | 97,641 | 99,304 | 99,300 |
| 6 | 책임자 | A21 | 59,297 | 59,605 | 59,584 | 60,103 | 59,647 |
| 7 | 행원 | A22 | 37,853 | 37,744 | 38,057 | 39,201 | 39,653 |
| 8 | 서무직원 | A3 | 198 | 197 | 200 | 202 | 202 |
| 9 | 별정직원 | A4 | 1,743 | 1,763 | 1,764 | 1,773 | 1,701 |
| 10 | 총임직원 | A | 99,541 | 99,762 | 100,052 | 101,718 | 101,640 |
| 11 | 해외근무임직원 | B | 1,197 | 1,183 | 1,163 | 1,160 | 1,130 |
| 12 | 현지채용임직원 | C | 670 | 645 | 651 | 650 | 628 |
| 13 | 직원외인원 | D | 33,471 | 32,779 | 32,143 | 36,558 | 36,097 |

FSS_BANK_2_1

| | CODE_NM | CODE_NO | EMP201003 | EMP200912 | EMP200909 | EMP200906 | EMP200903 |
|---|---|---|---|---|---|---|---|
| 1 | 임원 | A1 | 430 | 423 | 420 | 423 | 422 |
| 2 | 상임임원 | A11 | 52 | 55 | 56 | 59 | 59 |
| 3 | 비상임임원 | A12 | 95 | 93 | 95 | 97 | 97 |
| 4 | 이사대우 | A13 | 283 | 275 | 269 | 267 | 266 |
| 5 | 일반직원 | A2 | 99159 | 98535 | 99359 | 99037 | 99115 |
| 6 | 책임자 | A21 | 59811 | 58946 | 59443 | 59008 | 59090 |
| 7 | 행원 | A22 | 39348 | 39589 | 39916 | 40029 | 40025 |
| 8 | 서무직원 | A3 | 204 | 203 | 204 | 204 | 209 |
| 9 | 별정직원 | A4 | 1773 | 1831 | 1713 | 1710 | 1694 |
| 10 | 총임직원 | A | 101566 | 100992 | 101696 | 101374 | 101440 |
| 11 | 해외근무임직원 | B | 1214 | 1194 | 1329 | 1338 | 1343 |
| 12 | 현지채용임직원 | C | 729 | 726 | 733 | 725 | 854 |
| 13 | 직원외인원 | D | 34984 | 35930 | 37219 | 37046 | 38044 |

merge 한 결과

| | CODE_NM | CODE_NO | EMP201106 | EMP201103 | EMP201012 | EMP201009 | EMP201006 | EMP201003 | EMP200912 | EMP200909 | EMP200906 | EMP200903 | _merge |
|---|---|---|---|---|---|---|---|---|---|---|---|---|---|
| 1 | 총임직원 | A | 99541 | 99762 | 100052 | 101718 | 101640 | 101566 | 100992 | 101696 | 101374 | 101440 | matched (3) |
| 2 | 임원 | A1 | 450 | 453 | 447 | 439 | 437 | 430 | 423 | 420 | 423 | 422 | matched (3) |
| 3 | 상임임원 | A11 | 47 | 48 | 49 | 53 | 52 | 52 | 55 | 56 | 59 | 59 | matched (3) |
| 4 | 비상임임원 | A12 | 109 | 109 | 102 | 97 | 96 | 95 | 93 | 95 | 97 | 97 | matched (3) |
| 5 | 이사대우 | A13 | 294 | 296 | 296 | 289 | 289 | 283 | 275 | 269 | 267 | 266 | matched (3) |
| 6 | 일반직원 | A2 | 97150 | 97349 | 97641 | 99304 | 99300 | 00150 | 90505 | 99359 | 99037 | 99115 | matched (3) |
| 7 | 책임자 | A21 | 59297 | 59605 | 59584 | 60103 | 59647 | 59811 | 58946 | 59443 | 59008 | 59090 | matched (3) |
| 8 | 행원 | A22 | 37853 | 37744 | 38057 | 39201 | 39653 | 39348 | 39589 | 39916 | 40029 | 40025 | matched (3) |
| 9 | 서무직원 | A3 | 198 | 197 | 200 | 202 | 202 | 204 | 203 | 204 | 204 | 209 | matched (3) |
| 10 | 별정직원 | A4 | 1743 | 1763 | 1764 | 1773 | 1701 | 1773 | 1831 | 1713 | 1710 | 1694 | matched (3) |
| 11 | 해외근무임직원 | B | 1197 | 1183 | 1163 | 1160 | 1130 | 1214 | 1194 | 1329 | 1338 | 1343 | matched (3) |
| 12 | 현지채용임직원 | C | 670 | 645 | 651 | 650 | 628 | 729 | 726 | 733 | 725 | 854 | matched (3) |
| 13 | 직원외인원 | D | 33471 | 32779 | 32143 | 36558 | 36097 | 34984 | 35930 | 37219 | 37046 | 38044 | matched (3) |

우선 FSS_BANK_1_1의 Dataset 특성은 [그림 3.13.9]와 같다.

**[그림 3.13.9]** FSS_BANK_1_1의 개요

```
. use "C:\STATA\DM\FSS_BANK\FSS_BANK_1_1.dta", clear

. describe

Contains data from C:\STATA\DM\FSS_BANK\FSS_BANK_1_1.dta
  obs:          13
 vars:           7                          9 Dec 2012 10:19
 size:         494
--------------------------------------------------------------
              storage    display    value
variable name type       format     label   variable label
--------------------------------------------------------------
CODE_NM       str15      %-15s
```

```
CODE_NO         str3        %9s
EMP201106       long        %10.0g
EMP201103       long        %10.0g
EMP201012       long        %10.0g
EMP201009       long        %10.0g
EMP201006       long        %10.0g
-------------------------------------------------------------
Sorted by:
```

그리고 FSS_BANK_2_1의 Dataset 구조는 [그림 3.13.10]과 같다.

**[그림 3.13.10]** FSS_BANK_2_1의 개요

```
. use "C:\STATA\DM\FSS_BANK\FSS_BANK_2_1.dta", clear

. describe

Contains data from C:\STATA\DM\FSS_BANK\FSS_BANK_2_1.dta
  obs:            13
 vars:             7                     9 Dec 2012 10:19
 size:           494
-------------------------------------------------------------
                storage  display     value
variable name   type     format      label      variable label
-------------------------------------------------------------
CODE_NM         str15    %-15s
CODE_NO         str3     %9s
EMP201003       long     %10.0g
EMP200912       long     %10.0g
EMP200909       long     %10.0g
EMP200906       long     %10.0g
EMP200903       long     %10.0g
-------------------------------------------------------------
Sorted by:
```

[그림 3.13.9]와 [그림 3.13.10]에서 보는 것과 같이 공통적인 변수는 CODE_NM과 CODE_NO이다. 그리고 EMP로 시작되는 변수들은 분기를 의미한다. 따라서 이 두 dataset을 merge 하여 CODE_NM CODE_NO EMP201106 ~ EMP200903가 하나의 dataset으로 만들어

보자.

메뉴에서 **Data > Combine datasets > Merge two datasets**을 순차적으로 선택하면 [그림 3.13.11]과 같은 대화상자가 나타난다.

**[그림 3.13.11] merge 대화상자에서의 선택**

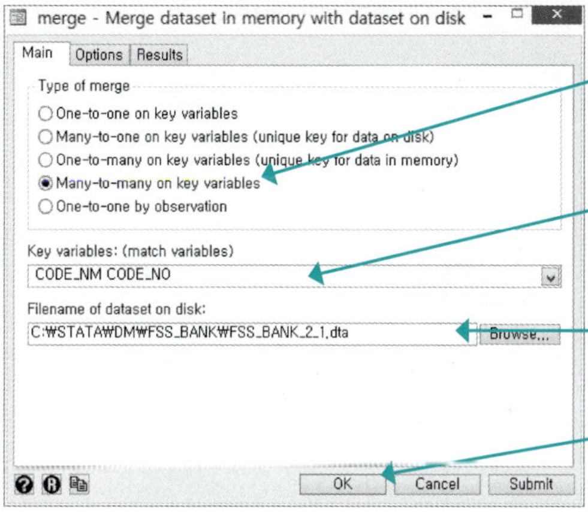


[그림 3.13.11]에서 보는 것과 같이 ❶ Type of merge의 5가지 유형 중 Many-to-many on key variables을 선택한다. 일반적으로 dataset의 형태에 따라 달리 적용할 수 있으나, 이 부분을 선택하면 STATA가 자동적으로 Matching하여 merge 해 준다. ❷ merge하는 dataset과 공통된 변수를 선택한다. 본 예제에서는 CODE_NM과 CODE_NO를 선택한다. ❸ Filename of dataset on disk는 merge 할 dataset을 선택하는 것으로 본 예제에서는 FSS_BANK_2_1를 Browse에서 찾아 선택한다. 그리고 ❹ OK를 클릭한다. 이렇게 실행한 결과는 [그림 3.13.12]와 같다.

**[그림 3.13.12] merge하는 명령어와 결과**

```
. use "C:\STATA\DM\FSS_BANK\FSS_BANK_1_1.dta", clear

. merge m:m CODE_NM CODE_NO using "C:\STATA\DM\FSS_BANK\FSS_BANK_2_1.dta"

    Result                           # of obs.
    -----------------------------------------
    not matched                             0
    matched                                13  (_merge==3)
    -----------------------------------------
```

[그림 3.13.12]에서 보는 것과 같이 Result에서 not matched는 0개이며, matched는 13개이다. 본 예제는 동일한 형태로 Dataset이 구성되어 있기 때문에 not matched된 결과가 0인 것이다.

Merge 중 Type of merge의 5가지 유형에 대하여 실습해 보자. 실습에 사용할 dataset을 list를 통해서 살펴보자.

**[그림 3.13.13]** merge case1 : One–to–one on key variables

```
. use "C:\STATA\DM\Example\merge_ex1_1.dta", clear

. list

     +--------------------------------+
     |    ID              NAME   BOOK |
     |--------------------------------|
  1. | A1001   Hong, Gil-Dong      1  |
     +--------------------------------+

. use "C:\STATA\DM\Example\merge_ex1_2.dta", clear

. list

     +--------------------------------+
     |    ID              NAME   YEAR |
     |--------------------------------|
  1. | A1001   Hong, Gil-Dong   2011  |
     +--------------------------------+
```

[그림 3.13.13]에서 보는 것과 같이 merge_ex1_1과 merge_ex1_2는 ID와 NAME이 같고, 두 dataset에 BOOK 변수와 YEAR 변수가 각각 포함되어 있다. 이와 같이 각 ID와 NAME이 하나씩 존재할 때 사용하는 merge의 case1을 실행해 보면 [그림 3.13.1]의 대화상자에서 ❶ One-to-one on key variables를 선택하고, ❷ ID NAME을 입력 한 후 ❸ merge_ex1_2의 dataset을 찾은 후 ❹ OK를 클릭한다. 그 결과는 [그림 3.13.14]와 같다.

[그림 3.13.14] Merge Case 1의 결과

```
. use "C:\STATA\DM\Example\merge_ex1_1.dta", clear

. merge 1:1 ID NAME using "C:\STATA\DM\Example\merge_ex1_2.dta"

    Result                           # of obs.
    -----------------------------------------
    not matched                             0
    matched                                 1  (_merge==3)
    -----------------------------------------

. list

     +-----------------------------------------------------------+
     |    ID               NAME   BOOK   YEAR           _merge |
     |-----------------------------------------------------------|
  1. | A1001   Hong, Gil-Dong      1   2011      matched (3) |
     +-----------------------------------------------------------+
```

[그림 3.13.14]에서 보는 것과 같이 변수가 ID NAME BOOK YEAR가 생성된 dataset이 된 것을 볼 수 있으며 _merge가 matched (3)으로 표시된 것을 알 수 있다. 이 의미는 모두 match되었음을 의미한다.

[그림 3.13.15] merge case 2: Many-to-one on key variable(unique key for data on disk)

```
. use "C:\STATA\DM\Example\merge_ex1_3.dta", clear

. list

     +------------------------------+
     |    ID               NAME   YEAR |
     |------------------------------|
  1. | A1001   Hong, Gil-Dong   2011 |
  2. | A1001   Hong, Gil-Dong   2012 |
     +------------------------------+

. use "C:\STATA\DM\Example\merge_ex1_1.dta", clear

. list

     +------------------------------+
     |    ID               NAME   BOOK |
     |------------------------------|
  1. | A1001   Hong, Gil-Dong      1 |
     +------------------------------+
```

[그림 3.13.15]에서 보는 것과 같이 merge_ex1_3에는 YEAR에 2011과 2012가 표시되어 있다. 이 자료에 merge_ex1_1을 merge하게 되는 경우를 살펴보자.

[그림 3.13.16] Merge Case 2의 결과

```
. use "C:\STATA\DM\Example\merge_ex1_3.dta", clear

. merge m:1 ID NAME using "C:\STATA\DM\Example\merge_ex1_1.dta"

    Result                           # of obs.
    -----------------------------------------
    not matched                             0
    matched                                 2  (_merge==3)
    -----------------------------------------

. list

     +------------------------------------------------------------+
     |    ID               NAME   YEAR   BOOK              _merge |
     |------------------------------------------------------------|
  1. | A1001   Hong, Gil-Dong   2011      1         matched (3) |
  2. | A1001   Hong, Gil-Dong   2012      1         matched (3) |
     +------------------------------------------------------------+

.
```

[그림 3.13.16]의 merge 결과는 merge 대화상자에서 Many-to-one on key variable(unique key for data on disk)를 선택한 경우이다. 즉, merge_ex1_3의 각 YEAR 변수에 merge_ex1_1의 BOOK가 각각 추가된 경우이다.

[그림 3.13.17] Merge Case 3: One-to-many on key variables(unique key for data in memory) 결과

```
. use "C:\STATA\DM\Example\merge_ex1_1.dta", clear

. merge 1:m ID NAME using "C:\STATA\DM\Example\merge_ex1_3.dta"

    Result                           # of obs.
    -----------------------------------------
    not matched                             0
    matched                                 2  (_merge==3)
    -----------------------------------------
```

```
. list

     +------------------------------------------------------------+
     |    ID               NAME   BOOK   YEAR           _merge    |
     |------------------------------------------------------------|
  1. | A1001   Hong, Gil-Dong      1   2011      matched (3)      |
  2. | A1001   Hong, Gil-Dong      1   2012      matched (3)      |
     +------------------------------------------------------------+
```

이제 merge_ex1_1과 merge_ex3_2의 merge를 One-to-one by observation을 통해서 merge를 실습해 보자.

**[그림 3.13.18]** Merge Case 4: One-to-one by observation의 Dataset

```
. use "C:\STATA\DM\Example\merge_ex1_1.dta", clear

. list

     +------------------------------------+
     |    ID               NAME   BOOK    |
     |------------------------------------|
  1. | A1001   Hong, Gil-Dong        1    |
     +------------------------------------+

. use "C:\STATA\DM\Example\merge_ex3_2.dta", clear

. list

     +------------------------------------+
     |    ID               NAME   YEAR    |
     |------------------------------------|
  1. | A1001   Hong, Gil-Dong     2011    |
  2. | A1001   Hong, Gil-Dong     2012    |
  3. | A1003      Han, Gil-Soo    2012    |
     +------------------------------------+
```

[그림 3.13.18]의 두 dataset의 merge 결과는 [그림 3.13.19]와 같다.

**[그림 3.13.19]** Merge Case 4의 merge 결과

```
. use "C:\STATA\DM\Example\merge_ex1_1.dta", clear

. merge 1:1 _n using "C:\STATA\DM\Example\merge_ex3_2.dta"

    Result                           # of obs.
    -----------------------------------------
    not matched                             2
        from master                         0  (_merge==1)
        from using                          2  (_merge==2)

    matched                                 1  (_merge==3)
    -----------------------------------------

. list

     +------------------------------------------------------------+
     |    ID              NAME   BOOK   YEAR               _merge |
     |------------------------------------------------------------|
  1. | A1001   Hong, Gil-Dong      1   2011          matched (3) |
  2. | A1001   Hong, Gil-Dong      .   2012       using only (2) |
  3. | A1003     Han, Gil-Soo      .   2012       using only (2) |
     +------------------------------------------------------------+
```

[그림 3.13.19]에서 보는 것과 같이 Observation으로 merge가 되기 때문에 두 번째 A1001의 BOOK에 대한 값은 '.'으로 표시되고 있는 것을 볼 수 있으며, A1003의 경우에는 merge_ex1_1에 해당 ID가 없기 때문에 BOOK에 '.'으로 표시되고 있는 것이다. 그리고 _merge의 경우에도 missing이 발생한 부분에 대해서는 using only(2)로 표시되고 있으며, 이는 merge_ex3_2에만 값이 있는 것을 의미한다.

# 3.14 reshape

## 3.14.1 | Reshape: Wide Type

이 reshape 기능은 최근 Data가 Panel Data의 형태로 제공되고 있음을 고려하여 연구자들이 패널분석을 많이 사용하는데 도움을 줄 수 있을 것으로 판단된다.

실습자료 C:\STATA\DM\FSS_BANK\FSS_BANK_reshape.dta

실습에 사용할 자료는 금융감독원에서 제공하고 있는 금융통계 중 은행과 관련된 임직원에 대한 정보를 집계한 자료이다. 이 자료의 형태는 [그림 3.14.1]과 같다.

**[그림 3.14.1] 실습자료의 형태**

```
. list NO TIME EMP CODE_NO CODE_NM  in 1/13, sep(0)

     +--------------------------------------------------+
     | NO      TIME       EMP    CODE_NO    CODE_NM      |
     |--------------------------------------------------|
  1. |  1    200903       422    A1         임원          |
  2. |  2    200903        59    A11        상임임원      |
  3. |  3    200903        97    A12        비상임임원    |
                          ----- 중략 -----
 11. | 11    200903      1343    B          해외근무임직원 |
 12. | 12    200903       854    C          현지채용임직원 |
 13. | 13    200903     38044    D          직원외인원    |
     +--------------------------------------------------+
```

```
. list NO TIME EMP CODE_NO CODE_NM  in -13/-1, sep(0)

      +------------------------------------------------+
      | NO     TIME       EMP   CODE_NO    CODE_NM      |
      |------------------------------------------------|
118.  |  1   201106       450   A1         임원         |
119.  |  2   201106        47   A11        상임임원     |
120.  |  3   201106       109   A12        비상임임원   |
                       ----- 중략 -----
128.  | 11   201106      1197   B          해외근무임직원 |
129.  | 12   201106       670   C          현지채용임직원 |
130.  | 13   201106     33471   D          직원외인원   |
      +------------------------------------------------+
```

[그림 3.14.1]에서 보는 것과 같이 NO TIME 별로 EMP(임직원 등)에 대한 자료를 제공하고 있다. 이러한 자료를 Long Type이라고 한다. 이 Long Type을 Wide Type로 변경하고자 한다면 reshape를 이용하여 변경할 수 있다. 즉 [그림 3.14.2]와 같이 dataset이 구성되어 있다.

**[그림 3.14.2]** Dataset의 구조

```
. describe

Contains data from C:\STATA\DM\FSS_BANK\FSS_BANK_reshape.dta
  obs:           130
 vars:             5                      11 Nov 2012 21:34
 size:         3,900
-------------------------------------------------------------
               storage    display  value
variable name  type       format   label    variable label
-------------------------------------------------------------
NO             float      %9.0g
TIME           float      %9.0g
EMP            long       %10.0g
CODE_NM        str15      %-15s
CODE_NO        str3       %-9s
-------------------------------------------------------------
Sorted by:  NO  TIME
```

이제 reshape를 이용하여 wide type으로 변경해 보자. 메뉴에서 **Data > Create or change data > Other variable-transformation commands > Convert data between wide and long**을 순차적으로 선택하면 [그림 3.14.3]의 대화상자가 나타난다.

**[그림 3.14.3]** Wide Type을 이용한 Reshape 대화상자

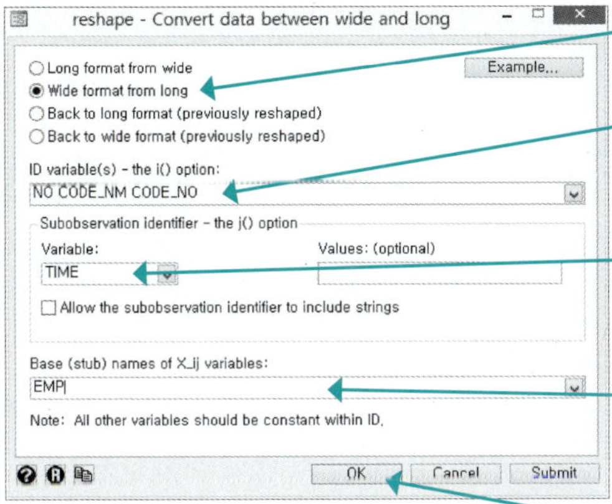


❶ Wide format from long을 선택한다.

❷ ID variable(s)–the i() option: NO CODE_NM CODE NO를 선택한다.

❸ Subobservation identifier–the j() option variable에 TIME을 선택한다.

❹ Base(stub) names of X_ij variables: 에서 EMP를 선택한다.

❺ OK를 클릭한다.

[그림 3.14.3]에서 보는 것과 같이 ❷의 경우는 일반적으로 NO만 입력하는 것이지만 본 예제는 NO CODE_NM CODE_NO가 동일한 형태로 이 부분에 NO만 선택하면 오류가 발생한다. 이렇게 실행된 결과는 아래와 같다.

C:\> 명령어

```
. ❶ use "C:\STATA\DM\FSS_BANK\FSS_BANK_reshape.dta", clear
. ❷ reshape wide EMP, i(NO CODE_NM CODE_NO) j(TIME)
. ❸ describe
```

## 3.14.2 | Reshape: Long Type

Wide Type으로 reshape을 다시 Long Type으로 reshape을 실습해 보자.

[그림 3.14.4] Reshape 변환 결과 후 Data 구조

```
. describe

Contains data
  obs:            13
 vars:            13
 size:           806
--------------------------------------------------------------
               storage  display    value
variable name  type     format     label    variable label
--------------------------------------------------------------
NO             float    %9.0g
CODE_NM        str15    %-15s
CODE_NO        str3     %-9s
EMP200903      long     %10.0g              200903 EMP
EMP200906      long     %10.0g              200906 EMP
EMP200909      long     %10.0g              200909 EMP
EMP200912      long     %10.0g              200912 EMP
EMP201003      long     %10.0g              201003 EMP
EMP201006      long     %10.0g              201006 EMP
EMP201009      long     %10.0g              201009 EMP
EMP201012      long     %10.0g              201012 EMP
EMP201103      long     %10.0g              201103 EMP
EMP201106      long     %10.0g              201106 EMP
--------------------------------------------------------------
Sorted by:  NO  CODE_NM  CODE_NO
```

[그림 3.14.4]에서 보는 것과 같이 NO CODE_NM CODE_NO외에 각 분기별로 임직원 정보(EMP+관측년월)로 보여지고 있다. 이제 Wide Type으로 변경된 자료를 Long Type로 변경하는 과정을 실습해 보자.

우선 메뉴는 Wide Type과 동일하다. 그리고 [그림 3.14.3]에서 Long format from wide를 선택하면 Wide Type를 Long Type으로 변경된다. 그 명령어는 아래와 같다.

C:\> 명령어

```
. ❶ reshape long EMP, i(NO CODE_NM CODE_NO) j(TIME)
. ❷ describe
```

위 명령어로 된 결과의 dataset 구조는 [그림 3.14.5]와 같다.

**[그림 3.14.5]** Long Type으로 변경된 Dataset의 구조

```
. reshape long EMP, i(NO CODE_NM CODE_NO) j(TIME)
(note: j = 200903 200906 200909 200912 201003 201006 201009 201012 201103 201106)

Data                               wide   ->   long
-----------------------------------------------------------------------------
Number of obs.                       13   ->     130
Number of variables                  13   ->       5
j variable (10 values)                    ->   TIME
xij variables:
      EMP200903 EMP200906 ... EMP201106   ->   EMP
-----------------------------------------------------------------------------
```

참고

## help reshape

reshape는 앞서 설명한 것과 같이 long ↔ wide로 자유롭게 변환이 가능하다. 아래 도움말을 보면 j변수를 어떻게 처리할 것인가가 reshape를 이해하는데 핵심일 것이다.

```
Title

    [D] reshape — Convert data from wide to long form and vice versa


Syntax

    Overview

          long
                                         wide
        +------------+
        | i  j  stub |                  +----------------+
        |------------|                  | i  stub1 stub2 |
        | 1  1   4.1 |     reshape      |----------------|
        | 1  2   4.5 |   <--------->    | 1   4.1   4.5  |
        | 2  1   3.3 |                  | 2   3.3   3.0  |
        | 2  2   3.0 |                  +----------------+
        +------------+

        To go from long to wide:

                                            j existing variable
                                           /
                reshape wide stub, i(i) j(j)

        To go from wide to long:

                reshape long stub, i(i) j(j)
                                           \
                                            j new variable
```

# 3.15 시계열자료의 활용

## 3.15.1 | 전기, 차기, 차분 변수 만들기

시계열자료를 사용하는 경우에 시차(Lag)변수를 생성하여 모형에 반영해 분석한다. STATA에서 이를 쉽게 하기 위해서 L, F, D를 사용한다.

실습자료 C:\STATA\DM\KRX\KRX_EXAMPLE.dta

실습자료는 [그림 3.15.1]에서 보는 것과 같이 TIME END_VAL를 가진 자료이다. Describe를 통하여 Dataset의 구조를 알 수 있다.

[그림 3.15.1] 실습자료의 구조

```
. use "C:\STATA\DM\KRX\KRX_EXAMPLE.dta", clear

. describe

Contains data from C:\STATA\DM\KRX\KRX_EXAMPLE.dta
  obs:            30
 vars:             2                    9 Dec 2012 23:27
 size:           240
--------------------------------------------------------------
               storage  display    value
variable name  type     format     label     variable label
--------------------------------------------------------------
TIME           float    %td..                Year/Month/Day
END_VAL        long     %10.0fc              End Stock Value
--------------------------------------------------------------
Sorted by:
```

[그림 3.15.1]을 이용하여 L의 기능을 살펴보자. 이를 위해 우선 이 자료가 시계열자료라는 것을 STATA에게 알려주어야 한다.

C:\> 명령어

```
. ❶ tsset TIME
. ❷ list in 1/5
```

**[그림 3.15.2] 시계열자료 설정 결과(tsset)**

```
. tsset TIME
        time variable:  TIME, 2011/01/03 to 2011/02/16, but with gaps
                delta:  1 day
```

[그림 3.15.2]에서 보는 것과 같이 time variable은 TIME이며, 2011년 1월 3일부터 2011년 2월 16까지 자료이다. 그리고 그 사이에 gap이 존재하고 있다. 그리고 time은 day 기준임을 보여주고 있다. 여기서 중요한 것은 "but with gaps"이 존재한다는 것이다. 이 결과가 포함된 시계열자료를 이용하여 전기값(L)과 차기값(F) 그리고 차분(D)를 계산하면 연구자가 원하는 결과가 나타나지 않을 수 있다.

위 명령어는 메뉴에서 **Statistics > Time series > Setup and utilities > Declare dataset to be time-series data**를 순차적으로 선택하면 [그림 3.15.3]과 같이 대화상자가 나타난다.

**[그림 3.15.3] 대화상자를 이용한 time setting**

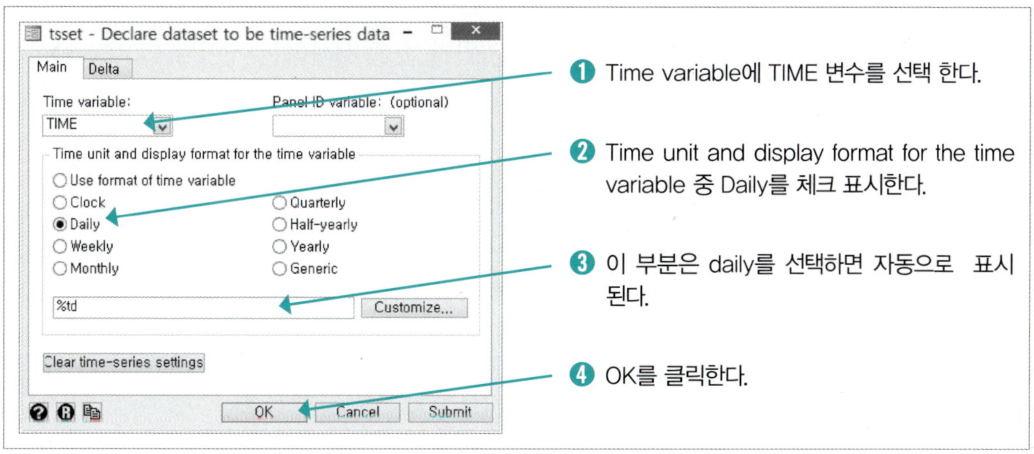

그리고 [그림 3.15.4]에서 보는 것과 같이 일별자료임을 알 수 있다.

**[그림 3.15.4] 실습자료의 data 구조**

```
. list in 1/10

     +------------------------+
     |       TIME     END_VAL |
     |------------------------|
  1. | 2011/01/03     958,000 |
  2. | 2011/01/04     958,000 |
  3. | 2011/01/05     942,000 |
  4. | 2011/01/06     930,000 |
  5. | 2011/01/07     921,000 |
     |------------------------|
  6. | 2011/01/10     917,000 |
  7. | 2011/01/11     913,000 |
  8. | 2011/01/12     930,000 |
  9. | 2011/01/13     922,000 |
 10. | 2011/01/14     933,000 |
     +------------------------+
```

위 자료를 이용하여 전기(L), 차기(F), 차분(D)의 변수를 생성해 보자. 그 명령어는 다음과 같다.

C:\> 명령어

```
. ❶ generate L1_END_VAL=L1.END_VAL
. ❷ generate F1_END_VAL=F1.END_VAL
. ❸ generate D1_END_VAL=D1.END_VAL
. ❹ list in 1/10, sep(0) abb(20)
```

위 명령어 ❶은 전기 값을 계산하는 것이며, ❷는 차기 값을 계산하는 것이다. 그리고 ❸은 1차 차분하는 것이다.

**[그림 3.15.5]** Time 변수 생성 명령어와 그 결과

```
. generate L1_END_VAL=L1.END_VAL
(7 missing values generated)

. generate F1_END_VAL=F1.END_VAL
(7 missing values generated)

. generate D1_END_VAL=D1.END_VAL
(7 missing values generated)
```

**[그림 3.15.6]** Time 변수 생성에 따른 결과

```
. list in 1/10, sep(0) abb(20)

     +---------------------------------------------------------------------+
     |       TIME   END_VAL   L1_END_VAL   F1_END_VAL   D1_END_VAL |
     |---------------------------------------------------------------------|
  1. | 2011/01/03   958,000            .      958,000            . |
  2. | 2011/01/04   958,000      958,000      942,000            0 |
  3. | 2011/01/05   942,000      958,000      930,000      -16,000 |
  4. | 2011/01/06   930,000      942,000      921,000      -12,000 |
  5. | 2011/01/07   921,000      930,000            .       -9,000 |
  6. | 2011/01/10   917,000            .      913,000            . |
  7. | 2011/01/11   913,000      917,000      930,000       -4,000 |
  8. | 2011/01/12   930,000      913,000      922,000       17,000 |
  9. | 2011/01/13   922,000      930,000      933,000       -8,000 |
 10. | 2011/01/14   933,000      922,000            .       11,000 |
     +---------------------------------------------------------------------+
```

[그림 3.15.6]에서 보는 것과 같이 전기, 차기, 차분 값이 계산된 것을 볼 수 있다. [그림 3.15.6]에서 첫째, L1_END_VAL의 값을 보면 2011/01/03의 missing(.)은 당연한 결과이다. 그리고 2011/01/04의 값은 2011/01/03의 종가인 958,000이다. 그러나 2011/01/10의 경우는 missing(.) 값으로 계산되었다. 만약 연구자가 이러한 경우 혹 2011/01/07의 값이 2011/01/10에 계산되기를 원할지 모른다. 이러한 경우에는 수정이 필요하다.

둘째, F1_END_VAL의 값을 살펴보면, 2011/01/03의 958,000은 2011/01/04의 값이 계산된다. 그러나 2011/01/07의 경우는 missing(.)으로 계산된다. 이 경우 2011/01/10의 917,000을 연구자는 예상했을 것이다. 그러나 그 값으로 계산되어 있지 않다.

셋째, D1_END_VAL의 값을 살펴보면 2011/01/04의 0은 958,000-958,000로 계산된 값이다. 그리고 2011/01/10의 missing(.)은 2011/01/10의 값 917,000에서 2011/01/09의 값을

차감하고자 하였으나 2011/01/09는 관측되고 있지 않기 때문에 발생한 결과이다.

만약 연구자가 [그림 3.15.7]의 전기, 차기, 차분 값을 구하고자 원했다면, tsset을 수정했어야 했다. 즉 "but with gaps"의 결과가 나타나지 않아야 한다.

**[그림 3.15.7]** Time 설정을 수정한 시계열자료의 계산

```
. list TIME END_VAL N* in 1/10, sep(0) abb(20)
```

| | TIME | END_VAL | NO | NL1_END_VAL | NF1_END_VAL | ND1_END_VAL |
|---|---|---|---|---|---|---|
| 1. | 2011/01/03 | 958,000 | 1 | . | 958,000 | . |
| 2. | 2011/01/04 | 958,000 | 2 | 958,000 | 942,000 | 0 |
| 3. | 2011/01/05 | 942,000 | 3 | 958,000 | 930,000 | -16,000 |
| 4. | 2011/01/06 | 930,000 | 4 | 942,000 | 921,000 | -12,000 |
| 5. | 2011/01/07 | 921,000 | 5 | 930,000 | 917,000 | -9,000 |
| 6. | 2011/01/10 | 917,000 | 6 | 921,000 | 913,000 | -4,000 |
| 7. | 2011/01/11 | 913,000 | 7 | 917,000 | 930,000 | -4,000 |
| 8. | 2011/01/12 | 930,000 | 8 | 913,000 | 922,000 | 17,000 |
| 9. | 2011/01/13 | 922,000 | 9 | 930,000 | 933,000 | -8,000 |
| 10. | 2011/01/14 | 933,000 | 10 | 922,000 | 949,000 | 11,000 |

[그림 3.15.7]의 경우는 [그림 3.15.6]에서 missing(.)값으로 계산된 부분을 수정한 경우의 결과이다. 이를 위한 명령어는 아래와 같다.

C:\> 명령어

```
. ❶ egen NO=seq()
. ❷ tsset NO
. ❸ generate NL1_END_VAL=L1.END_VAL
. ❹ generate NF1_END_VAL=F1.END_VAL
. ❺ generate ND1_END_VAL=D1.END_VAL
. ❻ format %9.0fc N*
. ❼ list TIME END_VAL N* in 1/10, sep(0) abb(20)
```

위 명령어 중 특히 ❶의 경우 2011/01/03부터 순번을 순차적으로 증가시키도록 하는 명령어이다. 그 결과를 보면 [그림 3.15.8]과 같다.

[그림 3.15.8] 순번을 자동으로 설정하여 tsset을 설정한 결과

```
. list TIME END_VAL NO in 1/10, sep(0)

     +-----------------------------+
     |       TIME    END_VAL    NO |
     |-----------------------------|
  1. | 2011/01/03    958,000     1 |
  2. | 2011/01/04    958,000     2 |
  3. | 2011/01/05    942,000     3 |
  4. | 2011/01/06    930,000     4 |
  5. | 2011/01/07    921,000     5 |
  6. | 2011/01/10    917,000     6 |
  7. | 2011/01/11    913,000     7 |
  8. | 2011/01/12    930,000     8 |
  9. | 2011/01/13    922,000     9 |
 10. | 2011/01/14    933,000    10 |
     +-----------------------------+
```

앞서 검토한 전기, 차기, 차분을 각각 L1, F1, D1으로 표시하였다. 만약 전전기, 차차기, 차차분을 하고자 한다면 각각 L2, F2, D2로 표시하면 된다. 즉, L, F, D 다음의 숫자는 time lag를 의미한다.

## 3.15.2 차분 값의 평가

[그림 3.15.7]에서 ND1_END_VAL의 값을 이용하여 그 차분 값이 + 이면 상승, −이면 하락으로 표시하고자 한다면, 다음과 같이 명령어를 사용하면 된다.

C:\> 명령어

```
. ❶ generate ASSEMENT=" "
. ❷ replace  ASSEMENT="Up" if  ND1_END_VAL > 0
. ❸ replace  ASSEMENT="Down" if  ND1_END_VAL < 0
. ❹ list TIME END_VAL ND1_END_VAL ASSEMENT in 1/10, sep(0)
```

**[그림 3.15.9] 차분 값을 이용한 평가변수 만들기 결과**

```
. generate ASSEMENT=" "

. replace ASSEMENT="Up" if  ND1_END_VAL >0
ASSEMENT was str1 now str2
(12 real changes made)

. replace ASSEMENT="Down" if  ND1_END_VAL <0
ASSEMENT was str2 now str4
(16 real changes made)

. list TIME END_VAL ND1_END_VAL ASSEMENT in 1/10, sep(0) abb(20)

     +----------------------------------------------------+
     |       TIME    END_VAL    ND1_END_VAL    ASSEMENT   |
     |----------------------------------------------------|
  1. | 2011/01/03    958,000              .          Up   |
  2. | 2011/01/04    958,000              0               |
  3. | 2011/01/05    942,000        -16,000        Down   |
  4. | 2011/01/06    930,000        -12,000        Down   |
  5. | 2011/01/07    921,000         -9,000        Down   |
  6. | 2011/01/10    917,000         -4,000        Down   |
  7. | 2011/01/11    913,000         -4,000        Down   |
  8. | 2011/01/12    930,000         17,000          Up   |
  9. | 2011/01/13    922,000         -8,000        Down   |
 10. | 2011/01/14    933,000         11,000          Up   |
     +----------------------------------------------------+
```

[그림 3.15.9]에서 보는 것과 같이 차분된 값이 0보다 크면 상승(Up)으로 표시하고 하락하면 하락(Down)으로 표시하였다.

## 3.15.3 Time set이 다른 두 dataset의 merge

삼성전자와 애플사는 서로 다른 주식시장에 상장되어 있다. 따라서 이 두 회사의 주가는 상장된 주식시장의 영업일에 따라 주가정보가 있을 수 있고 없을 수도 있다. 이 두 dataset을 merge하는 과정을 실습해 보자.

실습자료

```
C:\STATA\DM\CH20_EX_4_1.dta    // KOSPI(2011)
C:\STATA\DM\CH20_EX_4_2.dta    // NASDAQ(2011)
```

이 주가자료의 출처는 yahoo(finance.yahoo.com)이며, KOSPI 시장과 NASDAQ 시장에 상장된 회사의 주가이다. 기간은 2011년이며, daily기준으로 조회하였다.

이 두 실습자료는 영업일이 아닌 경우에도 TIME이 설정되어 있으며, 해당 주가정보는 missing value로 표시되어 있다.

C:\> 명령어

```
. ❶ use "C:\STATA\DM\CH20_EX_4_1.dta", clear
. ❷ merge 1:1 TIME using "C:\STATA\DM\CH20_EX_4_2.dta"
. ❸ summarize, sep(0)
```

[그림 3.15.10] TIME 변수에 gap이 없는 dataset의 Merge 결과

```
. use "C:\STATA\DM\CH20_EX_4_1.dta", clear

. merge 1:1 TIME using "C:\STATA\DM\CH20_EX_4_2.dta"

    Result                           # of obs.
    -----------------------------------------
    not matched                             0
    matched                               362  (_merge==3)
    -----------------------------------------
```

[그림 3.15.10]에서 보는 것과 같이 TIME 변수에 gap이 존재하지 않는 경우, merge 결과에서 not matched가 0으로 표시되고 있다. 이 경우는 동일한 기간을 설정하였기 때문에 나타나는 현상이다.

실습자료

```
C:\STATA\DM\CH20_EX_4_3.dta    // KOSPI(2011)
C:\STATA\DM\CH20_EX_4_4.dta    // NASDAQ(2011)
```

[그림 3.15.11] Time gap이 존재하지 않는 dataset merge의 기초통계량

| Variable | Obs | Mean | Std. Dev. | Min | Max |
|---|---|---|---|---|---|
| TIME | 362 | 18810.5 | 104.6446 | 18630 | 18991 |
| S_open | 249 | 897228.9 | 84038.97 | 684000 | 1074000 |
| S_high | 249 | 907996 | 84202.45 | 697000 | 1084000 |
| S_low | 249 | 885919.7 | 85189.84 | 672000 | 1066000 |
| S_close | 249 | 896959.8 | 85278.8 | 680000 | 1084000 |
| S_volume | 249 | 393504.8 | 149820 | 0 | 985900 |
| S_adjclose | 249 | 892923.2 | 84973.18 | 677069.8 | 1079329 |
| A_open | 252 | 364.0723 | 25.9584 | 316.68 | 421.76 |
| A_high | 252 | 367.4236 | 26.35105 | 317.7 | 426.7 |
| A_low | 252 | 360.2977 | 25.55772 | 310.5 | 415.99 |
| A_close | 252 | 364.0043 | 25.92385 | 315.32 | 422.24 |
| A_volume | 252 | 1.76e+07 | 7808958 | 6416500 | 6.72e+07 |
| A_adjclose | 252 | 360.8002 | 25.69564 | 312.54 | 418.52 |
| _merge | 362 | 3 | 0 | 3 | 3 |

위 두 자료는 앞서 실습한 자료와 동일하지만 TIME 변수에 gap이 존재하는 Dataset이다. 이 두 dataset의 merge를 실습해 보자.

C:\> 명령어

```
. ❶ use "C:\STATA\DM\CH20_EX_4_3.dta", clear
. ❷ merge 1:1 TIME using "C:\STATA\DM\CH20_EX_4_4.dta"
. ❸ summarize, sep(0)
```

[그림 3.15.12] TIME gap이 존재하는 Dataset의 merge 결과

```
. use "C:\STATA\DM\CH20_EX_4_3.dta", clear

. merge 1:1 TIME using "C:\STATA\DM\CH20_EX_4_4.dta"

    Result                           # of obs.
    -----------------------------------------
    not matched                            19
        from master                         8  (_merge==1)
        from using                         11  (_merge==2)

    matched                               241  (_merge==3)
    -----------------------------------------
```

[그림 3.15.12]에서 보는 것과 같이 두 dataset은 time이 일치하지 않는 경우가 존재하기 때문에 not matched가 19개이며, 이중 KOSPI에 상장된 회사에만 존재하는 TIME은 8개이며, NASDAQ에 상장된 회사에만 존재하는 TIME은 11개이다.

**[그림 3.15.13]** Time gap이 존재하는 dataset merge의 기초통계량

| Variable | Obs | Mean | Std. Dev. | Min | Max |
|---|---|---|---|---|---|
| TIME | 260 | 18810.5 | 105.2705 | 18630 | 18991 |
| S_open | 249 | 897228.9 | 84038.97 | 684000 | 1074000 |
| S_high | 249 | 907996 | 84202.45 | 697000 | 1084000 |
| S_low | 249 | 885919.7 | 85189.84 | 672000 | 1066000 |
| S_close | 249 | 896959.8 | 85278.8 | 680000 | 1084000 |
| S_volume | 249 | 393504.8 | 149820 | 0 | 985900 |
| S_adjclose | 249 | 892923.2 | 84973.18 | 677069.8 | 1079329 |
| A_open | 252 | 364.0723 | 25.9584 | 316.68 | 421.76 |
| A_high | 252 | 367.4236 | 26.35105 | 317.7 | 426.7 |
| A_low | 252 | 360.2977 | 25.55772 | 310.5 | 415.99 |
| A_close | 252 | 364.0043 | 25.92385 | 315.32 | 422.24 |
| A_volume | 252 | 1.76e+07 | 7808958 | 6416500 | 6.72e+07 |
| A_adjclose | 252 | 360.8002 | 25.69564 | 312.54 | 418.52 |
| _merge | 260 | 2.896154 | .3939511 | 1 | 3 |

[그림 3.15.11]과 [그림 3.15.13]의 차이는 merge 변수만 차이가 존재하다.

# 3.16 forvalues

## 3.16.1 | Example 1: variable

데이터를 처리하다 보면 동일한 명령어를 반복하여 실행하는 경우가 있다. 다음의 예제를 통해 살펴보자. [그림 3.16.1]의 자료는 한국은행에서 제공하고 있는 금리정보이다.

실습자료 C:\STATA\DM\CH21_EX_1.dta

[그림 3.16.1] Dataset(CH21_EX_1.dta)의 구조

```
. use "C:\STATA\DM\CH21_EX_1.dta", clear

. describe

Contains data from C:\STATA\DM\CH21_EX_1.dta
  obs:         3,953
 vars:             7                          10 Dec 2012 22:00
 size:       205,556
---------------------------------------------------------------------
                storage  display     value
variable name   type     format      label      variable label
---------------------------------------------------------------------
TIME            float    %td..                  관측년월일
INT_01          double   %10.0g                 국고채(3년)
INT_02          double   %10.0g                 회사채(3년,AA-)
INT_03          double   %10.0g                 통안증권(1년)
INT_04          double   %10.0g                 국고채(5년)
INT_05          double   %10.0g                 CD(91일)
INT_06          double   %10.0g                 CP(91일)
---------------------------------------------------------------------
Sorted by:
```

[그림 3.16.2] Dataset의 구성

```
. list in 19/30, sep(0)
```

| | TIME | INT_01 | INT_02 | INT_03 | INT_04 | INT_05 | INT_06 |
|---|---|---|---|---|---|---|---|
| 19. | 2001-01-19 | 5.77 | 7.64 | 5.93 | . | 6.16 | 6.89 |
| 20. | 2001-01-20 | . | . | . | . | . | . |
| 21. | 2001-01-21 | . | . | . | . | . | . |
| 22. | 2001-01-22 | 5.77 | 7.64 | 5.93 | . | 6.08 | 6.88 |
| 23. | 2001-01-23 | . | . | . | . | . | . |
| 24. | 2001-01-24 | . | . | . | . | . | . |
| 25. | 2001-01-25 | . | . | . | . | . | . |
| 26. | 2001-01-26 | 5.77 | 7.62 | 5.93 | . | 6.05 | 6.84 |
| 27. | 2001-01-27 | . | . | . | . | . | . |
| 28. | 2001-01-28 | . | . | . | . | . | . |
| 29. | 2001-01-29 | 5.75 | 7.56 | 5.87 | . | 6.04 | 6.76 |
| 30. | 2001-01-30 | 5.73 | 7.5 | 5.81 | . | 6 | 6.7 |

[그림 3.16.2]에서 보는 것과 같이 영업일이 아닌 경우에는 missing value(.)로 표시되고 있다. 만약 연구자가 이 missing value를 전일자 금리로 대체한다고 할 때 이러한 경우를 forvalues를 이용하여 실습해 보자. 즉, 2001년 1월 20일의 INT_01의 경우 missing value를 2001년 1월 19일 INT_01인 5.77로 대체한다고 가정하자.

C:\> 명령어

```
. ❶ tsset TIME
. ❷ generate N_INT_01=L1.INT_01
. ❸ order TIME INT_01 N_INT_01
. ❹ list in 19/30, sep(0)
. ❺ replace    N_INT_01=L1.N_INT_01 if N_INT_01==.
. ❻ list in 19/30, sep(0)
```

[그림 3.16.3] 새롭게 생성된 N_INT_01의 결과

```
. list in 19/30, sep(0)

     +-------------------------------------------------------------------------------------+
     |       TIME   INT_01   N_INT_01   INT_02   INT_03   INT_04   INT_05   INT_06 |
     |-------------------------------------------------------------------------------------|
 19. | 2001-01-19     5.77       5.80     7.64     5.93        .     6.16     6.89 |
 20. | 2001-01-20        .       5.77        .        .        .        .        . |
 21. | 2001-01-21        .          .        .        .        .        .        . |
 22. | 2001-01-22     5.77          .     7.64     5.93        .     6.08     6.88 |
 23. | 2001-01-23        .       5.77        .        .        .        .        . |
 24. | 2001-01-24        .          .        .        .        .        .        . |
 25. | 2001-01-25        .          .        .        .        .        .        . |
 26. | 2001-01-26     5.77          .     7.62     5.93        .     6.05     6.84 |
 27. | 2001-01-27        .       5.77        .        .        .        .        . |
 28. | 2001-01-28        .          .        .        .        .        .        . |
 29. | 2001-01-29     5.75          .     7.56     5.87        .     6.04     6.76 |
 30. | 2001-01-30     5.73       5.75     7.50     5.81        .     6.00     6.70 |
     +-------------------------------------------------------------------------------------+
```

[그림 3.16.3]에서 보는 것과 같이 명령어 ❷는 새로운 변수를 생성하는 것으로 INT_01의 전기(L1) 값을 만들어 준다. 즉, 2001-01-20의 N_INT_01의 값은 2001-01-19의 INT_01 값인 5.77이 기록되어 있다. 그러나 2001-01-21의 N_INT_01은 여전히 missing value로 표시되어 있다. 이 missing value를 표시하기 위해 명령어 ❺를 적용하였다. 그 의미를 설명하면, N_INT_01의 값이 missing value인 경우 전기의 N_INT_01이 값으로 수정하라는 명령어이다. 그 결과는 [그림 3.16.4]와 같다.

[그림 3.16.4] 수정한 N_INT_01의 결과

```
. replace N_INT_01=L1.N_INT_01 if N_INT_01==.
(1258 real changes made)

. list in 19/30, sep(0)

     +-------------------------------------------------------------------------------------+
     |       TIME   INT_01   N_INT_01   INT_02   INT_03   INT_04   INT_05   INT_06 |
     |-------------------------------------------------------------------------------------|
 19. | 2001-01-19     5.77       5.80     7.64     5.93        .     6.16     6.89 |
 20. | 2001-01-20        .       5.77        .        .        .        .        . |
 21. | 2001-01-21        .       5.77        .        .        .        .        . |
 22. | 2001-01-22     5.77       5.77     7.64     5.93        .     6.08     6.88 |
 23. | 2001-01-23        .       5.77        .        .        .        .        . |
 24. | 2001-01-24        .       5.77        .        .        .        .        . |
 25. | 2001-01-25        .       5.77        .        .        .        .        . |
 26. | 2001-01-26     5.77       5.77     7.62     5.93        .     6.05     6.84 |
 27. | 2001-01-27        .       5.77        .        .        .        .        . |
 28. | 2001-01-28        .       5.77        .        .        .        .        . |
 29. | 2001-01-29     5.75       5.77     7.56     5.87        .     6.04     6.76 |
 30. | 2001-01-30     5.73       5.75     7.50     5.81        .     6.00     6.70 |
     +-------------------------------------------------------------------------------------+
```

[그림 3.16.4]에서 보는 것과 같이 INT_01의 missing value에 N_INT_01에는 그 missing value가 전기의 INT_01의 값으로 표시되었다. 이제 이 방식으로 INT_06까지 모두 변경한다고 하면 위 명령어 ❷, ❻이 반복되어 6회 시행해야 하니까 12줄이 필요하다.

C:\> 명령어

```
. ❶ generate N_INT_01=L1.INT_01
. ❷ generate N_INT_02=L1.INT_02
. ❸ generate N_INT_03=L1.INT_03
. ❹ generate N_INT_04=L1.INT_04
. ❺ generate N_INT_05=L1.INT_05
. ❻ generate N_INT_06=L1.INT_06
. ❼ replace  N_INT_01=L1.N_INT_01 if N_INT_01==.
. ❽ replace  N_INT_02=L1.N_INT_02 if N_INT_02==.
. ❾ replace  N_INT_03=L1.N_INT_03 if N_INT_03==.
. ❿ replace  N_INT_04=L1.N_INT_04 if N_INT_04==.
. ⓫ replace  N_INT_05=L1.N_INT_05 if N_INT_05==.
. ⓬ replace  N_INT_06=L1.N_INT_06 if N_INT_06==.
. ⓭ order TIME INT_01 N_INT_01 INT_02 N_INT_02 INT_03 N_INT_03 ///
                INT_04 N_INT_04 INT_05 N_INT_05 INT_06 N_INT_06
. ⓮ format %10.2fc I* N*
```

위 명령어의 실행 결과는 [그림 3.16.5]와 같다.

**[그림 3.16.5] 실행 결과**

| | TIME | INT_01 | N_INT_01 | INT_02 | N_INT_02 | INT_03 | N_INT_03 | INT_04 | N_INT_04 | INT_05 | N_INT_05 | INT_06 | N_INT_06 |
|---|---|---|---|---|---|---|---|---|---|---|---|---|---|
| 19 | 2001-01-19 | 5.77 | 5.80 | 7.64 | 7.66 | 5.93 | 5.94 | . | . | 6.16 | 6.24 | 6.89 | 6.90 |
| 20 | 2001-01-20 | . | 5.77 | . | 7.64 | . | 5.93 | . | . | . | 6.16 | . | 6.89 |
| 21 | 2001-01-21 | . | 5.77 | . | 7.64 | . | 5.93 | . | . | . | 6.16 | . | 6.89 |
| 22 | 2001-01-22 | 5.77 | 5.77 | 7.64 | 7.64 | 5.93 | 5.93 | . | . | 6.08 | 6.16 | 6.88 | 6.89 |
| 23 | 2001-01-23 | . | 5.77 | . | 7.64 | . | 5.93 | . | . | . | 6.08 | . | 6.88 |
| 24 | 2001-01-24 | . | 5.77 | . | 7.64 | . | 5.93 | . | . | . | 6.08 | . | 6.88 |
| 25 | 2001-01-25 | . | 5.77 | . | 7.64 | . | 5.93 | . | . | . | 6.08 | . | 6.88 |
| 26 | 2001-01-26 | 5.77 | 5.77 | 7.62 | 7.64 | 5.93 | 5.93 | . | . | 6.05 | 6.08 | 6.84 | 6.88 |
| 27 | 2001-01-27 | . | 5.77 | . | 7.62 | . | 5.93 | . | . | . | 6.05 | . | 6.84 |
| 28 | 2001-01-28 | . | 5.77 | . | 7.62 | . | 5.93 | . | . | . | 6.05 | . | 6.84 |
| 29 | 2001-01-29 | 5.75 | 5.77 | 7.56 | 7.62 | 5.87 | 5.93 | . | . | 6.04 | 6.05 | 6.76 | 6.84 |
| 30 | 2001-01-30 | 5.73 | 5.75 | 7.50 | 7.56 | 5.81 | 5.87 | . | . | 6.00 | 6.04 | 6.70 | 6.76 |

이제 forvalue를 이용하여 [그림 3.16.5]과 동일한 결과를 실행해 보자.

C:\> 명령어

```
. use "C:\STATA\DM\CH21_EX_1.dta", clear
. tsset TIME
. forvalues I=1/6 {
        generate N_INT_0`I'=L1.INT_0`I'
        replace  N_INT_0`I'=L1.N_INT_0`I' if N_INT_0`I'==.
        }
. order TIME INT_01 N_INT_01 INT_02 N_INT_02 INT_03 N_INT_03 ///
           INT_04 N_INT_04 INT_05 N_INT_05 INT_06 N_INT_06
. format %10.2fc I* N*
```

반복 실행할 수 있는 명령어 forvalues를 쉽게 사용하기 위해서는 본 예제처럼 반복이 가능한지 여부를 판단해 보고 실행하는 것이 필요하다.

## 3.16.2 | Example 2: word

두 번째 실습자료는 손해보험협회에서 공시하고 있는 손해보험 월별통계자료 중 2011년 6월과 2011년 7월 자료이다. 특히 이 자료에는 손해보험회사별 임직원에 대한 정보를 가지고 있다. 이 Dataset의 구조는 [그림 3.16.6]이다.

실습자료

```
C:\STATA\DM\CH21_EX_2.dta
```

[그림 3.16.6] Dataset(CH21_EX_2.dta)의 구조

```
. use "C:\STATA\DM\CH21_EX_2.dta", clear

. describe

Contains data from C:\STATA\DM\CH21_EX_2.dta
  obs:          33
 vars:          14                        11 Dec 2012 09:07
 size:       1,584
-------------------------------------------------------------------
              storage  display     value
variable name   type     format      label      variable label
```

```
------------------------------------------------------------------
TIME            float    %9.0g
A               str14    %-14s
B               int      %10.0g
C               int      %10.0g
D               int      %10.0g
E               int      %10.0g
F               int      %10.0g
G               long     %10.0g
H               long     %10.0g
I               int      %10.0g
J               int      %10.0g
K               int      %10.0g
L               long     %10.0g
M               int      %10.0g
------------------------------------------------------------------
Sorted by:
```

[그림 3.16.6]에서 변수 A는 손해보험회사 이름이다. 그 list는 [그림 3.16.7]과 같다.

[그림 3.16.7] tabulate 결과

```
. tabulate A

              A |      Freq.     Percent        Cum.
----------------+-----------------------------------
     A    C    E |          1        3.03        3.03
     A    X    A |          1        3.03        6.06
        AIG   UG |          1        3.03        9.09
   C H A R T I S |          1        3.03       12.12
     D    A    S |          1        3.03       15.15
    E R G O 다 음 |          1        3.03       18.18
   F E D E R A L |          1        3.03       21.21
   F. A. T. I. C |          1        3.03       24.24
     G e n   R e |          1        3.03       27.27
        Genworth |          1        3.03       30.30
      HannoverRe |          1        3.03       33.33
     L    I    G |          1        3.03       36.36
   M.  S.  I.  K |          1        3.03       39.39
      Munich  Re |          1        3.03       42.42
```

```
        R    G    A |          1        3.03        45.45
        Scor      Re |          1        3.03        48.48
        Swiss     Re |          1        3.03        51.52
      T  o  k  i  o |          1        3.03        54.55
        그        린 |          1        3.03        57.58
        더   케   이 |          1        3.03        60.61
        동        부 |          1        3.03        63.64
        롯        데 |          1        3.03        66.67
        메   리   츠 |          1        3.03        69.70
        삼        성 |          1        3.03        72.73
        서 울 보 증 |          1        3.03        75.76
        소        계 |          1        3.03        78.79
        총        계 |          1        3.03        81.82
        코 리 안 리 |          1        3.03        84.85
        하이카다이렉트 |          1        3.03        87.88
        한        화 |          1        3.03        90.91
        합        계 |          1        3.03        93.94
        현        대 |          1        3.03        96.97
        흥        국 |          1        3.03       100.00
---------------+-----------------------------------
           Total |         33      100.00
```

[그림 3.16.7]에서 보는 것과 같이 변수 A는 보험회사의 이름에 대한 변수이다. 이를 자세히 보면 이름이 연결 없이 중간에 공백이 포함되어 있다. 따라서 낱말이 연결된 형태의 보험회사 이름으로 변경하고자 한다면 어떻게 해야 할까?라는 질문이 든다. 이를 word라는 명령어를 이용하여 실습해 보자.

C:\> 명령어

```
. ❶ use "C:\STATA\DM\CH21_EX_2.dta", clear
. ❷ generate word_1=word(A,1)
. ❸ list A word_1, sep(0)
```

위 명령어를 실행해 보면 그 결과(명령어 ❸)는 [그림 3.16.8]과 같다.

[그림 3.16.8] word 기능을 이용한 변수 생성 결과

```
. list A word_1, sep(0)

     +--------------------------------+
     | A                       word_1 |
     |--------------------------------|
  1. | 메  리  츠                   메 |
  2. | 한      화                   한 |
  3. | 롯      데                   롯 |
  4. | 그      린                   그 |
  5. | 흥      국                   흥 |
  6. | 삼      성                   삼 |
  7. | 현      대                   현 |
  8. | L   I   G                     L |
  9. | 동      부                   동 |
 10. | 소      계                   소 |
 11. | 서 울 보 증                  서 |
 12. | 코 리 안 리                  코 |
 13. | A   X   A                     A |
 14. | 더  케  이                   더 |
 15. | E R G O 다 음                 E |
 16. | 하이카다이렉트     하이카다이렉트 |
 17. | 합      계                   합 |
 18. | C H A R T I S                 C |
 19. | A   C   E                     A |
 20. | F E D E R A L                 F |
 21. | G e n  R e                    G |
 22. | F. A. T. I. C                F. |
 23. | T  o  k  i  o                 T |
 24. | M.  S.  I.  K                M. |
 25. | Swiss     Re              Swiss |
 26. | Munich  Re               Munich |
 27. | Scor      Re               Scor |
 28. | R   G   A                     R |
 29. | HannoverRe           HannoverRe |
 30. | Genworth               Genworth |
 31. | AIG   UG                    AIG |
 32. | D   A   S                     D |
 33. | 총      계                   총 |
     +--------------------------------+
```

[그림 3.16.8]에서 보는 것과 같이 변수 A에 있는 단어 또는 낱말이 새로운 변수 word_1에 기록되어 있는 것을 볼 수 있다. 위 명령어를 여러 번 수행하여 그 변수를 더하면 원하는 형태의 회사이름을 볼 수 있다. 이 부분을 forvalues를 이용하여 변환해 보자.

C:\> 명령어

```
. ❶ use "C:\STATA\DM\CH21_EX_2.dta", clear
.    forvalues i =1/7{
       generate word_`i'=word(A,`i')
          }
. ❷ generate COM_NM=word_1+word_2+word_3+word_4+word_5+word_6+word_7
. ❸ list A COM_NM, sep(0)
```

위 명령어 중 ❷의 의미는 문자의 경우도 연산(+, −, *, /)은 가능하지 않지만, 문자를 더하는 경우는 가능하다. 그리고 그 결과는 [그림 3.16.9]와 같다. [그림 3.16.9]를 보면 변수 COM_NM에는 공백이 없는 것을 확인할 수 있을 것이다

**[그림 3.16.9] forvalue를 이용한 변수의 변환**

```
. list A COM_NM, sep(0)

     +--------------------------------+
     | A                       COM_NM |
     |--------------------------------|
  1. | 메   리   츠            메리츠 |
  2. | 한        화              한화 |
  3. | 롯        데              롯데 |
  4. | 그        린              그린 |
  5. | 흥        국              흥국 |
  6. | 삼        성              삼성 |
  7. | 현        대              현대 |
  8. | L    I    G                LIG |
  9. | 동        부              동부 |
 10. | 소        계              소계 |
 11. | 서 울 보 증           서울보증 |
 12. | 코 리 안 리           코리안리 |
 13. | A    X    A                AXA |
 14. | 더   케   이            더케이 |
 15. | E R G O 다 음        ERGO다음 |
 16. | 하이카다이렉트  하이카다이렉트 |
```

```
 17. | 합          계              합계 |
 18. | C H A R T I S             CHARTIS |
 19. | A    C    E                   ACE |
 20. | F E D E R A L             FEDERAL |
 21. | G e n   R e                  GenRe |
 22. | F. A. T. I. C           F.A.T.I.C |
 23. | T   o   k   i   o          Tokio |
 24. | M.   S.   I.   K           M.S.I.K |
 25. | Swiss    Re              SwissRe |
 26. | Munich  Re               MunichRe |
 27. | Scor     Re                ScorRe |
 28. | R    G    A                   RGA |
 29. | HannoverRe             HannoverRe |
 30. | Genworth                 Genworth |
 31. | AIG   UG                    AIGUG |
 32. | D    A    S                   DAS |
 33. | 총          계              총계 |
     +-----------------------------------+
```

## 3.16.3 | Example 3: replace & rename

세 번째 실습자료는 UNCTAD에서 제공하고 있는 225개 국가에 대한 1995년부터 2011년까지의 수출정보이다.

실습자료 **C:\STATA\DM\CH21_EX_3.dta**

[그림 3.16.10] Dataset(CH21_EX_3.dta)의 구조

```
. use "C:\STATA\DM\CH21_EX_3.dta", clear

. describe

Contains data from C:\STATA\DM\CH21_EX_3.dta
  obs:           225
 vars:            18                        11 Dec 2012 11:10
 size:        72,675
```

```
------------------------------------------------------------------
               storage  display     value
variable name  type     format      label      variable label
------------------------------------------------------------------
ID             str34    %-34s
v1             str17    %17s
v2             str17    %17s
v3             str17    %17s
v4             str17    %17s
v5             str17    %17s
v6             str17    %17s
v7             str17    %17s
v8             str17    %17s
v9             str17    %17s
v10            str17    %17s
v11            str17    %17s
v12            str17    %17s
v13            str17    %17s
v14            str17    %17s
v15            str17    %17s
v16            str17    %17s
v17            str17    %17s
------------------------------------------------------------------
Sorted by:
```

[그림 3.16.10]에서 v1~v15를 TIME_1995 ~ TIME_2011로 변수이름을 변경하고자 한다. 이를 쉽게 할 수 있는 방법은 무엇일까?라는 질문에 대한 답은 간단하다. 아래와 같이 rename을 이용하는 것이다.

C:\> 명령어

```
. ❶ use "C:\STATA\DM\CH21_EX_3.dta", clear
. ❷ generate v1 TIME_1995
    ----- 중 략 -----
. ❸ generate v17 TIME_2011
```

만약 위 명령어처럼 작성한다면 명령어가 17번이 필요하다. 이를 forvalues를 이용하는 방법을 실습해 보자.

C:\> 명령어

```
. ❶ use "C:\STATA\DM\CH21_EX_3.dta", clear
.    forvalues TIME=1/17 {
       rename v`TIME' TIME_`=1994+`TIME''
     }
. ❸ describe
```

[그림 3.16.11] Dataset(CH21_EX_3.dta)의 구조(수정)

```
. describe

Contains data from C:\STATA\DM\CH21_EX_3.dta
  obs:          225
 vars:           18                      11 Dec 2012 11:10
 size:       72,675
-------------------------------------------------------------------
storage         display    value
variable name   type       format      label      variable label
-------------------------------------------------------------------
ID              str34      %-34s
TIME_1995       str17      %17s
TIME_1996       str17      %17s
TIME_1997       str17      %17s
TIME_1998       str17      %17s
TIME_1999       str17      %17s
TIME_2000       str17      %17s
TIME_2001       str17      %17s
TIME_2002       str17      %17s
TIME_2003       str17      %17s
TIME_2004       str17      %17s
TIME_2005       str17      %17s
TIME_2006       str17      %17s
TIME_2007       str17      %17s
TIME_2008       str17      %17s
TIME_2009       str17      %17s
TIME_2010       str17      %17s
TIME_2011       str17      %17s
-------------------------------------------------------------------
Sorted by:
     Note:  dataset has changed since last saved
```

[그림 3.16.11]에서 보는 것과 같이 변수 v1~v17이 TIME_1995~TIME_2011로 변환된 것을 볼 수 있다. 그리고 storage type이 모두 str으로 표시된 것을 볼 수 있다. 이는 문자변수를 의미하며, 숫자변수로 변경해야 한다. 숫자변수로 변환하고자 하는데 필요한 명령어는 destring이다. 이 명령어를 활용하면 되는데, 본 예제는 ".."과 "_"로 표시된 부분이 있어서 정상적으로 변환이 되지 않는다. 그 결과를 [그림 3.16.12]에서 확인 할 수 있다. Destring 반영 이전의 값 21659.32가 destring 반영 이후에는 2165932로 변환되었다. 이렇게 반영되었음을 연구자자 확인하지 않았다면 그 분석 결과는 연구자가 의도하지 않은 결과가 나타날 것이며, data 오류가 남이 있게 된다.

**[그림 3.16.12]** destring 반영 이전과 이후

```
. list ID TIME_1995 in 1/3,  abb(20)

     +---------------------------+
     | ID              TIME_1995 |
     |---------------------------|
  1. | Afghanistan      21659.32 |
  2. | Albania                .. |
  3. | Algeria          50137.28 |
     +---------------------------+
```

```
. list ID TIME_1995 in 1/3,  abb(20)

     +---------------------------+
     | ID              TIME_1995 |
     |---------------------------|
  1. | Afghanistan       2165932 |
  2. | Albania                 . |
  3. | Algeria           5013728 |
     +---------------------------+
```

C:\> 명령어

```
. ❶ destring, replace ignore(".." "_")
. ❷ list ID TIME_1995 in 1/3, abb(20)
```

[그림 3.16.12]의 오류를 범하지 않으려면 다음과 같이 해야 한다.

C:\> 명령어

```
. ❶ tabulate TIME_1995 if TIME_1995==".." | TIME_1995=="_"
. ❷ replace TIME_1995="." if TIME_1995==".." | TIME_1995=="_"
. ❸ destring TIME_1995, replace
. ❹ list ID TIME_1995 in 1/3, abb(20)
```

**[그림 3.16.13]** destring 반영 전 data의 값 변환

```
. tabulate TIME_1995 if TIME_1995==".." | TIME_1995=="_"

  TIME_1995 |      Freq.     Percent        Cum.
------------+-----------------------------------
         .. |         20       74.07       74.07
         _  |          7       25.93      100.00
------------+-----------------------------------
      Total |         27      100.00

. replace TIME_1995="." if TIME_1995==".." | TIME_1995=="_"
(27 real changes made)
```

[그림 3.16.13]은 destring을 적용하기 전에 ".."과 "_"가 몇 개 관측되고 있는지를 확인하기 위한 것이다. 각각 20개와 7개가 관측되었다. 그리고 replace 명령어는 이 두 경우를 모두 "."으로 표시하도록 하는 명령어이며, 그 결과 27개가 변경되었음을 표시해 주고 있다. 즉, 앞서 tabulate에서 나온 27개가 모두 정상적으로 변경되었음 을 알 수 있다.

**[그림 3.16.14]** destring 반영 이후 data의 변경 결과

```
. destring TIME_1995, replace
TIME_1995 has all characters numeric; replaced as double
(27 missing values generated)

. list ID TIME_1995 in 1/3,  abb(20)

     +---------------------------+
     | ID              TIME_1995 |
     |---------------------------|
  1. | Afghanistan      21659.32 |
  2. | Albania                 . |
  3. | Algeria          50137.28 |
     +---------------------------+
```

[그림 3.16.14]에서 보는 것과 같이 정상적으로 TIME_1995가 변경되었음을 알 수 있다. 이제 두 번째 고민은 위 명령어(❷)를 17회 반복해야 한다는 것이다. 음. 쉽지 않을 수 있겠지만 forvalues는 이를 쉽게 해 준다.

C:\> 명령어

```
. ❶ forvalues TIME=1995/2011 {
  replace TIME_`TIME'="." if TIME_`TIME'=".." | TIME_`TIME'=="_"
   }
. ❷ destring TIME_1995-TIME_2011, replace
```

**[그림 3.16.15]** forvalues를 적용한 결과

```
. forvalues TIME=1995/2011 {
  2. replace TIME_`TIME'="." if TIME_`TIME'==".." | TIME_`TIME'=="_"
  3. }
(27 real changes made)
(26 real changes made)
(24 real changes made)
(20 real changes made)
(17 real changes made)
(12 real changes made)
(14 real changes made)
(15 real changes made)
(12 real changes made)
(10 real changes made)
(11 real changes made)
(11 real changes made)
(13 real changes made)
(12 real changes made)
(11 real changes made)
(10 real changes made)
(10 real changes made)
```

[그림 3.16.15]의 결과가 반영된 dataset의 구조는 [그림 3.16.16]에서 확인할 수 있다.

[그림 3.16.16] 변경된 Dataset의 구성

```
. describe

Contains data from C:\STATA\DM\CH21_EX_3.dta
  obs:          225
 vars:           18                          11 Dec 2012 11:10
 size:       38,250
--------------------------------------------------------------------
                storage  display     value
variable name   type     format      label      variable label
--------------------------------------------------------------------
ID              str34    %-34s
TIME_1995       double   %10.0g
TIME_1996       double   %10.0g
TIME_1997       double   %10.0g
TIME_1998       double   %10.0g
TIME_1999       double   %10.0g
TIME_2000       double   %10.0g
TIME_2001       double   %10.0g
TIME_2002       double   %10.0g
TIME_2003       double   %10.0g
TIME_2004       double   %10.0g
TIME_2005       double   %10.0g
TIME_2006       double   %10.0g
TIME_2007       double   %10.0g
TIME_2008       double   %10.0g
TIME_2009       double   %10.0g
TIME_2010       double   %10.0g
TIME_2011       double   %10.0g
--------------------------------------------------------------------
Sorted by:
     Note:  dataset has changed since last saved
```

# 3.17 변수의 형태 변경하기

## 3.17.1 시차변수를 이용한 Panel Data 만들기

실습자료는 World Bank에서 제공하는 자료로 58개 국가의 115개 항목을 1960년부터 2010년까지 제공한 자료이다.

실습자료 **C:\STATA\DM\CH22_EX_1.dta**

[그림 3.17.1] Dataset(CH22_EX_1)의 구성

```
. describe

Contains data from C:\STATA\DM\CH22_EX_1.dta
  obs:     340,170
 vars:           9                          11 Dec 2012 12:33
 size:  55,447,710
-------------------------------------------------------------------
storage           display    value
variable name     type       format     label    variable label
-------------------------------------------------------------------
TOTAL_SEQ         long       %8.0g               Total Observation No
COUNTRY_NAME      str22      %-22s               Country Name(Full)
COUNTRY_CODE      str3       %-9s                Country Code(3)
YEAR              int        %9.0g               YEAR
ITEM_NAME         str96      %-96s               Item Name(Full)
ITEM_CODE         str6       %9s                 Item Code(4)
ITEM_CODE2        str20      %-20s               Item Code(Abb)
ITEM_NO           int        %10.0g              Item No(1-115)
VALUE             double     %10.0g              Amount
-------------------------------------------------------------------
Sorted by:  TOTAL_SEQ
```

[그림 3.17.1]을 살펴보면, 변수 TOTAL_SEQ는 1부터 340,170까지 순차적으로 부여된 번호이다. 가상의 시계열변수로 사용하기 위해 생성한 변수이다. COUNTRY_NAME은 58개국가 명이며, COUNTRY_CODE도 3자리 코드를 부여한 변수이다. YEAR는 1960년부터 2010년까지 Yearly 변수이다. ITEM_*은 115개 항목에 대한 값이다. 그리고 VALUE는 각 해당 기준에 따른 값이다.

위 자료를 일종의 panel data로 활용할 수 있을 것 같다. 즉, i(COUNTRY)와 t(YEAR)로 구성되어 있기 때문이다. 따라서 xtset COUNTRY_CODE YEAR로 하면 될까해서 설정하여 보았다. 그러나 나타나는 결과는 [그림 3.17.2]와 같다.

**[그림 3.17.2] 패널분석 - xtset 결과**

```
. xtset COUNTRY_NAME TOTAL_SEQ
varlist:  COUNTRY_NAME:  string variable not allowed
r(109);

. encode COUNTRY_NAME, generate(COUNTRY_NO)
```

```
. xtset COUNTRY_NO YEAR
repeated time values within panel
r(451);
```

[그림 3.17.2]에서 보는 것과 같이 xtset은 COUNTRY_NAME가 문자변수이기 때문에 설정이 안 된다. 이 부분을 encode를 이용하여 새로운 변수 COUNTRY_NO를 생성하였다. 이후 xtset을 설정하였으나, 에러가 발생하였다. 즉 패널 내에서 반복된 time 값이 존재하고 있음을 알 수 있다.

따라서 115개 ITEM_NAME을 이용하여 114개 변수를 만들어야 할 것이다. 이때 TOTAL_SEQ를 이용하여 가상의 시계열자료로 설정한 후 114개 변수를 만드는 과정을 실습해 보자.

**[그림 3.17.3]** Dataset의 현황

```
. list COUNTRY_NAME YEAR  VALUE in 1/60, sep(0) abb(20)

     +---------------------------------------+
     | COUNTRY_NAME   YEAR           VALUE   |
     |---------------------------------------|
  1. | Andorra        1960               .   |
  2. | Andorra        1961               .   |
  3. | Andorra        1962               .   |
  4. | Andorra        1963               .   |
  5. | Andorra        1964               .   |
  6. | Andorra        1965               .   |
  7. | Andorra        1966               .   |
  8. | Andorra        1967               .   |
  9. | Andorra        1968               .   |
 10. | Andorra        1969               .   |
```

(중간 생략)

```
 49. | Andorra        2008               .   |
 50. | Andorra        2009               .   |
 51. | Andorra        2010               .   |
 52. | Andorra        1960               .   |
 53. | Andorra        1961       55.319149   |
 54. | Andorra        1962       55.319149   |
 55. | Andorra        1963       55.319149   |
 56. | Andorra        1964       55.319149   |
 57. | Andorra        1965       55.319149   |
 58. | Andorra        1966       55.319149   |
 59. | Andorra        1967       55.319149   |
 60. | Andorra        1968       55.319149   |
     +---------------------------------------+
```

[그림 3.17.3]에서 보는 것과 같이 ITEM_NAME은 115개로 구성되어 있는데 관측년도가 51년간이며, 51개씩 반복되고 있음을 알 수 있다.

C:\> 명령어

```
. ❶ generate x2=F51.VALUE
. ❷ generate x3=F51.x2
. ❸ list COUNTRY_NAME YEAR  VALUE x* in 1/60, sep(0) abb(20)
```

[그림 3.17.4] 가상의 시차변수를 활용한 변수의 생성

```
. list COUNTRY_NAME YEAR  VALUE x* in 1/60, sep(0) abb(20)

     +-------------------------------------------------------+
     | COUNTRY_NAME   YEAR        VALUE          x2      x3 |
     |-------------------------------------------------------|
  1. | Andorra        1960            .           .       . |
  2. | Andorra        1961            .    55.31915     260 |
  3. | Andorra        1962            .    55.31915     260 |
  4. | Andorra        1963            .    55.31915     260 |
  5. | Andorra        1964            .    55.31915     260 |
  6. | Andorra        1965            .    55.31915     260 |
  7. | Andorra        1966            .    55.31915     260 |
  8. | Andorra        1967            .    55.31915     260 |
  9. | Andorra        1968            .    55.31915     260 |
```

(중간 생략)

```
 49. | Andorra        2008            .    55.31915     260 |
 50. | Andorra        2009            .           .       . |
 51. | Andorra        2010            .           .       . |
 52. | Andorra        1960            .           .       . |
 53. | Andorra        1961    55.319149         260       . |
 54. | Andorra        1962    55.319149         260       . |
 55. | Andorra        1963    55.319149         260       . |
 56. | Andorra        1964    55.319149         260       . |
 57. | Andorra        1965    55.319149         260       . |
 58. | Andorra        1966    55.319149         260       . |
 59. | Andorra        1967    55.319149         260       . |
 60. | Andorra        1968    55.319149         260       . |
     +-------------------------------------------------------+
```

[그림 3.17.4]에서 보는 것과 같이 COUNTRY_NAME에 115개의 ITEM_NAME이 있으며, 이는 51년씩 관측되고 있음을 고려하여 명령어를 실시하였다. 특히, F(미래시점)를 이용하여 새로운 변수 X2 ~ X115를 만들어야 한다. 위 명령어를 114회 실행해야 한다.

C:\> 명령어

```
. ❶ generate x2          = F51.VALUE
. ❷ forvalues I=1/114 {
      generate x`=2+`I'' = F51.x`=1+`I''
    }
```

위 명령에서 우선 x2변수를 미리 만들어야 하며, generate x`=2+`I''의 의미는 I가 1일 때 x`=2+`I'' 즉 x3을 생성하라는 것과 같다.

또 다른 방법은 아래와 같다.

C:\> 명령어

```
. ❶ forvalues Value=2/114 {
     generate Value_`=1+`Value''=F10.Value_`Value'
   }
```

이제 필요 없는 변수를 제외하면 패널자료의 설정이 가능해진다. 그 순서는 [그림 3.17.5]와 같다.

**[그림 3.17.5] 패널자료의 설정**

```
. drop if ITEM_NO!=1
(337212 observations deleted)

. drop COUNTRY_NAME

. drop COUNTRY_CODE

. drop ITEM_NAME

. drop ITEM_CODE

. drop ITEM_CODE2

. drop ITEM_NO

. drop TOTAL_SEQ

. rename VALUE x1

. order COUNTRY_NO YEAR

. format %-22.0g COUNTRY_NO

. xtset COUNTRY_NO YEAR
       panel variable:  COUNTRY_NO (strongly balanced)
        time variable:  YEAR, 1960 to 2010
                delta:  1 unit
```

❶ 각 국가별로 ITEM_NO가 1이 아닌 경우를 삭제한다.

❷ 문자변수를 삭제한다.

❸ 숫자변수 이지만 분석에 사용되지 않는 변수를 삭제한다.

❹ 변수명을 수정한다.

❺ 변수를 정렬한다.

❻ 왼쪽정렬로 수정한다.

❼ 패널자료임을 설정한다.

xtset COUNTRY_NO YEAR은 58개 국가의 51년간 Data를 기준으로 패널자료가 설정된다. Panel variable: COUNTRY_NO(strongly balanced)로 설정되어 있음을 알 수 있는데, 그 의미는 58개 국가가 51년간 모두 관측되고 있음을 의미하는 것이다. 물론 115개 변수에 값이 "." 이 있음에도 불구하고 말이다. 이 missing value는 연구자의 기준에 따라 수정 및 삭제될 수 있다. 그 결정은 연구자의 몫이다.

# 3.18 order

order는 변수의 위치를 자유롭게 변경할 수 있는 명령어이다. 실습자료는 DATA_INTEREST 파일이다. 우선 [그림 3.18.1]과 같이 메뉴에서 **Data > Data utilities > Change order of variable**을 순차적으로 선택한다.

[그림 3.18.1] order 메뉴 실행

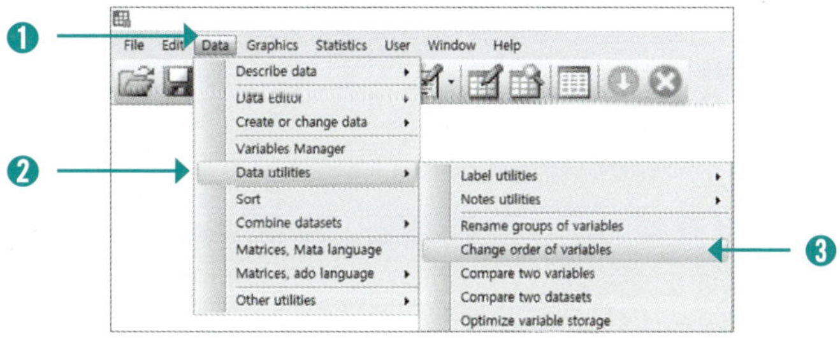


[그림 3.18.1]과 같이 선택하면 [그림 3.18.2]의 order 대화상자가 나타난다.

[그림 3.18.2] order 대화상자

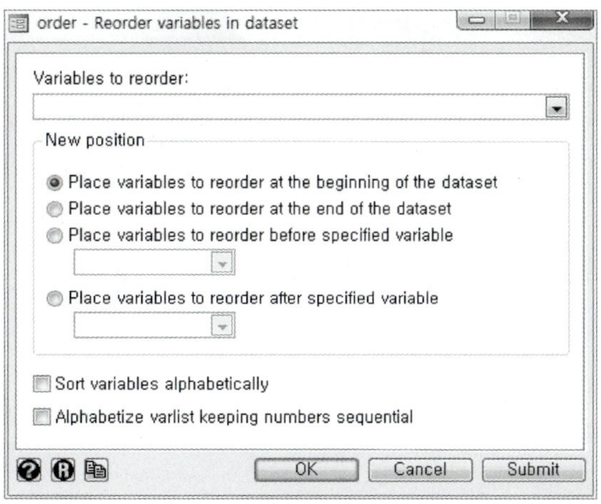


[그림 3.18.2]에서 보는 것과 같이 6가지 유형으로 변수의 순서를 정할 수 있다.

## 3.18.1 | Place variable to reorder at the beginning of the dataset

우선 [그림 3.18.3]과 같이 Variables to reorder에 n_cd91 s_cd91을 입력하고, New position에 ⊙ Place variables to reorder at the beginning of the dataset을 선택한 후 OK를 실행해 보자.

**[그림 3.18.3]** order 대화상자(Case 1)

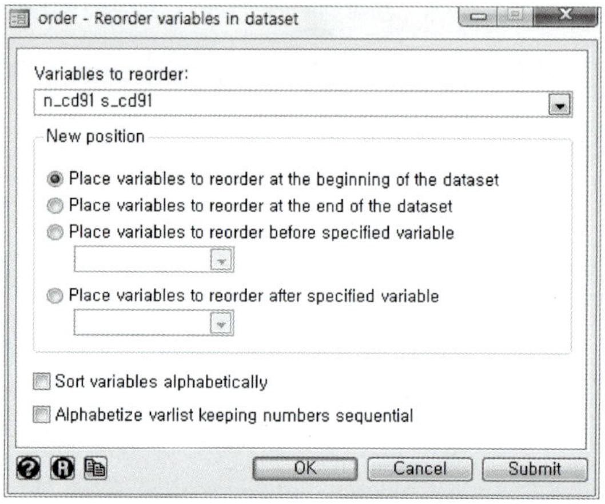


[그림 3.18.3]과 같이 설정한 결과는 [그림 3.18.4]와 같다.

**[그림 3.18.4]** order 적용 결과(Case 1)

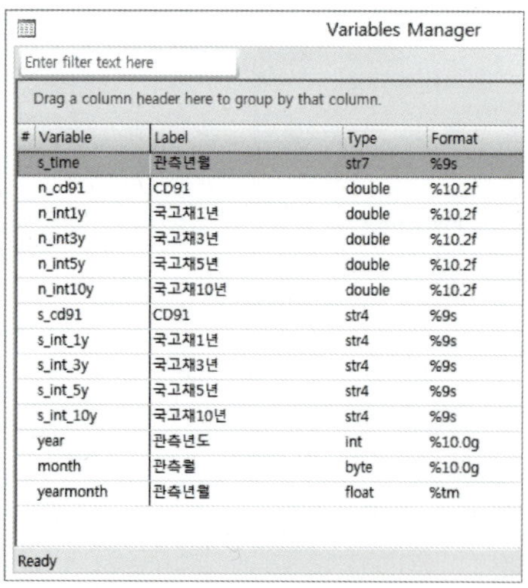


(A) reorder 이전

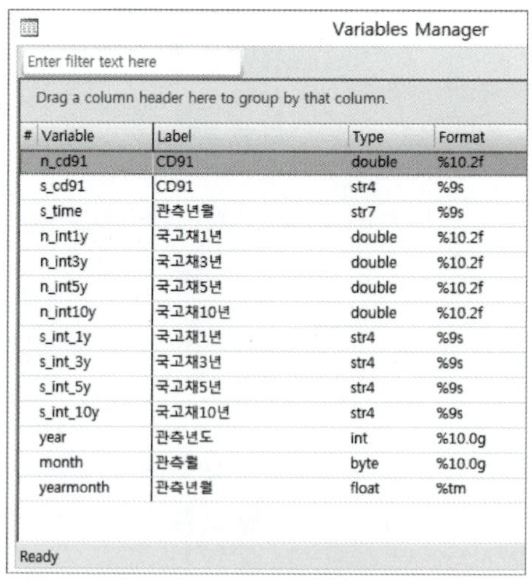


(B) reorder 이후

[그림 3.18.4]는 reorder 이전(A)과 이후(B)의 결과가 표시되어 있다. Case 1의 경우, Variables to reorder에 선택된 변수가 가장 먼저 위치하는 경우이다. 그 명령어는 아래와 같다.

```
. order n_cd91 s_cd91, first
```

## 3.18.2 Place variables to reorder at the end of the dataset

두 번째 Case의 경우, [그림 3.18.5]와 같이 New position에 ⊙ Place variables to reorder at the end of the dataset을 선택하고, OK를 실행해 보자.

**[그림 3.18.5]** order 대화상자(Case 2)

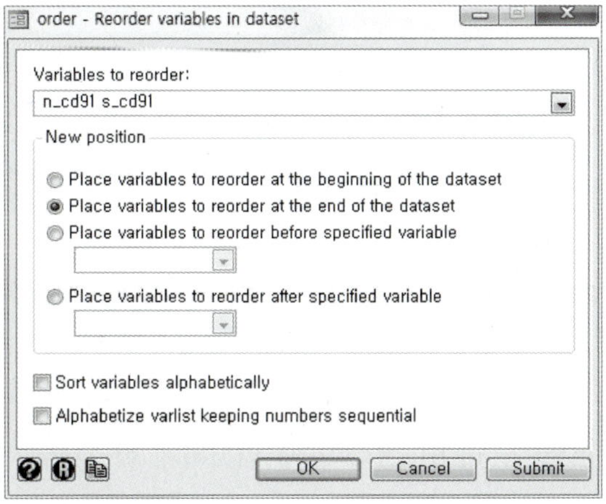


[그림 3.18.5]의 결과는 [그림 3.18.6]과 같이 n_cd91과 s_cd91 변수는 맨 마지막에 위치한 것을 볼 수 있다.

**[그림 3.18.6]** order 적용 결과(Case 2)

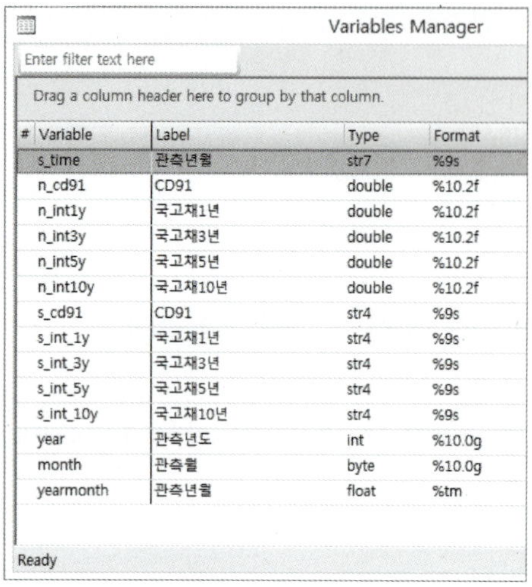


(A) reorder 이전

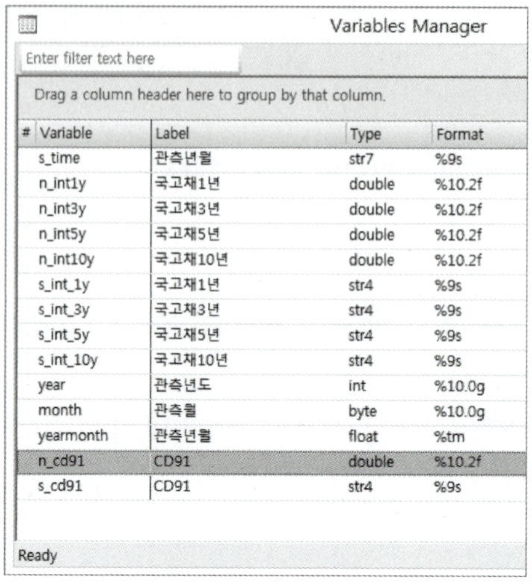


(B) reorder 이후

위 실행 명령어는 아래와 같다.

```
. order n_cd91 s_cd91, last
```

## 3.18.3 | Place variables to reorder before specified variable

Order 명령어의 세 번째 유형은 특정한 변수 앞에 변수를 위치하게 하는 경우이다. 예를 들어 n_cd91과 s_cd91 변수를 n_int10y변수 앞에 위치하게 할 경우 다음과 같이 대화상자를 선택하면 된다.

**[그림 3.18.7]** order 대화상자(Case 3)

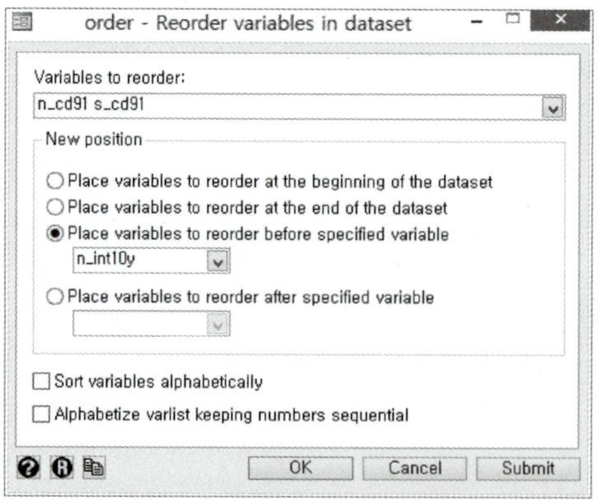

위 실행 명령어는 아래와 같다.

```
. order n_cd91 s_cd91, before(n_int10y)
```

**[그림 3.18.8]** order 적용 결과(Case 1)

(A) reorder 이전

(B) reorder 이후

## 3.18.4 | Place variables to reorder after specified variable

Order 명령어의 네 번째 유형은 특정한 변수 뒤에 변수를 위치하게 하는 경우이다. 예를 들어 n_cd91과 s_cd91 변수를 s_int10y변수 뒤에 위치하게 할 경우 다음과 같이 대화상자를 선택하면 된다.

**[그림 3.18.9]** order 대화상자(Case 4)

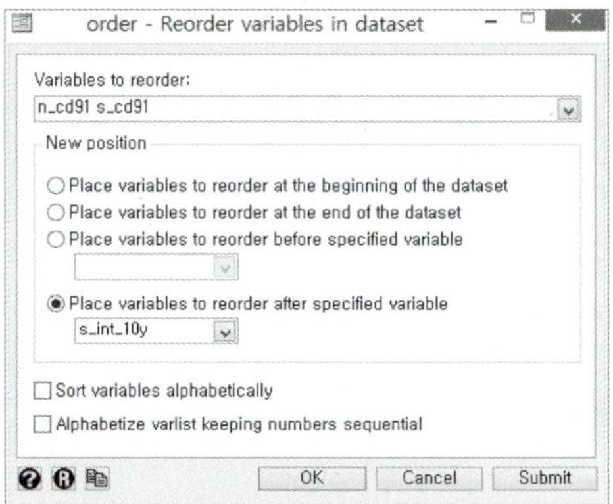

위 실행 명령어는 아래와 같다.

```
. order n_cd91 s_cd91, after(s_int_10y)
```

**[그림 3.18.10]** order 적용 결과(Case 4)

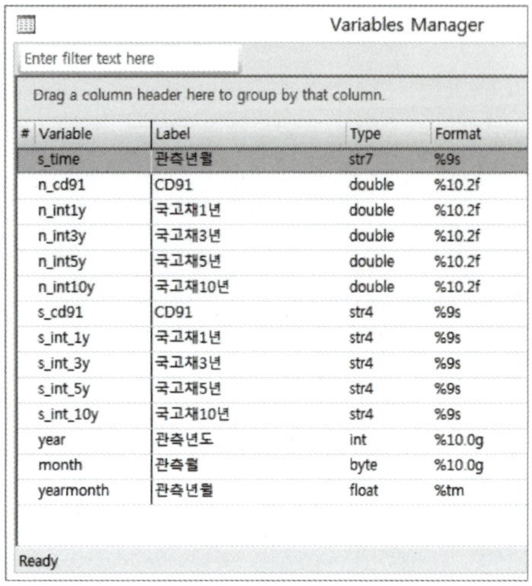


(A) reorder 이전

(B) reorder 이후

## 3.18.5 | Sort variables alphabetically

Order 명령어의 다섯 번째 유형은 변수명의 알파벳순으로 변수를 정렬하는 경우이다.

**[그림 3.18.11]** order 대화상자(Case 5)

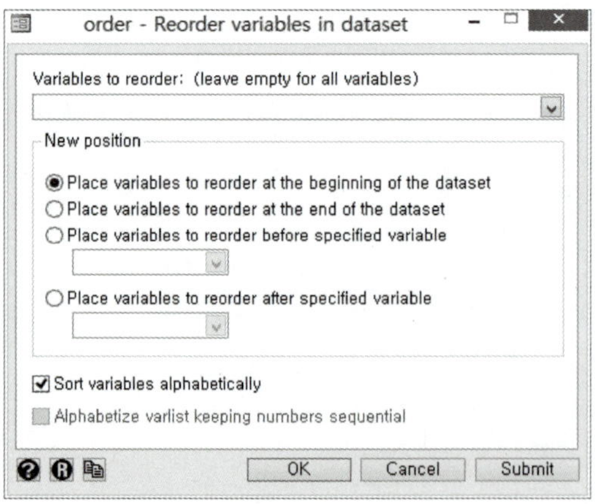

위 실행 명령어는 아래와 같다.

```
. order _all, first sequential
```

**[그림 3.18.12]** order 적용 결과(Case 5)

(A) reorder 이전

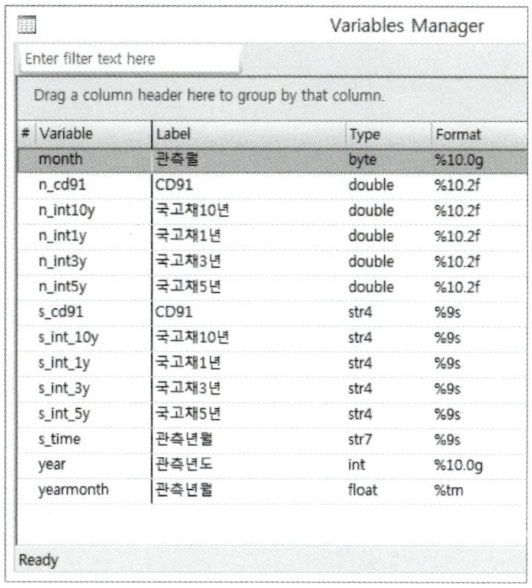


(B) reorder 이후

## 3.18.6 Alphabetize varlist keeping numbers sequential

Order 명령어의 마지막 유형은 변수명을 알파벳순으로 정렬하는 유형으로 위 다섯 번째 유형과 다소 차이가 있다. 예를 들어 n_int1y와 n_int10y의 위치가 차이가 있다.

**[그림 3.18.13]** order 대화상자(Case 6)

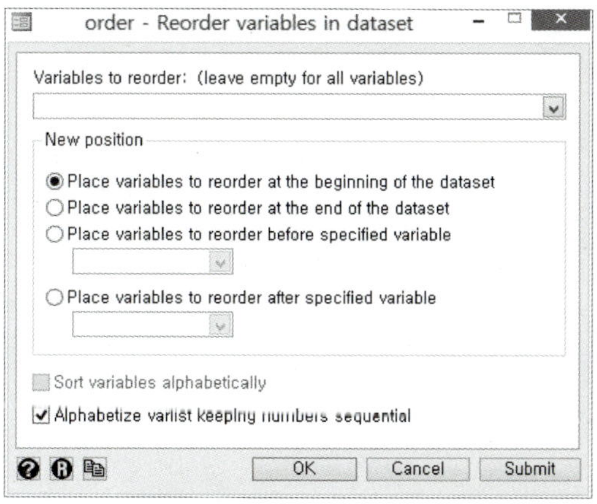

```
. order _all, first sequential
```

[그림 3.18.14] order 적용 결과(Case 6)

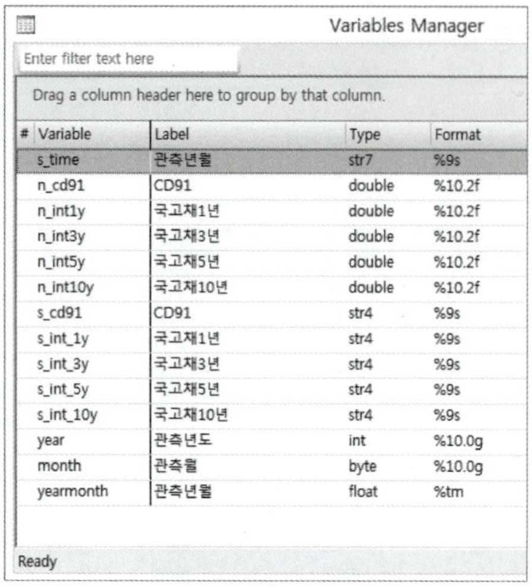

Variables Manager

| Variable | Label | Type | Format |
|---|---|---|---|
| s_time | 관측년월 | str7 | %9s |
| n_cd91 | CD91 | double | %10.2f |
| n_int1y | 국고채1년 | double | %10.2f |
| n_int3y | 국고채3년 | double | %10.2f |
| n_int5y | 국고채5년 | double | %10.2f |
| n_int10y | 국고채10년 | double | %10.2f |
| s_cd91 | CD91 | str4 | %9s |
| s_int_1y | 국고채1년 | str4 | %9s |
| s_int_3y | 국고채3년 | str4 | %9s |
| s_int_5y | 국고채5년 | str4 | %9s |
| s_int_10y | 국고채10년 | str4 | %9s |
| year | 관측년도 | int | %10.0g |
| month | 관측월 | byte | %10.0g |
| yearmonth | 관측년월 | float | %tm |

(A) reorder 이전

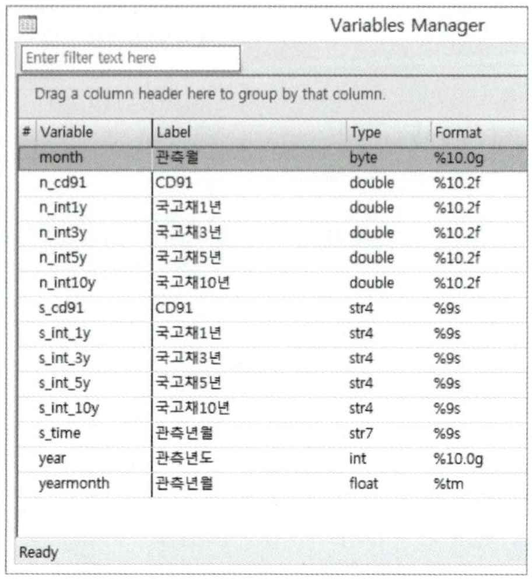

Variables Manager

| Variable | Label | Type | Format |
|---|---|---|---|
| month | 관측월 | byte | %10.0g |
| n_cd91 | CD91 | double | %10.2f |
| n_int1y | 국고채1년 | double | %10.2f |
| n_int3y | 국고채3년 | double | %10.2f |
| n_int5y | 국고채5년 | double | %10.2f |
| n_int10y | 국고채10년 | double | %10.2f |
| s_cd91 | CD91 | str4 | %9s |
| s_int_1y | 국고채1년 | str4 | %9s |
| s_int_3y | 국고채3년 | str4 | %9s |
| s_int_5y | 국고채5년 | str4 | %9s |
| s_int_10y | 국고채10년 | str4 | %9s |
| s_time | 관측년월 | str7 | %9s |
| year | 관측년도 | int | %10.0g |
| yearmonth | 관측년월 | float | %tm |

(B) reorder 이후

DATA MANAGEMENT
USING STATA

# CHAPTER 04

# Do File 따라하기

본 교재에 포함된 do file은 아래와 같으며, 그 일부 do file을 소개하였다.

```
STATA    \DM    \BOK          \DO_1_BOK_INTEREST.do
                              \DO_2_BOK_INTEREST.do
                              \DO_3_BOK_INTEREST.do
                \FSS_BANK     \DO_FSS_BANK.do
                \FSS_DART     \DO_FSS_DART.do
                \KNIA         \DO_KNIA.do
                \KOSIS        \DO_DEATH_2010.do
                \KRX          \DO_STOCK_IND_A005930.do
                              \DO_STOCK_IND_A000060.do
                              \DO_STOCK_INDEX_KOSPI.do
                              DO_INSURANCE_STOCK.do
                              \DO_TIME_LAG.do
                \OECD         \DO_ASCII DATA_IMPORT.do
                              \DO_OECD.do
                              \DO_OECD_GDP_20111026.do
                              \DO_OECD_TOTAL.do
                              \DO_OECD_TOTAL_수정.do
                \UNCTAD       \DO_UNCTAD.do
                              \DO_UNCTAD_forvalues.do
                \WorldBank    \DO_WORLD_BANK_003.do
                              \DO_WORLD_BANK_999.do
                              \DM.2.22.do
                              \GENERATE_DO.do
                              \RENAME_DO_1.do
                              \RENAME_DO_2.do
```

# 4.1 한국은행 자료

## 4.1.1 DO_1_BOK_INTEREST.do

실습자료 한국은행, 시장금리자료

```
clear
set more off
cd "C:\STATA\DM\BOK\"                          // 실습자료가 위치한 경로로 수정

import excel INTEREST.xls, sheet("sheet1") cellrange(A6:F134) clear

rename A s_time
rename B s_cd91
rename C s_int_1y
rename D s_int_3y
rename E s_int_5y
rename F s_int_10y

label variable s_time    "관측년월"
label variable s_cd91    "CD91"
label variable s_int_1y  "국고채1년"
label variable s_int_3y  "국고채3년"
label variable s_int_5y  "국고채5년"
label variable s_int_10y "국고채10년"

destring s_cd91     , generate(n_cd91)
destring s_int_1y   , generate(n_int1y)
destring s_int_3y   , generate(n_int3y)
destring s_int_5y   , generate(n_int5y)
destring s_int_10y  , generate(n_int10y)
```

```
order s_time n_cd91 n_int1y n_int3y n_int5y n_int10y


generate year=substr(s_time,1,4)
generate month=substr(s_time,6,2)

label variable year "관측년도"
label variable month "관측월"

destring year, replace
destring month, replace

generate yearmonth=ym(year,month)

format %tm yearmonth

label variable yearmont "관측년월"
```

## 4.1.2 | DO_2_BOK_INTEREST.do

실습자료 **한국은행, 시장금리자료**

```
clear
set more off
cd " C:\STATA\DM\BOK\"                                    // 실습자료가 위치한 경로로 수정

import excel RAW_DATA_INTEREST_D.xlsx, sheet("Sheet1") cellrange(A6:G3958)
clear

rename A TIME
rename B INT_01
rename C INT_02
rename D INT_03
rename E INT_04
rename F INT_05
rename G INT_06
```

```
label variable TIME    "관측일"
label variable INT_01 "국고채(3년)"
label variable INT_02 "회사채(3년,AA-)"
label variable INT_03 "통안증권(1년)"
label variable INT_04 "국고채(5년)"
label variable INT_05 "CD(91일)"
label variable INT_06 "CP(91일)"


* 관측일의 Time 설정
* 문자형 변수를 각각 분해하여 설정하는 방법과 직접 수정하는 방법
generate year  = substr(TIME,1,4)    // 만약 TIME = 2001/01/03 => 2001
generate month = substr(TIME,6,2)    //  => 01
generate day   = substr(TIME,9,2)    //  => 03
label variable year  "관측년도"
label variable month "관측월"
label variable day   "관측일"

destring year , replace
destring month, replace
destring day  , replace

generate YYYY_MM_DD=mdy(month,day,year)
label variable YYYY_MM_DD "관측년월일"

generate yyyy_mm_dd=date(TIME,"YMD")
label variable yyyy_mm_dd "관측년월일"

format %tdccYY/NN/DD YYYY_MM_DD
format %tdccYY-NN-DD yyyy_mm_dd

generate DAY_NAME=dow(yyyy_mm_dd)

recode DAY_NAME (1/5=1) (6 0=0), generate(D_DAY_NAME)
label define DAY_NAME 1 "월요일" ///
                      2 "화요일" ///
                      3 "수요일" ///
                      4 "목요일" ///
                      5 "금요일" ///
                      6 "토요일" ///
                      0 "일요일"
```

```
label values DAY_NAME DAY_NAME
label define D_YN      1 "영업일" ///
                       0 "공휴일"
label value D_DAY_NAME D_YN


format %4.2fc INT_01 - INT_06

sort  YYYY_MM_DD
drop  if D_DAY_NAME==0
egen  TIME_SEQ_NO=seq()
tsset TIME_SEQ_NO

// generate INT_01_B=L.INT_01   if INT_01   ==.
// replace  INT_01_B=L.INT_01_B if INT_01_B ==.
// 위 명령어를 이자율이 6개 있으니 12줄을 작성해야 하나
// forvalues를 이용하면 3줄로 줄일 수 있다.
forvalues i=1/6{
     generate INT_0`i'_B=L.INT_0`i'   if INT_0`i'   ==.
     replace  INT_0`i'_B=L.INT_0`i'_B if INT_0`i'_B ==.
     }mm

* 위 명령어의 의미는
* 영업일이기는 하지만 관측되지 않는 금리정보를 수정 즉, 금일 관측되지 않았다면
* 전일의 금리정보를 가져오게 하는 명령어이다.
format %4.2fc INT_01_B-INT_06_B

drop year month day
//generate INT_01_S=INT_01
//replace  INT_01_S=INT_01_B if INT_01==.
  forvalues i=1/6{
       generate INT_0`i'_S=INT_0`i'
       replace  INT_0`i'_S=INT_0`i'_B if INT_0`i'==.
       }
format %4.2fc INT_01_S-INT_06_S
label variable INT_01_S "국고채(3년)"
label variable INT_02_S "회사채(3년,AA-)"
label variable INT_03_S "통안증권(1년)"
label variable INT_04_S "국고채(5년)"
label variable INT_05_S "CD(91일)"
label variable INT_06_S "CP(91일)"
```

```
//generate D_MIS_01=1
//replace  D_MIS_01=0 if INT_01==.
forvalues i=1/6{
     generate D_MIS_0`i'=1
     replace  D_MIS_0`i'=0 if INT_0`i'==.
     }
label variable D_MIS_01 "국고채(3년)"
label variable D_MIS_02 "회사채(3년,AA-)"
label variable D_MIS_03 "통안증권(1년)"
label variable D_MIS_04 "국고채(5년)"
label variable D_MIS_05 "CD(91일)"
label variable D_MIS_06 "CP(91일)"
drop TIME INT_01-INT_06 yyyy_mm_dd INT_01_B-INT_06_B

//generate D_INT_01_S=D.INT_01_S
//  format %4.3fc D_INT_01_S
//generate D_D_INT_01_S=0
// replace D_D_INT_01_S=1 if D_INT_01_S>=0
//label define D_UP_DOWN 1 "증가" 0 "하락"
//label values D_D_INT_01_S D_UP_DOWN
   forvalues j=1/6{
        generate D_INT_0`j'_S=D.INT_0`j'_S
        format   %4.3fc D_INT_0`j'_S
        generate D_D_INT_0`j'_S=0
        replace  D_D_INT_0`j'_S=1 if D_INT_0`j'_S>=0
        label define D_UP_DOWN_0`j' 1 "증가" 0 "하락"
        label values D_D_INT_0`j'_S D_UP_DOWN_0`j'
        }
order YYYY_MM_DD - D_MIS_06   D_INT_01_S D_INT_02_S D_INT_03_S ///
                         D_INT_04_S D_INT_05_S D_INT_06_S
```

DATA MANAGEMENT USING STATA

# 4.2 금융감독원 자료

## 4.2.1 DO_FSS_BANK.do

**실습자료** 금융감독원, 은행통계, 분기별 자료

**설명** 실습자료는 항목은 동일하지만 기간이 틀린 자료를 merge하고 이 자료를 시계열자료의 형태로 변경하는 과정을 실습한다.
만약 이러한 자료가 개별 은행으로 되어 있을 경우에는 해당은행을 표시할 수 있는 ID를 부여해야 하나 본 실습은 은행 전체 자료이기 때문에 ID를 부여하지 않았다.

```
    clear
    set more off
    cd "C:\STATA\DM\FSS_BANK\"
*------------------------------------------------------------------*
* FSS_BANK_1은 2010년 6월부터 2011년 6월까지
* FSS_BANK_2는 2009년 3월부터 2010년 3월까지

    import  excel FSS_BANK_1.xls,                ///
                  sheet("sheet1")                ///
                  cellrange(A3:G15) clear
                  save  FSS_BANK_1.dta, replace   // STATA 파일로 저장

    import  excel FSS_BANK_2.xls,                ///
                   sheet("sheet1")               ///
                   cellrange(A3:G15) clear
                   save  FSS_BANK_2.dta, replace  // STATA 파일로 저장
    use          FSS_BANK_1.dta, clear
```

```
    rename A CODE_NM
    rename B CODE_NO
    rename C EMP201106
    rename D EMP201103
    rename E EMP201012
    rename F EMP201009
    rename G EMP201006
            save FSS_BANK_1_1.dta, replace      // 새이름으로 저장
use      FSS_BANK_2.dta,   clear
    rename A CODE_NM
    rename B CODE_NO
    rename C EMP201003
    rename D EMP200912
    rename E EMP200909
    rename F EMP200906
    rename G EMP200903
            save FSS_BANK_2_1.dta, replace         // 새이름으로 저장
// merge
use FSS_BANK_1_1.dta, clear
        merge m:1 CODE_NM CODE_NO using FSS_BANK_2_1.dta
            generate NO=1
            replace  NO=1  if CODE_NO=="A1"
            replace  NO=2  if CODE_NO=="A11"
            replace  NO=3  if CODE_NO=="A12"
            replace  NO=4  if CODE_NO=="A13"
            replace  NO=5  if CODE_NO=="A2"
            replace  NO=6  if CODE_NO=="A21"
            replace  NO=7  if CODE_NO=="A22"
            replace  NO=8  if CODE_NO=="A3"
            replace  NO=9  if CODE_NO=="A4"
            replace  NO=10 if CODE_NO=="A"
            replace  NO=11 if CODE_NO=="B"
            replace  NO=12 if CODE_NO=="C"
            replace  NO=13 if CODE_NO=="D"

// reshape(패널자료의 형태로 수정)
reshape long EMP, i(NO) j(time)
        drop _merge
        rename time TIME
            label variable NO       "관리번호"
            label variable TIME     "공시년_분기"
            label variable CODE_NM "관리코드명"
            label variable CODE_NO "관리코드"
```

```
                label variable EMP      "고용수"
                save FSS_BANK.dta, replace      // 새이름으로 저장

use FSS_BANK.dta, clear
       bysort NO: egen SEQ_NO=seq()
              * 아래 명령어는 패널자료를 시계열자료로 만드는 과정
                   forvalues i=1/12{
                   gen x_`=1+`i''=EMP[_n+(10*`i')]
                   }
                                 save FSS_BANK_2.dta, replace

use FSS_BANK_2.dta, clear
          drop if NO!=1                    // NO가 1인 아닌 경우 삭제
          drop CODE_NM CODE_NO NO              // 필요 없는 변수 삭제
          rename EMP x_1                       // EMP 변수를 동일하게 변경
          order SEQ_NO TIME                    // 변수의 순서 정렬
                label variable x_1  "임원"     // 변수에 label 붙이기
                label variable x_2  "상임임원"
                label variable x_3  "비상임임원"
                label variable x_4  "이사대우"
                label variable x_5  "일반직원"
                label variable x_6  "책임자"
                label variable x_7  "행원"
                label variable x_8  "서무직원"
                label variable x_9  "별정직원"
                label variable x_10 "총임직원"
                label variable x_11 "해외근무임직원"
                label variable x_12 "현지채용임직원"
                label variable x_13 "직원외인원"
          format %10.0fc x_*
          save FSS_BANK_3.dta, replace
```

## 4.2.2 | DO_FSS_DART.do

실습자료 **금융감독원, DART 전자공시**

```
clear
set more off
cd "C:\STATA\DM\FSS_DART\"

// text data importing
       insheet using DART.txt, delimiter(" ") clear

// 변수 삭제
       drop v7

// 변수명 변경
       rename v1 No
       rename v2 COMP_NM
       rename v3 REPO_NM
       rename v4 REPO_FY
       rename v5 AUD_NM
       rename v6 REPR_DT

// 변수에 Labeling
       label variable No          "번호"
       label variable COMP_NM     "회사명"
       label variable REPO_NM     "보고서명"
       label variable REPO_FY     "회계연도"
       label variable AUD_NM      "감사법인"
       label variable REPR_DT     "감사일자"

// 문자변수에 대한 숫자화
       generate REPO_FY_YM=substr(REPO_FY,2,4)+substr(REPO_FY,7,2)
       destring REPO_FY_YM, generate(REPO_FY_TIME)
       label variable REPO_FY_YM    "문자_회계년월"
       label variable REPO_FY_TIME  "숫자_회계년월"
```

DATA MANAGEMENT
USING STATA

CHAPTER

05

# 기초통계분석

# 5.1 기초 통계량

일반적으로 실증분석을 진행할 경우 분석에 사용될 자료(변수)에 대한 특성을 파악해야 하는데 그 중 기초통계량으로 정의된 부분을 실습자료를 통해 실습해 보자.

## 5.1.1 평균

실습자료를 이용하여 평균을 산출하여 보자. 실습에 사용할 자료는 앞서 실습한 자료 중 한국은행 월별 금리자료이다. 관측기간은 2001년 1월부터 2011년 9월까지이며, 사용할 변수는 [그림 5.1.1]과 같다.

실습자료 **C:\STATA\DML\LECTURE\DATA_4_1.dta**

[그림 5.1.1] 실습자료 개요

```
. use "C:\STATA\DM\LECTURE\DATA_4_1.dta", clear

. describe

Contains data  from C:\STATA\DM\LECTURE\DATA_4_1.dta
obs:           129                            한국은행 금리자료(월별)
vars:          6                          18 Oct 2013 15:55
size:          5,676
-------------------------------------------------------------
               storage    display     value
variable name  type    format      label       variable label
-------------------------------------------------------------
TIME           float   %tmCCYYNN               관측년월
```

```
CD91            double  %10.2f                  CD91
INT_1_Y         double  %10.2f                  국고채1년
INT_3_Y         double  %10.2f                  국고채3년
INT_5_Y         double  %10.2f                  국고채5년
INT_10_Y        double  %10.2f                  국고채10년
------------------------------------------------------------------

Sorted by:
```

STATA에서 평균은 summarize(줄여서 su)를 이용하여 계산한다.

```
Menu:
Statistics > Summaries, tables, and tests > Summary and descriptive sta-
tistics > Summary statistics
```

**[그림 5.1.2]** summarize 대화상자

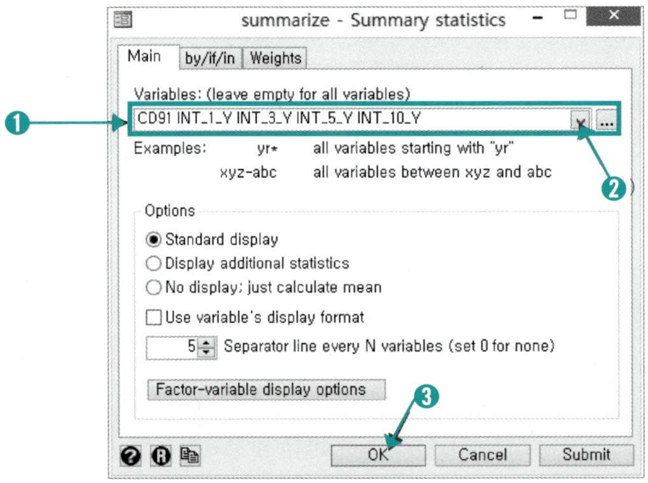


[그림 5.1.2]에서 ❶ **CD91 INT_1_Y INT_3_Y INT_5_Y INT_10_Y**를 입력(또는 ❷ 부분을 클릭해서 변수 선택)한 후 **OK**를 실행한다. 그 결과는 [그림 5.1.3]과 같다.

## TIP STATA Function을 이용한 평균 계산하기

```
. egen double mean_CD91 = total(CD91) / 129
varlist not allowed
r(101);
```

STATA의 기능(Function)을 이용하여 평균을 계산해 보고자 한다. 이 계산을 위해 일반적으로 egen 명령어를 이용하게 된다. 즉, 위 공식의 좌측은 관측치(Obs)를 적용하고, 우측은 egen의 total 기능을 이용하면 된다.

```
. egen double mean_CD91_T = total(CD91)
. generate double mean_CD91 = mean_CD91_T / 129
. list TIME mean_CD91_T mean_CD91 in 1/5
```

```
. list TIME mean_CD91_T mean_CD91 in 1/5, abb(20)

     +------------------------------------+
     |   TIME   mean_CD91_T     mean_CD91 |
     |------------------------------------|
  1. | 200101        538.03     4.1707752 |
  2. | 200102        538.03     4.1707752 |
  3. | 200103        538.03     4.1707752 |
  4. | 200104        538.03     4.1707752 |
  5. | 200105        538.03     4.1707752 |
     +------------------------------------+
```

위 실행결과에서 보는 것과 같이 mean_CD91_T mean_CD91이 관측월별(TIME)로 동일하게 산출된 것을 알 수 있다. 이 값은 [그림 5.1.3]의 값과 동일함을 알 수 있다.

[그림 5.1.3] summarize 실행 결과

❶
```
. summarize CD91 INT_1_Y INT_3_Y INT_5_Y INT_10_Y

    Variable |        Obs        Mean    Std. Dev.       Min        Max
-------------+---------------------------------------------------------
        CD91 |        129    4.170775    1.013381       2.41       6.43
     INT_1_Y |        129    4.309457    .9425119       2.36        6.2
     INT_3_Y |        129    4.674186    .8181694       3.24       6.59
     INT_5_Y |        129    4.990853    .8252888       3.39       7.24
    INT_10_Y |        129     5.34186    .8275602       3.75       7.74
```
❷ (Mean)

[그림 5.1.3]의 결과는 관측건수(Obs), 평균(Mean), 표준편차(Std. Dev.), 최소값(Min), 최대값(Max)를 보여준다. 명령어는 ❶과 같으며, 평균은 ❷에서 볼 수 있다. 평균은 표본평균을 의미하며, 산출공식은 다음과 같다.

$$\overline{X} = \frac{1}{n}\sum_{i=1}^{n} x_i$$

위 식에서 n은 관측치(즉, Obs)를 의미한다.

위 산출된 평균값은 2001년 1월부터 2011년 9월까지 평균금리를 의미한다.

또 다른 방법은 산출된 평균에 대한 신뢰구간을 계산할 수 있다. 메뉴는 **Statistics > Summaries, tables, and tests > Summary and descriptive statistics > Mean**이다. [그림 5.1.4]에서 ❶ CD91을 선택 한 후 ❷ OK를 실행한다.

**[그림 5.1.4]** mean 대화상자

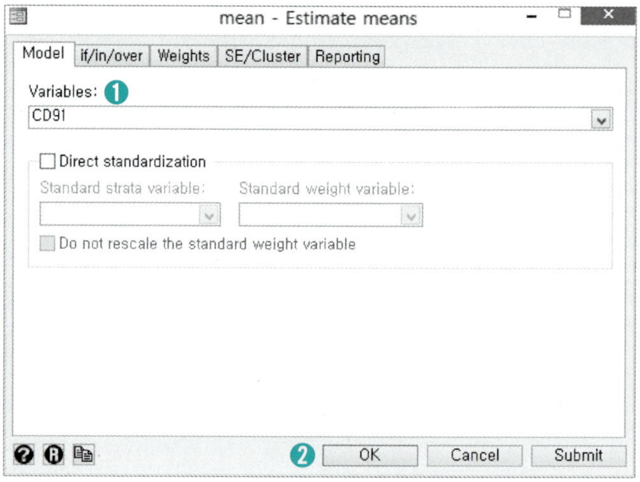


실행된 결과는 [그림 5.1.5]와 같다.

**[그림 5.1.5]** CD91의 평균 및 신뢰구간 산출 결과

```
. mean CD91

Mean estimation                   Number of obs    =      129

--------------------------------------------------------------
             |       Mean   Std. Err.     [95% Conf. Interval]
-------------+------------------------------------------------
        CD91 |   4.170775   .0892232      3.994232    4.347319
--------------------------------------------------------------
```

산출된 결과를 해석하면, 관측대상은 129개이며, 평균은 4.170775이고, 표준오차는 0.0892232이다. 그리고 95% 신뢰구간에서 하한값은 3.994232이며, 상한값은 4.347319이다. 즉, 평균 4.170775는 95% 신뢰구간에 있다고 말할 수 있다.

## 5.1.2 중앙값(median)

STATA에서 중앙값(median)을 구하는 방법은 다양하다. 그 중 일부를 소개하면, summarize 명령어를 이용하는 경우와 tabstat를 이용하는 방법이 있다. 우선 summarize를 이용할 경우, 메뉴에서 **Statistics > Summaries, tables, and tests > Summary and descriptive statistics > Summary statistics**를 순차적으로 실행하면, [그림 5.1.6]의 summarize 대화상자가 나타난다. [그림 5.1.6]에서 ❶ Variables:(leave empty for all variables)에 CD91을 선택한다. 그리고 ❷ Options 중 ⦿ **Display additional statistics**를 선택한 후 ❸ OK를 실행한다.

**[그림 5.1.6]** summarize 대화상자

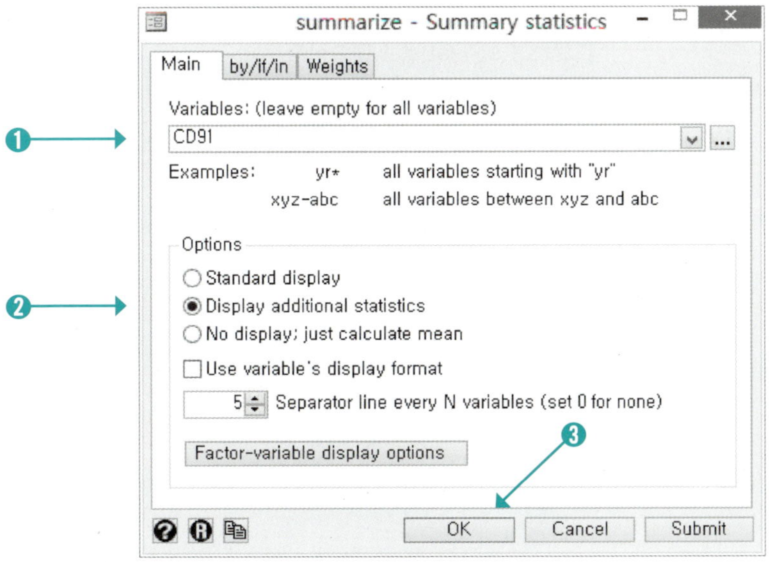


[그림 5.1.6]의 실행 결과는 [그림 5.1.7]과 같다. CD91의 중앙값은 4.27이다.

[그림 5.1.7] CD91 변수에 대한 중앙값 실행 결과

```
. summarize CD91, detail

                            CD91
-------------------------------------------------------------
      Percentiles      Smallest
 1%         2.41           2.41
 5%         2.45           2.41
10%         2.66           2.41       Obs                 129
25%          3.5           2.42       Sum of Wgt.         129

50%         4.27                      Mean           4.170775
                        Largest       Std. Dev.      1.013381
75%         4.91           5.84
90%         5.52           5.85       Variance       1.026942
95%         5.77           6.03       Skewness      -.0995545
99%         6.03           6.43       Kurtosis       2.071283
```

이제 tabstat 명령어를 이용하여 CD91의 중앙값을 계산해 보자. 메뉴에서 **Statistics > Summaries, tables, and tests > Other tables > Compact table of summary statistics**를 순차적으로 실행하면 [그림 5.1.8]의 tabstat 대화상자가 나타난다. [그림 5.1.8]에서 ❶ Variables: 에 CD91을 선택한다. ❷ Statistics to display에 Median을 선택한 후 ❸ OK를 실행한다.

[그림 5.1.8] tabstat 대화상자

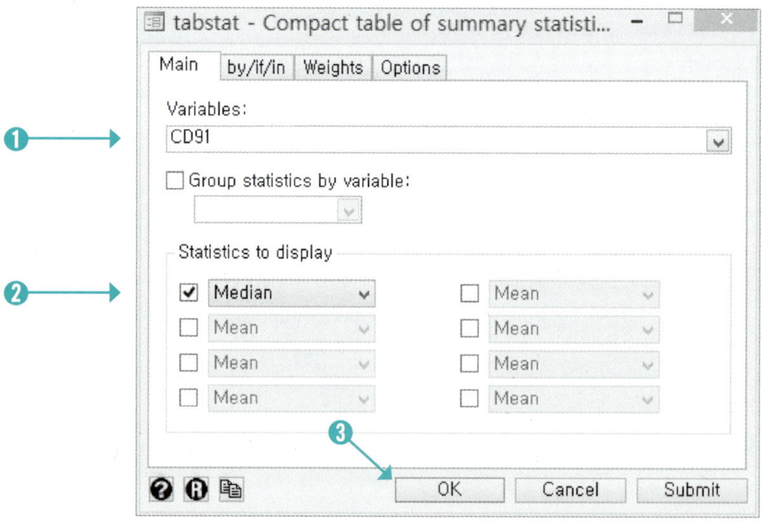

위 실행 결과는 [그림 5.1.9]와 같다. [그림 5.1.9]의 결과는 [그림 5.1.7]의 결과와 동일한 4.27의 중앙값이 산출되었음을 알 수 있다.

[그림 5.1.9] tabstat 실행 결과

```
. tabstat CD91, statistics( median )

    variable |       p50
-------------+----------
        CD91 |      4.27
------------------------
```

[그림 5.1.9]에서 tabstat는 테이블로 통계량을 표현하는 명령어(table + statistics)를 의미하며, statistics( )는 해당하는 통계량을 의미하며, median은 통계량 중 중앙값을 계산하라는 의미이다.

**TIP tabstat에서 산출할 수 있는 통계량**

tabstat에서 산출 가능한 통계량은 다음과 같다.

| 통계량 | 설명 |
|---|---|
| mean | mean |
| count | count of nonmissing observations |
| n | same as count |
| sum | sum |
| max | maximum |
| min | minimum |
| range | range = max − min |
| sd | standard deviation |
| variance | variance |
| cv | coefficient of variation (sd/mean) |
| semean | standard error of mean (sd/sqrt(n)) |
| skewness | skewness |
| p1 | 1st percentile |
| p5 | 5th percentile |

| | |
|---|---|
| p10 | 10th percentile |
| p25 | 25th percentile |
| median | median (same as p50) |
| p50 | 50th percentile (same as median) |
| p75 | 75th percentile |
| p90 | 90th percentile |
| p95 | 95th percentile |
| p99 | 99th percentile |
| iqr | interquartile range = p75 − p25 |
| q | equivalent to specifying p25 p50 p75 |

위 통계량은 summarize를 이용할 때 보다 다양한 분석을 수행할 수 있다.

## 5.1.3 | 기타 통계량

분산의 산출은 [그림 5.1.8]과 같이 해당 변수를 선택하면 분산을 산출 할 수 있다. CD91의 경우 1.026942이다. 또는 표준편차(Std. Dev.)를 제곱하면 된다.

**[그림 5.1.10]** CD91 변수에 대한 중앙값 실행 결과

```
. summarize CD91, detail

                            CD91
-------------------------------------------------------------
      Percentiles      Smallest
 1%        2.41           2.41
 5%        2.45           2.41
10%        2.66           2.41       Obs                 129
25%         3.5           2.42       Sum of Wgt.         129

50%        4.27                      Mean           4.170775
                        Largest      Std. Dev.      1.013381
75%        4.91           5.84
90%        5.52           5.85       Variance       1.026942
95%        5.77           6.03       Skewness      -.0995545
99%        6.03           6.43       Kurtosis       2.071283
```

# 5.2 가설검정

가설검정과 관련된 실습은 STATA MANUAL의 예제를 중심으로 설명한다. 일반적으로 가설검정은 다음의 과정으로 진행된다.

❶ 귀무가설과 대립가설의 설정

❷ 유의수준의 설정

❸ 유의수준을 충족시키는 임계값의 확인

❹ 검정통계량과 임계값의 비교

❺ 결과의 해석

## 5.2.1 비율에 대한 가설검정: 단일표본

실습자료는 **auto.dta** 파일이다.[1] 단일표본을 대상으로 비율에 대한 가설검정을 살펴보자. [그림 5.2.1]과 같이 메뉴에서 **Statistics > Summaries, tables, and tests > Classical tests of hypotheses > Proportion test**를 순차적으로 선택하면 [그림 5.2.2]의 prtest 대화상자가 나타난다.

1 명령어 창에 sysuse auto.dta, clear라고 입력한다.

[그림 5.2.1] prtest 메뉴 실행

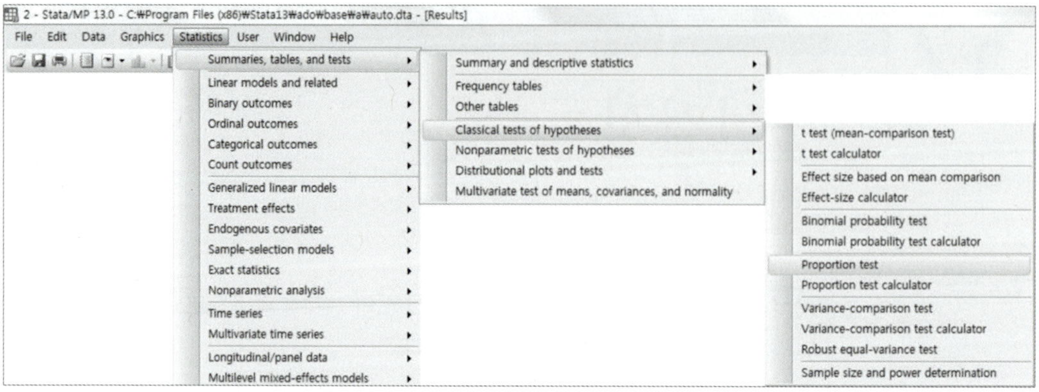


[그림 5.2.2] 단일 표본에 대한 비율의 가설검정 대화상자

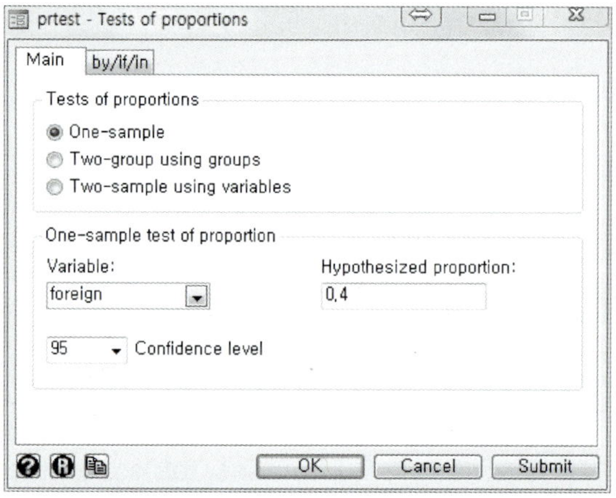


[그림 5.2.2]에서 Test of proportions에 ❶ ⦿ One-sample을 선택하고, ❷ One-sample test of proportion의 Variable에 foreign을 선택한다. ❸ Hypothesized proportion에 0.4를 입력한다. ❹ Confidence level은 95를 선택한다. ❺ OK를 선택한다.

**[그림 5.2.3]** 단일 표본에 대한 비율의 검정 결과

```
. prtest foreign == 0.4

One-sample test of proportion                  foreign: Number of obs =        74

    Variable |       Mean   Std. Err.                     [95% Conf. Interval]
-------------+------------------------------------------------------------------
     foreign |   .2972973   .0531331                      .1931583    .4014363

    p = proportion(foreign)                                       z =  -1.8034
Ho: p = 0.4

     Ha: p < 0.4                 Ha: p != 0.4                 Ha: p > 0.4
 Pr(Z < z) = 0.0357         Pr(|Z| > |z|) = 0.0713          Pr(Z > z) = 0.9643
```

**. prtest foreign == 0.4**

**01.** 단일표본을 이용한 비율에 대한 가설검정 순서는 ❶ 귀무가설과 대립가설을 설정한다. 여기서 귀무가설과 대립가설은 다음과 같다.

**. H0 : p = 0.4**
**. Ha : p ≠ 0.4**

**02.** 여기서, H0는 귀무가설을 의미하고, Ha는 대립가설을 의미한다. 즉, 귀무가설은 외제차의 국내판매 비율은 40%이다. ❷ 유의수준은 5%로 설정한다. ❸ 유의수준을 충족시키는 임계값을 결정한다. 채택영역과 기각영역은 다음과 같다.

**. 채택영역: -1.96 ≤ Z ≤ 1.96**
**. 기각영역: Z > 1.96 또는 Z < -1.96**

**03.** 가설검정 순서 ❹ 통계량의 계산과 임계값을 비교해 보면, 우선 검정통계량은 다음과 같이 계산한다

$$Z = \frac{\hat{p} - P}{\sqrt{p(1-p)/n}} \sim N(0,1)$$

**04.** 위 식에서 $p$는 검정하고자 하는 비율(여기서는 40%, 0.4)이며, $n$은 관측값이고, $\hat{p}$은 기초통계량의 평균(0.2972973)을 의미한다.

**참고** return list와 display를 활용한 검정통계량 계산

```
. sysuse auto.dta, clear
. prtest foreign == 0.4
  (결과 생략)
. return list
  scalars:
              r(P_1) =   .2972972972972973
              r(N_1) =   74
              r(z)   =   -1.803400191929748
. display (r(P_1) - 0.4) / (0.4*(1-0.4)/r(N_1))^0.5
  (또는 display (r(P_1) - 0.4) / sqrt((0.4*(1-0.4)/r(N_1))))
  -1.8034002
```

**05.** 가설검정의 마지막 순서는 ❺ 결과를 해석하는 것으로, STATA에서는 3가지 검정을 자동으로 산출해 준다. Ha: p < 0.4(좌측 검정), Ha: p != 0.4(양측검정), Ha: p > 0.4(우측 검정)이 그것이다. 결과를 해석해 보면, **좌측검정**의 p-value가 0.0357로 0.05보다 작기 때문에 귀무가설이 기각된다. 즉, 외제차의 미국 내에서 판매비중은 40%보다는 많다라고 통계적으로 말할 수 있으며, 95% 신뢰수준에서 통계적으로 유의한 결과를 보이고 있다. **양측검정**의 p-value가 0.0713으로 0.05보다 크기 때문에 95% 신뢰수준에서는 통계적으로 의미가 없을 수 있으나, 90%의 신뢰수준에서 통계적으로 유의한 결과를 보이고 있다. 즉, 외제차의 미국 내에서 판매비중은 40%는 아니다. **우측검정**의 p-value가 0.9643으로 0.05보다 크고 90%의 신뢰수준을 적용할 수 없기 때문에 미국 내에서 외제차의 판매비중은 40% 이상은 아니라고 말할 수 있다.

단일표본을 이용하여 비율에 대한 가설검정을 살펴보았다. 연구자는 이 예제를 활용하는데 있어서 참고해야 할 사항은 데이터의 구조이다. 실습한 자료의 구조는 아래와 같다. 즉, 변수(foreign)의 하나로 구성된 경우에 실시가 가능한 가설검정이다.

```
. list make foreign in 1/10, sep(0)
```

```
---+---------------+-------------
 Make               foreign
---------------------------------
1.   AMC Concord    0. Domestic
2.   AMC Pacer      0. Domestic
3.   AMC Spirit     0. Domestic
4.   Audi 5000      1. Foreign
5.   Audi Fox       1. Foreign
6.   BMW 320i       1. Foreign
7.   Buick Century  0. Domestic
8.   Buick Electra  0. Domestic
9.   Buick LeSabre  0. Domestic
10.  Buick Opel     0. Domestic
---+---------------+-------------
```

## 5.2.2 | 비율에 대한 가설검정: 두 표본

실습자료는 cure.dta[2]이다. 이 자료는 두통(headache)과 관련된 치료효과를 관찰한 자료이다. 변수는 cure1은 치료를 받지 않은 집단이고, cure2는 치료를 받은 집단이다. 그리고 그 속성값은 0과 1의 값을 가지는데, 0은 두통치료의 효과가 없는 경우이고, 1은 두통치료의 효과를 본 경우이다. 이제 이 두 집단에 대한 가설검정을 실시해 보자.

**01.** 우선 귀무가설과 대립가설을 다음과 같이 설정해 보자.

**. 귀무가설: diff = 0 (diff = prop(cure1) – prop(cure2))**

**. 대립가설: diff ≠ 0**

**02.** 이 두 표본에 대한 유의수준은 5%로 설정하자. 그리고 유의수준을 충족시키는 임계값을 결정하자. 임계값은 1.96이다. 통계량 계산과 임계값의 비교는 다음의 같이 실시한다.

**03.** 두 표본에 대한 비율의 가설검정에 사용되는 검정통계량의 계산은 다음과 같다.

2 use http://www.stata-press.com/data/r13/cure.dta, clear

$$Z = \frac{\widehat{p_1} - \widehat{p_2}}{\sqrt{\bar{p}(1-\bar{p})\left(\frac{1}{n_1} - \frac{1}{n_2}\right)}} \sim N(0,1)$$

**04.** 여기서, $\widehat{p_1}$과 $\widehat{p_2}$는 각 그룹의 평균이고, $n_1$과 $n_2$는 각 그룹의 관측 개수이다. 또한 $\bar{p}$는 $(x_1 + x_2)/(n_1 + n_2)$로 계산된다. 여기서 $x_1$과 $x_2$는 각 그룹의 성공횟수(1의 합계)이다. 위 검정통계량이 정규분포를 따르기 위해서는 $n\widehat{p_1} \geq 10$, $n(1-\widehat{p_1} \geq 10$ , $n\widehat{p_2} \geq 10$ , $n(1-\widehat{p_2})$ $\geq 10$의 조건을 만족해야 한다.

**05.** 우선 비율에 대한 가설검정을 위한 대화상자의 선택을 위한 메뉴는 [그림 5.2.1]과 같다. 두 표본에 대한 가설검정을 위한 대화상자는 [그림 5.2.4]와 같이 설정한다.

**[그림 5.2.4] 두 표본에 대한 비율의 가설검정 대화상자**

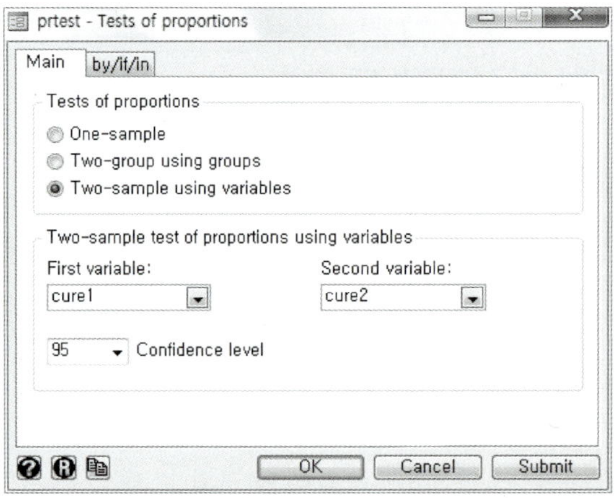


**06.** [그림 5.2.4]에서 Test of proportions에 ❶ ⊙ Two-sample using variables를 선택하고, ❷ Two-sample test of proportion의 Variable에서 First variable에 cure1을 선택하고, Second variable에 cure2를 선택한다. ❸ Hypothesized proportion에 0.4를 입력한다. ❹ Confidence level은 95를 선택한다. ❺ OK를 선택한다. 그 결과는 [그림 5.2.5]와 같다.

**[그림 5.2.5] 두 표본에 대한 비율의 검정 결과**

```
. prtest cure1 == cure2

Two-sample test of proportions                  cure1: Number of obs =       50
                                                cure2: Number of obs =       59

    Variable |       Mean   Std. Err.      z    P>|z|     [95% Conf. Interval]
-------------+----------------------------------------------------------------
       cure1 |        .52   .0706541                      .3815205    .6584795
       cure2 |   .7118644   .0589618                      .5963013    .8274275
-------------+----------------------------------------------------------------
        diff |  -.1918644   .0920245                      -.372229   -.0114998
             |  under Ho:   .0931155   -2.06   0.039
------------------------------------------------------------------------------
❶       diff = prop(cure1) - prop(cure2)                     ❷  z =  -2.0605
    Ho: diff = 0

❸    Ha: diff < 0                 Ha: diff != 0                 Ha: diff > 0
 Pr(Z < z) = 0.0197         Pr(|Z| < |z|) = 0.0394          Pr(Z > z) = 0.9803
```

```
. prtest cure1 == cure2
```

**07.** [그림 5.2.5]는 두 표본 즉, 두통 치료의 효과에 대한 그룹의 비율에 대한 가설검정 결과이다. 우선 ❶ 귀무가설이 표시되어 있으며, 위에서 설정한 귀무가설과 동일하다. ❷ 가설검정을 위한 검정통계량이 계산되어 있으며, 이 검정통계량은 위에서 설명한 수식에 의해서 계산된 값이다. ❸ 대립가설과 p-value가 표시되어 있다.

**08.** 결과를 해석해 보면, 두통 치료의 효과에 대한 두 그룹의 비율에 대한 차이가 0보다 작다라고 할 수 있다(Ha: diff < 0). 그리고 두통 치료의 효과에 대한 두 그룹의 비율에 대한 차이는 0이 아니다라고 말할 수 있다(Ha: diff != 0). 마지막으로 두통 치료에 대한 두 그룹의 비율에 대한 차이가 0보다 크다라고 할 수 없다((Ha: diff > 0). 이 결과를 유추해 보면 cure2의 집단이 두통 치료에 대한 효과가 있는 것으로 분석된다.

위 실습자료의 데이터 구조는 아래와 같다.

```
. list cure1 cure2 in 1/5
```

```
---+------+--------
 cure1   cure2
---+------+--------
1.   .       1
2.   .       1
3.   .       1
4.   .       1
5.   .       1
---+------+--------
```

```
. list cure1 cure2 in -5/-1
```

```
-----+-------+--------
     | cure1   cure2 |
-----+-------+--------
105. |     0        . |
106. |     0        . |
107. |     0        . |
108. |     0        . |
109. |     0        . |
-----+-------+--------
```

### 참고 return list와 display를 활용한 검정통계량 계산

```
. use http://www.stata-press.com/data/r13/cure.dta, clear
. prtest cure1 = cure2
  (결과 생략)
. return list
  scalars:
             r(z) =  -2.06049842766165
           r(P_2) =  .711864406779661
           r(N_2) =  59
           r(P_1) =  .52
           r(N_1) =  50
```

```
. tabulate cure1
```

| cure1 | Freq. | Percent | Cum. |
|---|---|---|---|
| 0 | 24 | 48.00 | 48.00 |
| 1 | 26 | 52.00 | 100.00 |
| Total | 50 | 100.00 | |

```
. tabulate cure2
```

| cure2 | Freq. | Percent | Cum. |
|---|---|---|---|
| 0 | 17 | 28.81 | 28.81 |
| 1 | 42 | 71.19 | 100.00 |
| Total | 59 | 100.00 | |

```
prtest cure1=cure2
return list
generate p = (26 + 42) / (50 + 59 )
display (r(P_1)-r(P_2))/ sqrt(p*(1-p)*(1/r(N_1) + 1/r(N_2)))
```

## 5.2.3 | 모평균에 대한 t 검정

이번에는 모평균에 대한 가설검정을 실시하고자 한다.

**01.** 실습자료는 **DATA_4_1.dta**이다. [그림 5.2.6]과 같이 메뉴에서 **Statistics > Summaries, tables, and tests > Classical tests of hypotheses > t test(mean-comparison test)**를 순차적으로 선택하면 [그림 5.2.6]의 ttests 대화상자가 나타난다.

**[그림 5.2.6]** ttest 메뉴 실행

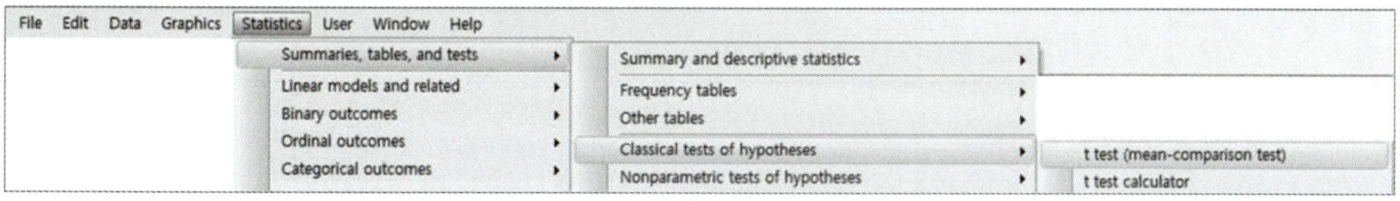

**02.** [그림 5.2.7]의 대화상자가 나타나는데, t tests에서는 ⦿ One-sample을 선택하고, One-sample t test의 Variable name에 CD91을 선택한다. Hypothesized mean은 4.5를 입력하고, Confidence level은 95%를 적용한 후 OK를 실행한다.

[그림 5.2.7] ttest 실행(One-sample)

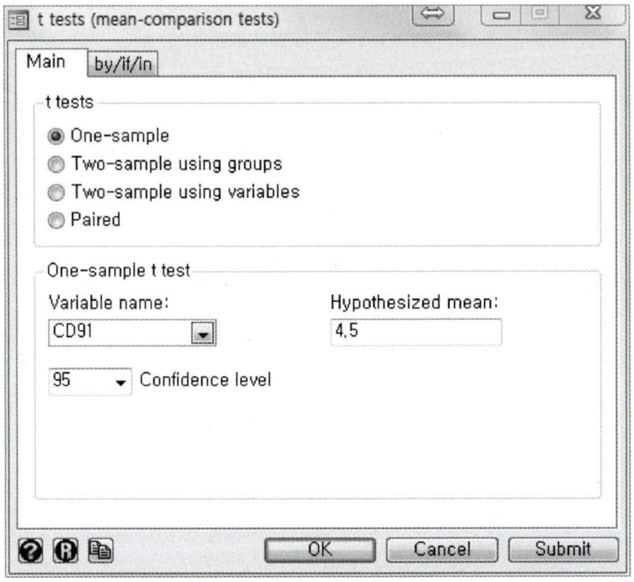


**03.** Two-sample using groups의 경우, 사전적으로 다음과 같이 수정한 후 실시한다.

**04.** 위와 같이 설정한 결과는 [그림 5.2.8]과 같다.

[그림 5.2.8] ttest 실행 결과

```
. ttest CD91 == 4.5

One-sample t test
------------------------------------------------------------------------------
Variable |     Obs        Mean    Std. Err.   Std. Dev.   [95% Conf. Interval]
---------+--------------------------------------------------------------------
    CD91 |     129    4.170775    .0892232    1.013381    3.994232    4.347319
------------------------------------------------------------------------------
    mean = mean(CD91)                                             t =  -3.6899
Ho: mean = 4.5                                   degrees of freedom =      128

   Ha: mean < 4.5              Ha: mean != 4.5               Ha: mean > 4.5
 Pr(T < t) = 0.0002        Pr(|T| > |t|) = 0.0003          Pr(T > t) = 0.9998
```

**05.** 이 예제의 가설은 다음과 같다.

**. 귀무가설: mean = 4.5**

**. 대립가설: mean ≠ 4.5**

**06.** [그림 5.2.8]의 t-test 결과를 보면, 명령어는 ttest CD91 == 4.5이다. 그리고 관측값(Obs)은 129개(관측일수)이며, 평균(Mean)은 4.170775이다. 또한 표준편차는 1.013381이다. 이러한 기초통계량과 함께 검정통계량(t 통계량), 단측, 양측 검정값을 보여준다.

**07.** 결과를 해석해 보면 Ha: mean < 4.5의 경우, 귀무가설은 기각되고 대립가설이 채택된다. 즉, CD91의 평균은 4.5보다 작다라고 말할 수 있다. Ha: mean != 4.5의 경우, 귀무가설이 기각되고, 대립가설이 채택된다. 즉, CD91의 평균은 4.5가 아니다라고 말할 수 있다. 마지막으로 Ha: mean > 4.5의 경우, 귀무가설이 채택되고, 대립가설이 기각된다. 즉, CD91의 평균은 4.5보다 크지 않다라고 말할 수 있다.

```
. tostring TIME, generate(Str_TIME) force usedisplayformat
. generate YEAR = substr(Str_TIME,1,4)
. destring YEAR, replace
. generate YEAR_DUM = 1
. replace YEAR_DUM = 0 if YEAR < 2006
. tabulate YEAR if YEAR_DUM == 0
```

**08.** 두 번째 경우는 CD91이 기간구분(YEAR_DUM)에 상관없이 동일한 평균을 유지하고 있는지에 대한 분석을 하고자 한다. [그림 5.2.9]와 같이, t tests에 ⦿ Two=sample using groups를 선택하고, Two-sample t test using groups 중 Variable name에 CD91을 선택하고, Group variable name에 YEAR_DUM을 선택한 후 95% Confidence level을 유지한 후 OK를 실행한다.

[그림 5.2.9] 그룹에 대한 평균의 차이 검정 – 대화상자

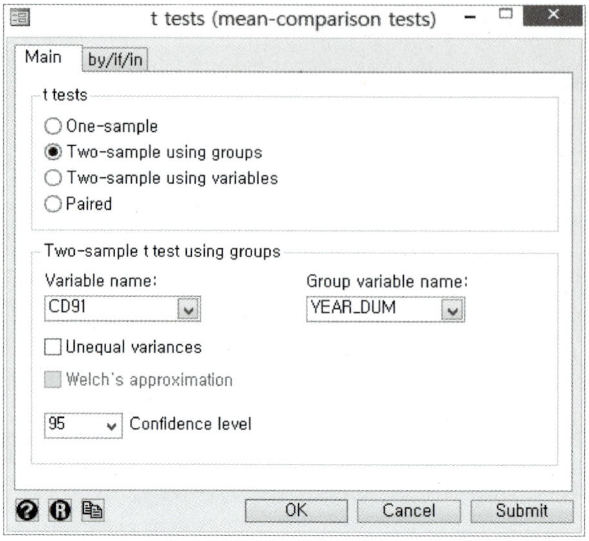


[그림 5.2.10] 그룹에 대한 평균의 차이 검정 – 결과

```
. tab YEAR if YEAR_DUM == 0

       YEAR |      Freq.     Percent        Cum.
------------+-----------------------------------
       2001 |         12       20.00       20.00
       2002 |         12       20.00       40.00
       2003 |         12       20.00       60.00
       2004 |         12       20.00       80.00
       2005 |         12       20.00      100.00
------------+-----------------------------------
      Total |         60      100.00

. ttest CD91, by(YEAR_DUM)

Two-sample t test with equal variances
------------------------------------------------------------------------------
   Group |     Obs        Mean    Std. Err.   Std. Dev.   [95% Conf. Interval]
---------+--------------------------------------------------------------------
       0 |      60       4.373    .0928118     .718917    4.187284    4.558716
       1 |      69    3.994928    .1433133    1.190449     3.70895    4.280905
---------+--------------------------------------------------------------------
combined |     129    4.170775    .0892232    1.013381    3.994232    4.347319
---------+--------------------------------------------------------------------
    diff |            .3780725    .1764238                .0289616    .7271834
------------------------------------------------------------------------------
    diff = mean(0) - mean(1)                                      t =   2.1430
Ho: diff = 0                                     degrees of freedom =      127

    Ha: diff < 0                 Ha: diff != 0                 Ha: diff > 0
 Pr(T < t) = 0.9830         Pr(|T| > |t|) = 0.0340          Pr(T > t) = 0.0170
```

**09.** [그림 5.2.10]의 결과에서 두 기간에 대한 평균의 차이(mean(0) – mean(1))를 보면,

. Ha : diff < 0 : 귀무가설(채택), 대립가설(기각)

. Ha : diff != 0: 귀무가설(기각), 대립가설(채택)

. Ha : diff > 0 : 귀무가설(기각), 대립가설(채택)

즉, 두 기간 중 전기(YEAR_DUM == 0)에 대한 CD91의 평균이 후기(YEAR_DUM == 1)보다 큰 것을 알 수 있다.

**10.** 세 번째 경우, 두 변수에 대한 평균의 차이가 존재하는지를 살펴보자. INT_1_Y와 INT_3_Y는 그 평균에 차이가 있는지를 다음과 같이 살펴보자. [그림 5.2.11]과 같이 t tests에서 ⦿Two-sample using variables를 선택하고, Two-sample t test using variable 중 First variable에 INT_1_Y를 선택한 다음 Second variable에 INT_3_Y를 선택한다. 다음으로 95% Confidence level을 유지한 후 OK를 실행한다.

**[그림 5.2.11] 두 변수에 대한 평균의 차이 검정 – 대화상자**

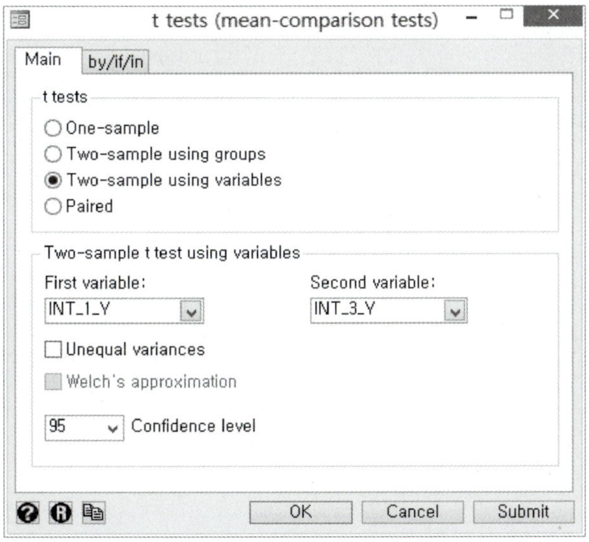


**11.** [그림 5.2.12]의 결과를 보면, INT_1_Y과 INT_3_Y에 대한 평균의 차이는 0보다 작거나 적어도 0은 아닌 것으로 나타났다.

. Ha : diff < 0 : 귀무가설(기각), 대립가설(채택)

. Ha : diff != 0: 귀무가설(기각), 대립가설(채택)

. Ha : diff > 0 : 귀무가설(채택), 대립가설(기각)

즉, 두 변수의 평균에 대한 차이는 없다라고 할 수 있다. 이 의미는 국고채 1년 (INT_1_Y)과 국고채 3년 (INT_3_Y)은 가설검정 기간 동안은 크게 차이가 없는 것으로 나타났다.

**[그림 5.2.12] 두 변수에 대한 평균의 차이 검정 - 결과**

```
. ttest INT_1_Y == INT_3_Y, unpaired

Two-sample t test with equal variances
------------------------------------------------------------------------------
Variable |     Obs        Mean    Std. Err.   Std. Dev.   [95% Conf. Interval]
---------+--------------------------------------------------------------------
 INT_1_Y |     129    4.309457    .0829835    .9425119     4.14526    4.473654
 INT_3_Y |     129    4.674186    .0720358    .8181694    4.531651    4.816721
---------+--------------------------------------------------------------------
combined |     258    4.491822    .0560046    .8995668    4.381535    4.602108
---------+--------------------------------------------------------------------
    diff |           -.3647287    .1098882               -.5811287   -.1483287
------------------------------------------------------------------------------
    diff = mean(INT_1_Y) - mean(INT_3_Y)                      t =  -3.3191
Ho: diff = 0                                     degrees of freedom =      256

    Ha: diff < 0                 Ha: diff != 0                 Ha: diff > 0
 Pr(T < t) = 0.0005         Pr(|T| > |t|) = 0.0010          Pr(T > t) = 0.9995
```

**12.** 마지막의 경우, 개별적으로 평균의 차이를 검정한 경우이다. [그림 5.2.13]과 같이 t tests에서 ⊙Paired를 선택하고, Paired t test 중 First variable에는 INT_1_Y를 선택한 다음 Second variable에 INT_3_Y를 선택한다. 그리고 95% Confidence level를 선택한 후 OK를 실행한다.

**[그림 5.2.13]** 두 변수에 대한 개별적 평균 비교 – 대화상자

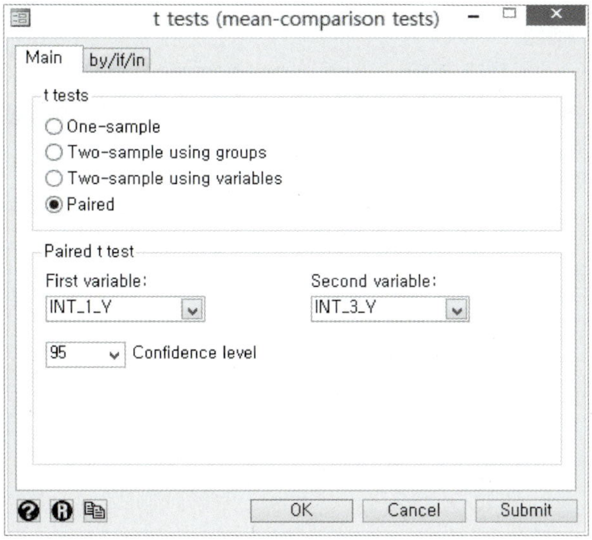


**13.** [그림 5.2.14]의 결과와 같이 두 변수를 개별적으로 자이를 계산한 후 평균을 검정한 결과가 0보다 작고, 적어도 0은 아니다라고 할 수 있다. 또한 0보다 크지 않는 것으로 나타났다.

**[그림 5.2.14]** 두 변수에 대한 개별적 평균 비교 – 결과

```
. ttest INT_1_Y == INT_3_Y

Paired t test
------------------------------------------------------------------------------
Variable |     Obs        Mean    Std. Err.   Std. Dev.   [95% Conf. Interval]
---------+--------------------------------------------------------------------
 INT_1_Y |     129    4.309457    .0829835    .9425119     4.14526    4.473654
 INT_3_Y |     129    4.674186    .0720358    .8181694    4.531651    4.816721
---------+--------------------------------------------------------------------
    diff |     129   -.3647287    .0336083    .3817171   -.4312285   -.2982289
------------------------------------------------------------------------------
     mean(diff) = mean(INT_1_Y - INT_3_Y)                         t = -10.8523
 Ho: mean(diff) = 0                              degrees of freedom =      128

 Ha: mean(diff) < 0           Ha: mean(diff) != 0           Ha: mean(diff) > 0
 Pr(T < t) = 0.0000         Pr(|T| > |t|) = 0.0000          Pr(T > t) = 1.0000
```

**14.** 만약 위와 같이 dataset이 존재하는 경우가 아닌 요약된 정보만 연구자가 보유하고 있을 경우에 다음의 방법을 적용할 수 있다. 우선 메뉴에서 **Statistics > Summaries, tables, and tests > Classical tests of hypotheses > t test calculator**를 순서로 선택하면 [그림

5.2.15]의 ttesti 대화상자가 나타난다.

[그림 5.2.15] ttesti – one sample 대화상자

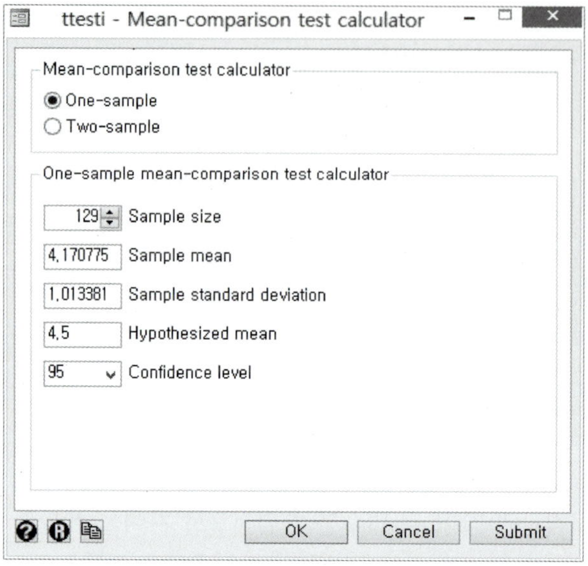


**15.** [그림 5.2.15] 대화상자에서 Mean-comparison test calculator 중 ⊙One-sample을 선택한 후 One-sample mean-comparison test calculator에 다음과 같이 입력한다.

. Sample size: 129

. Sample mean: 4.170775

. Sample standard deviation: 1.013381

. Hypothesized mean: 4.5

. Confidence level: 95

**16.** 위와 같이 입력한 정보는 [그림 5.2.8]의 기초통계량 정보와 동일하게 입력한 것이다. 따라서 [그림 5.2.16]의 결과도 [그림 5.2.9]의 결과와 동일하다.

[그림 5.2.16] ttesti – one sample 결과

```
. ttesti 129 4.170775 1.013381 4.5

One-sample t test
------------------------------------------------------------------------------
         |     Obs        Mean    Std. Err.   Std. Dev.   [95% Conf. Interval]
---------+--------------------------------------------------------------------
       x |     129    4.170775    .0892232    1.013381    3.994232    4.347318
------------------------------------------------------------------------------
    mean = mean(x)                                                t =  -3.6899
Ho: mean = 4.5                                   degrees of freedom =      128

   Ha: mean < 4.5                 Ha: mean != 4.5                Ha: mean > 4.5
 Pr(T < t) = 0.0002         Pr(|T| > |t|) = 0.0003          Pr(T > t) = 0.9998
```

**17.** 이제 동일한 방법으로 두 표본에 대한 평균의 차이를 계산해 보자. [그림 5.2.17]과 같이 해당 정보를 입력해 보자. 물론 이 정보도 [그림 5.2.12]의 기초통계량과 같도록 입력한 것이다.

[그림 5.2.17] ttesti – two sample 대화상자

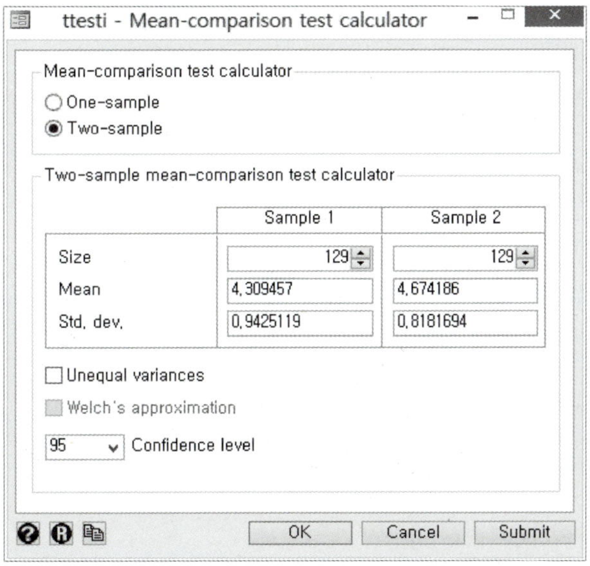


**18.** [그림 5.2.18]의 결과도 [그림 5.2.13]의 결과와 동일하다.

**[그림 5.2.18]** ttesti – two sample 결과

```
. ttesti 129 4.309457 0.9425119 129 4.674186 0.8181694

Two-sample t test with equal variances
------------------------------------------------------------------------------
         |     Obs        Mean    Std. Err.   Std. Dev.   [95% Conf. Interval]
---------+--------------------------------------------------------------------
       x |     129    4.309457    .0829835    .9425119     4.14526    4.473654
       y |     129    4.674186    .0720358    .8181694    4.531651    4.816721
---------+--------------------------------------------------------------------
combined |     258    4.491821    .0560046    .8995669    4.381535    4.602108
---------+--------------------------------------------------------------------
    diff |           -.364729    .1098882               -.581129   -.148329
------------------------------------------------------------------------------
    diff = mean(x) - mean(y)                                      t =  -3.3191
Ho: diff = 0                                     degrees of freedom =      256

    Ha: diff < 0                 Ha: diff != 0                 Ha: diff > 0
 Pr(T < t) = 0.0005         Pr(|T| > |t|) = 0.0010          Pr(T > t) = 0.9995
```

참고

## 실행 Do File

```
. version 13
. clear
. set more off
. set rmsg on
. cd D:\STATA\DM\LECTURE\

. use DATA_4_1.dta
. ttest CD91 == 4.5

* GROUP Variable Generate
. tostring TIME    , generate(Str_TIME) force usedisplayformat
. generate YEAR    = substr(Str_TIME,1,4)
. destring YEAR    , replace
. generate YEAR_DUM = 1
. replace  YEAR_DUM = 0 if YEAR < 2006
. tabulate YEAR          if YEAR_DUM == 0

. ttest CD91, by(YEAR_DUM)
. ttest INT_1_Y == INT_3_Y, unpaired
. ttest INT_1_Y == INT_3_Y
. ttesti 129 4.170775 1.013381 4.5
. ttesti 129 4.309457 0.9425119 129 4.674186 0.8181694
```

## 5.2.4 분산에 대한 가설검정: 단일표본

단일표본에 대한 분산의 특성을 검정해 보자. 실습자료는 DATA_4_3.dta이다. 우선 메뉴에서 **Statistics > Summaries, tables, and tests > Classical tests of hypotheses > Variance-comparison test**를 순차적으로 선택한다. [그림 5.2.19]과 같이 Variance-comparison tests 중 ⦿One-sample을 선택한 후 One-sample variance-comparison test 중 Variable은 CD91을 선택하고 Hypothesized standard에 1.2를 입력한다. 95% Confidence level을 설정한 후 OK를 실행한다.

**[그림 5.2.19] 단일표본에 대한 분산 검정(sdtest) 대화상자**

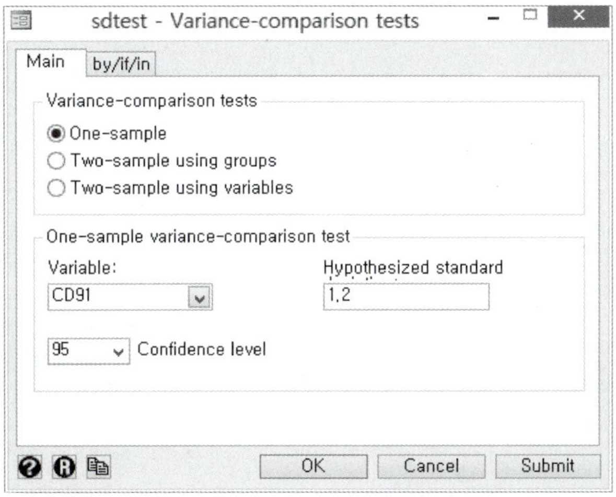


**[그림 5.2.20] 단일표본에 대한 분산 검정(sdtest) 결과**

```
. sdtest CD91 == 1.2

One-sample test of variance
------------------------------------------------------------------------------
Variable |     Obs        Mean    Std. Err.   Std. Dev.   [95% Conf. Interval]
---------+--------------------------------------------------------------------
    CD91 |     129    4.170775    .0892232    1.013381    3.994232    4.347319
------------------------------------------------------------------------------
    sd = sd(CD91)                                         c = chi2 =  91.2837
Ho: sd = 1.2                                    degrees of freedom =      128

    Ha: sd < 1.2                 Ha: sd != 1.2                 Ha: sd > 1.2
  Pr(C < c) = 0.0059         2*Pr(C < c) = 0.0118           Pr(C > c) = 0.9941
```

**01.** [그림 5.2.19]의 설정한 결과는 [그림 5.2.20]과 같다. 가설검정 결과를 살펴보면 다음과 같다.

. Ha : sd < 1.2 : 귀무가설(기각), 대립가설(채택)

. Ha : sd != 1.2 : 귀무가설(기각), 대립가설(채택)

. Ha : sd > 1.2 : 귀무가설(채택), 대립가설(기각)

**02.** 이와 같이 실행하기 위한 명령어는 다음과 같다.

```
. sdtest CD91 == 1.2
```

## 5.2.5 분산에 대한 가설검정: 두 표본

이제 두 표본을 대상으로 분산에 대한 가설을 검증해 보자. [그림 5.2.21]과 같이 Variance-comparison tests 중 ⦿Two-sample using groups를 선택한다. 이후 Two-sample variance-comparison test using groups 중 Variable name 에 CD91을 선택하고 Group variable name 에 YEAR_DUM을 선택한다. 그리고 95% Confidence level을 설정한 후 OK를 실행한다.

[그림 5.2.21] 두 표본에 대한 분산 검정 – 대화상자

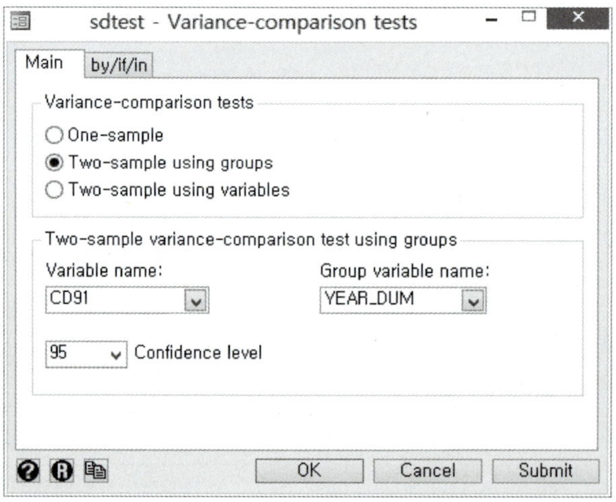


이와 같이 실행하기 위한 명령어는 다음과 같다.

```
. sdtest CD91, by(YEAR_DUM)
```

[그림 5.2.22] 두 표본에 대한 분산 검정 - 결과

```
. sdtest CD91, by(YEAR_DUM)

Variance ratio test

   Group |     Obs        Mean    Std. Err.   Std. Dev.   [95% Conf. Interval]
---------+--------------------------------------------------------------------
       0 |      60       4.373    .0928118     .718917    4.187284    4.558716
       1 |      69    3.994928    .1433133    1.190449     3.70895    4.280905
---------+--------------------------------------------------------------------
combined |     129    4.170775    .0892232    1.013381    3.994232    4.347319
------------------------------------------------------------------------------
    ratio = sd(0) / sd(1)                                         f =   0.3647
Ho: ratio = 1                                    degrees of freedom =   59, 68

    Ha: ratio < 1               Ha: ratio != 1                 Ha: ratio > 1
  Pr(F < f) = 0.0001        2*Pr(F < f) = 0.0001           Pr(F > f) = 0.9999
```

**01.** [그림 5.2.22]의 결과를 살펴보면 두 그룹의 비율(ratio)이 1이라는 귀무가설에 대하여 그 비율이 1보다 작거나 적어도 1은 아니다라고 할 수 있으며, 1보다 크지는 않다라고 말할 수 있다.

**02.** 이제 두 표본의 분산에 대한 가설검정 중 두 변수를 살펴보면, [그림 5.2.23]과 같이 INT_1_Y와 INT_3_Y의 변동성에 차이가 있는지를 검증해 보자.

[그림 5.2.23] 두 변수에 대한 분산 검정 - 대화상자

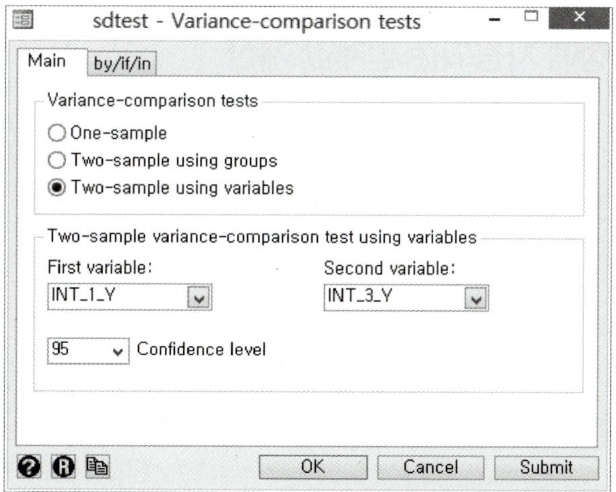

**03.** 이와 같이 실행하기 위한 명령어는 다음과 같다.

```
. sdtest INT_1_Y == INT_3_Y
```

**04.** [그림 5.2.24]의 결과를 보면, 두 변수의 비율(ratio)가 1보다 크게 나타나고 있으며, 특히 INT_1_Y의 변동성이 INT_3_Y의 변동성보다 크게 나타나고 있다. 이는 국고채의 기간이 길수록 안정적으로 변동하고 있다는 것을 의미하는 것과 같다.

**[그림 5.2.24] 두 변수에 대한 분산 검정 - 결과**

```
. sdtest INT_1_Y == INT_3_Y

Variance ratio test

Variable |   Obs      Mean    Std. Err.   Std. Dev.   [95% Conf. Interval]
---------+------------------------------------------------------------------
 INT_1_Y |   129   4.309457   .0829835    .9425119     4.14526    4.473654
 INT_3_Y |   129   4.674186   .0720358    .8181694    4.531651    4.816721
---------+------------------------------------------------------------------
combined |   258   4.491822   .0560046    .8995668    4.381535    4.602108
----------------------------------------------------------------------------
    ratio = sd(INT_1_Y) / sd(INT_3_Y)                         f =   1.3270
Ho: ratio = 1                                 degrees of freedom = 128, 128

    Ha: ratio < 1              Ha: ratio != 1              Ha: ratio > 1
  Pr(F < f) = 0.9446       2*Pr(F > f) = 0.1107         Pr(F > f) = 0.0554
```

## 5.2.6 가설검정에 사용되는 임계값 계산

앞서 설명한 다양한 형태의 가설을 검정하였다. 그러나 우리가 알고 싶은 것은 해당 검정통계량이 임계값보다 큰지 작은지를 p-value외 직접 계산해 보고 싶거나 찾아보고 싶어할 것이다. 이 임계값을 계산하는 것은 통계학을 전공하지 않은 경우에는 쉽지 않은 부분일 수 있을 것이다.

**01.** 명령어 창에 findit ztable을 입력하고 실행하면 [그림 5.2.25]의 결과가 나타난다.

**[그림 5.2.25]** findit ztable 결과

(A)
```
probtabl from http://www.ats.ucla.edu/stat/stata/ado/teach
    probtabl.  Probability tables / Philip B. Ender / Statistical Computing
    and Consulting / UCLA Academic Technology Services / ender@ucla.edu /
    STATA ado and hlp files in the package / distribution-date: 20070319
```

(B)
```
TITLE
      probtabl.  Probability tables

DESCRIPTION/AUTHOR(S)
      Philip B. Ender
      Statistical Computing and Consulting
      UCLA Academic Technology Services
      ender@ucla.edu

      STATA ado and hlp files in the package
      distribution-date: 20070319

INSTALLATION FILES                                  (click here to install)
      chitable.ado
      chitable.hlp
      ftable.ado
      ftable.hlp
      ttable.ado
      ttable.hlp
      ztable.ado
      ztable.hlp
```

**02.** [그림 5.2.25]의 (A)와 같이 findit ztable 결과에서 ❶을 선택하면 (B)의 화면이 나타나고 여기서 ❷를 선택하면 해당 정보가 일반적으로 C:₩ado₩plus₩에 해당 알파벳 폴더에 설치된다.

**03.** 모평균에 대한 t 검정을 위해 적용된 검정통계량은 t 통계량이다. 이 t 통계량의 임계값은 ttable df를 명령어창에 입력하면 된다. 만약 자유도(df)가 10인 경우 명령어창에 ttable 10을 입력하면 결과는 [그림 5.2.26]과 같다.

**[그림 5.2.26]** T-table

```
. ttable 10

        Critical Values of Student's t
       .10     .05    .025     .01    .005    .0005  1-tail
df     .20     .10    .050     .02    .010    .0010  2-tail
10   1.372   1.812   2.228   2.764   3.169    4.587
```

**04.** 분산에 대한 가설검정(두 표본)의 경우에는 f 통계량이 적용된다. STATA는 두 표본에 대하여 [그림 5.2.22]에서 자유도 59, 68을 표시해 준다.

**[그림 5.2.27]** F-table

```
. ftable 59 68, alpha(0.05)

Critical value of F(59, 68, .05) =   1.51
```

**05.** 마지막으로 *chi*$^2$ (카이제곱)의 검정통계량을 계산해 보자. 카이제곱은 chitable df를 입력하면 된다. 만약 자유도가 2라고 하면 [그림 5.2.28]과 같다.

**[그림 5.2.28]** *chi*$^2$-table

```
. chitable 2

          Critical Values of Chi-square
 df      .50      .25      .10      .05     .025       .01      .001
  2     1.39     2.77     4.61     5.99     7.38      9.21     13.82
```

# 5.3 상관분석

상관분석을 위한 실습자료는 DATA_4_1.dta이다. 이 자료는 앞서 설명한 것과 같이 한국은행에서 제공하는 금리자료이다.

## 5.3.1 | 산포도

금리는 시간의 경과에 따라 변화하는 데, 두 금리의 상관관계를 직관적으로 관찰할 수 있는 방법이 그림으로 그려보는 것이다. 그 중에서도 유용한 것은 산포도(scatter plot)이다. 메뉴에서 **Graphics > Twoway graph (scatter, line, etc.)**를 순차적으로 실행하면 [그림 5.3.1]의 twoway 대화상자가 나타난다. [그림 5.3.1]에서 ❶ Create…를 선택하면, [그림 5.3.2]의 Plot1의 대화상자가 나타난다.

**[그림 5.3.1]** twoway 대화상자

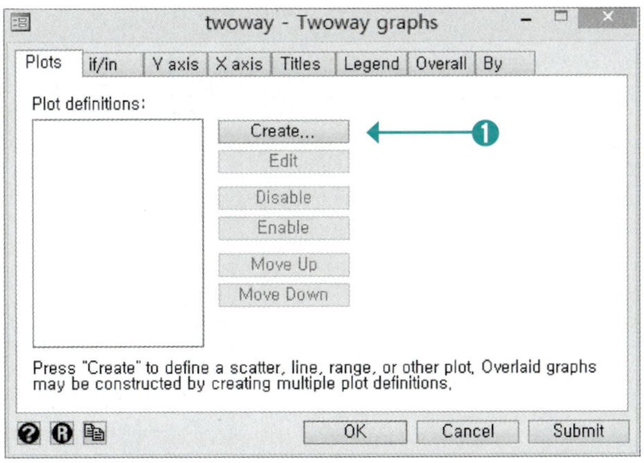

**01.** [그림 5.3.2]에서 ❶ Choose a plot category and type 중 ⊙ Basic plots를 선택(default)한다. ❷ Basic plots:(select type) 중 Scatter를 선택한다. ❸ Y variable에 CD91을 선택하고 ❹ X variable에 INT_1_Y를 선택한 후 ❺ Accept를 실행한다.

**[그림 5.3.2]** **Plot1 대화상자**

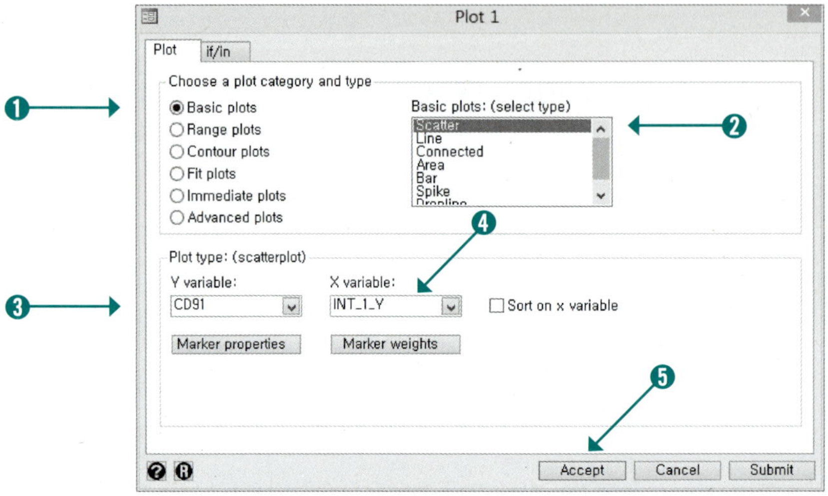


**02.** 그 결과는 [그림 5.3.3]과 같다. 그리고 [그림 5.3.3]의 (a)에서 OK를 실행하면 (b)와 같이 실행된 결과를 볼 수 있다.

**[그림 5.3.3]** **실행 결과**

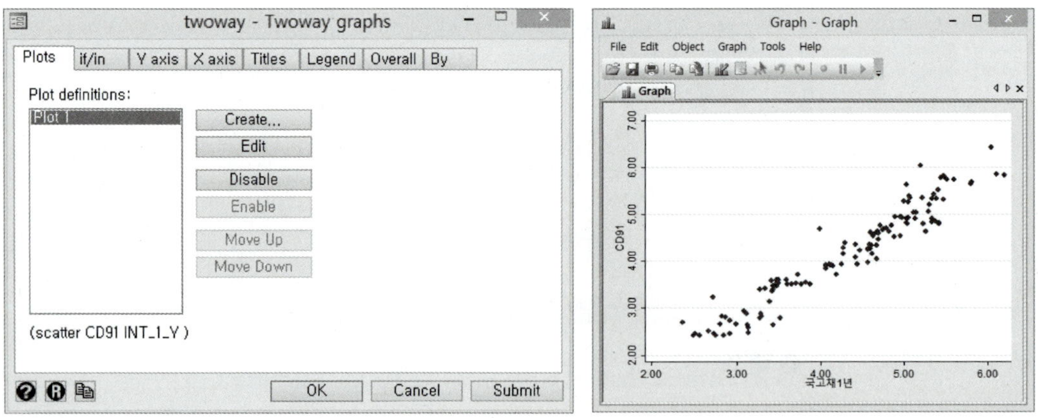


(a) (b)

**03.** [그림 5.3.3]의 (b)는 CD91과 국고채 1년(INT_1_Y)의 관계를 개괄적으로 파악할 수 있는데, 이 두 변수는 동일하게 양(+)의 상관관계를 보이고 있는 것을 알 수 있다. 이 그림에서 주의해야 하는 것은 두 변수의 관계가 양의 상관관계가 있다는 것이지 늘 증가한다고 판단하면 안 된다. 이유는 시간을 고려하지 않고 두 변수의 관계를 살펴 보았기 때문이다.

## 5.3.2 | 상관계수

일반적으로 두 변수에 대한 특성을 파악하는데 있어서 산포도 이외에 상관계수를 이용한다. 메뉴에서 **Statistics > Summaries, tables, and tests > Summary and descriptive statistics > Correlations and covariances**를 순차적으로 선택하면 [그림 5.3.4]의 correlate 대화상자가 나타난다. 여기서 Variables에 CD91과 INT_1_Y를 선택하고 OK를 실행한다.

**[그림 5.3.4]** correlate 대화상자

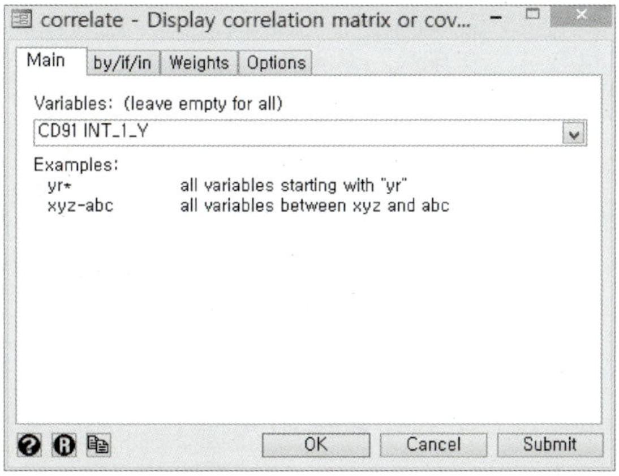


**01.** [그림 5.3.4]의 실행결과는 [그림 5.3.5]와 같다. 두 변수의 상관관계 즉 상관계수는 0.9609로 높은 상관관계가 있는 것으로 나타났다.

[그림 5.3.5] 상관계수 결과

```
. correlate CD91 INT_1_Y
(obs=129)

             |     CD91  INT_1_Y
-------------+------------------
        CD91 |   1.0000
     INT_1_Y |   0.9609   1.0000
```

**02.** 이제 [그림 5.3.4]에서 n_cd91 n_int1y n_int3y n_int5y n_int10y를 선택한 후 실행한 결과는 [그림 5.3.6]과 같다.

[그림 5.3.6] 상관계수 결과

```
. correlate n_cd91 n_int1y n_int3y n_int5y n_int10y
(obs=129)

             |   n_cd91  n_int1y  n_int3y  n_int5y n_int10y
-------------+---------------------------------------------
      n_cd91 |   1.0000
     n_int1y |   0.9609   1.0000
     n_int3y |   0.8242   0.9155   1.0000
     n_int5y |   0.6835   0.7992   0.9627   1.0000
    n_int10y |   0.5881   0.7084   0.8961   0.9741   1.0000
```

**03.** [그림 5.3.6]에 포함된 변수들의 산포도를 그려보면 [그림 5.3.7]과 같다.

[그림 5.3.7] 산포도 대화상자와 결과

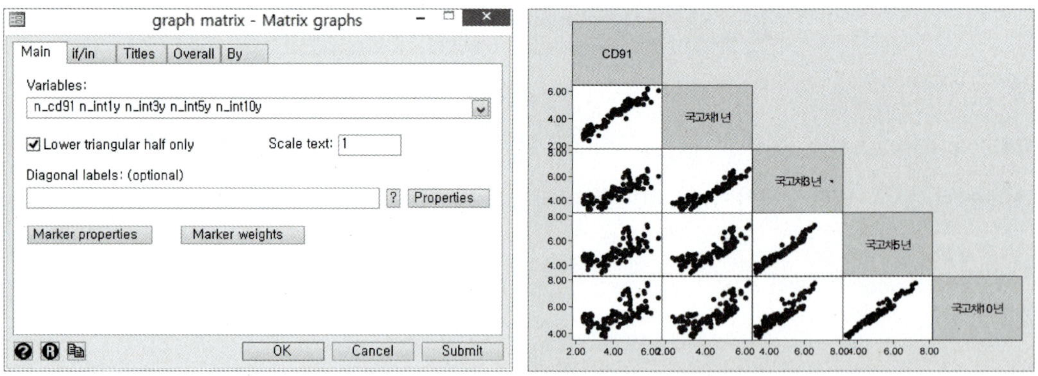

```
. graph matrix n_cd91 n_int1y n_int3y n_int5y n_int10y, half
```

**04.** 위 명령어에서 옵션으로 사용된 half는 산포도를 대각선의 아래 부분만 표시하라는 의미이다.

**05.** 또 다른 방법으로 상관계수를 계산할 수 있다. 메뉴에서 **Statistics > Summaries, tables, and tests > Summary and descriptive statistics > Pairwise correlations**를 순차적으로 선택한다. [그림 5.3.8]은 Pairwise correlations of variables 즉 pwcorr 대화상자를 이용한 상관계수를 계산해 보자. [그림 5.3.8]과 같이 Variables에는 우선 CD91과 INT_1_Y를 선택하고, ☑ Print number of observation for each entry를 표시하고, ☑ Print significance level for each entry를 표시하고, Significance level for displaying with a star는 10으로 입력한다. Significance level adjustment 중 ⦿ Don't adjust significance level을 선택한 후 OK를 실행한다.

**[그림 5.3.8]** pwcorr 대화상자

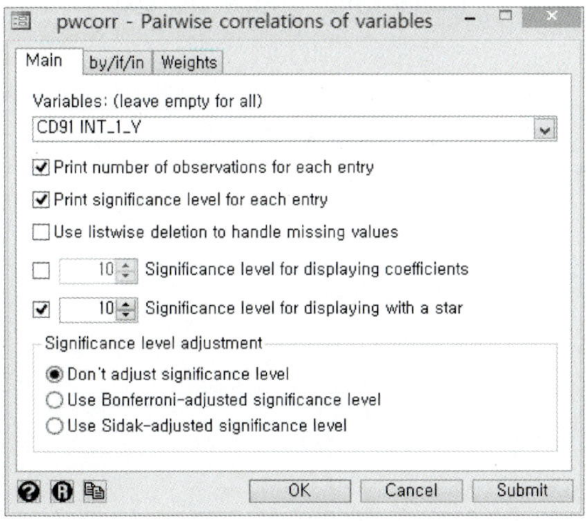

**06.** [그림 5.3.8]의 결과는 [그림 5.3.9]와 같다.

**[그림 5.3.9]** pwcorr 실행 결과

```
. pwcorr CD91 INT_1_Y, obs sig star(10)

             |     CD91  INT_1_Y
-------------+------------------
        CD91 |   1.0000 
             |
             |      129
             |
     INT_1_Y |   0.9609*  1.0000 
             |   0.0000
             |      129      129
             |
```

**07.** [그림 5.3.9]는 두 변수에 대한 상관계수를 계산하는데 사용한 관측값(129)과 유의수준을 표시해 준다. 이제 다른 변수를 포함하여 상관계수를 계산해 보자. [그림 5.3.8]에서 n_int3y n_int5y n_int10y변수를 추가해 보자. 그 결과는 [그림 5.3.10]과 같다.

**[그림 5.3.10]** pwcorr 실행 결과

```
. pwcorr n_cd91 n_int1y n_int3y n_int5y n_int10y, obs sig star(10)

             |   n_cd91  n_int1y  n_int3y  n_int5y n_int10y
-------------+---------------------------------------------
      n_cd91 |   1.0000 
             |
             |      129
             |
     n_int1y |   0.9609*  1.0000 
             |   0.0000
             |      129      129
             |
     n_int3y |   0.8242*  0.9155*  1.0000 
             |   0.0000   0.0000
             |      129      129      129
             |
     n_int5y |   0.6835*  0.7992*  0.9627*  1.0000 
             |   0.0000   0.0000   0.0000
             |      129      129      129      129
             |
    n_int10y |   0.5881*  0.7084*  0.8961*  0.9741*  1.0000 
             |   0.0000   0.0000   0.0000   0.0000
             |      129      129      129      129      129
             |
```

**08.** [그림 5.3.10]의 결과는 [그림 5.3.6]의 결과와 동일하다. 동일한 이유는 현재 Dataset의 변수에는 결측치(missing value)가 없기 때문이다. 만약 결측치가 존재한다면 상관계수는 달라진다. 다음과 같이 실행해 보자.

```
. sysuse auto.dta, clear
. corr price mpg rep78
. pwcorr price mpg rep78, obs sig star(10)
```

**09.** 위와 같이 실행한 결과는 [그림 5.3.11]과 같다.

**[그림 5.3.11]** corr과 pwcorr 비교

```
. corr price- rep78
(obs=69)

             |    price      mpg    rep78
-------------+---------------------------
       price |   1.0000
         mpg |  -0.4559   1.0000
       rep78 |   0.0066   0.4023   1.0000
```

(A) corr

```
. pwcorr price- rep78 , obs sig star(10)

             |    price      mpg    rep78
-------------+---------------------------
       price |   1.0000
             |
             |       74
             |
         mpg |  -0.4686*  1.0000
             |   0.0000
             |       74       74
             |
       rep78 |   0.0066   0.4023*  1.0000
             |   0.9574   0.0006
             |       69       69       69
```

(B) pwcorr

DATA MANAGEMENT USING STATA

CHAPTER 06

# 그래프 그리기

# 6.1 Twoway graph

STATA의 강점은 다양한 형태의 그래프를 그릴 수 있으며, 사용자가 수정할 수 있다. 무엇보다도 그래프를 보고서 또는 논문에 직접 사용하는데 무리가 없다는 것이 장점이다.

## 6.1.1 | Scatterplots

[그림 6.1.1] 두 변수에 대한 관계를 표현하는 scatter plot는 다양한 명령어로 표현할 수 있다. (A)와 같이 graph twoway scatter Y X와 (B)와 같이 graph를 제외하고 표현해도 동일한 결과가 도출된다(graph_twoway2.do).

**[그림 6.1.1]** Scatterplot (1)

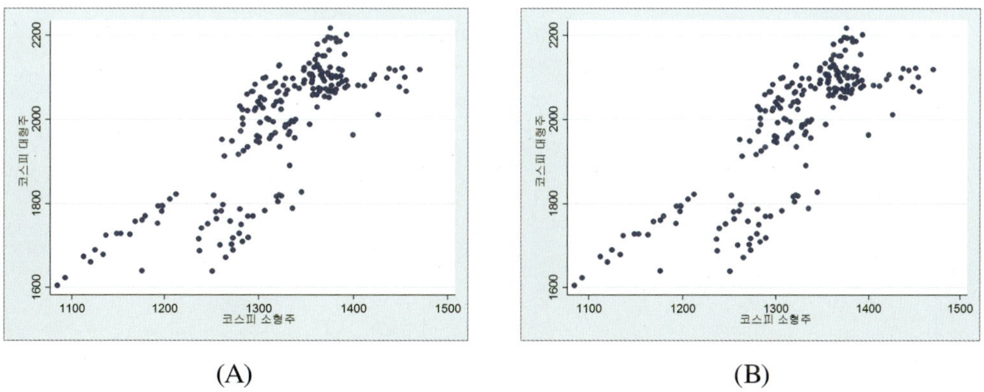


```
. graph twoway scatter KOSPI_H KOSPI_S
. twoway scatter KOSPI_H KOSPI_S
```

[그림 6.1.2]의 (A)는 [그림 6.1.1]과 동일한 결과를 도출하는 명령어이다. 따라서 사용자는 여러 가지 명령어 중 편한 것을 선택하여 사용하면 될 것 같다. (A)와 (B)의 차이는 표현되는 기호를 기본으로 설정(A)할 것인가 아니면 사용자가 구분할 수 있는 다른 기호로 표현(B)할 것인가에 따라 달라지는 것이다. msymbol의 옵션을 선택하고 그 옵션에 plus라고 입력하여 표현한 것이 (B)이다.

**[그림 6.1.2]** Scatterplot (2)

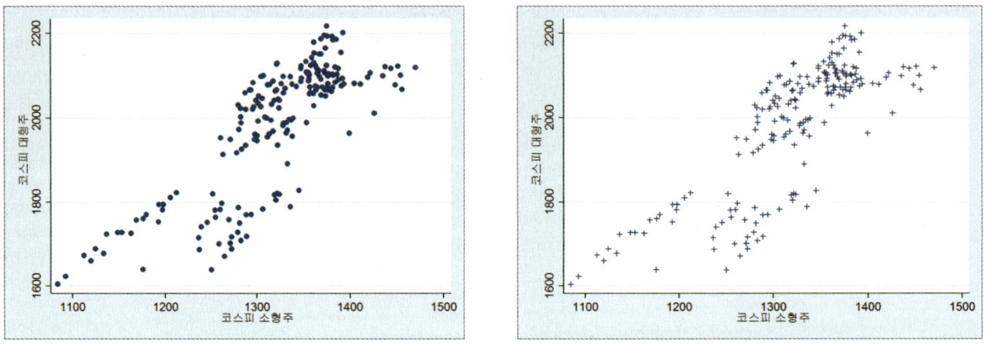


(A) (B)

```
. scatter KOSPI_H KOSPI_S
. twoway scatter KOSPI_H KOSPI_S, msymbol(plus)
```

**[그림 6.1.3]** Scatterplot (3)

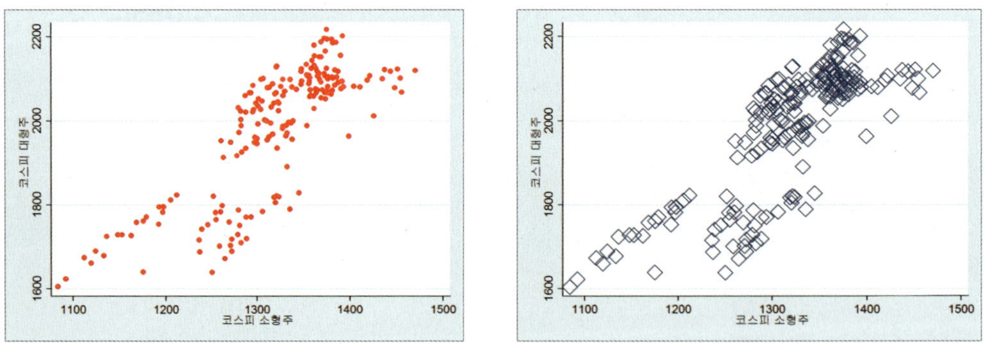


(A) (B)

[그림 6.1.3]의 (A)는 symbol의 색상을 변경할 수 있다. 즉, red로 변경하였을 경우에 표현되는 그래프이다. 그리고 (B)의 경우는 symbol의 형태와 크기를 변경한 경우이다.

```
. twoway scatter KOSPI_H KOSPI_S, mcolor(red)
. twoway scatter KOSPI_H KOSPI_S, ///
                    msymbol(diamond_hollow) msize(vlarge)
```

[그림 6.1.4] (A)는 symbol의 크기에 가중치를 부여하여 그 크기를 변경할 수 있다. 명령어에서 보는 것과 같이 월(MONTH)별을 가중치로 부여하고 그 크기를 작게(small)로 설정한 그래프이다. 또한 (B)의 경우는 symbol에 해당하는 값 즉, 해당 월을 표현한 그래프이다.

**[그림 6.1.4]** Scatterplot (4)

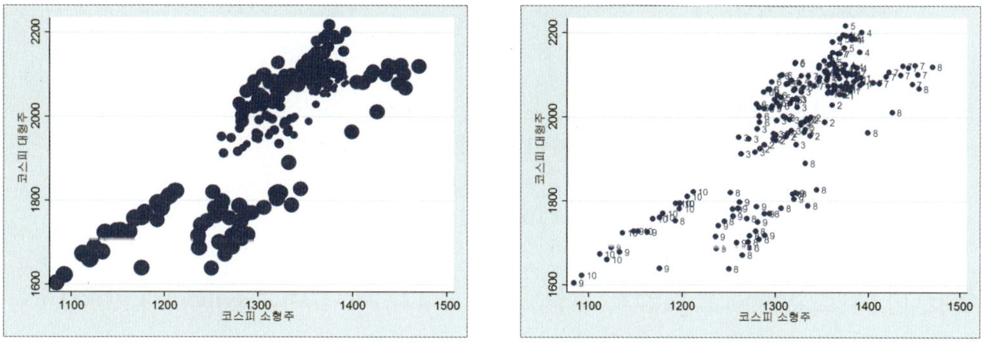

(A) (B)

```
. twoway scatter KOSPI_H KOSPI_S [aweight=MONTH], msize(small)
. twoway scatter KOSPI_H KOSPI_S, mlabel(MONTH)
```

[그림 6.1.5]의 (A)는 symbol에 대하여 월정보를 라벨에 표시하고, 라벨크기를 크게하며, symbol의 색상을 red로 표현한 그래프이다. (B)는 라벨의 위치를 12시에 위치하게 한 명령어이다.

**[그림 6.1.5]** Scatterplot (5)

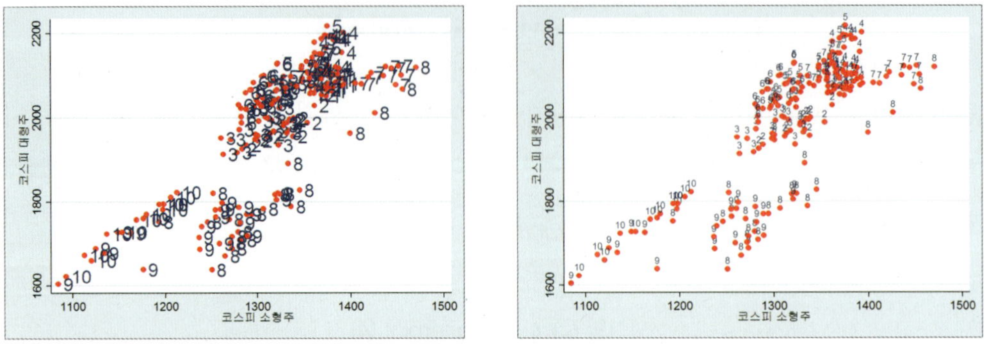


(A) (B)

```
. twoway scatter KOSPI_H KOSPI_S, mlabel(MONTH)
                              mlabsize(vlarge) mcolor(red)
. twoway scatter KOSPI_H KOSPI_S, mlabel(MONTH)
                              mlabposition(12) mcolor(red)
```

[그림 6.1.6] (A)는 symbol을 월별로, 위치는 0시 즉 12시에, 그리고 symbol의 기호를 i로 표현한 것이다. (B)는 각각의 관측점을 연결한 그래프이다.

**[그림 6.1.6]** Scatterplot (6)

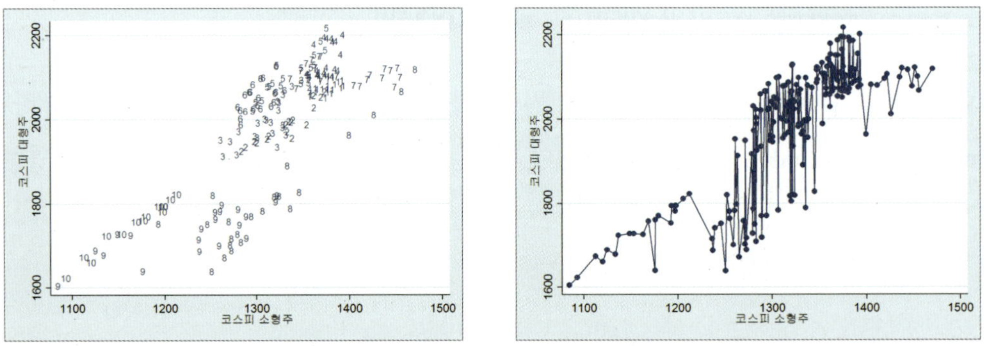


(A) (B)

```
. twoway scatter KOSPI_H KOSPI_S, mlabel(MONTH)
                    mlabposition(0) msymbol(i)
. twoway scatter KOSPI_H KOSPI_S, connect(l) sort
```

[그림 6.1.7] (A)와 (B)는 앞서 설명한 것과 동일하며, 대신 소형주를 추가하여 표현한 그래프이다.

**[그림 6.1.7]** Scatterplot (7)

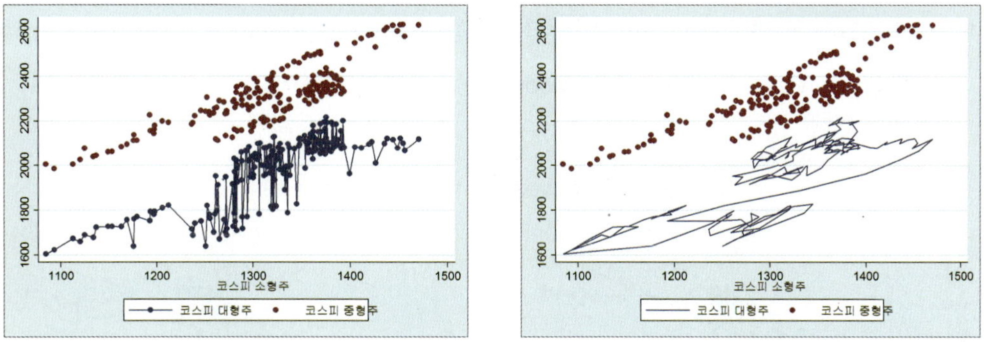


(A) (B)

```
. twoway scatter KOSPI_H KOSPI_M KOSPI_S, connect(l i) sort
. twoway scatter KOSPI_H KOSPI_M KOSPI_S, connect(l i) msymbol(i .)
```

## 6.1.2 | Regression fits and splines

산포도(scatter)를 적합값(fit value)과 같이 표현하는 방법을 살펴보자. [그림 6.1.8]의 (A)는 scatter plot과 lfit(선형 회귀분석 적합값)의 관계를 표현한 그래프이다. (B)는 scatter plot와 qfit(quadratic fit)의 관계를 표현한 그래프이다.

**[그림 6.1.8]** Regression fits and splines (8)

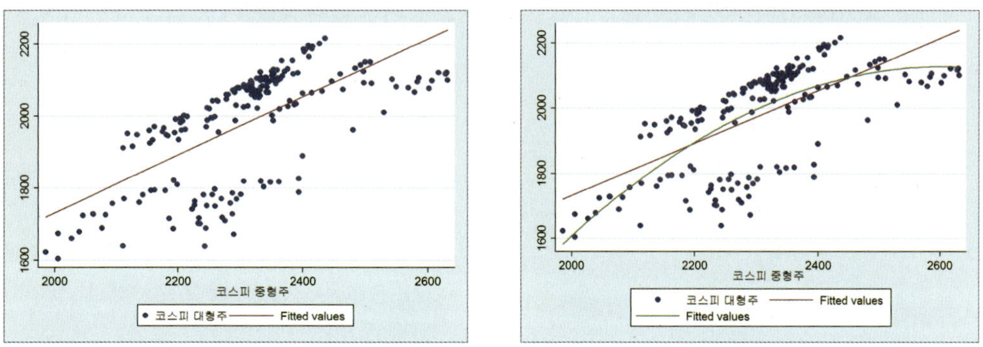


(A) (B)

```
. use graph_1.dta, clear
. twoway (scatter KOSPI_H KOSPI_M) (lfit    KOSPI_H KOSPI_M)
. twoway (scatter KOSPI_H KOSPI_M) (lfit    KOSPI_H KOSPI_M)    ///
         (qfit    KOSPI_H KOSPI_M)
```

[그림 6.1.9] (A)는 scatter plot, lfit 그리고 loweses(smoothing graph)의 관계를 표현한 그래프이다. (B)는 lpoly(local polynomial smooth)를 추가한 그래프이다.

**[그림 6.1.9]** Regression fits and splines (9)

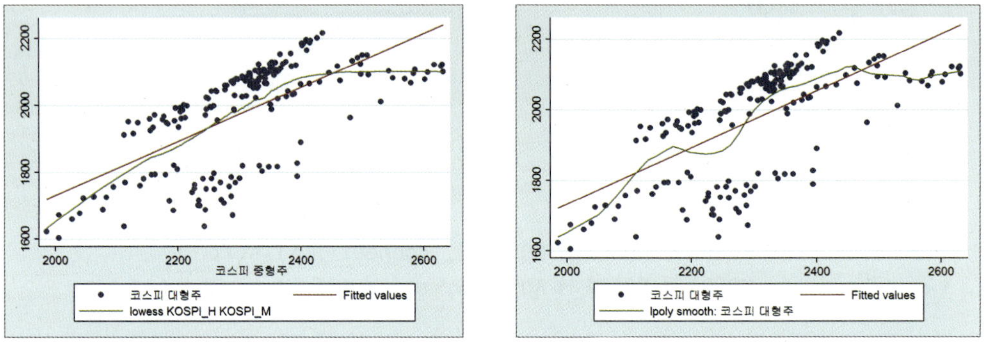


(A) (B)

```
. twoway (scatter KOSPI_H KOSPI_M) (lfit    KOSPI_H KOSPI_M)    ///
         (lowess  KOSPI_H KOSPI_M)
. twoway (scatter KOSPI_H KOSPI_M) (lfit    KOSPI_H KOSPI_M)    ///
         (lpoly   KOSPI_H KOSPI_M)
```

[그림 6.1.10] (A)와 (B)는 degree(#)의 옵션을 추가한 local polynomial smoothing 그래프이다. 여기서 degree(#)의 #의 차수를 의미한다. 즉 2차 다항식과 4차 다항식의 표현이라고 이해하면 될 것 같다.

**[그림 6.1.10]** Regression fits and splines (10)

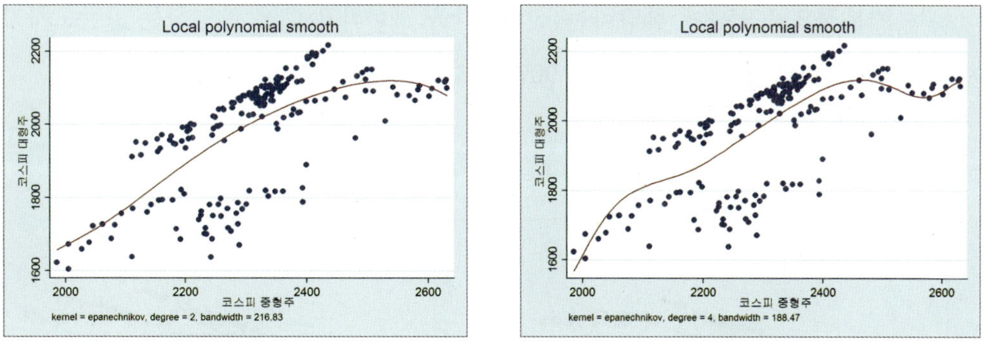


(A) (B)

```
. lpoly KOSPI_H KOSPI_M, degree(2)
. lpoly KOSPI_H KOSPI_M, degree(4)
```

## 6.1.3 | Regression confidence interval fits

이제 앞서 추정값의 적합(fit)의 신뢰범위에 해당하는 그래프를 그려보자. [그림 6.1.11] lfit에 대한 신뢰구간(95%)을 표현한 그래프이며, lfit을 먼저 그릴 것인가에 따라 (A)와 (B)가 달리 보이는 것이다.

**[그림 6.1.11]** Regression fits and splines (11)

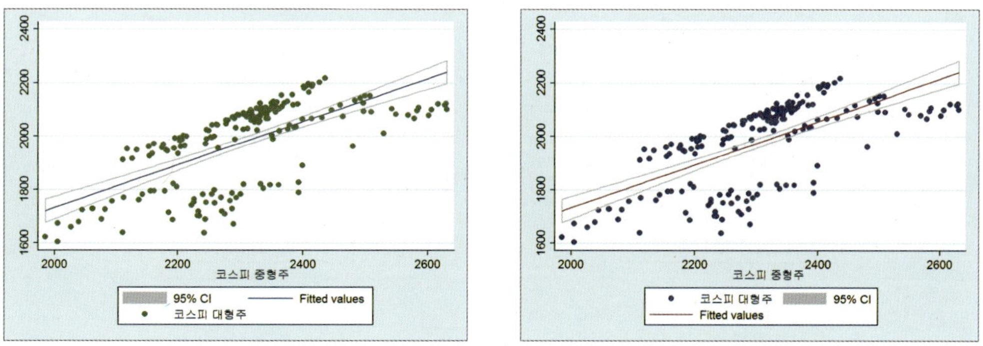


(A) (B)

```
. twoway (lfitci  KOSPI_H KOSPI_M) (scatter   KOSPI_H KOSPI_M)
. twoway (scatter  KOSPI_H KOSPI_M) (lfitci   KOSPI_H KOSPI_M)
```

[그림 6.1.12]는 추정한 표준오차의 신뢰구간(CIs from SE of forecast)을 표현하는 그래프이다. (A)는 기본적으로 95%에 해당하는 신뢰구간을 표현하고 그에 해당하는 표준오차까지 보여주는 그래프이며, (B)는 신뢰구간을 90%를 기준으로 표현한 그래프이다.

**[그림 6.1.12]** Regression fits and splines (12)

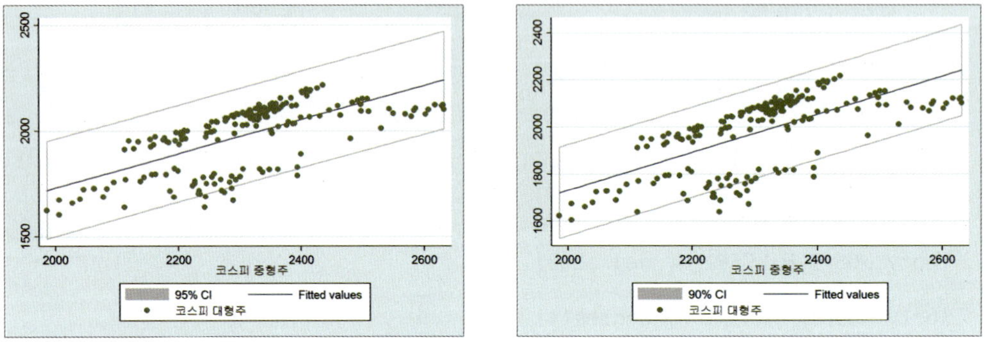


(A) (B)

```
. twoway (lfitci  KOSPI_H KOSPI_M, stdf) (scatter   KOSPI_H KOSPI_M)
. twoway (lfitci  KOSPI_H KOSPI_M, stdf level(90))  ///
         (scatter KOSPI_H KOSPI_M)
```

**[그림 6.1.13]** Regression fits and splines (13)

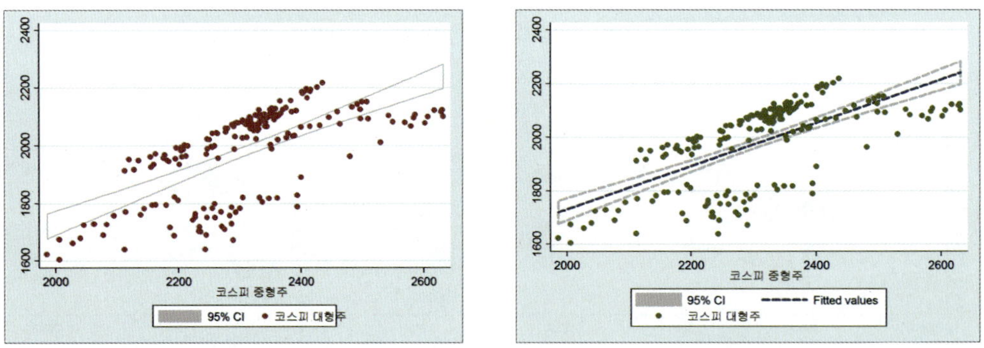


(A) (B)

[그림 6.1.13]는 적합(fit)을 한 경우의 추정선을 표시하지 않는 경우를 그린 경우(A)와 추정선의 패턴과 두께를 표현한 그래프(B)가 있다.

```
. twoway (lfitci  KOSPI_H KOSPI_M, nofit) (scatter    KOSPI_H KOSPI_M)
. twoway (lfitci  KOSPI_H KOSPI_M, lpattern(dash) lwidth(thick))   ///
         (scatter KOSPI_H KOSPI_M)
```

[그림 6.1.14]는 적합(fit)의 신뢰구간에 대한 그래프이며, 옵션으로 색상(A)과 신뢰구간의 끝단에 대한 처리(B)를 어떻게 할 것인가를 예시한 그래프이다.

**[그림 6.1.14]** Regression fits and splines (14)

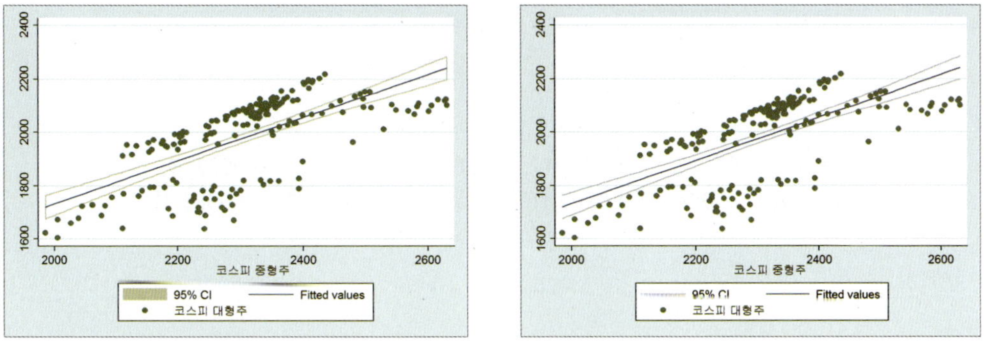


(A) (B)

```
. twoway (lfitci  KOSPI_H KOSPI_M, bcolor(stone))   ///
         (scatter KOSPI_H KOSPI_M)
. twoway (lfitci  KOSPI_H KOSPI_M, ciplot(rline))   ///
         (scatter KOSPI_H KOSPI_M)
```

[그림 6.1.15]는 앞서 설명한 것과 동일하게 이제는 qfitci 그래프(A)와 lpolyci에 대한 그래프를 그린 것이다.

[그림 6.1.15] Regression fits and splines (15)

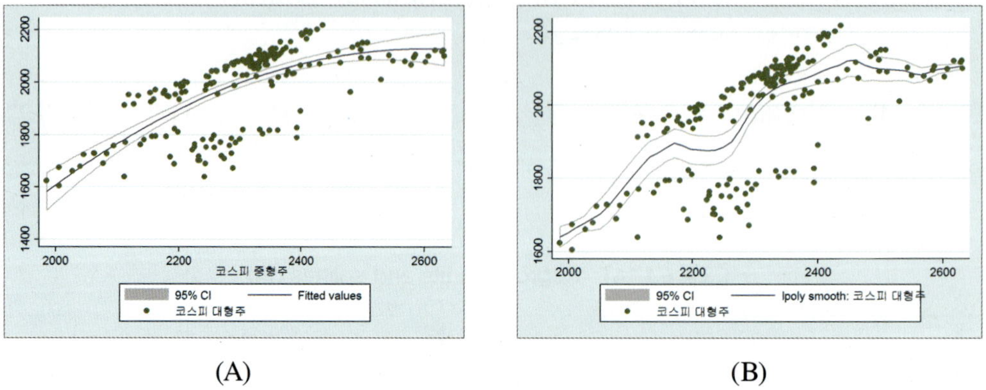


```
. twoway (qfitci  KOSPI_H KOSPI_M) (scatter    KOSPI_H KOSPI_M)
. twoway (lpolyci  KOSPI_H KOSPI_M) (scatter    KOSPI_H KOSPI_M)
```

# 6.2 Bar chart

실습할 자료는 graph.dta로 KOSPI 주가지수이다.

[그림 6.2.1] (A)는 KOSPI_H(대형주), KOSPI_M(중형주), KOSPI_S(소형주) 변수에 대한 평균값을 표현한 것이다. 이에 반해 (B)는 중앙값(median)을 표현한 것이다.

**[그림 6.2.1]** Bar Graph (1)

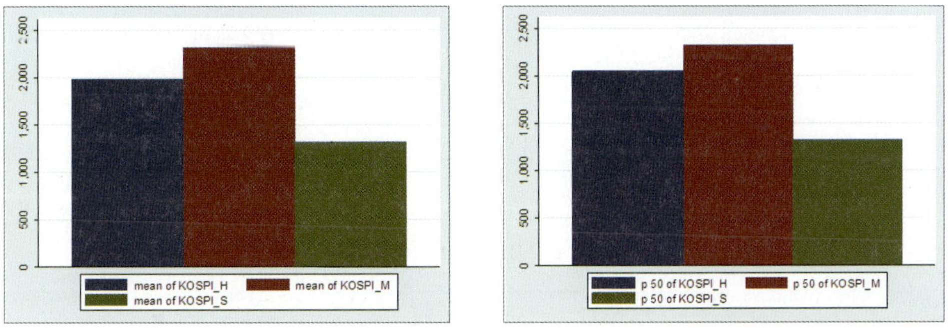


(A) (B)

```
. graph bar KOSPI_H KOSPI_M KOSPI_S
. graph bar (median) KOSPI_H KOSPI_M KOSPI_S
```

[그림 6.2.2] (A)는 대형주와 중형주는 중앙값에 해당하는 정보를 표현하고, 소형주는 평균에 대한 정보를 그래프로 그린 경우이다. (B)는 대형주에 대한 평균과 중앙값을 표현한 경우이다.

**[그림 6.2.2]** Bar Graph (2)

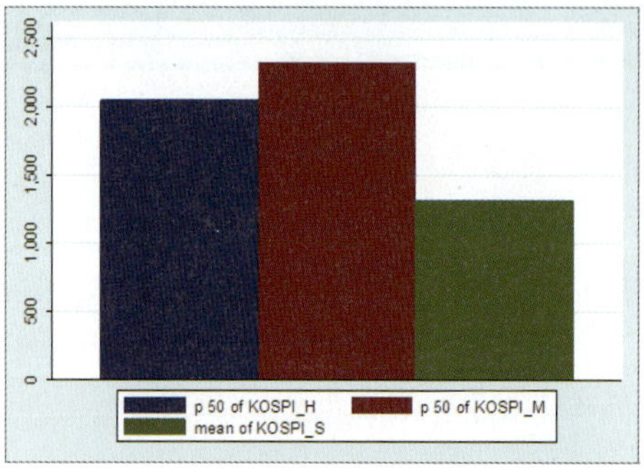


(A)

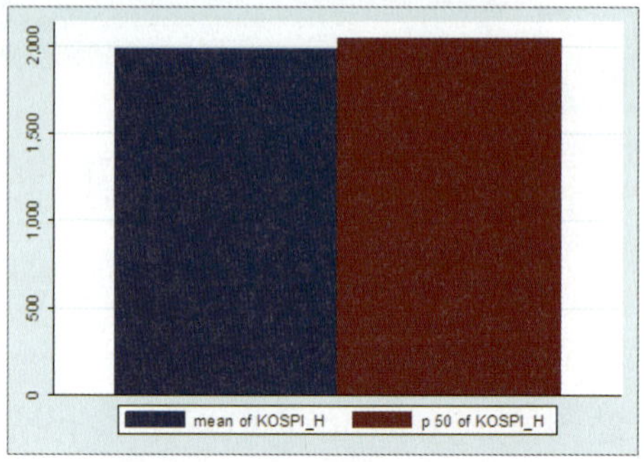


(B)

```
. graph bar (median) KOSPI_H KOSPI_M (mean) KOSPI_S
. graph bar (mean) KOSPI_H (median) KOSPI_H
```

[그림 6.2.3] (A)는 대형주, 중형주, 소형주의 그래프를 [그림 6.2.1]과 같이 구분없이 표현하는 것이 각 유형을 구분하여 표현하는 경우이며, 옵션으로 ascategory를 설정할 수 있다. 또한 (B)는 월별(MONTH)로 표현한 그래프이다.

**[그림 6.2.3]** Bar Graph (3)

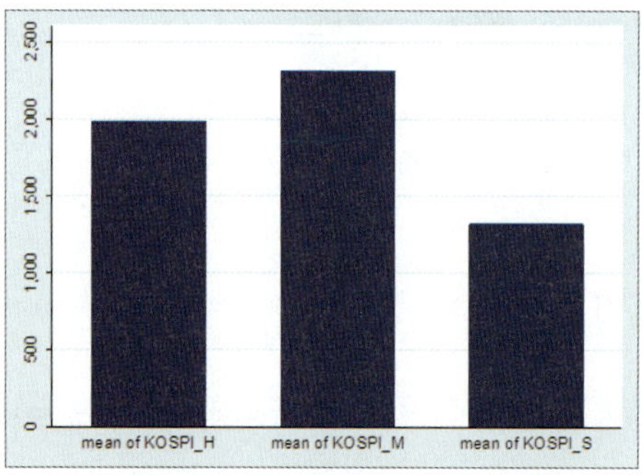


(A)

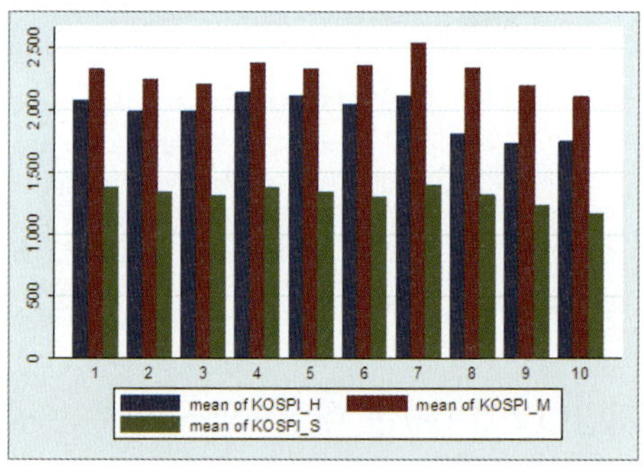


(B)

```
. graph bar KOSPI_H KOSPI_M KOSPI_S, ascategory
. graph bar KOSPI_H KOSPI_M KOSPI_S, over(MONTH)
```

[그림 6.2.4] (A)는 월별로 비율에 대한 정보를 포함한 그래프이다. (B)는 대형주, 중형주, 소형주에 대한 누적값의 형태로 표현한 그래프이다.

**[그림 6.2.4]** Bar Graph (4)

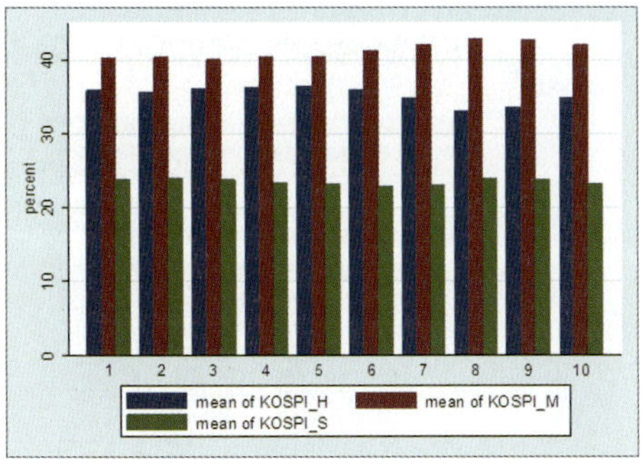


(A)

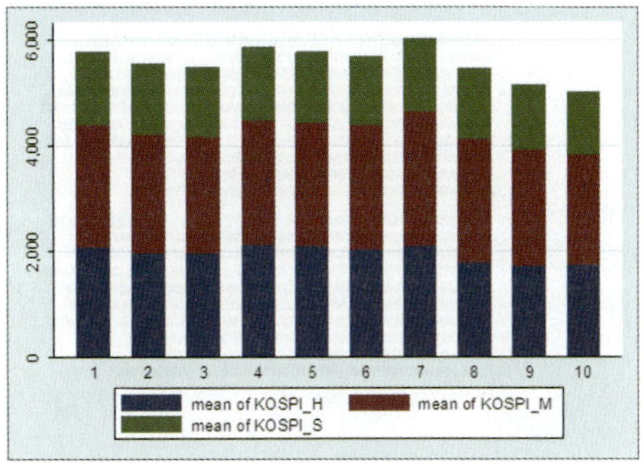


(B)

```
. graph bar KOSPI_H KOSPI_M KOSPI_S, over(MONTH) percentages
. graph bar KOSPI_H KOSPI_M KOSPI_S, over(MONTH) stack
```

[그림 6.2.5] (A)는 대형주, 중형주, 소형주의 구성비를 100%로 설정하여 표현한 그래프이다. (B)는 월별로 수평그래프(horizontal bar chart)를 표현한 그래프이다.

**[그림 6.2.5]** Bar Graph (5)

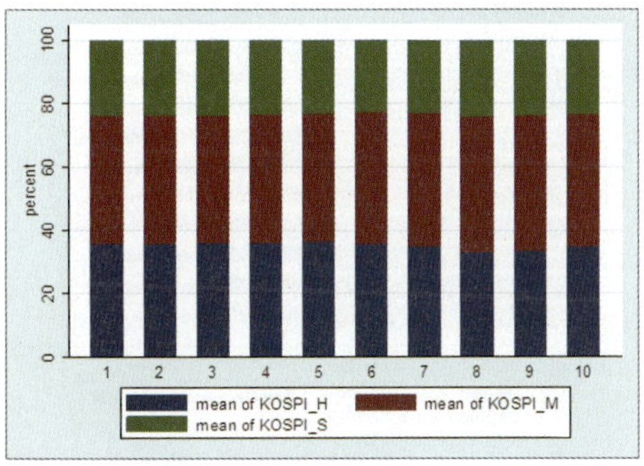


(A)

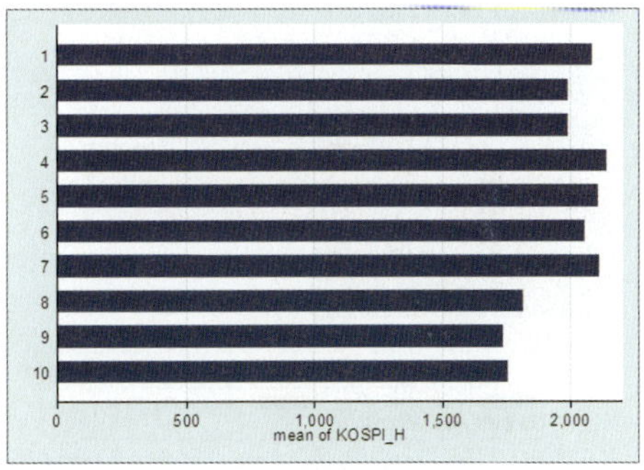


(B)

```
. graph bar KOSPI_H KOSPI_M KOSPI_S, over(MONTH) percentages stack
. graph hbar KOSPI_H, over(MONTH)
```

[그림 6.2.6] (A)는 월별, 15일 여부별로 표시한 그래프이며, (B)는 월별, 반기더미변수(MON_DUM), 15일 여부별로 표현한 그래프이다.

**[그림 6.2.6]** Bar Graph (6)

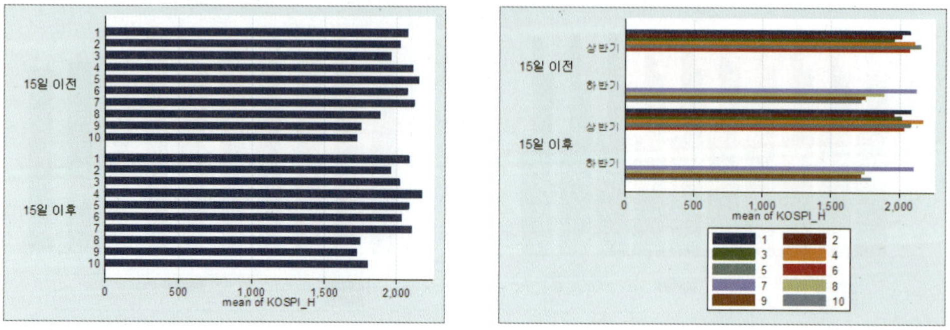


(A) (B)

```
. graph hbar KOSPI_H, over(MONTH) over(DAY_DUM)
. graph hbar KOSPI_H, over(MONTH) over(MON_DUM) over(DAY_DUM)
```

[그림 6.2.7] (A)는 대형주, 중형주, 소형주를 수평으로 그린 bar 그래프이다. (B)는 수평으로 월별을 구분하여 그린 그래프이다.

**[그림 6.2.7]** Bar Graph (7)

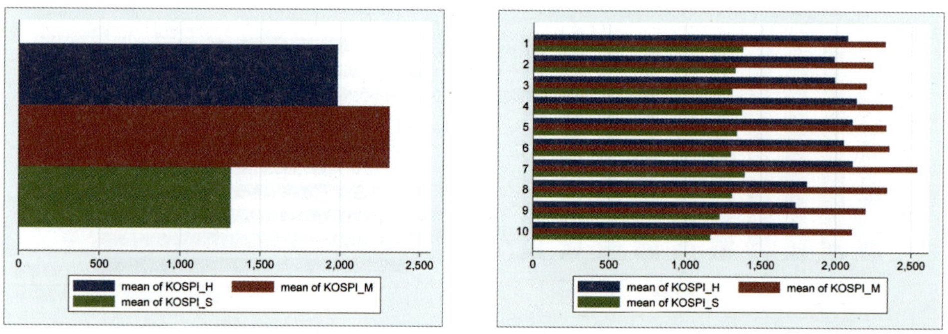


(A) (B)

```
. graph hbar KOSPI_H KOSPI_M KOSPI_S
. graph hbar KOSPI_H KOSPI_M KOSPI_S, over(MONTH)
```

[그림 6.2.8] (A)는 수평으로 표시한 그래프이다. 기준은 월별, 15일 여부를 구분하였다. (B)는 수평으로 월별로 표시한 그래프이다.

**[그림 6.2.8]** Bar Graph (8)

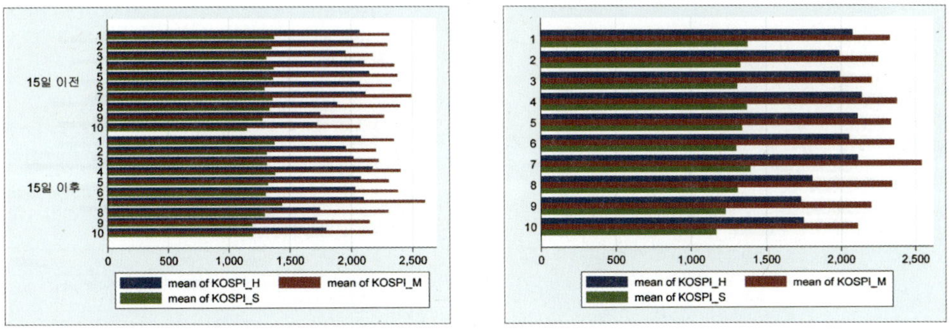


(A) (B)

```
. graph hbar KOSPI_H KOSPI_M KOSPI_S, over(MONTH) over(DAY_DUM)
. graph hbar KOSPI_H KOSPI_M KOSPI_S, over(MONTH) asyvars
```

[그림 6.2.9]는 [그림 6.2.4]와 [그림 6.2.5]의 수평으로 변환한 것과 같은 의미의 그래프이다.

**[그림 6.2.9]** Bar Graph (9)

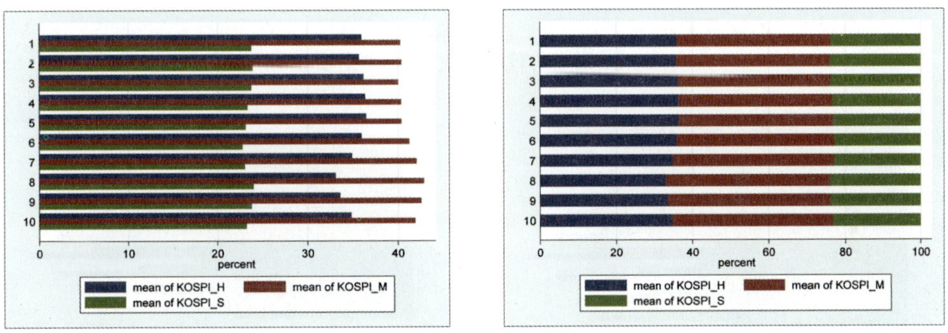


(A) (B)

```
. graph hbar KOSPI_H KOSPI_M KOSPI_S,     ///
            over(MONTH) asyvars percentages
. graph hbar KOSPI_H KOSPI_M KOSPI_S,     ///
            over(MONTH) asyvars percentages stack
```

[그림 6.2.10] (A)에서 옵션으로 missing(keep missing value as category)을 추가하고, (B)에서는 옵션으로 nofil(omit empty categories)을 추가하여 그린 그래프이다. 현재 그래프에서 해당 옵션의 효과가 없다.

**[그림 6.2.10]** Bar Graph (10)

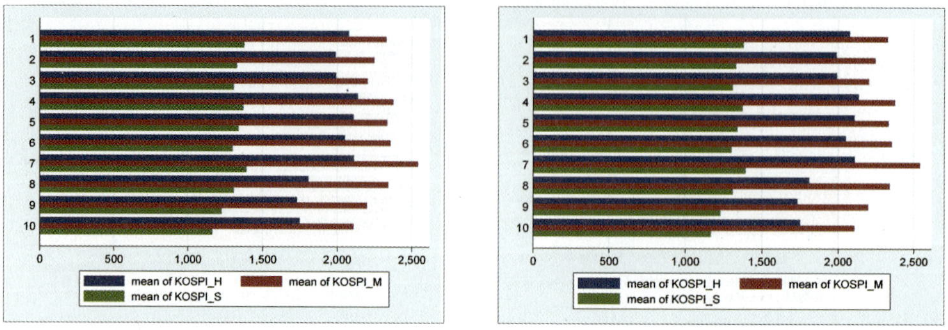


(A) (B)

```
. graph hbar KOSPI_H KOSPI_M KOSPI_S, over(MONTH) missing
. graph hbar KOSPI_H KOSPI_M KOSPI_S, over(MONTH) nofill
```

[그림 6.2.11]는 그래프의 전체화면에서 공백을 어느 정도 적용할 것인가를 표현한 그래프이다. 여기서 그룹별(over(MONTH)로 적용할 수 있으며, 전체 그래프의 공백을 표현할 수도 있다.

**[그림 6.2.11]** Bar Graph (11)

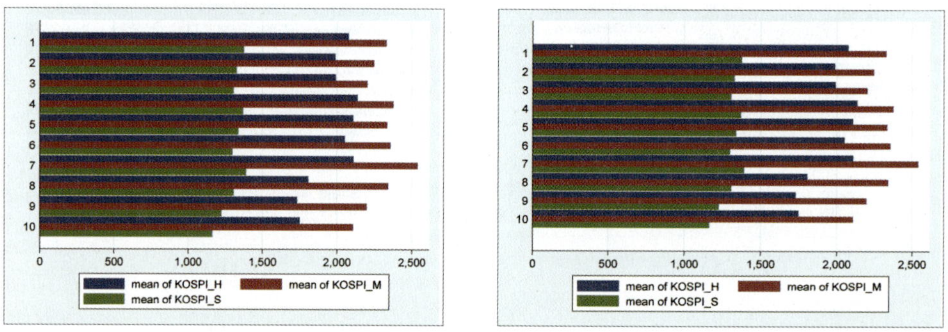


(A) (B)

```
. graph hbar KOSPI_H KOSPI_M KOSPI_S,     ///
            over(MONTH, gap(10))
. graph hbar KOSPI_H KOSPI_M KOSPI_S,    ///
            over(MONTH, gap(10)) outergap(200)
```

[그림 6.2.12] (A)는 월별로 구분한 그래프 중에서 내림차순으로 그래프를 표현한 것이며,

(B)는 변수명의 순서를 변경해서 표현한 그래프이다. 즉, 대형주, 중형주, 소형주 순으로 표현한 것이 아니라 소형주, 중형주, 대형주 순으로 표시한 것이다.

[그림 6.2.12] Bar Graph (12)

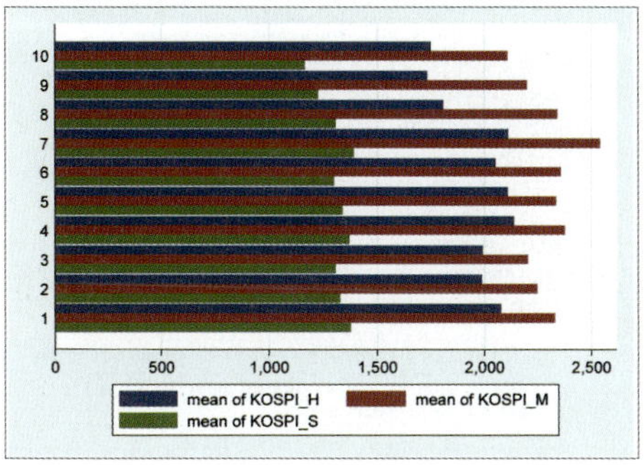


(A)

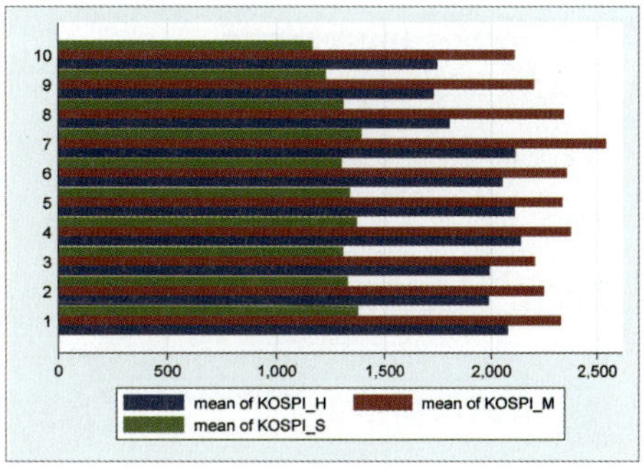


(B)

```
. graph hbar KOSPI_H KOSPI_M KOSPI_S, over(MONTH, gap(10) descending)
. graph hbar KOSPI_H KOSPI_M KOSPI_S, over(MONTH, gap(10) reverse)
```

[그림 6.2.13] (A)는 선택된 변수의 역순으로 표현하면서 내림차순으로 표현한 그래프이다. (B)는 15일 여부(DAY_DUM) 우선 정렬한 후 그린 그래프이다.

[그림 6.2.13] Bar Graph (13)

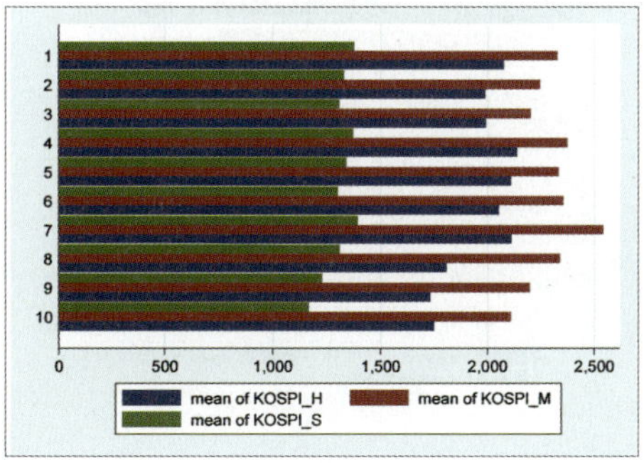


(A)

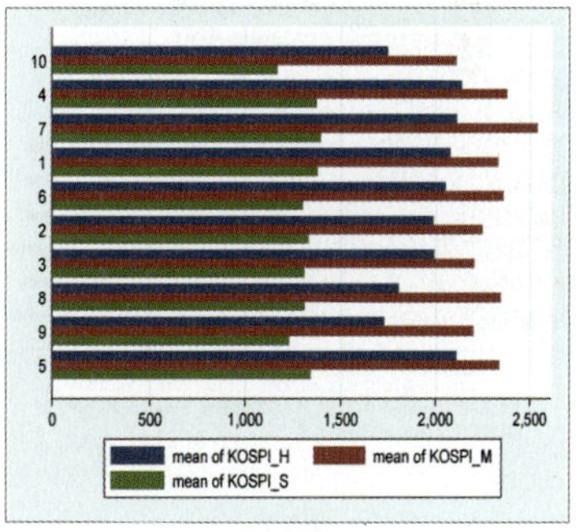


(B)

```
. graph hbar KOSPI_H KOSPI_M KOSPI_S,      ///
            over(MONTH, gap(10) reverse descending)
. graph hbar KOSPI_H KOSPI_M KOSPI_S,      ///
            over(MONTH, sort(DAY_DUM))
```

[그림 6.2.14] (A)는 대형주를 기준으로 정렬한 그래프이다. (B)는 대형주를 기준으로 정렬한 그래프를 내림차순으로 그린 그래프이다.

**[그림 6.2.14]** Bar Graph (14)

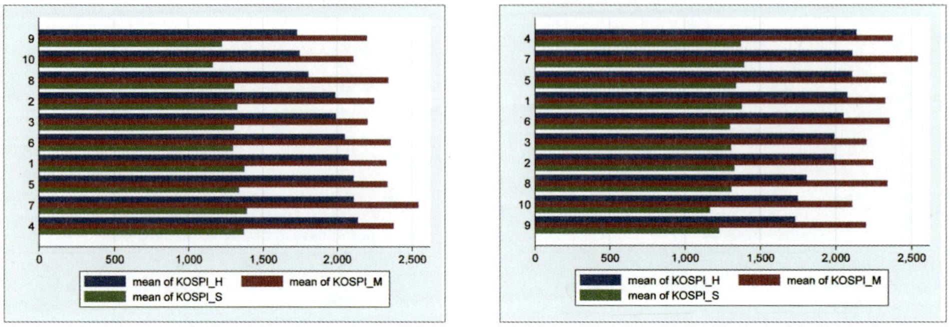


(A) (B)

```
. graph hbar KOSPI_H KOSPI_M KOSPI_S, over(MONTH, sort(1))
. graph hbar KOSPI_H KOSPI_M KOSPI_S, over(MONTH, sort(1) descending)
```

[그림 6.2.15] (A)는 중형주를 기준으로 정렬한 후 그린 그래프이며, (B)는 소형주를 기준으로 정렬한 후 그린 그래프이다.

**[그림 6.2.15]** Bar Graph (15)

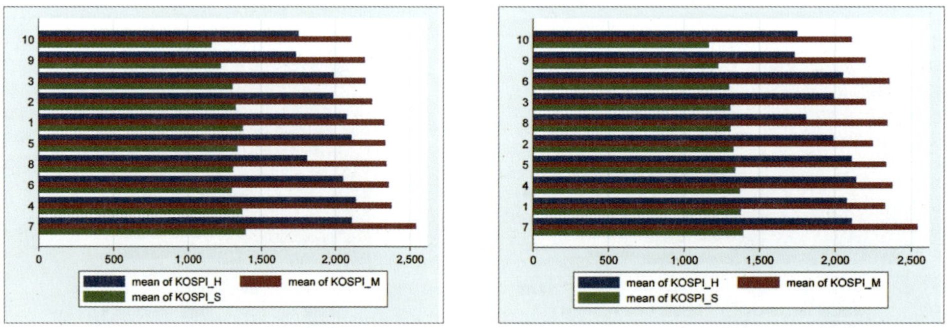


(A) (B)

```
. graph hbar KOSPI_H KOSPI_M KOSPI_S, over(MONTH, sort(2))
. graph hbar KOSPI_H KOSPI_M KOSPI_S, over(MONTH, sort(3))
```

# 6.3 Pie chart

[그림 6.4.1] (A)는 임원(EMP_01)과 직원(EMP_02)에 관한 구성비를 표현한 그래프이다. (B)는 보험회사 전체 임원 중 해당회사의 임원비율을 Pie 그래프로 표현한 그래프이다 (KNIA\append_ex1_1.dta).

[그림 6.4.1] Pie Graph (1)

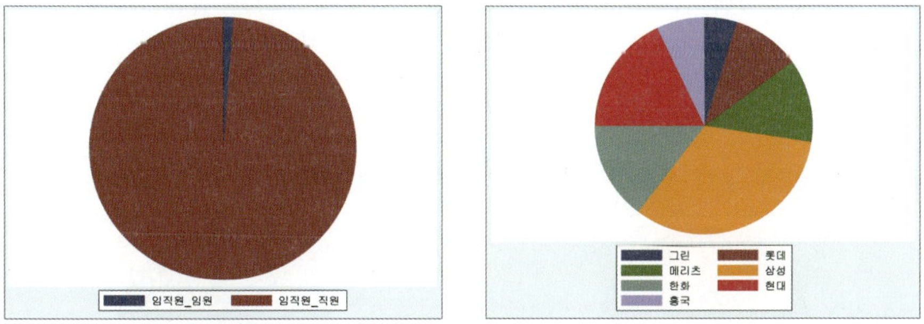


(A) (B)

```
. graph pie EMP_01 EMP_02
. graph pie RAT_EMP_1, over(COM_NN)
```

[그림 6.4.2] (A)는 해당 보험회사의 직원비율을 표현한 그래프이며, 시계방향으로 보험회사를 위치한 것이며, (B)는 반시계방향으로 표현한 그래프이다. 일반적으로 STATA에서 자동으로 정렬하여 표현한다. 즉, 가나다 순, ABC 순으로 정렬을 우선 한 후 그래프를 그린다.

**[그림 6.4.2]** Pie Graph (2)

(A) (B)

```
. graph pie RAT_EMP_2, over(COM_NN)
. graph pie RAT_EMP_2, over(COM_NN) noclockwise
```

[그림 6.4.3] (A)는 시작되는 각도를 0도로 설정한 것이다. (B)는 직원비율의 오름차순으로 정렬한 후 그래프를 그린 경우이다.

**[그림 6.4.3]** Pie Graph (3)

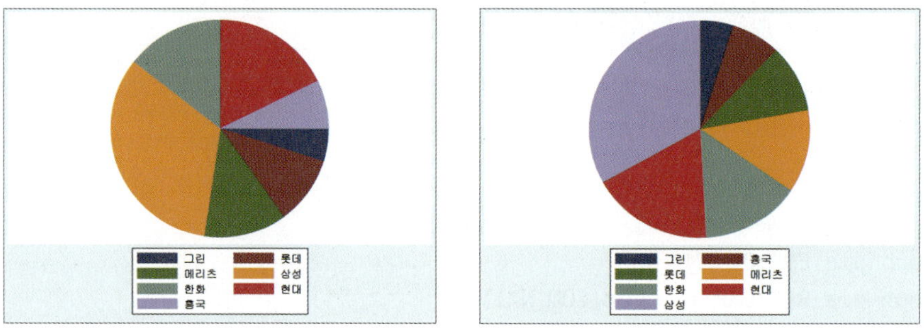


(A) (B)

```
. graph pie RAT_EMP_2, over(COM_NN) angle0(0)
. graph pie RAT_EMP_2, over(COM_NN) sort
```

[그림 6.4.4] (A)는 직원비율을 내림차순으로 정렬하여 그린 그래프이다. (B)는 회사번호(COM_NN)로 정렬한 후 그래프를 그린 경우이다.

[그림 6.4.4] Pie Graph (4)

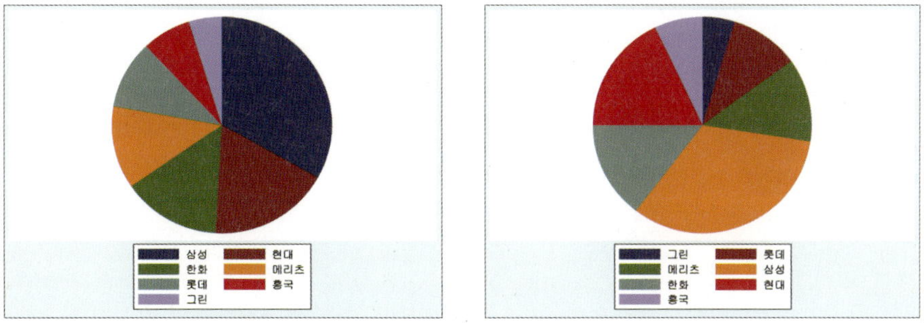


(A) (B)

```
. graph pie RAT_EMP_2, over(COM_NN) sort descending
. graph pie RAT_EMP_2, over(COM_NN) sort(COM_NN)
```

[그림 6.4.5] (A)는 특정 보험회사를 별로 표현한 것이며, (B)는 별도로 표현한 보험회사에 대한 색상을 변경한 경우이다.

[그림 6.4.5] Pie Graph (5)

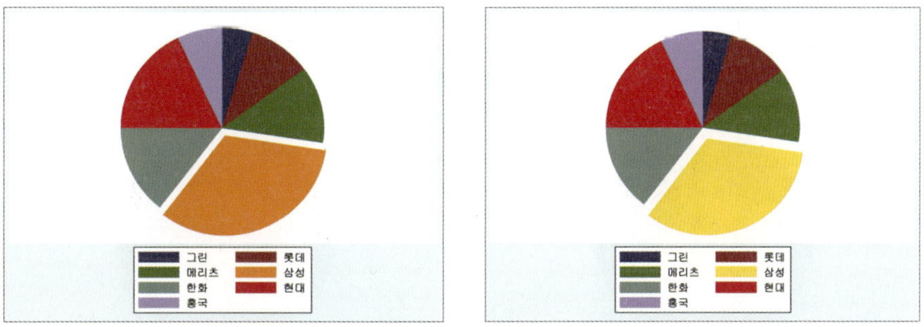


(A) (B)

```
. graph pie RAT_EMP_2, over(COM_NN)   ///
          pie(4, explode)
. graph pie RAT_EMP_2, over(COM_NN)  ///
          pie(4, explode(vlarge) color(gold))
```

[그림 6.4.6] (A)는 두 개의 보험회사를 별도로 구별하여 표현한 그래프이며, (B)는 해당 그래프의 구별을 특별한 형태로 변경한 그래프이다.

**[그림 6.4.6]** Pie Graph (6)

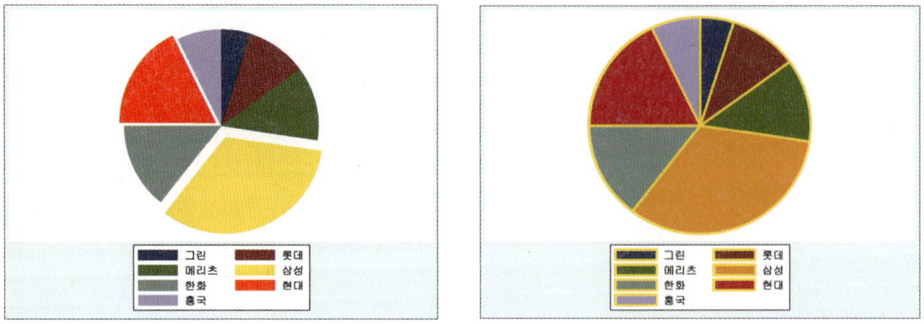


(A) (B)

```
. graph pie RAT_EMP_2, over(COM_NN)                  ///
          pie(4, explode(vlarge) color(gold))       ///
          pie(6, explode(small)  color(red))
. graph pie RAT_EMP_2, over(COM_NN)                  ///
          line(lcolor(gold) lwidth(thick))
```

[그림 6.4.7] (A)는 해당 보험회사의 값을 그래프에 표시한 경우이고, (B)는 각각의 점유비율을 %로 표현한 그래프이다.

**[그림 6.4.7]** Pie Graph (7)

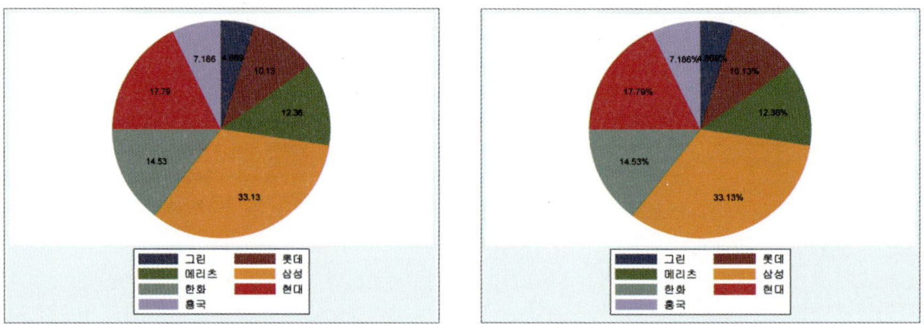


(A) (B)

```
. graph pie RAT_EMP_2, over(COM_NN) plabel(_all sum)
. graph pie RAT_EMP_2, over(COM_NN) plabel(_all percent)
```

[그림 6.4.8] (A)는 해당 보험회사의 이름을 표현한 그래프이며, (B)는 범례(legend)를 제외한 그래프이다.

[그림 6.4.8] Pie Graph (8)

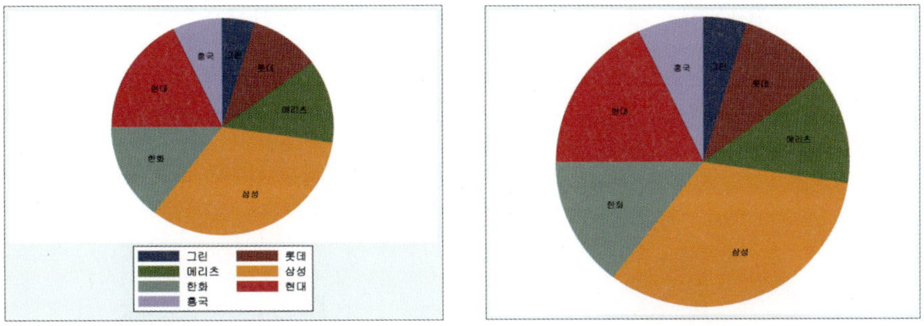


(A) (B)

```
. graph pie RAT_EMP_2, over(COM_NN) plabel(_all name)
. graph pie RAT_EMP_2, over(COM_NN) plabel(_all name) legend(off)
```

[그림 6.4.9] (A)는 모든 보험회사의 정보를 포함(회사명, 범례(legend))한 경우이며, (B)는 특정한 보험회사에 대한 정보를 표현한 그래프이다.

[그림 6.4.9] Pie Graph (9)

(A) (B)

```
. graph pie RAT_EMP_2, over(COM_NN)          ///
           plabel(_all name) legend(on)
. graph pie RAT_EMP_2, over(COM_NN)          ///
           plabel(4 "Ratio=33.13%")          ///
           plabel(6 "Ratio=17.79%")
```

[그림 6.4.10] (A)는 점유비율의 format을 설정하여 표현한 그래프이며, (B)는 기본 위치에서 원점으로 가까이 표시되는 것을 의미하고, 이때 + 값이면 원점으로부터 멀어지게 표시하는 것을 의미한다.

**[그림 6.4.10]** Pie Graph (10)

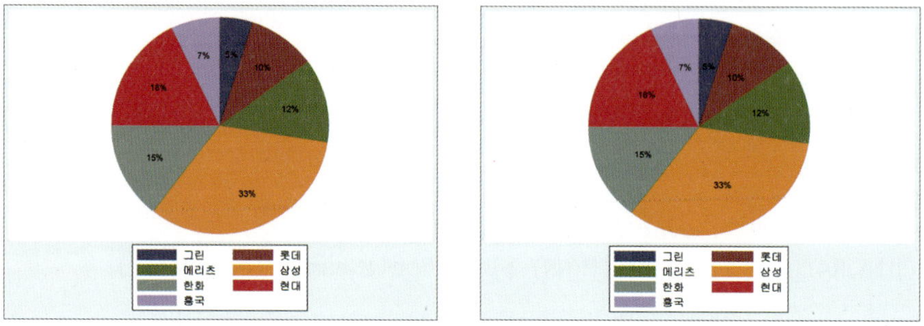


(A) (B)

```
. graph pie RAT_EMP_2, over(COM_NN)                    ///
        plabel(_all percent, format("%2.0f"))
. graph pie RAT_EMP_2, over(COM_NN)                    ///
        plabel(_all percent, format("%2.0f") gap(-5))
```

[그림 6.4.11] (A)는 표시되는 라벨의 색상을 변경한 그래프이며, (B)는 특정회사의 경우에 한하여 회사명과 그 점유비율을 표시한 그래프이다.

**[그림 6.4.11]** Pie Graph (11)

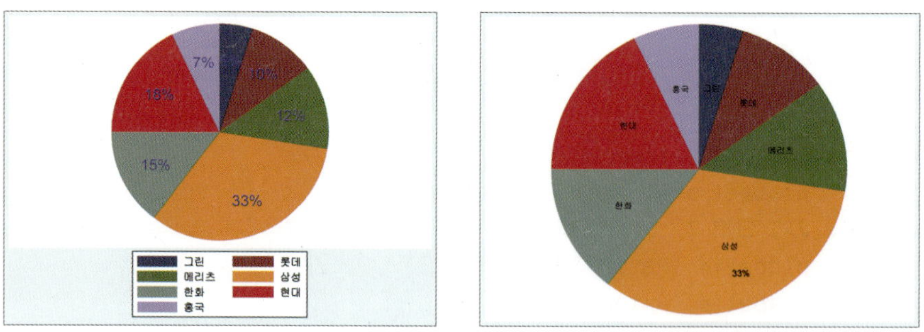


(A) (B)

```
. graph pie RAT_EMP_2, over(COM_NN)                    ///
           plabel(_all percent, format("%2.0f")    ///
           size(large) color(blue))
. graph pie RAT_EMP_2, over(COM_NN)                    ///
           plabel(_all name, gap(-5))                  ///
           plabel(4 "33%", gap(5)) legend(off)
```

[그림 6.4.12] (A)는 모든 보험회사를 대상으로 보험회사명과 점유비율을 표시한 경우이며, (B)는 특정한 제목으로 pie plot에 표시하는 경우이다.

**[그림 6.4.12]** Pie Graph (12)

(A) (B)

```
. graph pie RAT_EMP_2, over(COM_NN) plabel(_all name, gap(-5)) ///
           plabel(_all percent, gap(5) format("%2.0f")) legend(off)
. graph pie RAT_EMP_2, over(COM_NN) ptext(0 30 "보험회사 직원비율")
```

[그림 6.4.13] (A)는 [그림 6.4.12]의 (B)를 세로로 표시한 것이며, (B)는 특정 보험회사의 legend를 변경한 그래프이다.

[그림 6.4.13] Pie Graph (13)

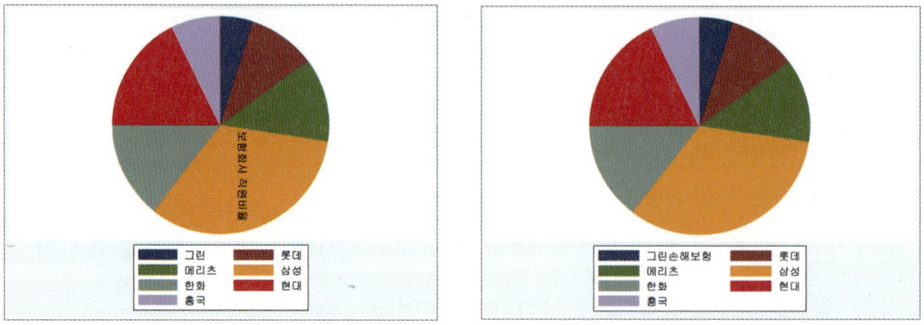


(A) (B)

```
. graph pie RAT_EMP_2, over(COM_NN)          ///
          ptext(-10 10 "보험회사 직원비율", ///
          orientation(rvertical) placement(s))
. graph pie RAT_EMP_2, over(COM_NN) legend(label(1 "그린손해보험"))
```

[그림 6.4.14]는 legend의 제목을 표시한 그래프이며, (A)는 상단에 (B)는 6시 방향에 위치하게 표시한 그래프이다.

[그림 6.4.14] Pie Graph (14)

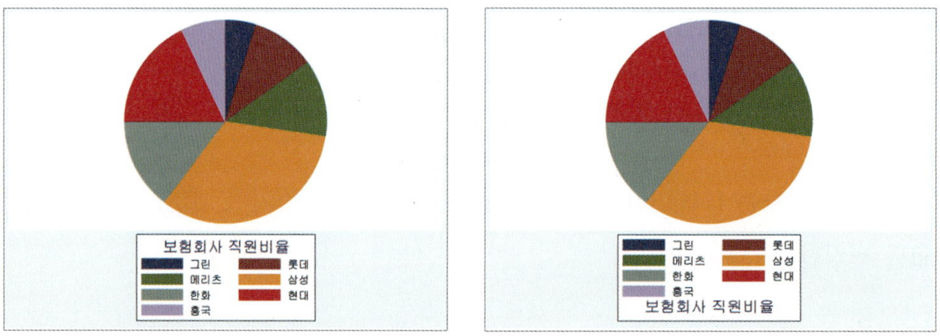


(A) (B)

```
. graph pie RAT_EMP_2, over(COM_NN)         ///
          legend(title("보험회사 직원비율"))
. graph pie RAT_EMP_2, over(COM_NN)         ///
          legend(title("보험회사 직원비율", position(6)))
```

[그림 6.4.15] (A)는 사용자가 보험회사의 위치를 변경하는 경우이며, (B)는 우측부터 표시되도록 그린 그래프이다.

**[그림 6.4.15]** Pie Graph (15)

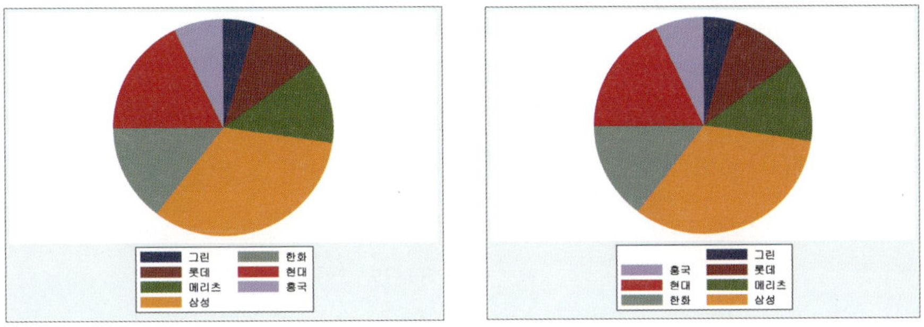


(A) (B)

```
. graph pie RAT_EMP_2, over(COM_NN)       ///
          legend(colfirst order(7 6 5 1 2 3 4) holes(1))
. graph pie RAT_EMP_2, over(COM_NN)       ///
          legend(colfirst)
```

[그림 6.4.16]는 legend의 위치를 변경하는 것으로 왼쪽편에 표시하되, 순차적으로 표시할 것인가(A)와 누적적으로 표시할 것인가(B)에 따라 선택하면 된다.

**[그림 6.4.16]** Pie Graph (16)

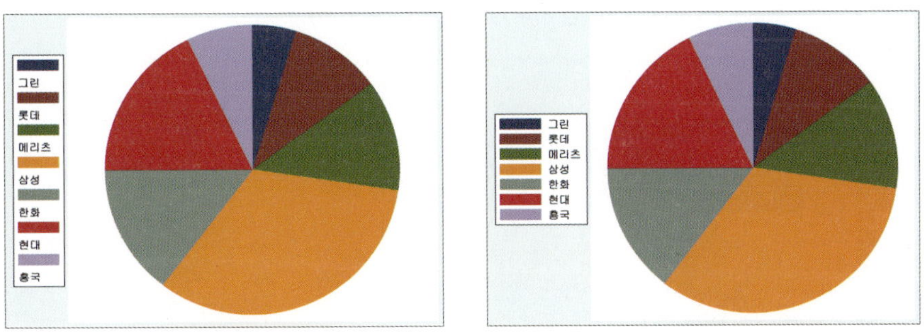


(A) (B)

```
. graph pie RAT_EMP_2, over(COM_NN) legend(position(9) cols(1))
. graph pie RAT_EMP_2, over(COM_NN) legend(position(9) cols(1) stack)
```

# 6.4 Box plot

Box 그래프는 많이 사용되는 그래프로 다양한 정보를 내포하고 있다.

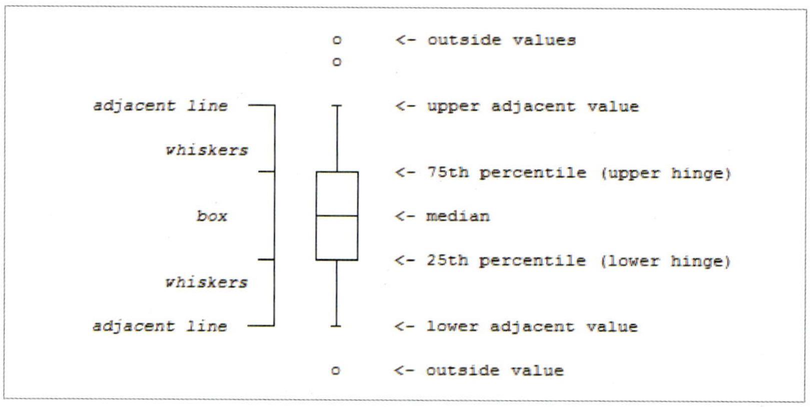


[그림 6.4.1] (A)는 KOSPI 변수에 대한 Box 그래프이다. (B)는 월(MONTH)별로 구분하여 표시한 Box 그래프이다(KRX\DATA_STOCK_MERGE.dta).

**[그림 6.4.1]** Box Graph (1)

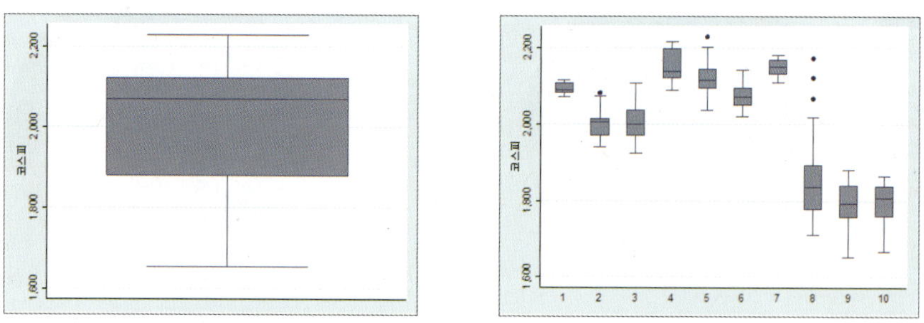


(A) (B)

```
. graph box KOSPI
. graph box KOSPI, over(MONTH)
```

[그림 6.4.2] (A)는 [그림 6.4.1]의 (B)에서 보이는 Outside 정보를 제외한 월(MONTH)별로 그래프를 그린 경우이다. [그림 6.4.2]의 (B)는 월(MONTH)별과 15일 이전/이후를 구분하는 더미변수(DAY_DUM)별로 Box 그래프를 그린 경우로 (A)와 같이 Outside 정보를 제외한 경우이다.

**[그림 6.4.2]** Box Graph (2)

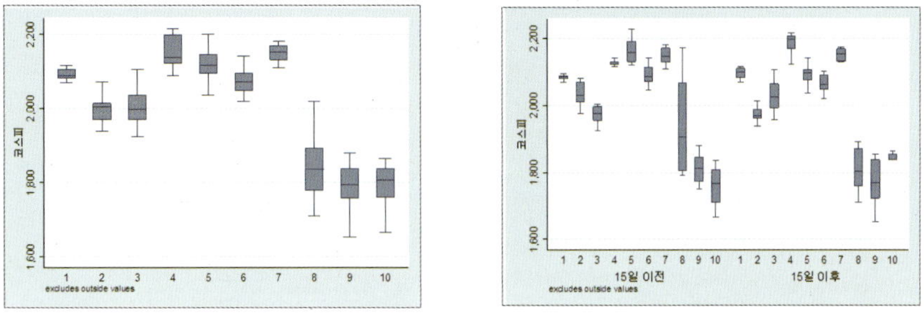


(A) (B)

```
. graph box KOSPI, over(MONTH) nooutsides
. graph box KOSPI, over(MONTH) nooutsides over(DAY_DUM)
```

[그림 6.4.3] (A)는 수평으로 Box 그래프를 표시한 경우이다.

**[그림 6.4.3]** Box Graph (3)

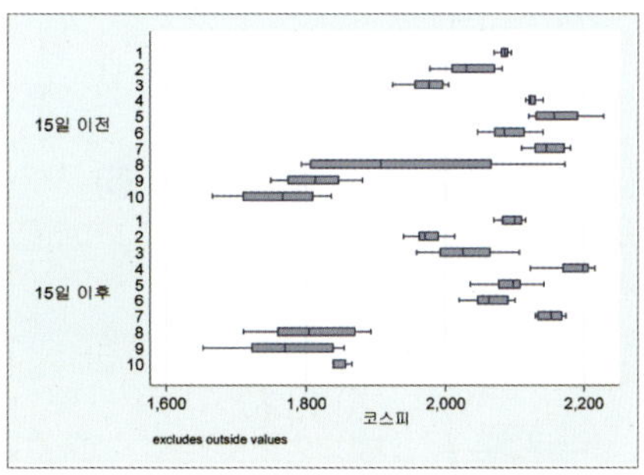


(A)

```
. graph hbox KOSPI, over(MONTH) nooutsides over(DAY_DUM)
```

[그림 6.4.4] (A)는 asyvars 옵션을 추가한 것으로 asyvars는 treat first over() group as yvars로 정의되고 있으며, 즉, 월(MONTH)별에 대한 정보를 구분하여 표시하고 있다. (B)는 (A)와 동일한 형태로 구분하되 추가로 상반기/하반기 구분의 변수인 MON_DUM별로 표시한 Box 그래프이다.

**[그림 6.4.4]** Box Graph (4)

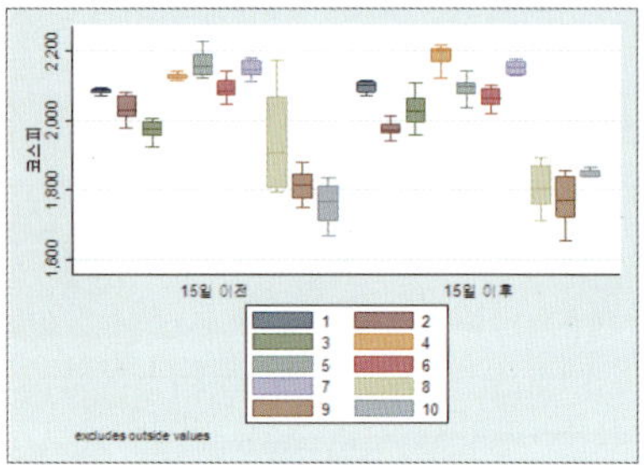


(A)

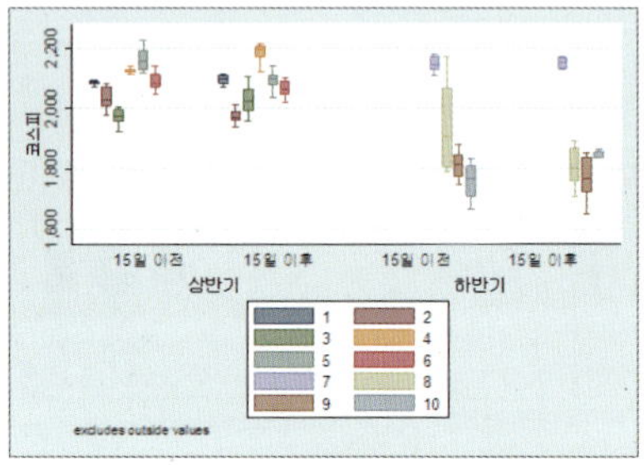


(B)

```
. graph box KOSPI, over(MONTH) nooutsides over(DAY_DUM) asyvars
. graph box KOSPI, over(MONTH) nooutsides over(DAY_DUM) over(MON_DUM)
```

[그림 6.4.5] (A)는 KOSPI, KOSPI_200, KOSPI_100, KOSPI_50에 대한 변수를 수평으로 그린 Box 그래프이며, 이때 역시 Outside 정보를 제외하였다. (B) Outside를 제외한 전형적인 Box 그래프이다.

**[그림 6.4.5]** Box Graph (5)

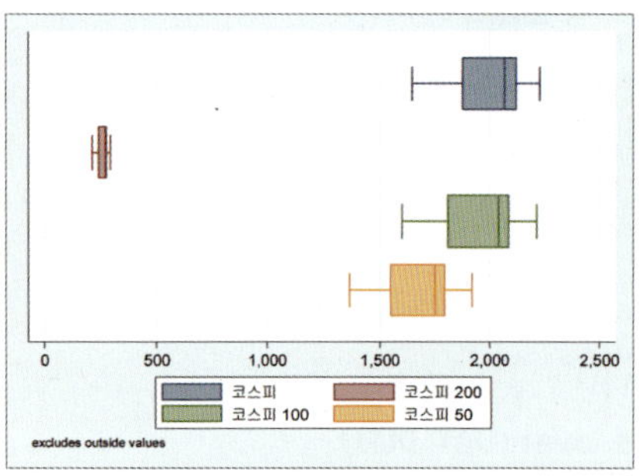


(A)

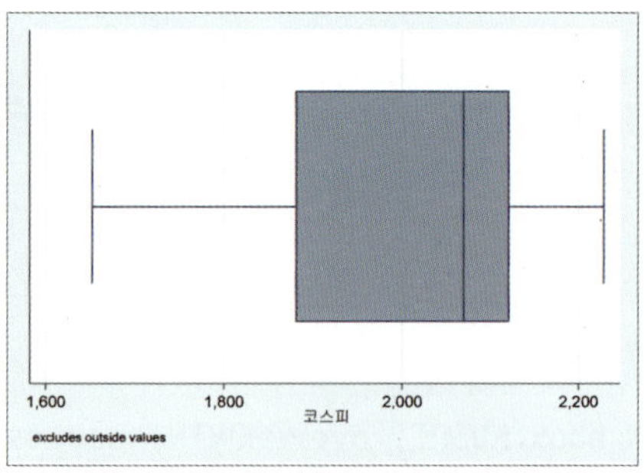


(B)

```
. graph hbox KOSPI KOSPI_200 KOSPI_100 KOSPI_50, nooutsides
. graph hbox KOSPI , nooutsides
```

[그림 6.4.6] (A)는 KOSPI_200, KOSPI_100, KOSPI_50에 대한 변수를 수평으로 그린 Box 그래프이며, 이때 역시 Outside 정보를 제외하였다. (B)는 KOSPI 변수에 대하여 월별로 구분하여 표시한 Box 그래프이다.

**[그림 6.4.6]** Box Graph (6)

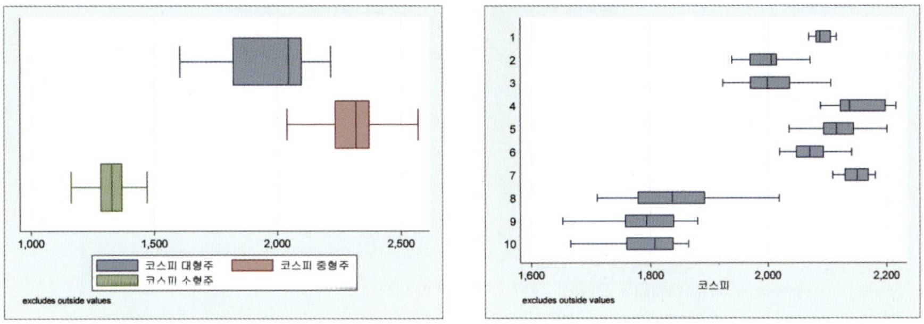


(A) (B)

```
. graph hbox KOSPI_H KOSPI_M KOSPI_S, nooutsides
. graph hbox KOSPI, nooutsides over(MONTH)
```

[그림 6.4.7] (A)는 KOSPI_H, KOSPI_M, KOSPI_S에 대하여 수평으로 표현한 Box 그래프로서 그 기준을 월별로 구분하여 표시하고, Outside 정보를 제외한 상태이다. 또한 (B)는 상반기와 하반기를 구분(MON_DUM)하여 표시한 Box 그래프이다.

**[그림 6.4.7]** Box Graph (7)

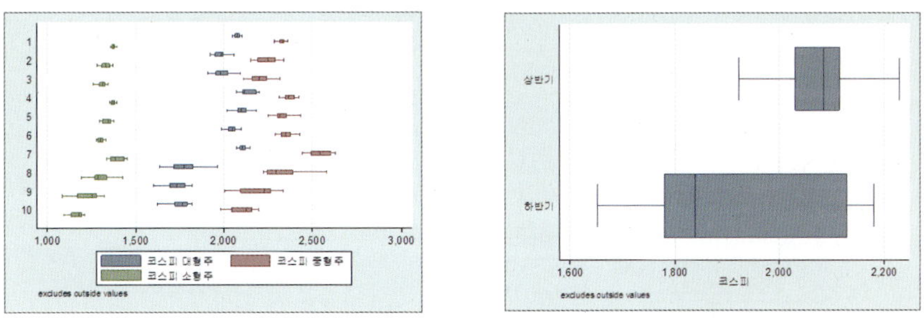


(A) (B)

```
. graph hbox KOSPI_H KOSPI_M KOSPI_S, nooutsides over(MONTH)
. graph hbox KOSPI, nooutsides over(MON_DUM)
```

[그림 6.4.8] (A)는 대형주(KOSPI_H), 중형주(KOSPI_M), 소형주(KOSPI_S)에 대하여 수평으로 표시하고, Outside 정보를 제외하며, MON_DUM 별로 구분하여 그린 Box 그래프이다. (B)는 KOSPI에 대하여 Outside 정보를 제외하고, DAY_DUM별로, MON_DUM별로 구분하여 표시한 Box 그래프이다.

**[그림 6.4.8]** Box Graph (8)

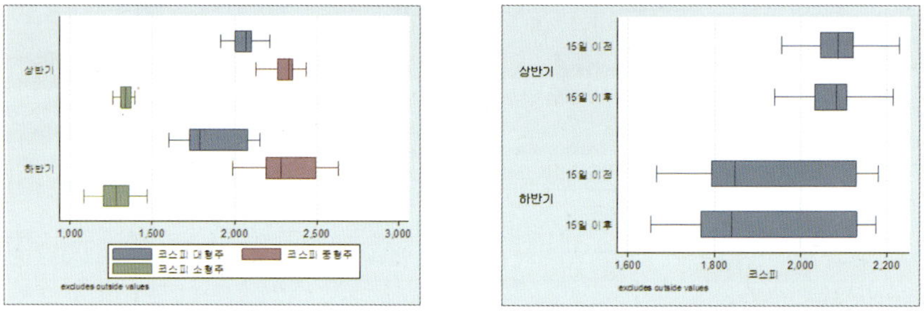


(A) (B)

```
. graph hbox KOSPI_H KOSPI_M KOSPI_S, nooutsides over(MON_DUM)
. graph hbox KOSPI, nooutsides over(DAY_DUM) over(MON_DUM)
```

[그림 6.4.9] (A)는 대형주, 중형주, 소형주를 대상으로 DAY_DUM, MON_DUM, Outside 정보 제외한 그래프이다. 또한 (B)는 첫번째 구분한 DAY_DUM를 Y변수로 하는 Box 그래프를 그린 것이다.

**[그림 6.4.9]** Box Graph (9)

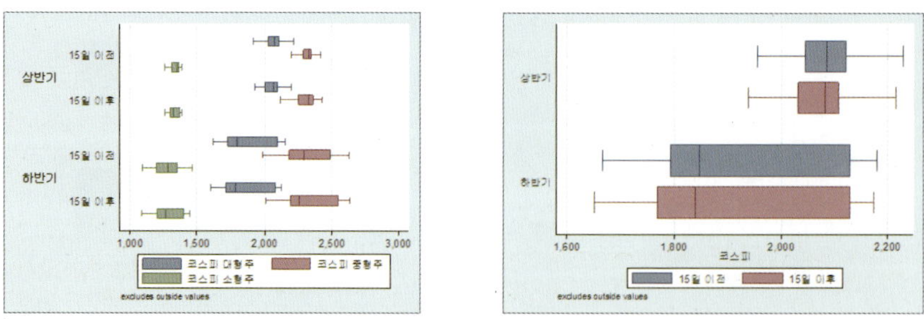


(A) (B)

```
. graph hbox KOSPI_H KOSPI_M KOSPI_S, nooutsides  ///
            over(DAY_DUM) over(MON_DUM)
. graph hbox KOSPI                         , nooutsides  ///
            over(DAY_DUM) over(MON_DUM) asyvars
```

[그림 6.4.10] (A)의 특징은 결측값(missing value)을 제외한 상태의 표현한 그래프이며, (B)는 수직으로 표현한 그래프이다.

**[그림 6.4.10]** Box Graph (10)

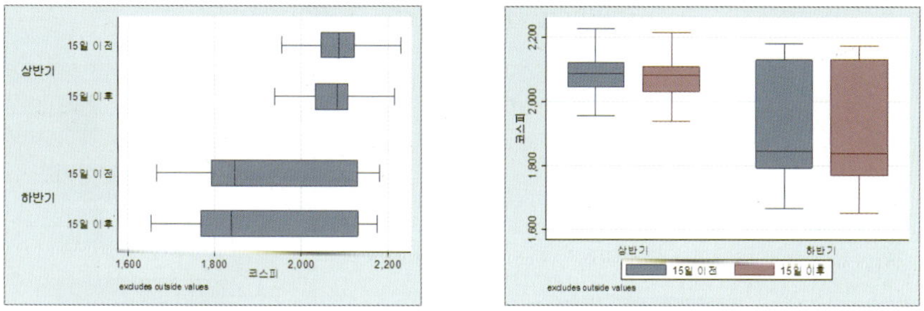


(A) (B)

```
. graph hbox KOSPI, nooutsides over(DAY_DUM) over(MON_DUM) missing
. graph box KOSPI, nooutsides over(DAY_DUM) over(MON_DUM) asyvars
```

[그림 6.4.11] (A)는 수직으로 표현한 Box 그래프이며, nofill이라는 옵션이 표현되어 있다. 이 의미는 일종의 결측값을 제외하고 표현한다는 의미이다.

**[그림 6.4.11]** Box Graph (11)

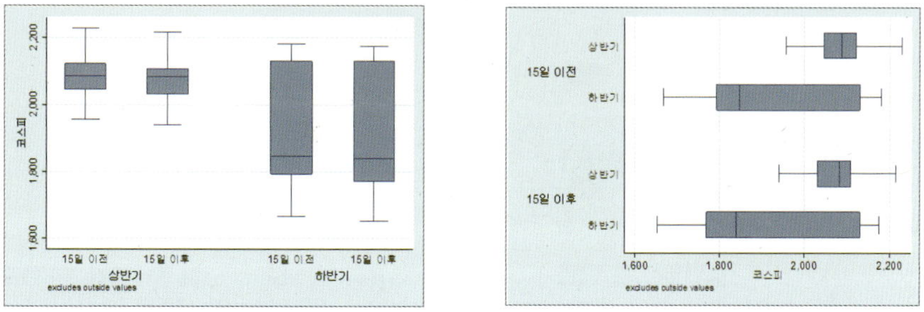


(A) (B)

```
. graph box KOSPI, nooutsides over(DAY_DUM) over(MON_DUM) nofill
. graph hbox KOSPI, nooutsides over(MON_DUM) over(DAY_DUM)
```

[그림 6.4.12]는 gap에 대한 정보가 포함되어 있다. 여기서 gap이 의미하는 것은 over()안에 표시된 변수간의 간격을 의미한다. (A)의 경우 상반기와 하반기에 대한 변수인 MON_DUM의 간격을 300으로 설정하고, (B)의 경우는 15일이전/이후를 구분하는 변수인 DAY_DUM의 간격을 25로 설정한 경우이다. 이와 같이 적용한 gap에 대하여 구분이 가능할 것으로 판단된다.

**[그림 6.4.12]** Box Graph (12)

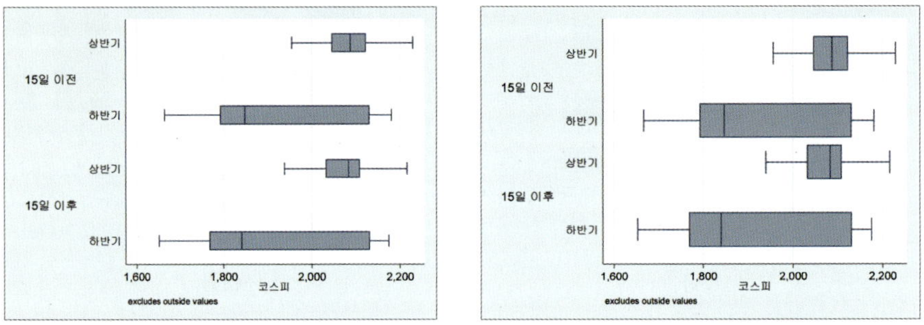


(A) (B)

```
. graph hbox KOSPI, nooutsides over(MON_DUM, gap(300)) over(DAY_DUM)
. graph hbox KOSPI, nooutsides over(MON_DUM) over(DAY_DUM, gap(25))
```

[그림 6.4.13] (A)는 gap에 대한 정보를 동시에 적용한 경우이다. (B)는 외부 간격을 구분한 그래프이다.

**[그림 6.4.13]** Box Graph (13)

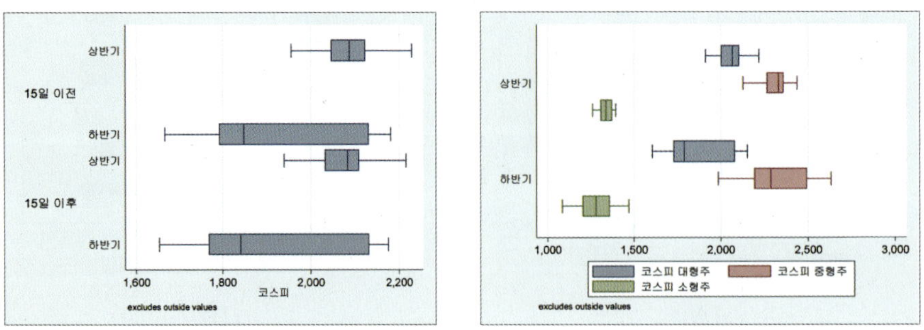


(A) (B)

```
. graph hbox KOSPI, nooutsides over(MON_DUM, gap(300))
          over(DAY_DUM, gap(25))
. graph hbox KOSPI_H KOSPI_M KOSPI_S, nooutsides
          over(MON_DUM) outergap(50)
```

[그림 6.4.14]는 outergap의 있는 경우와 없는 경우를 비교한 그래프이다.

**[그림 6.4.14]** Box Graph (14)

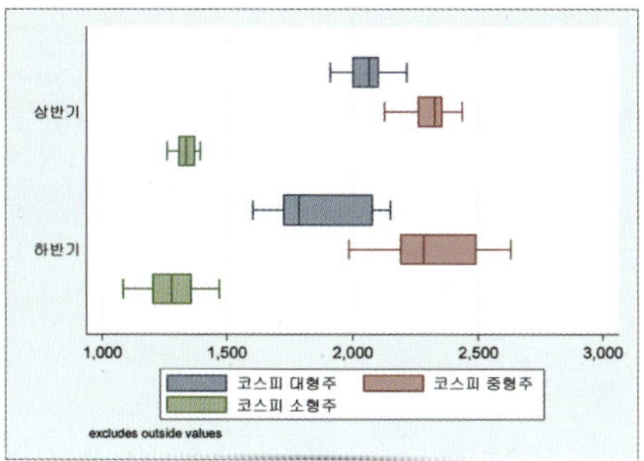


(A)

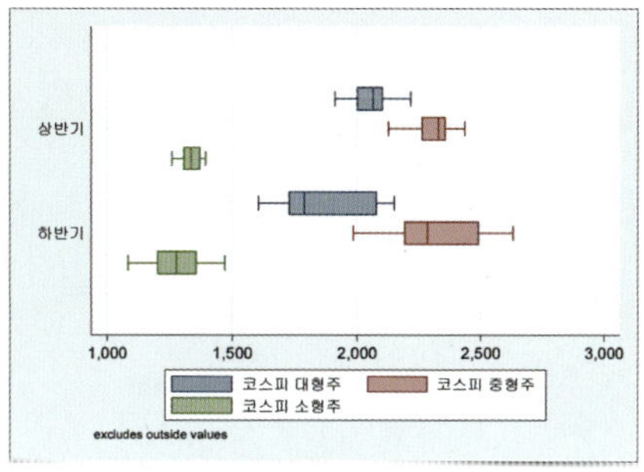


(B)

```
. graph hbox KOSPI_H KOSPI_M KOSPI_S, nooutsides
          over(MON_DUM) outergap(200)
. graph hbox KOSPI_H KOSPI_M KOSPI_S, nooutsides over(MON_DUM)
```

[그림 6.4.15] (A)는 Boxgap을 별도로 적용하고 있다는 것이다.

**[그림 6.4.15]** Box Graph (15)

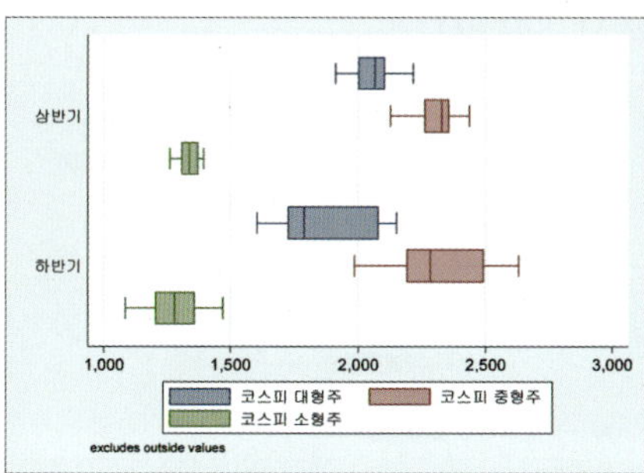


(A)

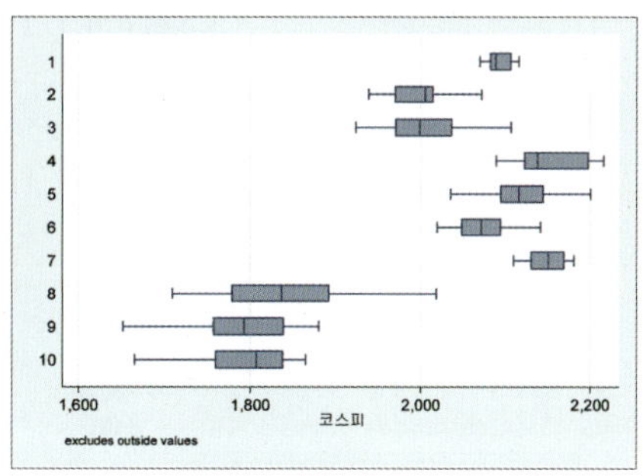


(B)

```
. graph hbox KOSPI_H KOSPI_M KOSPI_S, nooutsides over(MON_DUM) ///
             boxgap(10)
. graph hbox KOSPI                   , nooutsides over(MONTH)
```

[그림 6.4.16] (A)는 월별로 구분한 값을 내림차순으로 그래프를 그린 경우이며, (B)는 월별과 일별로 정렬한 경우의 Box 그래프이다.

**[그림 6.4.16]** Box Graph (16)

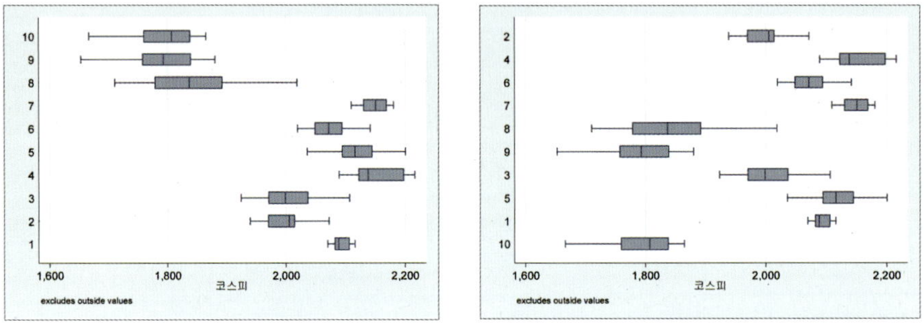


(A) (B)

```
. graph hbox KOSPI, nooutsides over(MONTH, descending)
. graph hbox KOSPI, nooutsides over(MONTH, sort(DAY))
```

[그림 6.4.17] (A)는 median을 기준으로 정렬한 경우를 그래프로 그린 경우이며, (B)는 내림차순으로 표현한 그래프이다.

**[그림 6.4.17]** Box Graph (17)

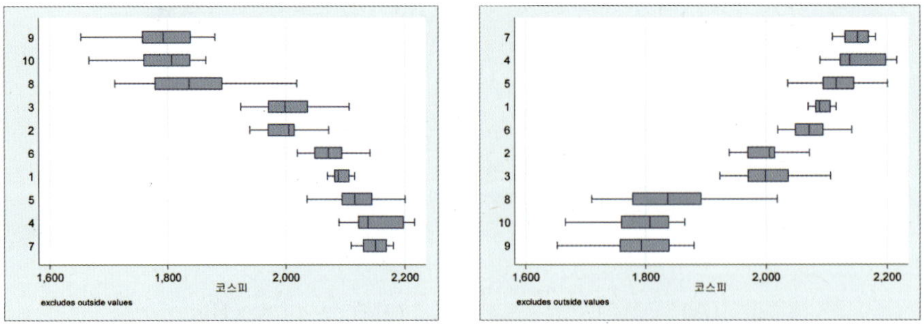


(A) (B)

```
. graph hbox KOSPI, nooutsides over(MONTH, sort(1))
. graph hbox KOSPI, nooutsides over(MONTH, sort(1) descending)
```

[그림 6.4.18] (A)는 대형주와 중형주를 월별로 구분하여 표시한 그래프이며, (B)는 대형주와 중형주를 월별로 정렬한 그래프이다. 특히 대형주에 한하여 적용한 그래프이다.

**[그림 6.4.18]** Box Graph (18)

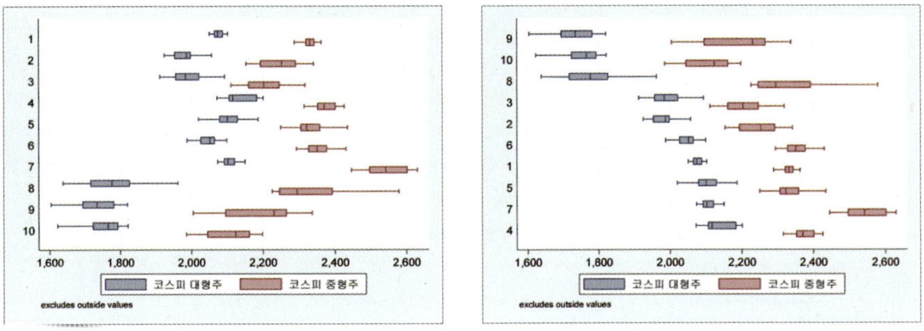


(A) (B)

```
. graph hbox KOSPI_H KOSPI_M, nooutsides over(MONTH)
. graph hbox KOSPI_H KOSPI_M, nooutsides over(MONTH, sort(1))
```

[그림 6.4.19] (A)는 중형주를 기준으로 정렬한 그래프이며, (B)는 15일 이전/이후에 대하여 월별의 median의 크기순으로 정렬한 그래프이다.

**[그림 6.4.19]** Box Graph (19)

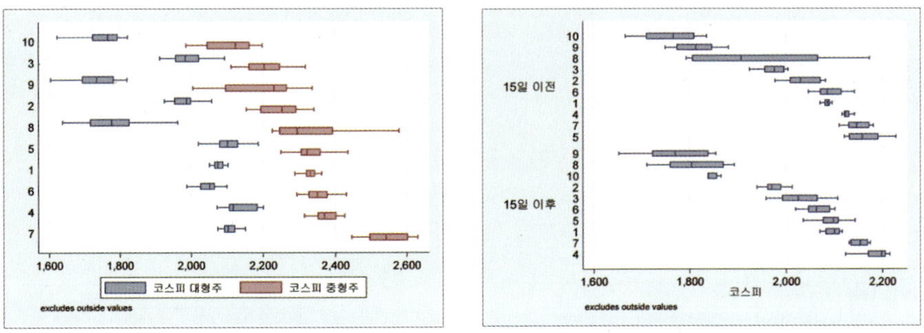


(A) (B)

```
. graph hbox KOSPI_H KOSPI_M, nooutsides over(MONTH, sort(2))
. graph hbox KOSPI, nooutsides over(MONTH, sort(1)) over(DAY_DUM)
```

[그림 6.4.20] (A)는 월별로 내림차순으로 정렬한 것이며, (B)는 월별에 대한 정보를 기울림을 주어 표시한 그래프이다.

**[그림 6.4.20]** Box Graph (20)

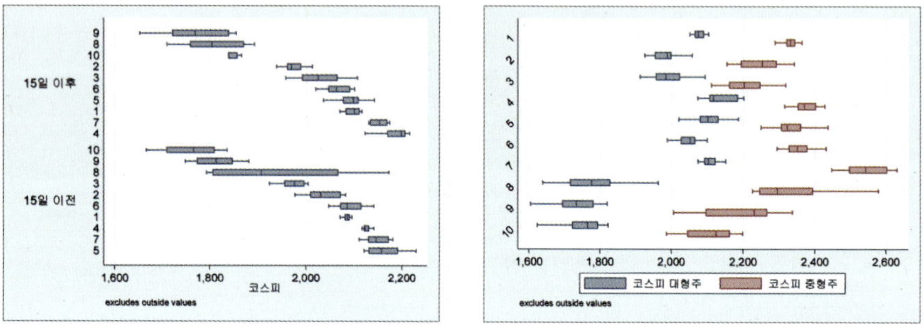


(A) (B)

```
. graph hbox KOSPI, nooutsides over(MONTH, sort(1))
        over(DAY_DUM, descending)
. graph hbox KOSPI_H KOSPI_M, nooutsides over(MONTH, label(angle(45)))
```

[그림 6.4.21] (A)는 월별에 대한 정보를 alternate하게 표현한 그래프이다. (B)는 월별 및 15일이전/이후를 구분한 더미변수를 기준으로 alternate하게 표현한 그래프이다.

**[그림 6.4.21]** Box Graph (21)

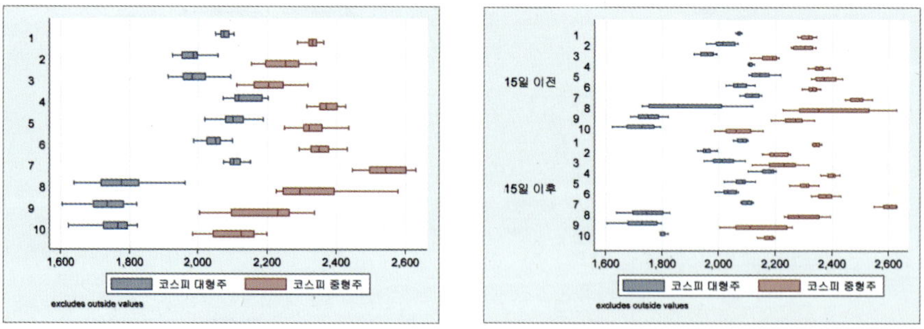


(A) (B)

```
. graph hbox KOSPI_H KOSPI_M, nooutsides over(MONTH, label(alternate))
. graph hbox KOSPI_H KOSPI_M, nooutsides over(MONTH, label(alternate))
            over(DAY_DUM)
```

[그림 6.4.22] (A)는 [그림 6.4.21]의 (A)를 수직으로 표현한 그래프이며, (B)는 특정 기준점을 그래프에 표현한 그래프이다.

**[그림 6.4.22]** Box Graph (22)

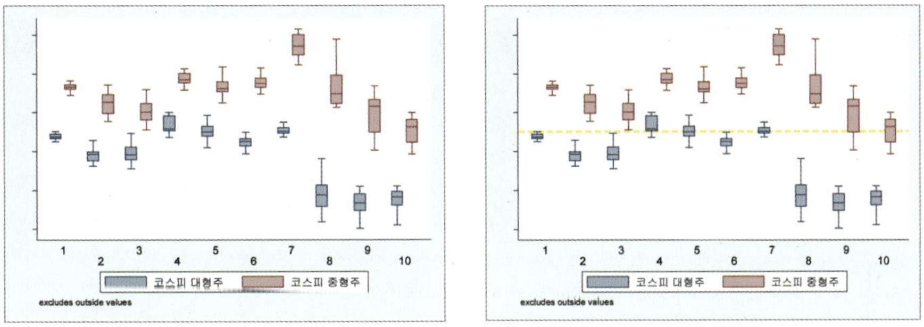


(A) (B)

```
. graph box KOSPI_H KOSPI_M, nooutsides over(MONTH, label(alternate))
. graph box KOSPI_H KOSPI_M, nooutsides over(MONTH, label(alternate))
          yline(2100, lwidth(thick) lcolor(gold) lpattern(dash))
```

# 6.5 Time-series graphs

[그림 6.5.1] (A)는 대형주에 대한 기본적인 Time-series 그래프이다. (B)는 대형주, 중형주, 소형주에 대한 Time-series 그래프이다. 즉, 옵션이 없는 상태의 그래프이다(KRX\DATA_STOCK_MERGE.dta).

**[그림 6.5.1]** Time-series Graph (1)

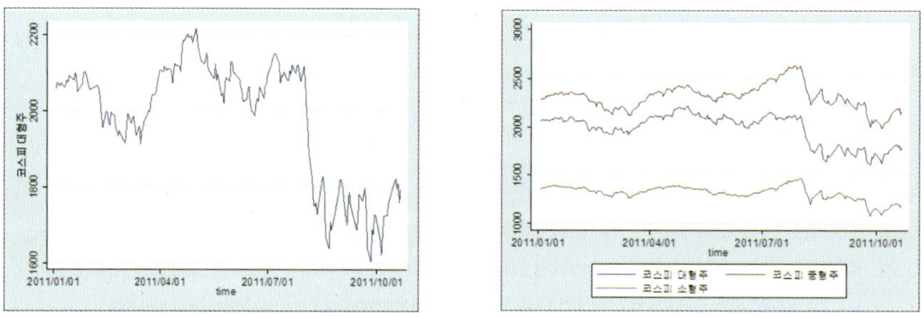


(A) (B)

```
. twoway tsline KOSPI_H
. twoway tsline KOSPI_H KOSPI_M KOSPI_S
```

[그림 6.5.2] (A)는 첫 번째 시작하는 변수인 대형주의 lwidth(line width)를 thick로 설정하고 그 색상(lcolor)를 red로 설정한 경우이다. 여기서 lwidth를 설정할 수 있는 경우는 다음과 같다.

**[그림 6.5.2]** Time-series Graph (2)

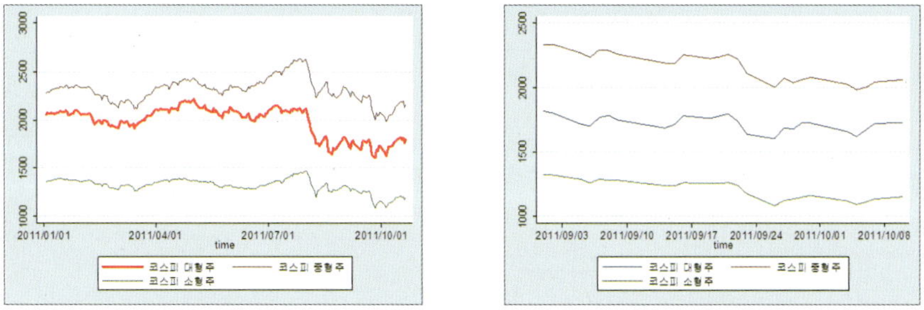

(A) (B)

```
. twoway tsline KOSPI_H KOSPI_M KOSPI_S, lwidth(thick) lcolor(red)
. twoway tsline KOSPI_H KOSPI_M KOSPI_S        ///
              if (time >= mdy(9,1,2011)) & ///
              (time <= mdy(10,10,2011))
```

| line width style | Description |
|---|---|
| None | line has zero width; it vanishes |
| vvthin | thinnest(얇은) |
| vthin | |
| thin | |
| medthin | |
| medium | |
| medthick | |
| thick | |
| vthick | |
| vvthick | |
| vvvthick | thickest(두꺼운) |
| relativesize | any size you want |

위 표에서 보는 것과 같이 [그림 6.5.2] (A)에 표시된 lwidth(thick)는 좀 두꺼운 라인을 표시하고 있다는 것을 알 수 있다. 그리고(B)의 경우는 일정기간으로 설정하여 표시한 그래프이다. [그림 6.5.3] (A)는 특정기간을 설정한 것이며, 해당 월(month)을 영문으로 표시한 경우이며, (B)는 숫자로 표현한 경우이다. 물론 현재의 그래프는 두 기간이 달리 적용한 경우이다.

**[그림 6.5.3]** Time-series Graph (3)

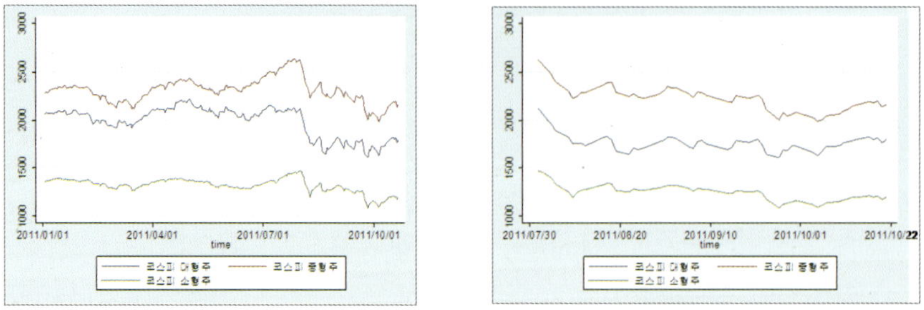


(A) (B)

```
. twoway tsline KOSPI_H KOSPI_M KOSPI_S if tin(01jan2011, 31oct2011)
. twoway tsline KOSPI_H KOSPI_M KOSPI_S if tin(01082011, 31102011)
```

[그림 6.5.4] (A)는 x축 제목을 KOSPI INDEX로 표시하고자 하는 경우이며, (B)는 시간 변수를 표시하되 특정 기간(5개)에 한하여 표시하고자 하는 경우이다.

**[그림 6.5.4]** Time-series Graph (4)

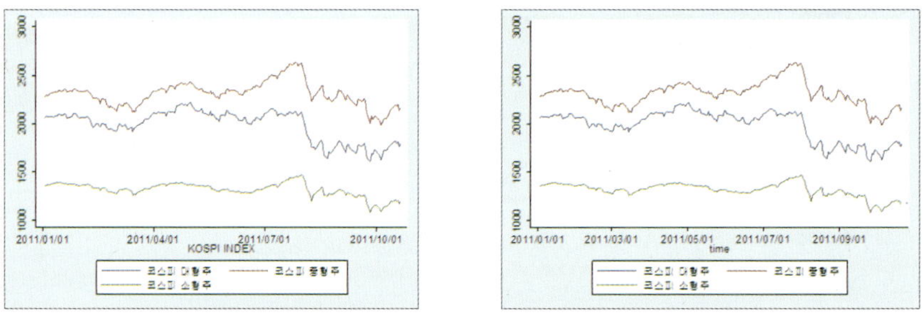


(A) (B)

```
. twoway tsline KOSPI_H KOSPI_M KOSPI_S, ttitle(KOSPI INDEX)
. twoway tsline KOSPI_H KOSPI_M KOSPI_S,                ///
              tlabel(01jan2011 01mar2011                ///
                     01may2011 01jul2011 01sep2011)
```

[그림 6.5.5] (A)는 x축 중간에 별도의 기간을 표시하고자 한 경우이다. 또한 (B)는 별도의 기간을 표시하되 날짜는 표시하지 않고 그 위치만 표시하고자 한 경우이다.

**[그림 6.5.5]** Time-series Graph (5)

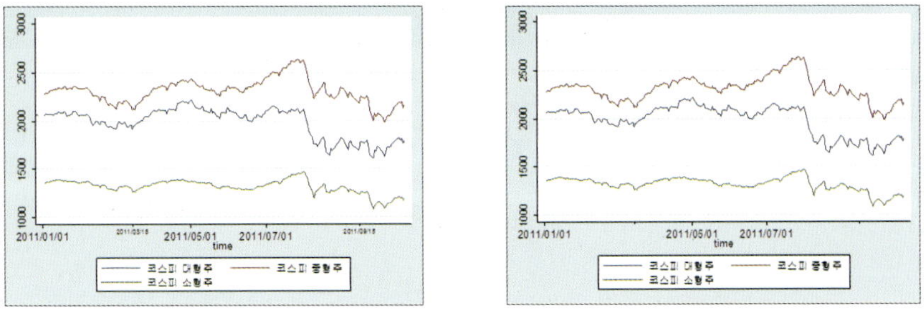


(A) (B)

```
. twoway tsline KOSPI_H KOSPI_M KOSPI_S,                    ///
               tlabel(01jan2011  01may2011 01jul2011)       ///
               tmlabel(15mar2011 15sep2011)
. twoway tsline KOSPI_H KOSPI_M KOSPI_S,                    ///
               tlabel(01jan2011  01may2011 01jul2011 )      ///
               tmtick(15mar2011 15sep2011)
```

[그림 6.5.6] (A)는 특정한 일자에 수직선을 표시하고자 하는 경우이며, (B)는 특정일자에 수직선 대신 해당하는 일자를 수직방향으로 표시하고자 하는 경우이다.

**[그림 6.5.6]** Time-series Graph (6)

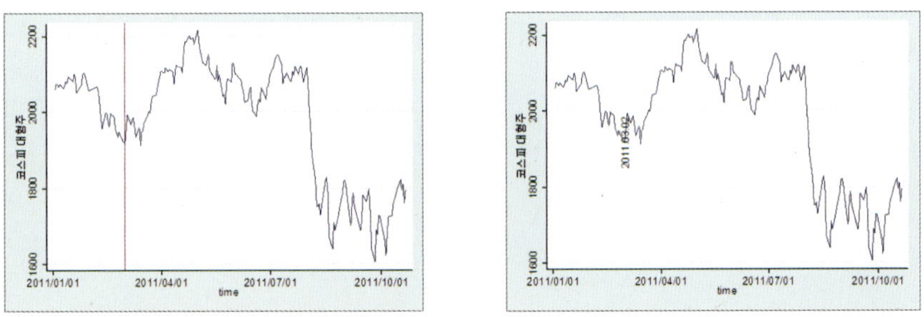


(A) (B)

```
. twoway tsline KOSPI_H, tline(02mar2011)
. twoway tsline KOSPI_H,                                 ///
               ttext(1916 02mar2011 "2011.03.02",        ///
               orientation(vertical))
```

# 6.6 Graph 저장하기

이제 그 동안 연습한 그래프를 논문이나 보고서에 삽입할 수 있도록 저장하는 방법을 살펴보자. 명령어에서 help graph save를 입력하면 [그림 6.6.1]의 도움말이 나타난다.

**[그림 6.6.1]** graph save 도움말

```
Title

    [G-2] graph save — Save graph to disk


Syntax

        graph save [graphname] filename [, asis replace]


Description

    graph save saves the specified graph to disk.  If graphname is not
    specified, the graph currently displayed is saved to disk in Stata's .gph
    format.

    If filename is specified without an extension, .gph is assumed.


Options

    asis specifies that the graph be frozen and saved as is.  The alternative
        -- and the default if asis is not specified -- is live format.  In live
        format, the graph can be edited in future sessions, and the overall
        look of the graph continues to be controlled by the chosen scheme (see
        [G-4] schemes intro).
```

[그림 6.6.1]에서 명령어는 기본적으로 graph save result.gph이며, do 파일에서 실행하기 위해서는 옵션으로 ", replace"를 추가해야 한다. 그렇지 않으면, 다음과 같이 오류메시지가 나타난다.

```
. graph save result.gph
file result.gph already exists
r(602);
```

기본적으로 그래프를 저장하는데 사용되는 확장자는 ".gph"이다. 또한 Options에 보면 [G-4] schemes intro가 보이는데 이를 살펴보면 [그림 6.6.2]와 같다.

**[그림 6.6.2]** schemes intro 도움말

```
Title

    [G-4] schemes intro — Introduction to schemes


Syntax

        set scheme schemename [, permanently]

        graph ...  [, ...  scheme(schemename) ...]

        schemename  Foreground   Background  Description
        ------------------------------------------------------------------------
        s2color     color        white       factory setting
        s2mono      monochrome   white       s2color in monochrome
        s2gcolor    color        white       used in the Stata manuals
        s2manual    monochrome   white       s2gcolor in monochrome
        s2gmanual   monochrome   white       previously used in the [G] manual


        s1rcolor    color        black       a plain look on black background
        s1color     color        white       a plain look
        s1mono      monochrome   white       a plain look in monochrome
        s1manual    monochrome   white       s1mono but smaller

        economist   color        white       The Economist magazine
        sj          monochrome   white       Stata Journal
        ------------------------------------------------------------------------

        Other schemenames may be available; type

            . graph query, schemes
```

[그림 6.6.2]의 에서 set scheme schemename을 선택해야 한다. 11가지 scheme를 설정해 그림의 변화를 살펴보자.

**[그림 6.6.3]** schemes intro 적용 결과

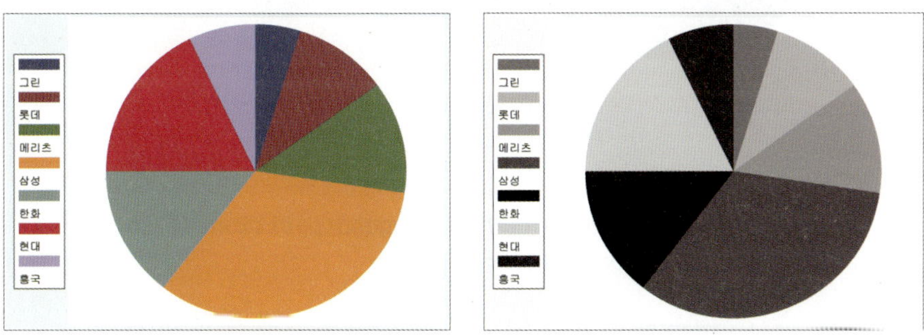


(A) (B)

(A)

```
. set scheme s2color
. graph pie RAT_EMP_2, over(COM_NN) legend(position(9) cols(1) stack)
. graph export s2color.wmf, replace
```

(B)

```
. set scheme s2mono
. graph pie RAT_EMP_2, over(COM_NN) legend(position(9) cols(1) stack)
. graph export s2mono.wmf, replace
```

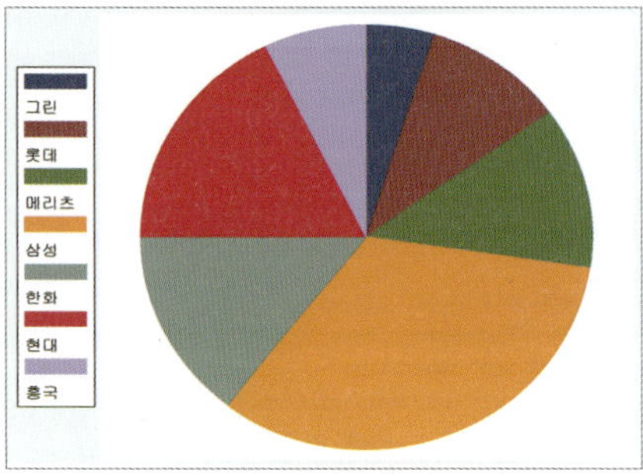


(C)

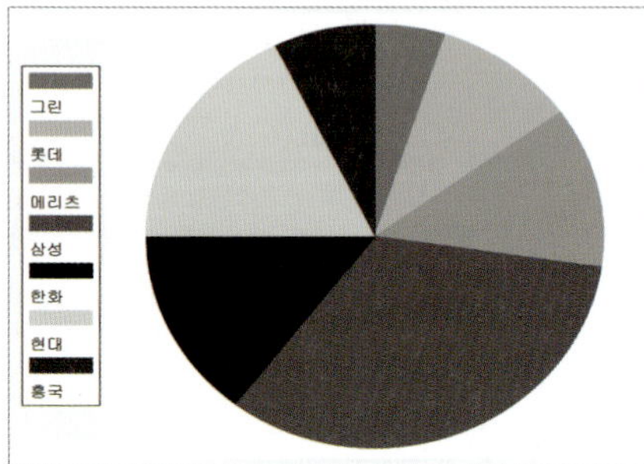


(D)

(C)

```
. set scheme s2gcolor
. graph pie RAT_EMP_2, over(COM_NN) legend(position(9) cols(1) stack)
. graph export s2gcolor.wmf, replace
```

(D)

```
. set scheme s2manual
. graph pie RAT_EMP_2, over(COM_NN) legend(position(9) cols(1) stack)
. graph export s2manual.wmf, replace
```

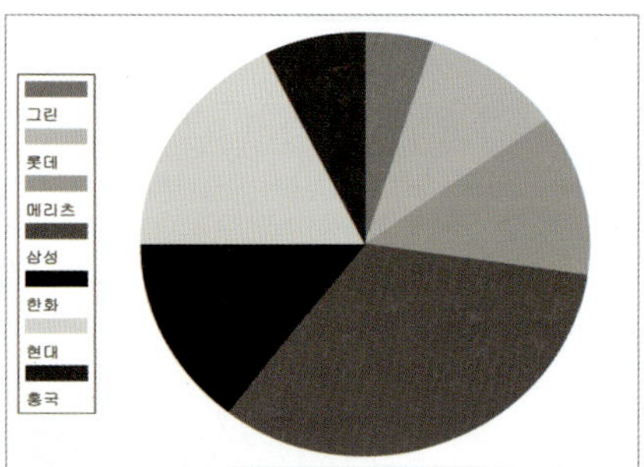


(E)

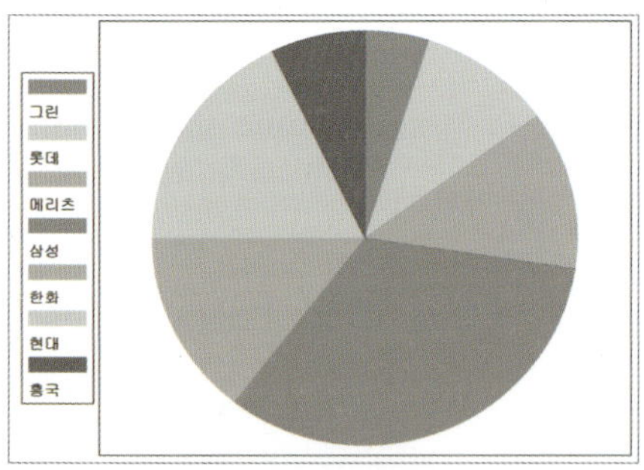


(F)

(E)

```
. set scheme s2gmanual
. graph pie RAT_EMP_2, over(COM_NN) legend(position(9) cols(1) stack)
. graph export s2gmanual.wmf, replace
```

(F)

```
. set scheme s1rcolor
. graph pie RAT_EMP_2, over(COM_NN) legend(position(9) cols(1) stack)
. graph export s1rcolor.wmf, replace
```

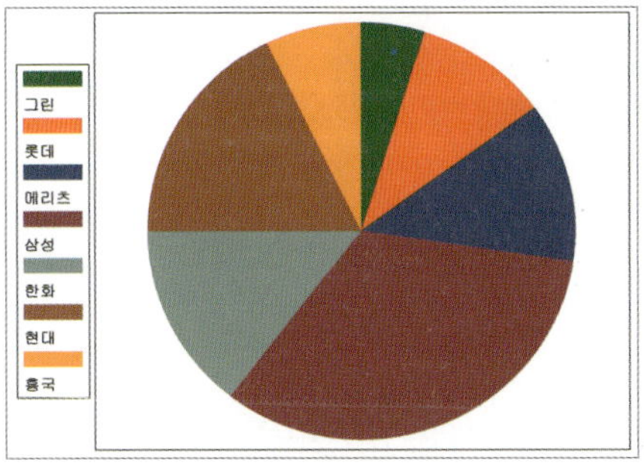


(G)

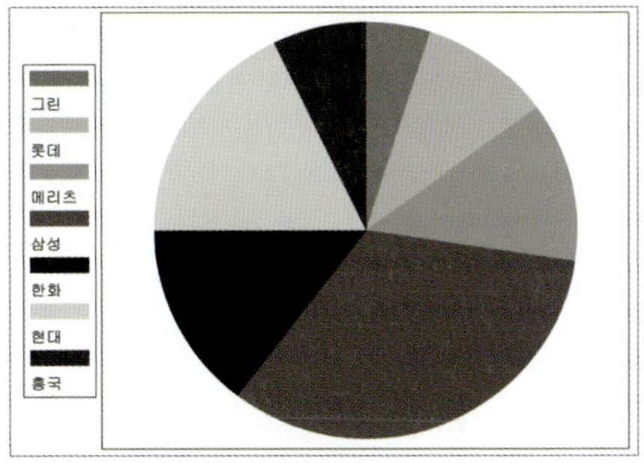


(H)

(G)

```
. set scheme s1color
. graph pie RAT_EMP_2, over(COM_NN) legend(position(9) cols(1) stack)
. graph export s1color.wmf, replace
```

(H)

```
. set scheme s1mono
. graph pie RAT_EMP_2, over(COM_NN) legend(position(9) cols(1) stack)
. graph export s1mono.wmf, replace
```

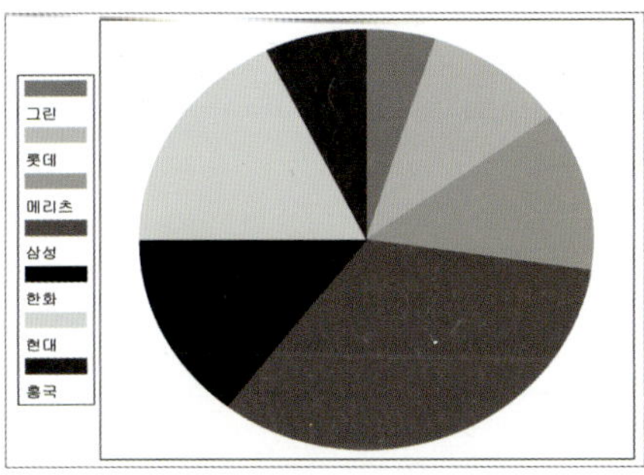


(I)

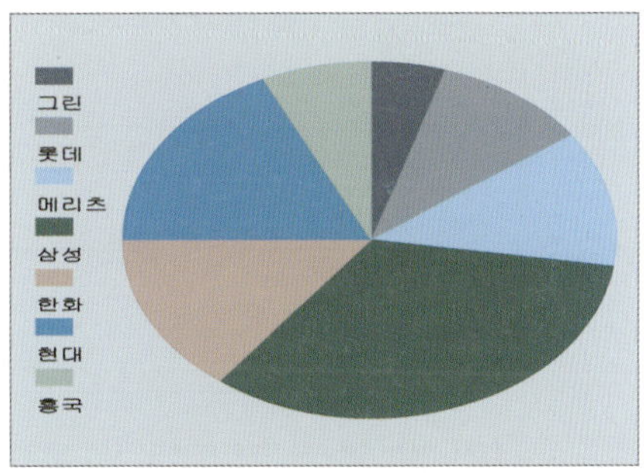


(J)

(I)

```
. set scheme s1manual
. graph pie RAT_EMP_2, over(COM_NN) legend(position(9) cols(1) stack)
. graph export s1manual.wmf, replace
```

(J)

```
. set scheme economist
. graph pie RAT_EMP_2, over(COM_NN) legend(position(9) cols(1) stack)
. graph export economist.wmf, replace
```

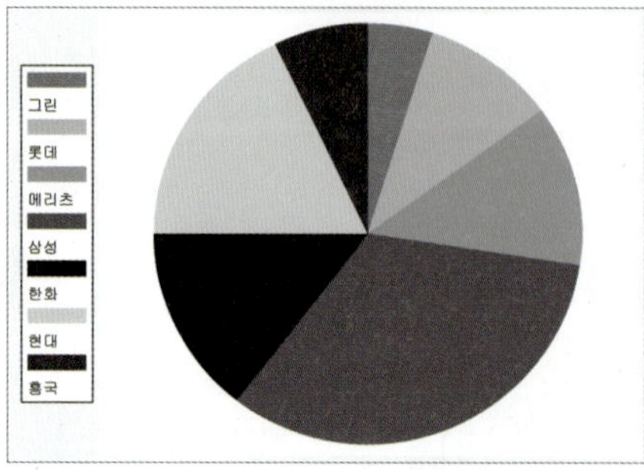


(K)

(K)
```
. set scheme sj
. graph pie RAT_EMP_2, over(COM_NN) legend(position(9) cols(1) stack)
. graph export sj.wmf, replace
```

위와 같이 11개의 scheme를 살펴보았다. 다양한 형태로 그래프를 표현할 수 있으니, 사용자가 선호하는 형태를 선택하여 사용하면 된다. 위에서 또한 graph export라는 명령어를 보았을 것이다. [그림 6.6.4]의 graph export를 살펴보자.

**[그림 6.6.4]** graph export

```
Title

    [G-2] graph export — Export current graph

Syntax

        graph export newfilename.suffix [, options]

    options                            Description
    ------------------------------------------------------------------
    name(windowname)                   name of Graph window to export
    as(fileformat)                     desired format of output
    replace                            newfilename may already exist
    override_options                   override defaults in conversion
    ------------------------------------------------------------------

    If as() is not specified, the output format is determined by the suffix of
    newfilename.suffix:

                      Implied
    suffix            option           Output format
    ------------------------------------------------------------------
    .ps               as(ps)           PostScript
    .eps              as(eps)          EPS (Encapsulated PostScript)
    .wmf              as(wmf)          Windows Metafile
    .emf              as(emf)          Windows Enhanced Metafile
    .pdf              as(pdf)          PDF
    .png              as(png)          PNG (Portable Network Graphics)
    .tif              as(tif)          TIFF
     other                             must specify as()
    ------------------------------------------------------------------
    ps and eps are available for all versions of Stata; png and tif are
        available for all versions of Stata except Stata(console) for Unix; pdf
        is available only for Stata for Windows and Stata for Mac; and wmf and
        emf are available only for Stata for Windows.
```

[그림 6.6.4]에서 그래프를 저장할 수 있는 형태는 8가지 이상으로 되어 있다.

# 6.7 Graph 참고하기

STATA를 이용하여 그래프를 그리고자 하는 경우 유용한 SITE를 소개하고자 한다. 우선 STATA 홈페이지(www.stata.com)에서 Support > FAQs 에서 Visual overview for creating graphs를 선택하면 [그림 6.7.1]의 화면이 나타난다. 왼쪽에 11개 영역을 선택하면 다양한 형태의 그림을 소개하고 있다.

**[그림 6.7.1]** Visual overview for creating graphs

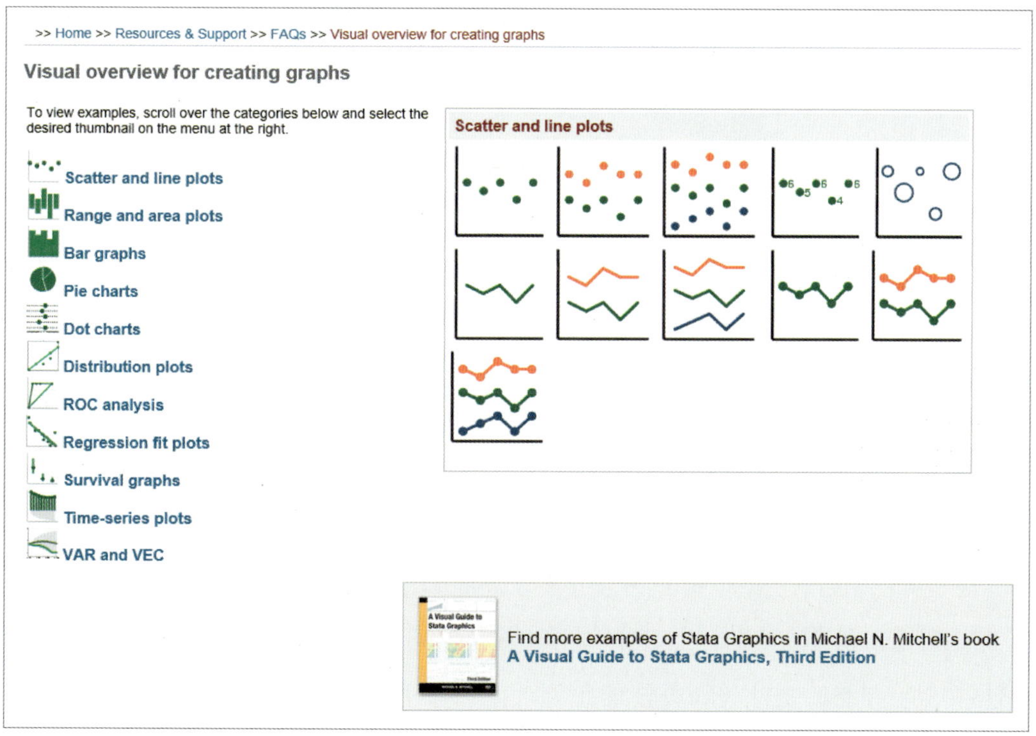


다음으로 소개할 site는 Princeton University에서 STATA와 관련한 그래프를 [그림 6.7.2]와 같이 설명하고 있다.

**[그림 6.7.2]** Princeton University의 STATA 그래프

## 3. Stata Graphics

Stata has excellent graphic facilities, accessible through the `graph` command, see `help graph` for an overview. The most common graphs in statistics are X-Y plots showing points or lines. These are available in Stata through the `twoway` subcommand, which in turn has 31 sub-subcommands or plot types, the most important of which are `scatter` and `line`. We will also describe briefly bar plots, available through the `bar` subcommand, and other plot types.

Stata 10 introduced a graphics editor that can be used to modify a graph interactively. We do not recomment this practice, however, because it conflicts with the goals of documenting and ensuring reproducibility of all the steps in your research.

### 3.1 Scatterplots

In this section we will illustrate a few plots using the data on fertility decline first used in Section 2.1. To read the data from net-aware Stata type

```
infile str14 country setting effort change ///
    using http://data.princeton.edu/wws509/datasets/effort.raw
```

To whet your appetite, here's the plot that we will produce in this section:

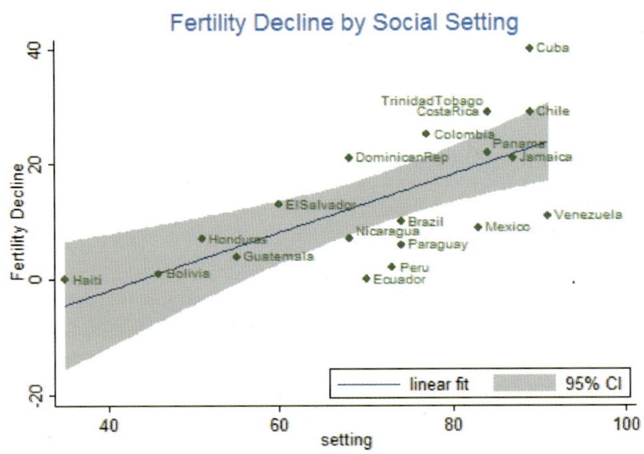


출처: http://data.princeton.edu/stata/Graphics.html

SDAS(Survey Design and Analysis Services Pty Ltd)에서도 STATA의 그래프에 대한 유용한 팁을 소개하고 있다. [그림 6.7.3]에서 보는 것과 같이 그림과 소스를 동시에 보여주고 있다. 따라서 사용자는 해당 소스를 드래그 및 복사하여 STATA DO 파일로 만들어 실행하면 동일한 결과를 얻을 수 있다. 물론 다양하게 응용해야 연구자의 것이 될 수 있을 것이다. [그림 6.7.3]외에도 회귀분석에서 각 잔차(오차)의 정규성 내지는 분포를 그리고자 할 경우에 사용할 수 있는 부분도 있다. 참고하면 좋은 결과를 시각적으로 표현할 수 있을 것 같다.

[그림 6.7.3] SDAS에서 제공하는 STATA의 Graph 팁(예시)

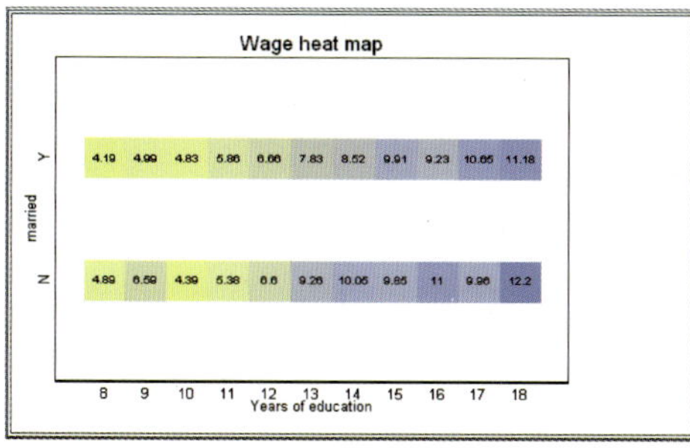


```
sysuse nlsw88, clear

generate g=max(grade,8)
label  var g "Years of education"
rename  married m
collapse wage, by(g m)
generate  w=round(wage,.01)
summarize wage, meanonly
generate  c=round((wage-r(min))/(r(max)-r(min))*255)
quiet levelsof c, loc(cs)
local g
foreach c of loc cs {
   local c1=120+round(`c'/2)
   local c2=255-round(`c'/2)
   local m mc("`c2' `c2' `c1'")
   local g `g'||sc m g if c==`c', ms(S) msize(ehuge) `m'
 }
 local g `g'||sc m g, ms(i) mlab(w) mlabp(0)
 local g `g' leg(off) yla(-.75 " " 0 "N" 1 "Y" 1.75 " ", notick)
 local g `g' xla(7 " " 8/18 19 " ", notick)

twoway `g'  scheme(s1mono) ti(Wage heat map) xsize(8) ysize(5)
```

출처: http://www.survey-design.com.au/Stata%20Graphs.html

다음으로 소개할 site는 UCLA에서 제공하는 Graph Examples이다. [그림 6.7.4]와 같이 다양한 그래프를 보여주고 있으며, 해당 그래프를 선택하면 [그림 6.7.5]와 같이 그림과 소스를 보여준다.

[그림 6.7.4] UCLA에서 제공하는 STATA 그래프 예제

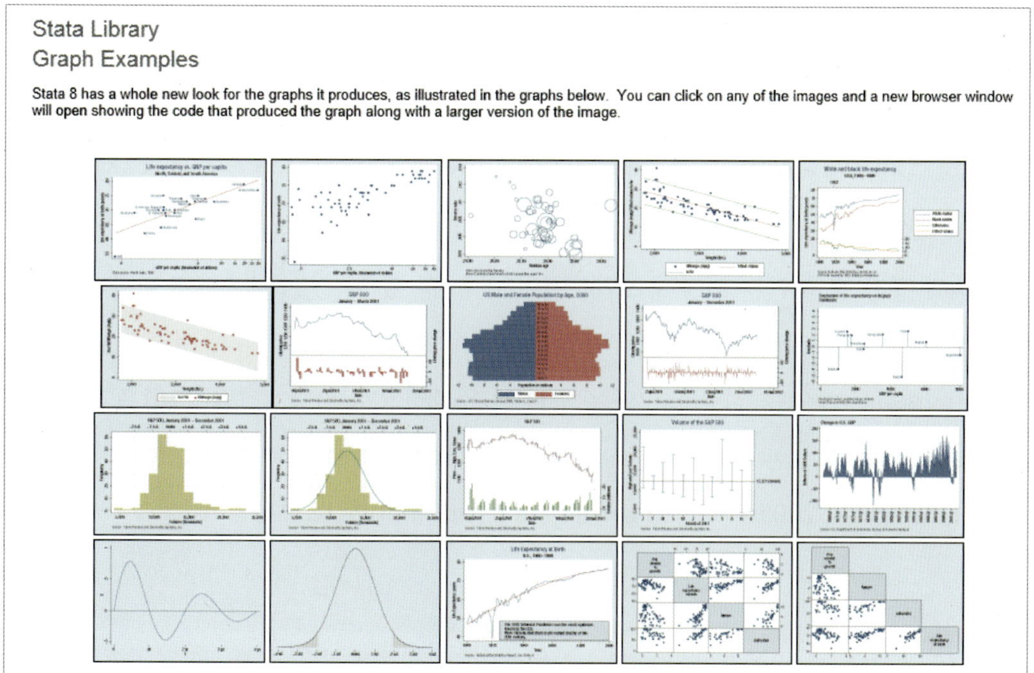


출처: http://www.ats.ucla.edu/stat/stata/library/GraphExamples/default.htm

**[그림 6.7.5]** UCLA에서 제공하는 STATA 그래프 예제(2)

```
#delimit ;

twoway
  function y=normden(x), range(-4 -1.96) bcolor(gs12) recast(area) ||
  function y=normden(x), range(1.96 4) bcolor(gs12) recast(area) ||
  function y=normden(x), range(-4 4) clstyle(foreground) ||,
  plotregion(style(none))
  yscale(off) xscale(noline)
  legend(off)
  xlabel(-4 "-4 sd" -3 "-3 sd" -2 "-2 sd" -1 "-1 sd" 0 "mean"
  1 "1 sd"   2 "2 sd"   3 "3 sd"   4 "4 sd", grid gmin gmax)
  xtitle("")
  ;
#delimit cr
```

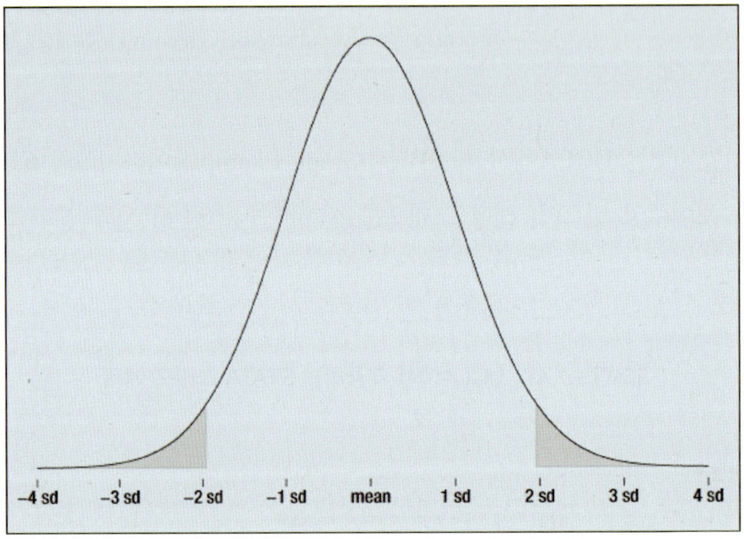


출처: http://www.ats.ucla.edu/stat/stata/library/GraphExamples/code/twofunc2.htm

STATA의 장점 중 하나는 다양한 그래프를 표현할 수 있다는 것인데, 최근 빅데이터를 시각화하려는 노력이 많아지고 있는 추세인 것 같다. STATA에서 지도에 통계정보를 덧붙여서 시각화하는 방법을 설명하고 있는 SITE를 소개하고자 한다. [그림 6.7.6]은 Friedrich Huebler에 의해 분석한 International Education Statistics를 그래프로 표현(출처: http://huebler.blogspot.kr/2005/11/creating-maps-with-stata.html)한 것이다.

**[그림 6.7.6]** Friedrich Huebler에 의해 분석한 STATA 그래프

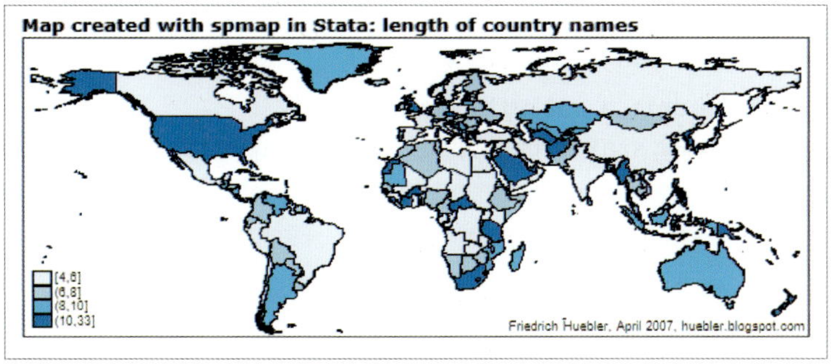


위 그래프를 그리기 위해 아래와 같이 실행하면 된다.

```
1   clear
2   set more off
3   ******************************************************************************
4   capture !rmdir C:\STATA\DM\ZIP\DATA /s /q
5   capture  mkdir C:\STATA\DM\ZIP\DATA
6   capture  cd    C:\STATA\DM\ZIP\DATA
7   ******************************************************************************
8   capture ssc install spmap
9   capture ssc install shp2dta
10  capture ssc install mif2dta
11  ******************************************************************************
12  copy "https://dl.dropboxusercontent.com/s/u2lynx8lx9jsbmx/world_adm0.zip?dl=1&to
13  unzipfile world_adm0.zip, replace
14
15  ******************************************************************************
16  capture shp2dta using world_adm0, data(world-d) coor(world-c) genid(id)
17  ******************************************************************************
18  use "world-d.dta", clear
19      format %-33s NAME
20      format %-18s REGION
21      list NAME REGION id
22  generate length = length(NAME)
23  spmap length using "world-c.dta", id(id)
24  spmap length using "world-c.dta"          ///
25        if NAME!="Antarctica"      , id(id) ///
26        fcolor(green)                       ///
27        legend(symy(*2) symx(*2) size(*2)) ///
28        legorder(lohi)
29
```

위 do 파일에서 line 12의 마지막 부분이 잘라져 있는 것을 볼 수 있는데 copy를 제외한 정보는 아래와 같다.

```
"https://dl.dropboxusercontent.com/s/u2lynx8lx9jsbmx/world_adm0.
zip?dl=1&token_hash=AAEVgM8fIwY5Ks7M9oJrg8yiTRSQSuyHi8pmNQigzrKuIg" world_
adm0.zip, replace
```

위와 같이 지도를 활용한 시각화에 관한 추가적인 정보는 아래 인터넷 주소(STATA, www.stata.com)를 참고하기 바란다.

**How do I graph data onto a map with spmap?**
(인터넷 주소 http://www.stata.com/support/faqs/graphics/spmap-and-maps/)

CHAPTER 07

# 실습 기초자료 (Raw Data) 및 유용한 Tip

자료는 관심의 대상이 되는 변수의 실제 값 혹은 관측 값들의 모임으로 될 수 있으므로 형태에 따라 질적 자료(qualitative or categorical data), 양적 자료(quantitative or numerical data), 순서자료(ordinal data)로 구분된다.

자료는 관측방법에 따라 횡단면자료(cross-sectional data), 시계열자료(time-series data) 그리고 종단면자료(또는 패널자료, longitudinal data 또는 panel data)로 구분된다. 관측방법에 따라 자료의 구조를 살펴보면 다음과 같다.

횡단면자료는 1회성으로 조사되는 설문조사에 적용되는 것으로 다음과 같은 구조를 가진다.

설문조사기간: 2013.10.7 ~ 10.11

| i | t | y_1 | x_1 | … |
|---|---|---|---|---|
| 1 | 20131007 | | | |
| 2 | 20131007 | | | |
| 3 | 20131007 | | | |
| 4 | 20131007 | | | |
| … | … | … | … | … |
| I | 20131011 | | | |

시계열자료는 특정기업 또는 국가를 대상으로 시간의 변화에 따른 변수의 변화를 측정하기 위한 자료로 다음과 같은 구조를 가진다.

| i | t | y_1 | x_1 | … |
|---|---|---|---|---|
| 1 | 1990 | | | |
| 1 | 1991 | | | |
| 1 | 1992 | | | |
| 1 | 1993 | | | |
| … | … | … | … | … |
| 1 | 2012 | | | |

마지막으로 패널자료는 대상기업 또는 대상국가의 시간의 변화에 따라 변수의 변화를 측정하기 위한 자료로 다음과 같은 구조를 가진다.

| i | t | y_1 | x_1 | … |
|---|---|---|---|---|
| 1 | 1990 | … | … | … |
| 1 | 1991 | … | … | … |
| … | … | … | … | … |
| 1 | 2012 | … | … | … |
| 2 | 1990 | … | … | … |
| 2 | 1991 | … | … | … |
| … | … | … | … | … |
| 2 | 2013 | … | … | … |
| 3 | 1990 | … | … | … |
| 3 | 1991 | … | … | … |
| … | … | … | … | … |
| 3 | 2013 | … | … | … |
| … | … | … | … | … |
| i | 1990 | … | … | … |
| i | 1991 | … | … | … |
| … | … | … | … | … |
| i | 2013 | | | |

위 3가지 관측방법에 따라 종속변수와 독립변수의 관계를 분석한다고 하면 수식적으로 다음과 같이 표현한다.

- 횡단면자료: $Y_i = \alpha + \beta_1 X_{1i} + \beta_2 X_{2i} + \cdots + \varepsilon_i$
- 시계열자료: $Y_t = \alpha + \beta_1 X_{1t} + \beta_2 X_{2t} + \cdots + \varepsilon_t$
- 패널자료: $Y_{it} = \alpha + \beta_1 X_{1it} + \beta_2 X_{2it} + \cdots + \varepsilon_{it}$

자료(Raw Data)는 1차 자료와 2차 자료로 구분된다. 1차 자료는 연구자가 직접 Data를 작성하는 것으로 설문조사가 이에 해당된다. 2차 자료는 특정 기관에서 통계관리 목적으로 작성한 것과 특정 기관이 설문조사 한 자료를 말하는데 주로 공개된 자료를 지칭한다.
이 책은 패널자료 구조를 가지며, 2차 자료를 조회하여 필요한 데이터를 획득하고 그 데이터를 대상으로 STATA 프로그램으로 실습하는 내용으로 정리되어 있다.
실습에 사용할 Data는 인터넷을 통해서 정보자료 제공 기관 홈페이지로 가서 필요한 분야의 내용을 조회 확인하고 Excel 또는 기타의 형태로 되어 있는 통계자료를 다운로드 하는 과정을 실습한다.
이후 다운로드 된 자료를 대상으로 STATA를 실습한다. 다운로드 된 데이터가 바로 사용될 수 있을 수도 있지만, 대부분 STATA 프로그램에 맞게 수정하는 작업을 거쳐야 한다. 실습하는 과정에서 STATA의 do 기능을 쉽게 익히기 위하여 Excel의 기능을 추가적으로 설명한다.
실습에 사용할 Data의 제공기관은 아래와 같다.

1. 통계청(KOSIS)
2. 한국은행(BOK)
3. 금융감독원(FSS)
4. 한국거래소(KRX)
5. 손해보험협회(KINA)
6. 경제협력개발기구(OECD)
7. 세계은행(World Bank)
8. 국제연합무역개발회의(UNCTAD)

이 외에도 많은 기관들이 있지만 대부분 데이터는 위의 기관에서 획득할 수 있고, 추가적으로 다른 기관에서 필요한 데이터가 있으면 책자에서 기술한 내용을 토대로 데이터를 다운로드 한 후에 STATA에 맞게 수정하여 사용하면 된다.

# 7.1 통계청(KOSIS)

```
통계청(http://www.kostat.go.kr)
KOSIS 국가통계포털(http://www.kosis.kr)
```

실습에 사용할 자료는 DEATH_2010.xls이다. 이 자료는 다음의 순서에 따라 조회 후 다운로드 하면 된다. 통계청에서 조회할 내용은 "사망원인을 성별/연령별로 구분한 자료"이다. 인터넷 주소창에 http://www.kostat.go.kr을 입력하면 [그림 7.1.1]과 같이 통계청 홈페이지를 볼 수 있으며, 여기서 ❶ **통계정보**를 선택한다.

**[그림 7.1.1] 통계청 초기화면**

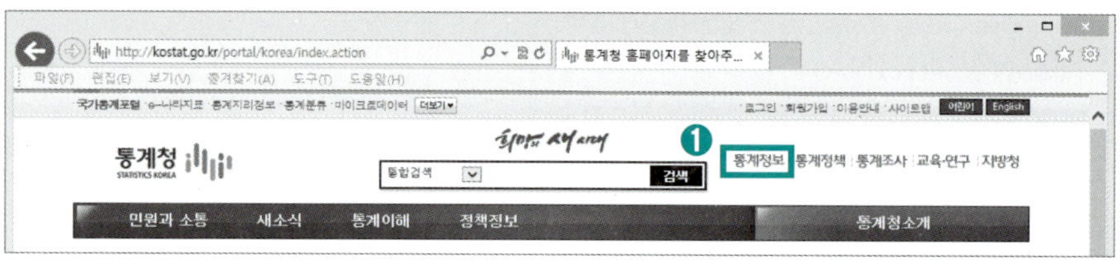


통계정보를 선택하면 [그림 7.1.2]와 같이 새로운 창이 나타난다. 여기서 ❶ **국내국제통계** 중에서 ❷ **국내통계**를 선택한다.

**[그림 7.1.2] 통계정보 화면**

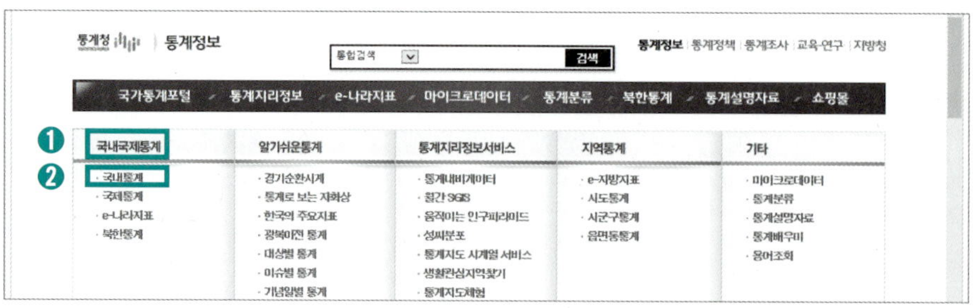

[그림 7.1.3] 주제별 통계 중 보건·사회·복지 화면

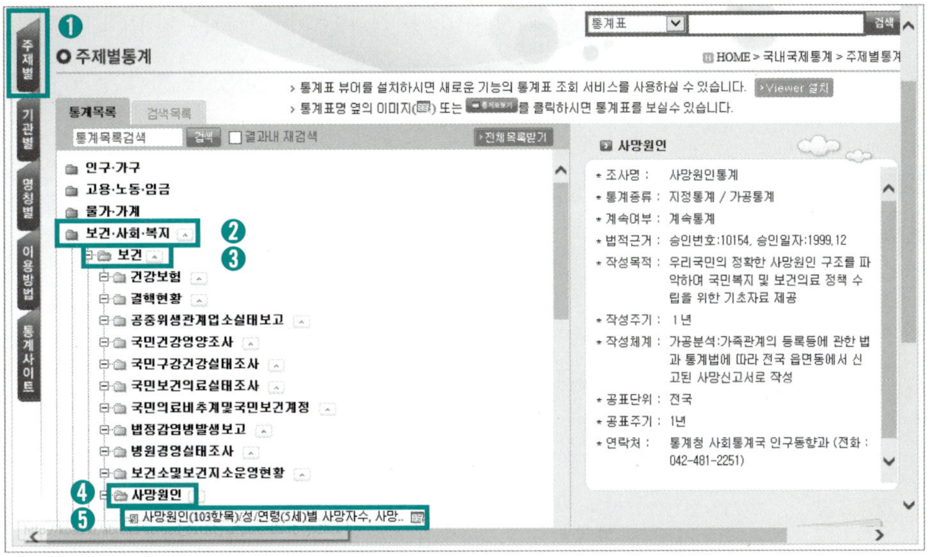


[그림 7.1.3]과 같이 새로운 창이 나타나면, 다음과 같이 순차적으로 선택한다.

❶ **보건·사회·복지항목▶보건**항목**▶사망원인▶**최종적으로 **사망원인(103항목)/성/ 연령(5세)별 사망자 수/사망…**을 선택한다.

❷ 이후 오른쪽에 있는 **통계표보기**를 선택한다.

[그림 7.1.4] 조회결과

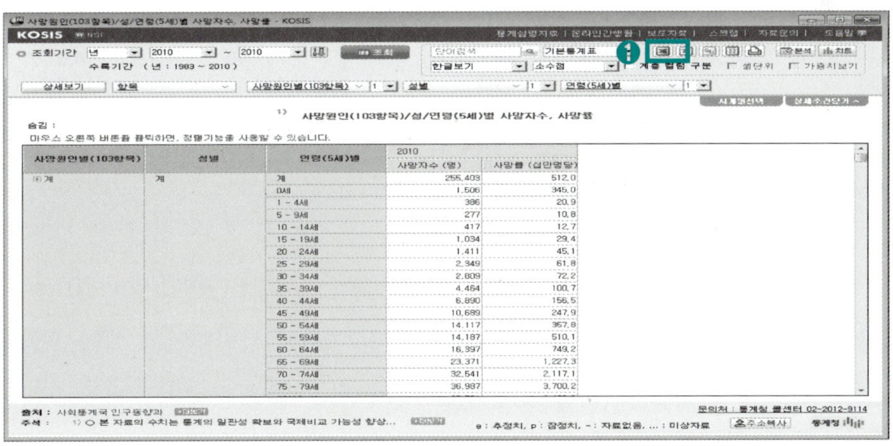


조회된 결과는 [그림 7.1.4]와 같으며, 여기서 ❶ 엑셀을 선택하고 원하는 위치에 자료를 나

운로드 하면 된다. 다운로드 된 엑셀자료는 [그림 7.1.5]와 같다. STATA 버전 12.0부터는 Excel 자료(*.xls, *.xlsx)를 Import 할 수 있으나, 버전 12.0이하에서는 가능하지 않다. 따라서 DEATH_2010.xls를 DEATH_2010.txt와 DEATH_2010.csv 파일로 저장한다.

실습자료

```
DEATH_2010.xls
DEATH_2010.txt
DEATH_2010.csv
```

**[그림 7.1.5] 다운로드 된 엑셀 자료(DEATH_2010.xls)**

| | A | B | C | D | E | F |
|---|---|---|---|---|---|---|
| 1 | | | | | | |
| 2 | * 통계표ID : | DT_1B34E01 | | | | |
| 3 | * 통계표명 : | 사망원인(103항목)/성/연령(5세)별 사망자수, 사망률 | | | | |
| 4 | * 수록기간 : | ( 년 : 1983 ~ 2010 ) | | | | |
| 5 | * 조회기간 : | [년] 2010 ~ 2010 | | | | |
| 6 | * 출처 : | 통계청 사회통계국 인구동향과 | | | | |
| 7 | * 자료다운일자 : | 2011/10/23 06:10:34 | | | | |
| 8 | | | | | | |
| 9 | ❶ | ❷ | ❸ | | | |
| 10 | 사망원인별(103항 | 성별 | 연령(5세)별 | 2010 | 2010 | |
| 11 | 사망원인별(103항 | 성별 | 연령(5세)별 | 사망자수 (명) | 사망률 (십만명당) | |
| 12 | 계 | 계 | 계 | 255,403 | 512 | |
| 13 | 계 | 계 | 0세 | 1,506 | 345 | |
| 14 | 계 | 계 | 1 - 4세 | 386 | 20.9 | |
| 15 | 계 | 계 | 5 - 9세 | 277 | 10.8 | |
| 16 | 계 | 계 | 10 - 14세 | 417 | 12.7 | |
| 17 | 계 | 계 | 15 - 19세 | 1,034 | 29.4 | |
| 18 | 계 | 계 | 20 - 24세 | 1,411 | 45.1 | |
| 19 | 계 | 계 | 25 - 29세 | 2,349 | 61.8 | |
| 20 | 계 | 계 | 30 - 34세 | 2,809 | 72.2 | |
| 21 | 계 | 계 | 35 - 39세 | 4,464 | 100.7 | |
| 22 | 계 | 계 | 40 - 44세 | 6,890 | 156.5 | |
| 23 | 계 | 계 | 45 - 49세 | 10,689 | 247.9 | |
| 24 | 계 | 계 | 50 - 54세 | 14,117 | 357.8 | |
| 25 | 계 | 계 | 55 - 59세 | 14,187 | 510.1 | |
| 26 | 계 | 계 | 60 - 64세 | 16,397 | 749.2 | |
| 27 | 계 | 계 | 65 - 69세 | 23,371 | 1,227.3 | |

위 실습자료는 통계청에서 제공하는 사망원인(103항목)을 성별, 연령별(5세 단위) 사망자수와 사망률의 정보이다. 자료의 형태는 Excel로 제공한다. 여기서 사망원인은 계를 포함하여 20가지로 분류하고 있다. 성별은 남자, 여자, 계로 분류되고, 연령(5세)별은 계를 포함하여 26개로 분류하고 있다.

# 7.2 한국은행(BOK)

```
한국은행(http://ww.bok.or.kr)
ECOS 한국은행 경제통계시스템(http://ecos.bok.or.kr)
```

실습에 사용할 자료는 한국은행에서 제공하는 금리자료이다. 이 금리자료는 일별, 월별로 구분되는데 월별자료를 다운로드 하는 과정을 설명하면 다음과 같다. 인터넷 주소창에 http://www.bok.or.kr을 입력하면 [그림 7.2.1]이 나타나며 ❶ **경제통계시스템**을 선택한다.

**[그림 7.2.1]** 한국은행 초기화면

[그림 7.2.2] 경제통계시스템에서 ❶ **4.금리**를 선택한 후 ❷ **4.1. 시장금리**를 선택한다.

**[그림 7.2.2]** 경제통계시스템 화면

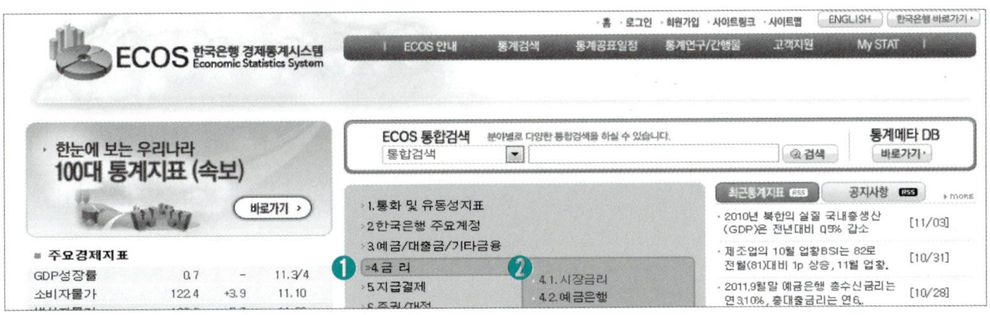

**[그림 7.2.3]** 금리정보 검색화면

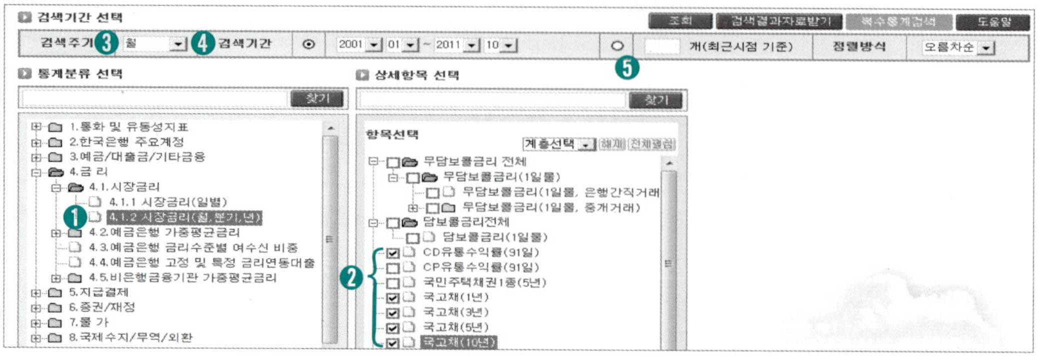


[그림 7.2.3]에서 ❶ **4.1.2.시장금리(월, 분기, 년)**을 선택한 후 ❷ 항목선택 중 **CD유통수익률(91물), 국고채(1년), 국고채(3년), 국고채(5년), 국고채(10년)**을 위와 같이 선택한다. 또한 ❸ 검색주기는 **월**을 선택하고, ❹ 검색기간은 **2001년 1월부터 2011년 10월**을 선택 한 후 **조회**를 클릭한다.

조회된 초기 결과화면은 [그림 7.2.4]와 같다. 조회 된 결과를 ❶ **세로로 보기**를 선택하고 ❷ **검색결과 다운로드**를 선택하면, ❸ 다운받을 파일의 종류는 **Excel**을 선택하여 저장한다.

**[그림 7.2.4]** 간편검색의 세부조회 화면

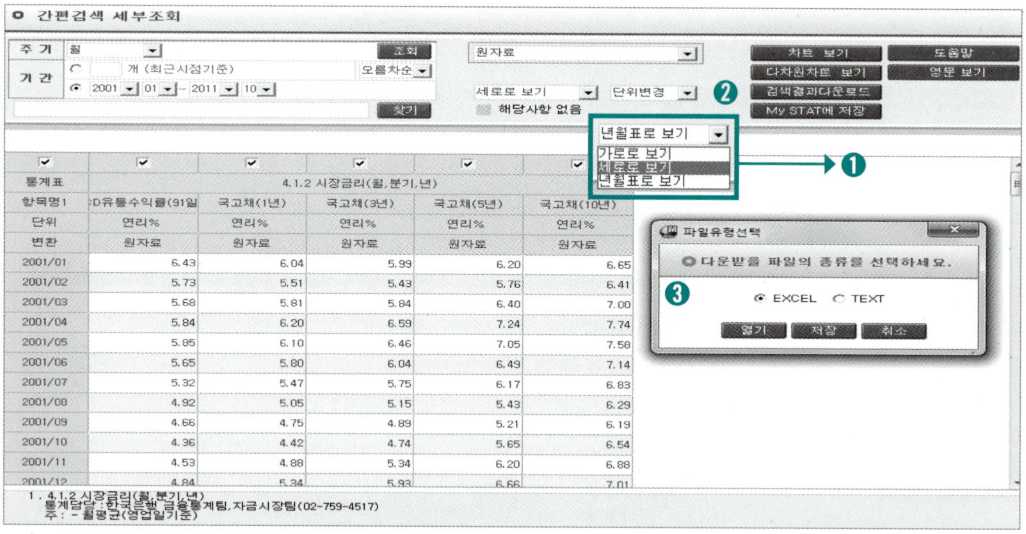


| 통계표 | 4.1.2 시장금리(월,분기,년) | | | | |
|---|---|---|---|---|---|
| 항목명1 | CD유통수익률(91일 | 국고채(1년) | 국고채(3년) | 국고채(5년) | 국고채(10년) |
| 단위 | 연리% | 연리% | 연리% | 연리% | 연리% |
| 변환 | 원자료 | 원자료 | 원자료 | 원자료 | 원자료 |
| 2001/01 | 6.43 | 6.04 | 5.99 | 6.20 | 6.65 |
| 2001/02 | 5.73 | 5.51 | 5.43 | 5.76 | 6.41 |
| 2001/03 | 5.68 | 5.81 | 5.84 | 6.40 | 7.00 |
| 2001/04 | 5.84 | 6.20 | 6.59 | 7.24 | 7.74 |
| 2001/05 | 5.85 | 6.10 | 6.46 | 7.05 | 7.58 |
| 2001/06 | 5.65 | 5.80 | 6.04 | 6.49 | 7.14 |
| 2001/07 | 5.32 | 5.47 | 5.75 | 6.17 | 6.83 |
| 2001/08 | 4.92 | 5.05 | 5.15 | 5.43 | 6.29 |
| 2001/09 | 4.66 | 4.75 | 4.89 | 5.21 | 6.19 |
| 2001/10 | 4.36 | 4.42 | 4.74 | 5.65 | 6.54 |
| 2001/11 | 4.53 | 4.88 | 5.34 | 6.20 | 6.88 |
| 2001/12 | 4.84 | 5.34 | 5.93 | 6.66 | 7.01 |

위와 같이 선택 한 후 그 검색결과 다운로드 한 자료는 [그림 7.2.5]와 같다.

**실습자료**

```
INTEREST.xls
INTEREST.txt
INTEREST.csv
```

**[그림 7.2.5]** 조회결과

|  | A | B | C | D | E | F |
|---|---|---|---|---|---|---|
| 1 | 통계표 | 4.1.2 시장금리(월,분기,년) | | | | |
| 2 | 항목명1 | CD유통수익률(91일) | 국고채(1년) | 국고채(3년) | 국고채(5년) | 국고채(10년) |
| 3 | 단위 | 연리% | 연리% | 연리% | 연리% | 연리% |
| 4 | 가중치 | | | | | |
| 5 | 변환 | 원자료 | 원자료 | 원자료 | 원자료 | 원자료 |
| 6 | 2001/01 | 6.43 | 6.04 | 5.99 | 6.20 | 6.65 |
| 7 | 2001/02 | 5.73 | 5.51 | 5.43 | 5.76 | 6.41 |
| 8 | 2001/03 | 5.68 | 5.81 | 5.84 | 6.40 | 7.00 |
| 9 | 2001/04 | 5.84 | 6.20 | 6.59 | 7.24 | 7.74 |
| 10 | 2001/05 | 5.85 | 6.10 | 6.46 | 7.05 | 7.58 |
| 11 | 2001/06 | 5.65 | 5.80 | 6.04 | 6.49 | 7.14 |
| 12 | 2001/07 | 5.32 | 5.47 | 5.75 | 6.17 | 6.83 |
| 13 | 2001/08 | 4.92 | 5.05 | 5.15 | 5.43 | 6.29 |
| 14 | 2001/09 | 4.66 | 4.75 | 4.89 | 5.21 | 6.19 |
| 15 | 2001/10 | 4.36 | 4.42 | 4.74 | 5.65 | 6.54 |
| 16 | 2001/11 | 4.53 | 4.88 | 5.34 | 6.20 | 6.88 |
| 17 | 2001/12 | 4.84 | 5.34 | 5.93 | 6.66 | 7.01 |
| 18 | 2002/01 | 4.79 | 5.23 | 6.08 | 6.85 | 7.10 |
| 19 | 2002/02 | 4.54 | 4.96 | 5.92 | 6.66 | 7.00 |
| 20 | 2002/03 | 4.64 | 5.26 | 6.30 | 6.97 | 7.17 |

이 실습자료는 금리자료로 2001년 1월부터 2011년 9월까지 CD유통수익률(91일), 국고채(1년), 국고채(3년), 국고채(5년) 그리고 국고채(10년) 자료를 포함하고 있다. 특히, 이 실습자료는 시계열자료(Time series)이기 때문에 시간설정 방법을 실습한다.

# 7.3 금융감독원(FSS)

금융감독원(http://dart.fss.or.kr)
금융통계정보시스템(http://fisis.fss.or.kr)

실습에 사용할 자료는 DART 자료와 금융통계시스템 자료이다. 우선 DART 자료를 조회하는 과정을 설명한다. 인터넷 주소창에 http://www.fss.or.kr을 입력하면 [그림 7.3.1]과 같이 금융감독원 홈페이지가 열린다. 여기서 ❶ **DART 전자공시**를 선택한다.

[그림 7.3.1] 금융감독원 홈페이지의 메인화면

[그림 7.3.2] DART 공시서류검색 화면

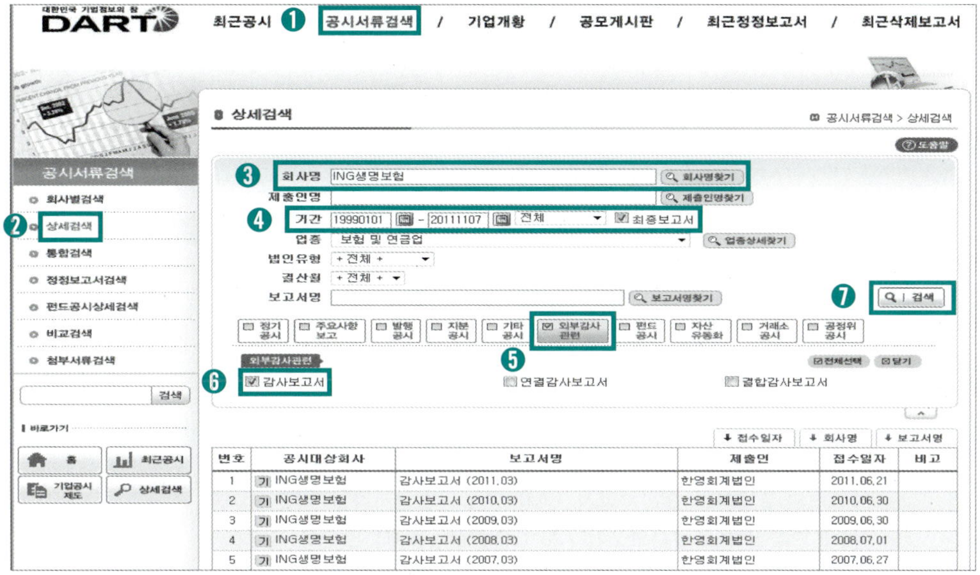


[그림 7.3.2]는 DART 전자공시를 선택한 후 ❶ **공시서류검색**을 선택하고 ❷ **상세검색**을 선택한 화면이다. 여기서 ❸ **회사명찾기**를 선택하여 원하는 회사를 조회한다. ❹ 최종보고서 항목을 선택한 후 **기간을 설정**한다. ❺ **외부감사관련** 항목을 선택하고 ❻ **감사보고서**를 선택한 후 최종적으로 ❼ **조회**를 선택하여 해당조건에 부합하는 자료를 조회한다. 그 결과는 [그림 7.3.3]과 같다.

[그림 7.3.3]과 같이 해당부분을 마우스를 이용하여 드래그한 후 오른쪽 마우스를 이용하여 복사를 선택한다. 이후 새로운 텍스트 문서를 만든 후 붙여 넣기를 한다.

[그림 7.3.3] 조회 결과화면

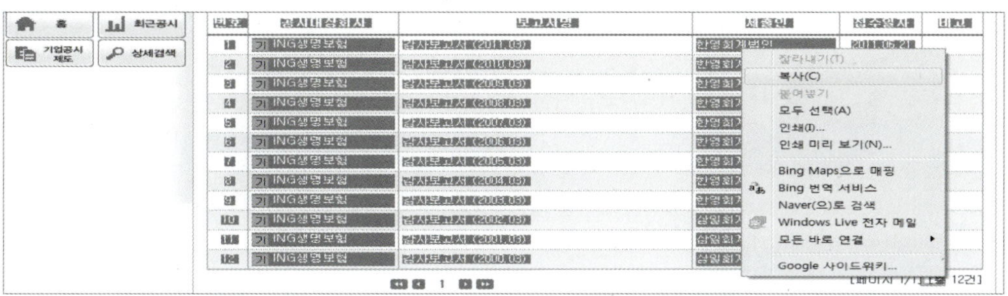

실습자료

```
DART.xls
DART.txt
DART.csv
```

**[그림 7.3.4]** DART 검색자료

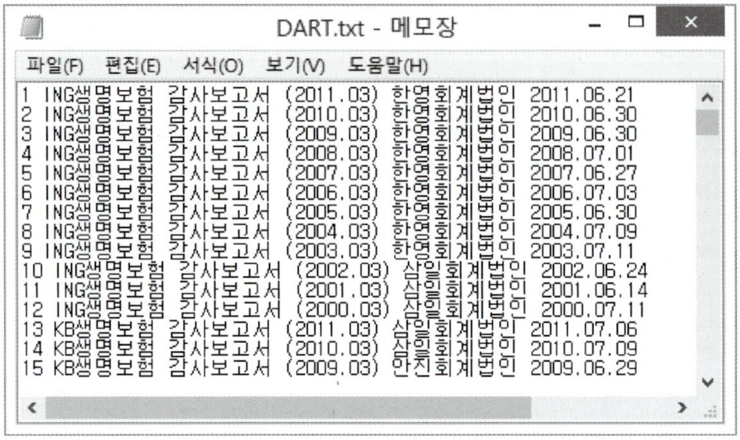

DART.txt - 메모장

파일(F) 편집(E) 서식(O) 보기(V) 도움말(H)

```
1 ING생명보험 감사보고서 (2011.03) 한영회계법인 2011.06.21
2 ING생명보험 감사보고서 (2010.03) 한영회계법인 2010.06.30
3 ING생명보험 감사보고서 (2009.03) 한영회계법인 2009.06.30
4 ING생명보험 감사보고서 (2008.03) 한영회계법인 2008.07.01
5 ING생명보험 감사보고서 (2007.03) 한영회계법인 2007.06.27
6 ING생명보험 감사보고서 (2006.03) 한영회계법인 2006.07.03
7 ING생명보험 감사보고서 (2005.03) 한영회계법인 2005.06.30
8 ING생명보험 감사보고서 (2004.03) 한영회계법인 2004.07.09
9 ING생명보험 감사보고서 (2003.03) 한영회계법인 2003.07.11
10 ING생명보험 감사보고서 (2002.03) 삼일회계법인 2002.06.24
11 ING생명보험 감사보고서 (2001.03) 삼일회계법인 2001.06.14
12 ING생명보험 감사보고서 (2000.03) 삼일회계법인 2000.07.11
13 KB생명보험 감사보고서 (2011.03) 삼일회계법인 2011.07.06
14 KB생명보험 감사보고서 (2010.03) 삼일회계법인 2010.07.09
15 KB생명보험 감사보고서 (2009.03) 안진회계법인 2009.06.29
```

이 실습자료는 금융감독원에서 별도의 파일로 제공하는 것은 아니며, 보험회사의 감사를 어느 회계법인이 제공하고 있는지를 파악하여 회계감사 품질과 수익성과의 비교 등의 연구에 사용될 수 있다.

[그림 7.3.1]의 ❷ **금융통계정보**를 선택하면 [그림 7.3.5]의 금융정보통계시스템 화면이 나타난다.

**[그림 7.3.5]** 금융통계정보시스템 초기화면

[그림 7.3.5]에서 ❶ **은행**을 선택하면 [그림 7.3.6]과 같이 은행의 일반현황, 재무현황 그리고 주요경영지표를 조회할 수 있다.

**[그림 7.3.6] 은행의 주요 통계정보 초기하면**

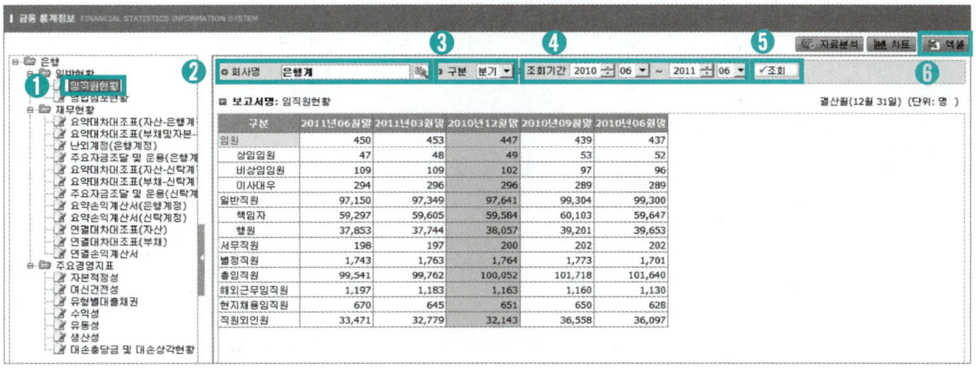

[그림 7.3.6]에서 우선 ❶ 일반현황 중 **임직원현황**을 선택한다. ❷ 회사명을 개별 또는 **전체**를 선택한다. 여기서는 **은행계**를 선택하였다. ❸ 구분은 분기/년으로 구분되어 있으며, **분기**를 선택한다. ❹ **기간**을 선택한다. ❺ 조회를 선택하여 해당 조건을 만족하는 자료를 **조회**한다. ❻ 엑셀을 선택하여 자료를 **다운로드** 한다. 다운로드 된 자료는 [그림 7.3.7]과 같다.

**[그림 7.3.7] 조회 결과(Excel)**

| | A | C | D | E | F | G |
|---|---|---|---|---|---|---|
| 1 | 임직원현황/은행계/2010.06~2011.06 | | | | | |
| 2 | 구분 | 2011년06월말 | 2011년03월말 | 2010년12월말 | 2010년09월말 | 2010년06월말 |
| 3 | 임원 | 450 | 453 | 447 | 439 | 437 |
| 4 | 상임임원 | 47 | 48 | 49 | 53 | 52 |
| 5 | 비상임임원 | 109 | 109 | 102 | 97 | 96 |
| 6 | 이사대우 | 294 | 296 | 296 | 289 | 289 |
| 7 | 일반직원 | 97,150 | 97,349 | 97,641 | 99,304 | 99,300 |
| 8 | 책임자 | 59,297 | 59,605 | 59,584 | 60,103 | 59,647 |
| 9 | 행원 | 37,853 | 37,744 | 38,057 | 39,201 | 39,653 |
| 10 | 서무직원 | 198 | 197 | 200 | 202 | 202 |
| 11 | 별정직원 | 1,743 | 1,763 | 1,764 | 1,773 | 1,701 |
| 12 | 총임직원 | 99,541 | 99,762 | 100,052 | 101,718 | 101,640 |
| 13 | 해외근무임직원 | 1,197 | 1,183 | 1,163 | 1,160 | 1,130 |
| 14 | 현지채용임직원 | 670 | 645 | 651 | 650 | 628 |
| 15 | 직원외인원 | 33,471 | 32,779 | 32,143 | 36,558 | 36,097 |

실습을 위하여 위 과정을 2회 수행한다. 1회는 조회기간을 2010.06~2011.06으로 설정하고, 2회 조회기간은 2009.06~2010.06으로 설정한다. 2회 결과는 [그림 7.3.8], [그림 7.3.9]와 같다.

[그림 7.3.8] 조회화면(조회기간: 2009.06~2010.06)

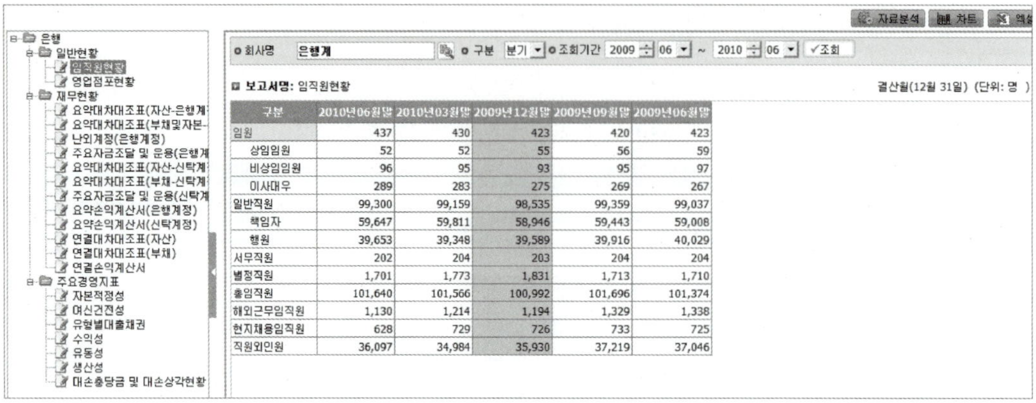


[그림 7.3.9] 조회결과(조회기간: 2009.06~2010.06)

| | A | C | D | E | F | G |
|---|---|---|---|---|---|---|
| 1 | 임직원현황/은행계/2009.06~2010.06 | | | | | |
| 2 | 구분 | 2010년06월말 | 2010년03월말 | 2009년12월말 | 2009년09월말 | 2009년06월말 |
| 3 | 임원 | 437 | 430 | 423 | 420 | 423 |
| 4 | 상임임원 | 52 | 52 | 55 | 56 | 59 |
| 5 | 비상임임원 | 96 | 95 | 93 | 95 | 97 |
| 6 | 이사대우 | 289 | 283 | 275 | 269 | 267 |
| 7 | 일반직원 | 99,300 | 99,159 | 98,535 | 99,359 | 99,037 |
| 8 | 책임자 | 59,647 | 59,811 | 58,946 | 59,443 | 59,008 |
| 9 | 행원 | 39,653 | 39,348 | 39,589 | 39,916 | 40,029 |
| 10 | 서무직원 | 202 | 204 | 203 | 204 | 204 |
| 11 | 별정직원 | 1,701 | 1,773 | 1,831 | 1,713 | 1,710 |
| 12 | 총임직원 | 101,640 | 101,566 | 100,992 | 101,696 | 101,374 |
| 13 | 해외근무임직원 | 1,130 | 1,214 | 1,194 | 1,329 | 1,338 |
| 14 | 현지채용임직원 | 628 | 729 | 726 | 733 | 725 |
| 15 | 직원외인원 | 36,097 | 34,984 | 35,930 | 37,219 | 37,046 |

실습자료

```
FSS_BANK_1.xls, FSS_BANK_2.xls
FSS_BANK_1.txt, FSS_BANK_2.txt
FSS_BANK_1.csv, FSS_BANK_2.csv
```

# 7.4 한국거래소(KRX)

한국거래소(http://www.krx.co.kr)

실습에 사용할 자료는 한국거래소에서 제공하는 주가자료이다. 이 주가자료는 일자별주가와 월별주가로 제공되는데 본 예제는 일자별주가 자료의 다운로드 과정을 설명하고자 한다. 인터넷 주소창에 http://www.krx.co.kr을 입력하면 [그림 7.4.1]이 나타나며, ❶ **주식**을 선택한다. ❷ **종목정보**를 선택한다.

**[그림 7.4.1] 한국거래소 초기화면**

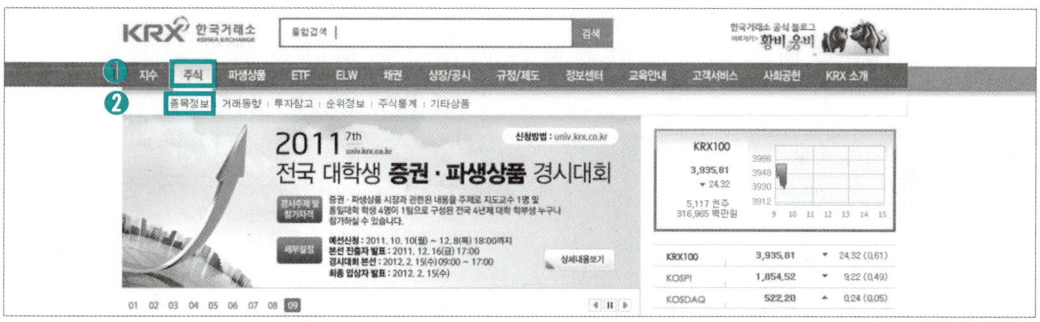


[그림 7.4.2]에서 ❶ **일자별 주가**를 선택한 후 ❷ 원하는 **종목**을 선택한다. ❸ 원하는 **기간**을 설정한다. ❹ 설정이 완료되면 **조회** 후 **다운로드** 한다.

[그림 7.4.2] 일자별 주가 조회 화면

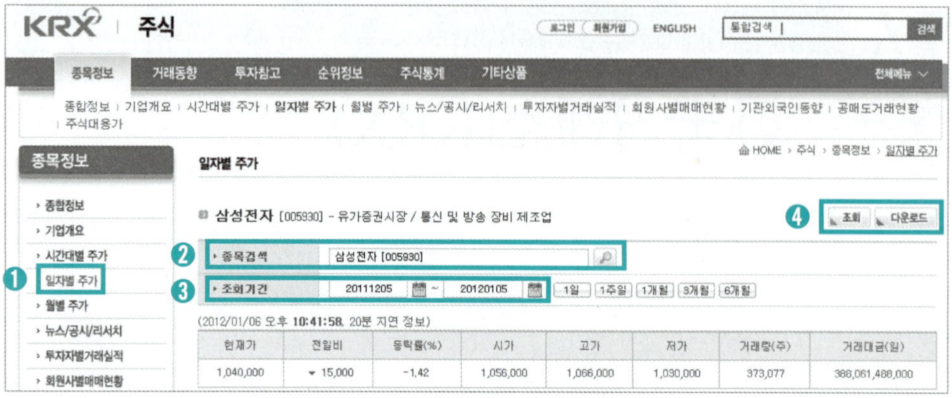

[그림 7.4.3] 일자별 주가 조회 화면(2)

| 일자 | 종가 | 대비 | 거래량(주) | 거래대금(원) | 시가 | 고가 | 저가 | 시가총액(백만) |
|---|---|---|---|---|---|---|---|---|
| 2012/01/05 | 1,055,000 | ▼ 25,000 | 346,691 | 368,336,278,288 | 1,073,000 | 1,079,000 | 1,055,000 | 155,4 |
| 2012/01/04 | 1,080,000 | ▼ 25,000 | 342,389 | 372,043,473,000 | 1,105,000 | 1,110,000 | 1,075,000 | 159,0 |
| 2012/01/03 | 1,105,000 | ▲ 25,000 | 339,046 | 373,085,591,000 | 1,093,000 | 1,105,000 | 1,092,000 | 162,7 |
| 2012/01/02 | 1,080,000 | ▲ 22,000 | 263,300 | 282,680,417,000 | 1,070,000 | 1,080,000 | 1,065,000 | 159,0 |
| 2011/12/29 | 1,058,000 | ▼ 3,000 | 218,898 | 233,117,960,000 | 1,062,000 | 1,077,000 | 1,057,000 | 155,8 |
| 2011/12/28 | 1,061,000 | ▼ 12,000 | 220,925 | 235,630,465,000 | 1,073,000 | 1,073,000 | 1,060,000 | 156,2 |
| 2011/12/27 | 1,073,000 | ▲ 7,000 | 226,189 | 242,561,897,000 | 1,068,000 | 1,080,000 | 1,053,000 | 158,0 |
| 2011/12/26 | 1,066,000 | ▼ 2,000 | 124,469 | 133,080,156,000 | 1,067,000 | 1,075,000 | 1,066,000 | 157,0 |
| 2011/12/23 | 1,068,000 | ▲ 16,000 | 246,478 | 263,487,780,000 | 1,056,000 | 1,074,000 | 1,056,000 | 157,3 |
| 2011/12/22 | 1,052,000 | ▼ 5,000 | 213,171 | 223,537,279,000 | 1,045,000 | 1,053,000 | 1,041,000 | 154,9 |
| 2011/12/21 | 1,057,000 | ▲ 45,000 | 408,316 | 426,209,364,200 | 1,035,000 | 1,057,000 | 1,031,000 | 155,6 |
| 2011/12/20 | 1,012,000 | ▲ 5,000 | 275,516 | 279,741,564,000 | 1,008,000 | 1,029,000 | 1,007,000 | 149,0 |

[그림 7.4.3] 일자별 주가를 조회하였을 경우에 기간별 변동 그래프와 일자별 종가, 등락, 거래량, 거래대금, 시가, 고가, 저가 그리고 시가총액에 대한 정보를 보여준다.

[그림 7.4.4] 삼성전자 주가 정보

| | A | B | C | D | E | F | G | H | I | J |
|---|---|---|---|---|---|---|---|---|---|---|
| 1 | | | | | | | | | | |
| 2 | | | | | | | | | | |
| 3 | 일자 | 종가 | 대비 | 거래량 | 거래대금 | 시가 | 고가 | 저가 | 시가총액 | 상장주식수 |
| 4 | 2012/01/05 | 1,055,000 | 하락 25,000 | 346,691 | 368,336,278,288 | 1,073,000 | 1,079,000 | 1,055,000 | 155,400,801 | 147,299,337 |
| 5 | 2012/01/04 | 1,080,000 | 하락 25,000 | 342,389 | 372,043,473,000 | 1,105,000 | 1,110,000 | 1,075,000 | 159,083,284 | 147,299,337 |
| 6 | 2012/01/03 | 1,105,000 | 상승 25,000 | 339,046 | 373,085,591,000 | 1,093,000 | 1,105,000 | 1,092,000 | 162,765,767 | 147,299,337 |
| 7 | 2012/01/02 | 1,080,000 | 상승 22,000 | 263,300 | 282,680,417,000 | 1,070,000 | 1,080,000 | 1,065,000 | 159,083,284 | 147,299,337 |
| 8 | 2011/12/29 | 1,058,000 | 하락 3,000 | 218,898 | 233,117,960,000 | 1,062,000 | 1,077,000 | 1,057,000 | 155,842,699 | 147,299,337 |
| 9 | 2011/12/28 | 1,061,000 | 하락 12,000 | 220,925 | 235,630,465,000 | 1,073,000 | 1,073,000 | 1,060,000 | 156,284,597 | 147,299,337 |
| 10 | 2011/12/27 | 1,073,000 | 상승 7,000 | 226,189 | 242,561,897,000 | 1,068,000 | 1,080,000 | 1,053,000 | 158,052,189 | 147,299,337 |
| 11 | 2011/12/26 | 1,066,000 | 하락 2,000 | 124,469 | 133,080,156,000 | 1,067,000 | 1,075,000 | 1,066,000 | 157,021,093 | 147,299,337 |
| 12 | 2011/12/23 | 1,068,000 | 상승 16,000 | 246,478 | 263,487,780,000 | 1,056,000 | 1,074,000 | 1,056,000 | 157,315,692 | 147,299,337 |
| 13 | 2011/12/22 | 1,052,000 | 하락 5,000 | 213,171 | 223,537,279,000 | 1,045,000 | 1,053,000 | 1,041,000 | 154,958,903 | 147,299,337 |
| 14 | 2011/12/21 | 1,057,000 | 상승 45,000 | 408,316 | 426,209,364,200 | 1,035,000 | 1,057,000 | 1,031,000 | 155,695,399 | 147,299,337 |
| 15 | 2011/12/20 | 1,012,000 | 상승 5,000 | 275,516 | 279,741,564,000 | 1,008,000 | 1,029,000 | 1,007,000 | 149,066,929 | 147,299,337 |
| 16 | 2011/12/19 | 1,007,000 | 하락 38,000 | 410,694 | 416,101,755,460 | 1,045,000 | 1,045,000 | 984,000 | 148,330,432 | 147,299,337 |
| 17 | 2011/12/16 | 1,045,000 | 상승 30,000 | 245,774 | 254,108,033,500 | 1,021,000 | 1,045,000 | 1,020,000 | 153,927,807 | 147,299,337 |
| 18 | 2011/12/15 | 1,015,000 | 하락 25,000 | 339,605 | 347,705,518,332 | 1,029,000 | 1,036,000 | 1,015,000 | 149,508,827 | 147,299,337 |
| 19 | 2011/12/14 | 1,040,000 | 하락 10,000 | 421,590 | 436,592,600,256 | 1,034,000 | 1,045,000 | 1,025,000 | 153,191,310 | 147,299,337 |
| 20 | 2011/12/13 | 1,050,000 | 하락 34,000 | 265,044 | 282,105,883,288 | 1,074,000 | 1,075,000 | 1,050,000 | 154,664,304 | 147,299,337 |
| 21 | 2011/12/12 | 1,084,000 | 상승 31,000 | 243,479 | 262,339,851,000 | 1,063,000 | 1,084,000 | 1,060,000 | 159,672,481 | 147,299,337 |
| 22 | 2011/12/09 | 1,053,000 | 하락 11,000 | 276,388 | 292,145,723,000 | 1,049,000 | 1,074,000 | 1,037,000 | 155,106,202 | 147,299,337 |
| 23 | 2011/12/08 | 1,064,000 | 상승 8,000 | 521,081 | 555,016,674,000 | 1,057,000 | 1,083,000 | 1,046,000 | 156,726,495 | 147,299,337 |
| 24 | 2011/12/07 | 1,056,000 | 상승 12,000 | 395,486 | 417,805,970,961 | 1,050,000 | 1,068,000 | 1,041,000 | 155,548,100 | 147,299,337 |
| 25 | 2011/12/06 | 1,044,000 | 하락 22,000 | 292,758 | 308,376,900,082 | 1,057,000 | 1,070,000 | 1,041,000 | 153,780,508 | 147,299,337 |
| 26 | 2011/12/05 | 1,066,000 | 상승 16,000 | 297,501 | 317,222,111,640 | 1,069,000 | 1,073,000 | 1,058,000 | 157,021,093 | 147,299,337 |

[그림 7.4.4] 삼성전자의 2011년 12월 5일부터 2012년 1월 5일까지 일별주가 정보를 조회한 결과이다. 한국거래소에서 유용한 자료 중 주가지수가 있다.

[그림 7.4.5] 주가지수 조회 화면

[그림 7.4.5]의 주가지수를 조회하는 과정을 설명하면, ❶ **주식통계**를 선택하면 그 세부항목이 나타나는데 그 중 ❷ **주가지수/주가평균**을 선택한다. 이후 ❸ 계열선택 중 **KOSPI계열**을 선택한다. ❹ 산업구분 중 **전체지수**를 선택한다. ❺ **조회기간**은 우선 일별을 선택하고 기간은 2011년 1월 3일부터 2011년 11월 21일을 선택한다. ❻ 설정이 완료되면 **조회** 후 **다운로드** 한다. 그 결과는 [그림 7.4.6]과 같다.

[그림 7.4.6] 주가지수 조회 결과

| | A | B | C | D | E | F | G |
|---|---|---|---|---|---|---|---|
| 1 | | | | | | | |
| 2 | | | | | | | |
| 3 | 년/월/일 | 코스피 | 코스피 200 | 코스피 100 | 코스피 50 | 코스피 대형주 | 코스피 중형주 |
| 4 | 2011/10/21 | 1,838.38 | 240.02 | 1,800.57 | 1,544.86 | 1,794.71 | 2,162.10 |
| 5 | 2011/10/20 | 1,805.09 | 235.57 | 1,766.70 | 1,513.37 | 1,760.81 | 2,137.08 |
| 6 | 2011/10/19 | 1,855.92 | 242.11 | 1,814.24 | 1,551.73 | 1,810.52 | 2,198.70 |
| 7 | 2011/10/18 | 1,838.90 | 239.89 | 1,796.75 | 1,538.26 | 1,793.80 | 2,179.21 |
| 8 | 2011/10/17 | 1,865.18 | 243.49 | 1,824.77 | 1,563.64 | 1,821.87 | 2,193.20 |
| 9 | 2011/10/14 | 1,835.40 | 239.67 | 1,797.30 | 1,542.06 | 1,793.70 | 2,156.39 |
| 10 | 2011/10/13 | 1,823.10 | 238.09 | 1,785.47 | 1,532.49 | 1,781.49 | 2,143.32 |

실습자료

STOCK_IND_A005930.xls, STOCK_INDEX_KOSPI.xls
STOCK_IND_A005930.txt, STOCK_INDEX_KOSPI.txt
STOCK_IND_A005930.csv, STOCK_INDEX_KOSPI.csv

# 7.5 손해보험협회(KNIA)

손해보험협회(http://www.knia.or.kr)

실습할 자료는 손해보험협회에서 제공하고 있는 월간손해보험통계 자료이다. [그림 7.5.1]에서 ❶ **자료실**을 선택하고 ❷ **통계자료실**을 선택하게 된다. ❸ 손해보험통계 중 **2011년 6월과 7월 자료**를 선택하여 **다운로드** 한다.

[그림 7.5.1] 손해보험협회 - 자료실

실습자료

7. 조직현황 201106.xls, 7. 조직현황 201107.xls
7. 조직현황 201106.txt, 7. 조직현황 201107.txt
7. 조직현황 201106.csv, 7. 조직현황 201107.csv

[그림 7.5.2] 2011년 6월 기준의 조직 현황

7. 손해보험회사 조직 현황 (2011년 6월 30일 현재)

(단위 : 명, 개소)

| 구분<br>회사명 | 임직원 | | | 설계사 | | | | 점포 | 대리점 | | | 금융기관 보험 대리점 |
|---|---|---|---|---|---|---|---|---|---|---|---|---|
| | 임원 | 직원 | 계 | 손보 | 제3보험 | 손보/제3보험 | 계 | | 개인 | 법인 | 계 | |
| 메리츠 | 35 | 2,001 | 2,036 | 105 | 117 | 15,202 | 15,424 | 266 | 1,564 | 1,356 | 2,920 | 29 |
| 한화 | 26 | 2,351 | 2,377 | 459 | 556 | 20,603 | 21,618 | 251 | 1,435 | 756 | 2,191 | 23 |
| 롯데 | 20 | 1,640 | 1,660 | 13 | 16 | 4,093 | 4,122 | 179 | 1,175 | 614 | 1,789 | 18 |
| 그린 | 18 | 788 | 806 | 32 | 42 | 2,249 | 2,323 | 71 | 409 | 666 | 1,075 | 16 |
| 흥국 | 14 | 1,163 | 1,177 | 3 | 3 | 5,315 | 5,321 | 98 | 441 | 964 | 1,405 | 14 |
| 삼성 | 53 | 5,362 | 5,415 | 209 | 211 | 48,328 | 48,748 | 639 | 7,403 | 1,063 | 8,466 | 23 |
| 현대 | 41 | 2,879 | 2,920 | 134 | 135 | 23,170 | 23,439 | 425 | 6,334 | 2,448 | 8,782 | 91 |
| LIG | 40 | 2,753 | 2,793 | 254 | 256 | 23,111 | 23,621 | 379 | 4,692 | 1,444 | 6,136 | 30 |

[그림 7.5.3] 2011년 7월 기준의 조직 현황

7. 손해보험회사 조직 현황 (2011년 7월 31일 현재)

(단위 : 명, 개소)

| 구분<br>회사명 | 임직원 | | | 설계사 | | | | 점포 | 대리점 | | | 금융기관 보험 대리점 |
|---|---|---|---|---|---|---|---|---|---|---|---|---|
| | 임원 | 직원 | 계 | 손보 | 제3보험 | 손보/제3보험 | 계 | | 개인 | 법인 | 계 | |
| 메리츠 | 35 | 2,051 | 2,086 | 105 | 130 | 15,162 | 15,397 | 278 | 1,555 | 1,366 | 2,921 | 29 |
| 한화 | 26 | 2,410 | 2,436 | 456 | 564 | 19,916 | 20,936 | 256 | 1,433 | 762 | 2,195 | 23 |
| 롯데 | 20 | 1,690 | 1,710 | 13 | 16 | 4,144 | 4,173 | 182 | 1,167 | 626 | 1,793 | 18 |
| 그린 | 18 | 779 | 797 | 35 | 44 | 2,244 | 2,323 | 71 | 398 | 622 | 1,020 | 16 |
| 흥국 | 14 | 1,157 | 1,171 | 6 | 5 | 5,345 | 5,356 | 99 | 443 | 970 | 1,413 | 14 |
| 삼성 | 53 | 5,416 | 5,469 | 206 | 212 | 48,157 | 48,575 | 635 | 7,366 | 1,044 | 8,410 | 23 |
| 현대 | 44 | 2,873 | 2,917 | 137 | 139 | 23,007 | 23,283 | 429 | 6,325 | 2,448 | 8,773 | 91 |
| LIG | 40 | 2,837 | 2,877 | 245 | 248 | 22,661 | 23,154 | 377 | 4,679 | 1,426 | 6,105 | 30 |

이 실습자료는 손해보험협회에서 각 손해보험회사의 정보를 매월 제공하고 있는 것 중 일부이다.

# 7.6 경제협력개발기구(OECD)

경제협력개발기구(http://www.oecd.org)

실습에 사용할 자료는 경제협력개발기구에서 제공하는 CO2배출량과 GDP자료이다. 이 두 자료의 다운로드 과정을 설명하고자 한다.

**[그림 7.6.1]** OECD 초기화면

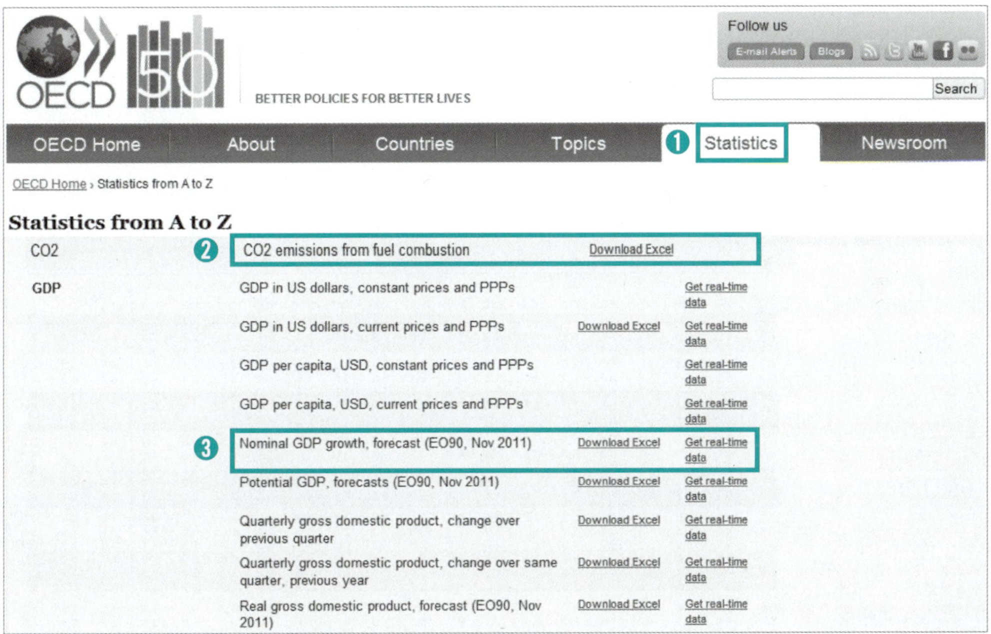


[그림 7.6.1]은 OECD에서 제공하는 ❶ 통계자료 중 ❷ CO2 Emissions과 ❸ Nominal GDP growth를 다운로드 하는 과정을 설명한다. [그림 7.6.1]의 ❷ CO2 Emissions에 Download Excel을 선택하면 [그림 7.6.2]를 만날 수 있다.

[그림 7.6.2] CO2 Emission 자료

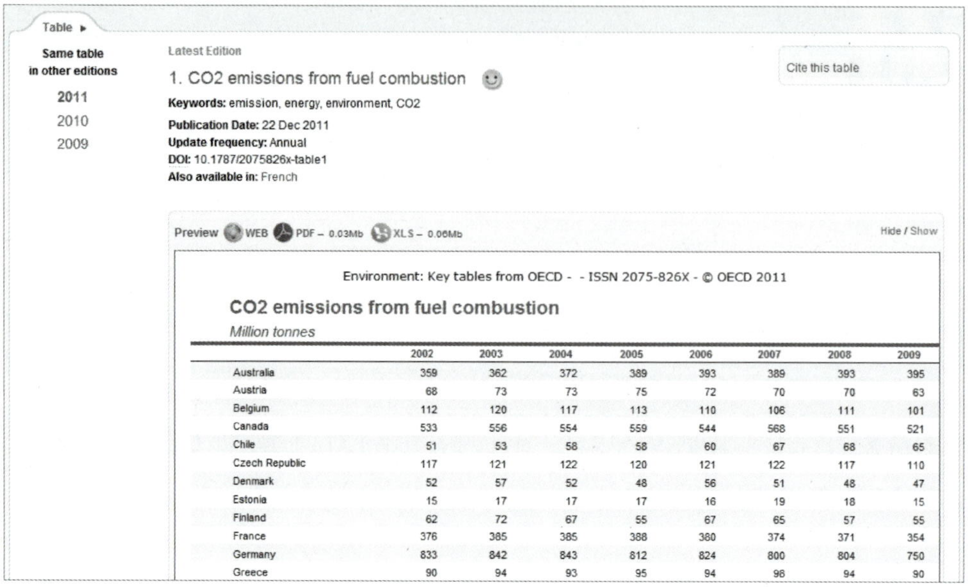

Table ▸

Same table in other editions

2011

2010

2009

Latest Edition

1. CO2 emissions from fuel combustion

**Keywords:** emission, energy, environment, CO2

**Publication Date:** 22 Dec 2011

**Update frequency:** Annual

**DOI:** 10.1787/2075826x-table1

**Also available in:** French

Cite this table

Preview WEB PDF – 0.03Mb XLS – 0.06Mb Hide / Show

Environment: Key tables from OECD - - ISSN 2075-826X - © OECD 2011

CO2 emissions from fuel combustion

*Million tonnes*

| | 2002 | 2003 | 2004 | 2005 | 2006 | 2007 | 2008 | 2009 |
|---|---|---|---|---|---|---|---|---|
| Australia | 359 | 362 | 372 | 389 | 393 | 389 | 393 | 395 |
| Austria | 68 | 73 | 73 | 75 | 72 | 70 | 70 | 63 |
| Belgium | 112 | 120 | 117 | 113 | 110 | 106 | 111 | 101 |
| Canada | 533 | 556 | 554 | 559 | 544 | 568 | 551 | 521 |
| Chile | 51 | 53 | 58 | 58 | 60 | 67 | 68 | 65 |
| Czech Republic | 117 | 121 | 122 | 120 | 121 | 122 | 117 | 110 |
| Denmark | 52 | 57 | 52 | 48 | 56 | 51 | 48 | 47 |
| Estonia | 15 | 17 | 17 | 17 | 16 | 19 | 18 | 15 |
| Finland | 62 | 72 | 67 | 55 | 67 | 65 | 57 | 55 |
| France | 376 | 385 | 385 | 388 | 380 | 374 | 371 | 354 |
| Germany | 833 | 842 | 843 | 812 | 824 | 800 | 804 | 750 |
| Greece | 90 | 94 | 93 | 95 | 94 | 98 | 94 | 90 |

[그림 7.6.1]의 ❸ **Nominal GDP growth**를 선택하면 [그림 7.6.3]이 나타난다.

[그림 7.6.3] Nominal GDP 자료

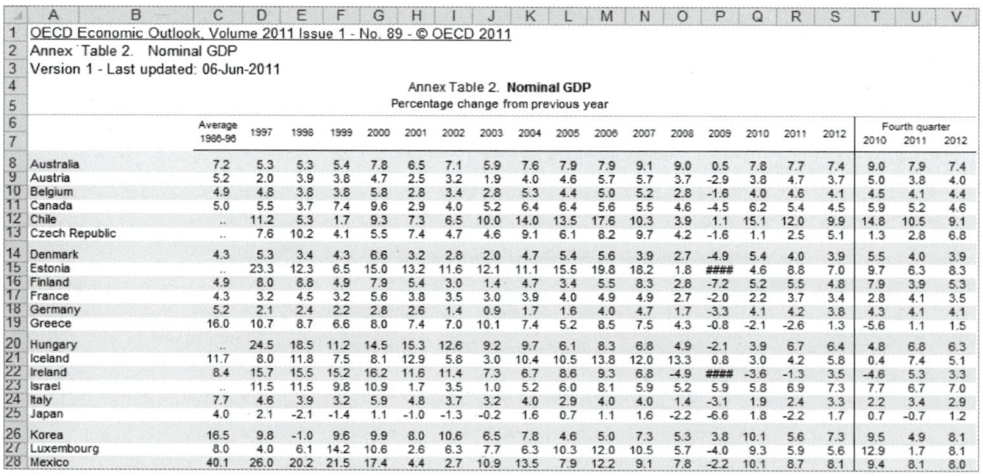

OECD Economic Outlook, Volume 2011 Issue 1 - No. 89 - © OECD 2011

Annex Table 2. Nominal GDP

Version 1 - Last updated: 06-Jun-2011

Annex Table 2. **Nominal GDP**

Percentage change from previous year

| | Average 1986-96 | 1997 | 1998 | 1999 | 2000 | 2001 | 2002 | 2003 | 2004 | 2005 | 2006 | 2007 | 2008 | 2009 | 2010 | 2011 | 2012 | Fourth quarter 2010 | Fourth quarter 2011 | Fourth quarter 2012 |
|---|---|---|---|---|---|---|---|---|---|---|---|---|---|---|---|---|---|---|---|---|
| Australia | 7.2 | 5.3 | 5.3 | 5.4 | 7.8 | 6.5 | 7.1 | 5.9 | 7.6 | 7.9 | 7.9 | 9.1 | 9.0 | 0.5 | 7.8 | 7.7 | 7.4 | 9.0 | 7.9 | 7.4 |
| Austria | 5.2 | 2.0 | 3.9 | 3.8 | 4.7 | 2.5 | 3.2 | 1.9 | 4.0 | 4.6 | 5.7 | 5.7 | 3.7 | -2.9 | 3.8 | 4.7 | 3.7 | 5.0 | 3.8 | 4.0 |
| Belgium | 4.9 | 4.8 | 3.8 | 3.8 | 5.8 | 2.8 | 3.4 | 2.8 | 5.3 | 4.4 | 5.0 | 5.2 | 2.8 | -1.6 | 4.0 | 4.6 | 4.1 | 4.5 | 4.1 | 4.4 |
| Canada | 5.0 | 5.5 | 3.7 | 7.4 | 9.6 | 2.9 | 4.0 | 5.2 | 6.4 | 6.4 | 5.6 | 5.5 | 4.6 | -4.5 | 6.2 | 5.4 | 4.5 | 5.9 | 5.2 | 4.6 |
| Chile | .. | 11.2 | 5.3 | 1.7 | 9.3 | 7.3 | 6.5 | 10.0 | 14.0 | 13.5 | 17.6 | 10.3 | 3.9 | 1.1 | 15.1 | 12.0 | 9.9 | 14.8 | 10.5 | 9.1 |
| Czech Republic | .. | 7.6 | 10.2 | 4.1 | 5.5 | 7.4 | 4.7 | 4.6 | 9.1 | 6.1 | 8.2 | 9.7 | 4.2 | -1.6 | 1.1 | 2.5 | 5.1 | 1.3 | 2.8 | 6.8 |
| Denmark | 4.3 | 5.3 | 3.4 | 4.3 | 6.6 | 3.2 | 2.8 | 2.0 | 4.7 | 5.4 | 5.6 | 3.9 | 2.7 | -4.9 | 5.4 | 4.0 | 3.9 | 5.5 | 4.0 | 3.9 |
| Estonia | .. | 23.3 | 12.3 | 6.5 | 15.0 | 13.2 | 11.6 | 12.1 | 11.1 | 15.5 | 19.8 | 18.2 | 1.8 | #### | 4.6 | 8.8 | 7.0 | 9.7 | 6.3 | 8.3 |
| Finland | 4.9 | 8.0 | 8.8 | 4.9 | 7.9 | 5.4 | 3.0 | 1.4 | 4.7 | 3.4 | 5.5 | 8.3 | 2.8 | -7.2 | 5.2 | 5.5 | 4.8 | 7.9 | 3.9 | 5.3 |
| France | 4.3 | 3.2 | 4.5 | 3.2 | 5.6 | 3.8 | 3.5 | 3.0 | 3.9 | 4.0 | 4.9 | 4.9 | 2.7 | -2.0 | 2.2 | 3.7 | 3.4 | 2.8 | 4.1 | 3.5 |
| Germany | 5.2 | 2.1 | 2.4 | 2.2 | 2.8 | 2.6 | 1.4 | 0.9 | 1.7 | 1.6 | 4.0 | 4.7 | 1.7 | -3.3 | 4.1 | 4.2 | 3.8 | 4.3 | 4.1 | 4.1 |
| Greece | 16.0 | 10.7 | 8.7 | 6.6 | 8.0 | 7.4 | 7.0 | 10.1 | 7.4 | 5.2 | 8.5 | 7.5 | 4.3 | -0.8 | -2.1 | -2.6 | 1.3 | -5.6 | 1.1 | 1.5 |
| Hungary | .. | 24.5 | 18.5 | 11.2 | 14.5 | 15.3 | 12.6 | 9.2 | 9.7 | 6.1 | 8.3 | 6.8 | 4.9 | -2.1 | 3.9 | 6.7 | 6.4 | 4.8 | 6.8 | 6.3 |
| Iceland | 11.7 | 8.0 | 11.8 | 7.5 | 8.1 | 12.9 | 5.8 | 3.0 | 10.4 | 10.5 | 13.8 | 12.0 | 13.3 | 0.8 | 3.0 | 4.2 | 5.8 | 0.4 | 7.4 | 5.1 |
| Ireland | 8.4 | 15.7 | 15.5 | 15.2 | 16.2 | 11.6 | 11.4 | 7.3 | 6.7 | 8.6 | 9.3 | 6.8 | -4.9 | #### | -3.6 | -1.3 | 3.5 | -4.6 | 5.3 | 3.3 |
| Israel | .. | 11.5 | 11.5 | 9.8 | 10.9 | 1.7 | 3.5 | 1.0 | 5.2 | 6.0 | 8.1 | 5.9 | 5.2 | 5.9 | 5.8 | 6.9 | 7.3 | 7.7 | 6.7 | 7.0 |
| Italy | 7.7 | 4.6 | 3.9 | 3.2 | 5.9 | 4.8 | 3.7 | 3.2 | 4.0 | 2.9 | 4.0 | 4.0 | 1.4 | -3.1 | 1.9 | 2.4 | 3.3 | 2.2 | 3.4 | 2.9 |
| Japan | 4.0 | 2.1 | -2.1 | -1.4 | 1.1 | -1.0 | -1.3 | -0.2 | 1.6 | 0.7 | 1.1 | 1.6 | -2.2 | -6.6 | 1.8 | -2.2 | 1.7 | 0.7 | -0.7 | 1.2 |
| Korea | 16.5 | 9.8 | -1.0 | 9.6 | 9.9 | 8.0 | 10.6 | 6.5 | 7.8 | 4.6 | 5.0 | 7.3 | 5.3 | 3.8 | 10.1 | 5.6 | 7.3 | 9.5 | 4.9 | 8.1 |
| Luxembourg | 8.0 | 4.0 | 6.1 | 14.2 | 10.6 | 2.6 | 6.3 | 7.7 | 6.3 | 10.3 | 12.0 | 10.5 | 5.7 | -4.0 | 9.3 | 5.9 | 5.6 | 12.9 | 1.7 | 8.1 |
| Mexico | 40.1 | 26.0 | 20.2 | 21.5 | 17.4 | 4.4 | 2.7 | 10.9 | 13.5 | 7.9 | 12.2 | 9.1 | 7.8 | -2.2 | 10.1 | 8.7 | 8.1 | 9.4 | 8.1 | 8.0 |

실습자료

```
OECD_CO2.xls, OECD_GDP.xls
OECD_CO2.txt, OECD_GDP.txt
OECD_CO2.csv, OECD_GDP.csv
```

# 7.7 세계은행(World Bank)

세계은행(http://databank.worldbank.org)

World Bank 자료 중 WDI(World Development Indicators & Global Development Finance)는 연구자에게 있어서 유용한 자료라 판단된다. 그 과정을 설명하면 다음과 같다.

[그림 7.7.1] World Bank의 Database 초기화면

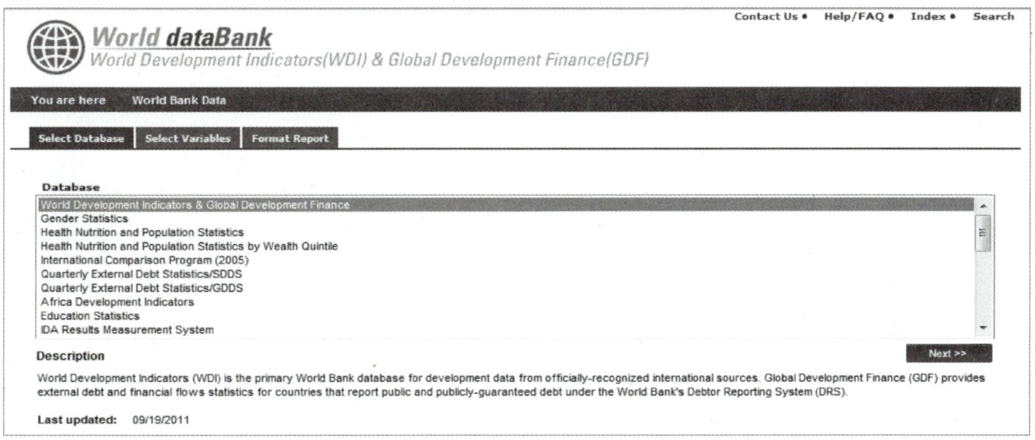


[그림 7.7.1]에서 World Development Indicators & Global Development Finance를 선택한다.

[그림 7.7.2] 국가선택

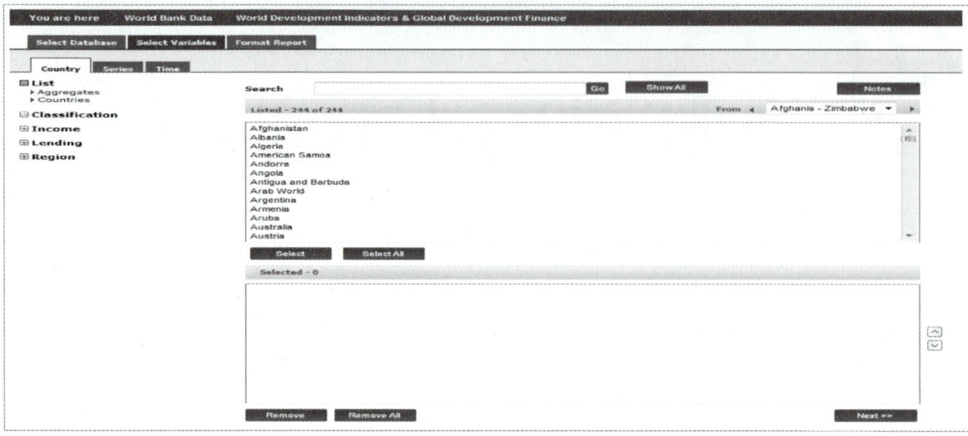


[그림 7.7.2]에서 Select Database를 선택한 후 Classification을 선택하면 지역을 선택할 수 있다.

[그림 7.7.3] 지역별 국가 선택

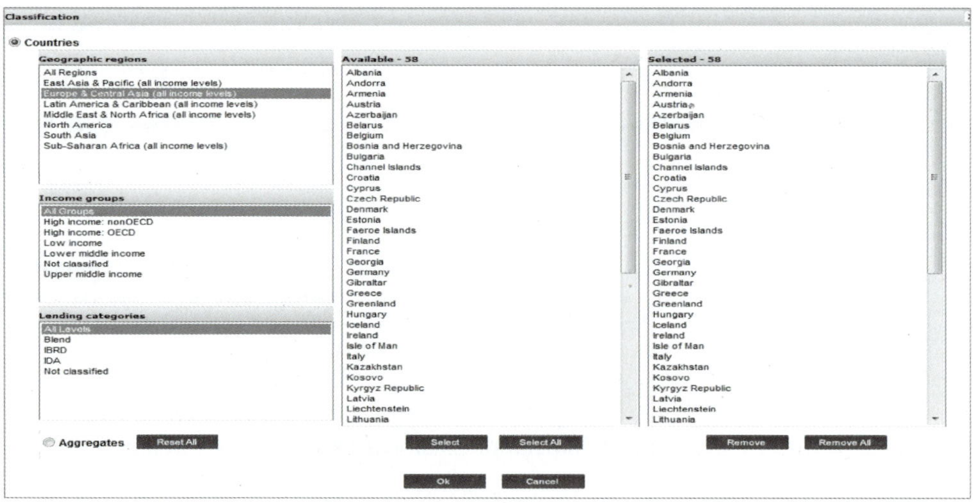


국가를 선택한다. 대상은 유럽과 중앙아시아(Europe & Central Asia(all income levels))를 클릭 한다. 이후 Select All을 선택한 후 OK를 클릭한다.

[그림 7.7.4] 국가 전체를 선택

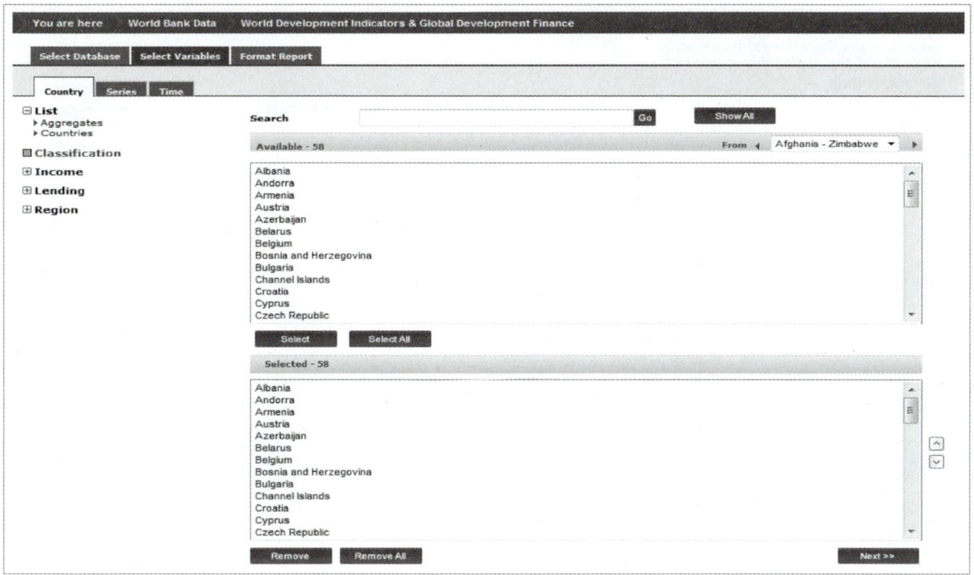

선택된 국가를 나타나면 Next를 클릭한다.

[그림 7.7.5] 세부항목의 선택

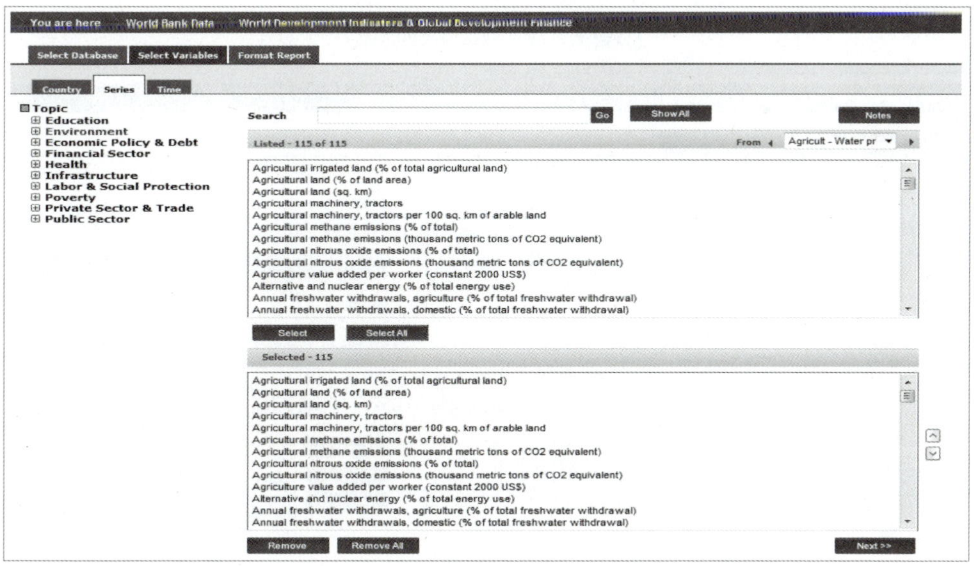

이제 10개의 주제 중 해당 항목을 선택한다. Environment을 클릭하고 Select All을 선택하면 모든 세부항목이 선택된다. 이후 Next를 클릭한다.

[그림 7.7.6] 기간의 선택

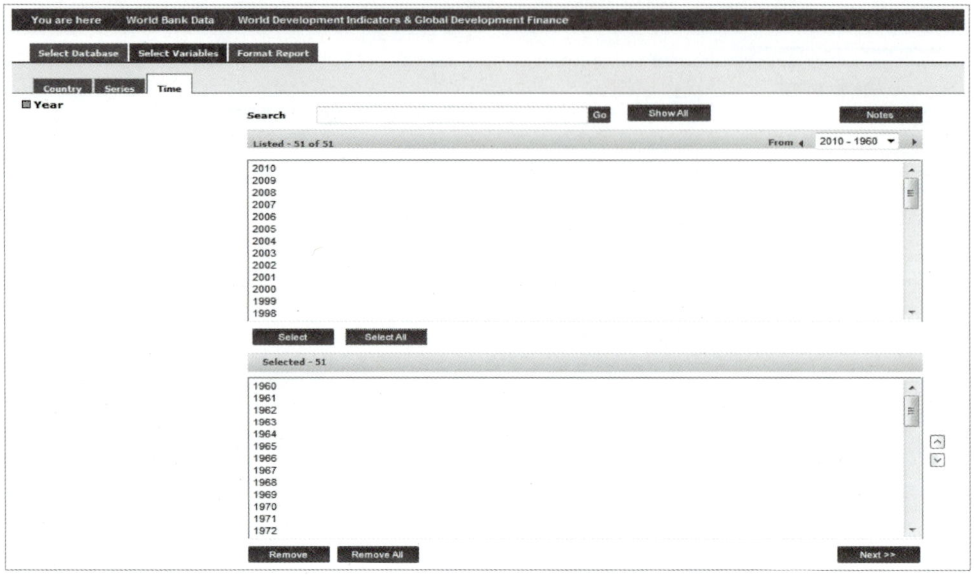


기간을 선택한다. 기간은 Select All을 선택한다. 선택된 기간은 1960년부터 2010년까지 51년이다. 이후 Next를 클릭한다.

[그림 7.7.7] 자료의 선택(저장)

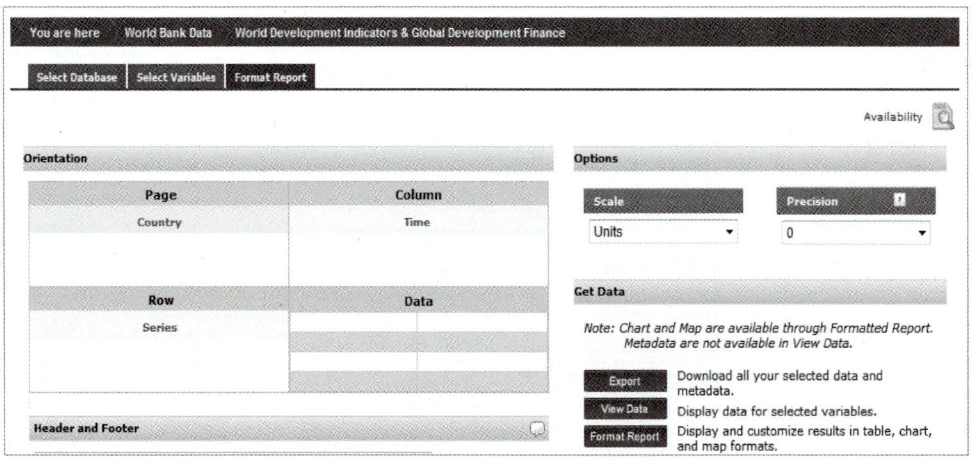


모든 선택이 완료되었으며, Export하여 Excel로 저장하면 분석을 위한 기초자료는 완료된다.

[그림 7.7.8] 형태별 저장 선택

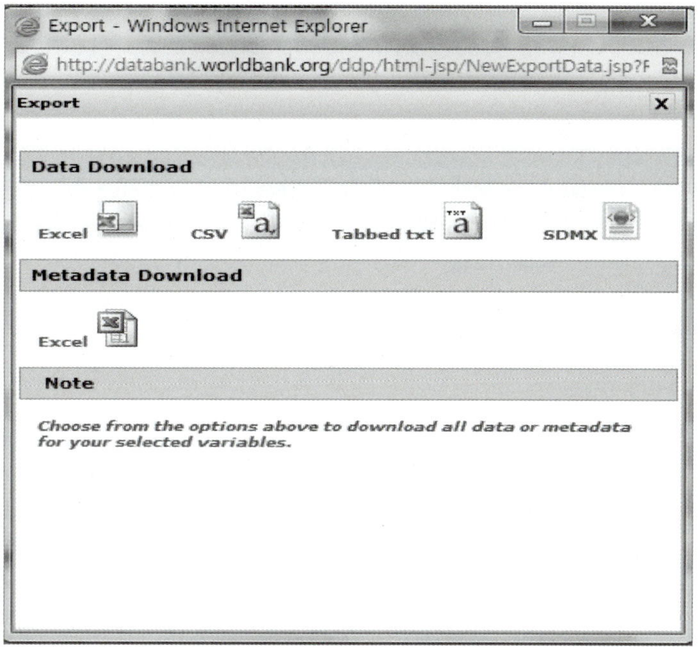


실습자료

```
WB_001.xls ~ WB_010.xls
WB_001.txt ~ WB_010.txt
WB_001.csv ~ WB_010.csv
```

다운로드 하는 또 다른 방법을 설명하고자 한다.

[그림 7.7.9] World Bank 초기화면

[그림 7.7.9]에서 ❶ **Data**를 선택하면, [그림 7.7.10]의 화면으로 변경된다.

[그림 7.7.10] Data를 설정한 후 화면

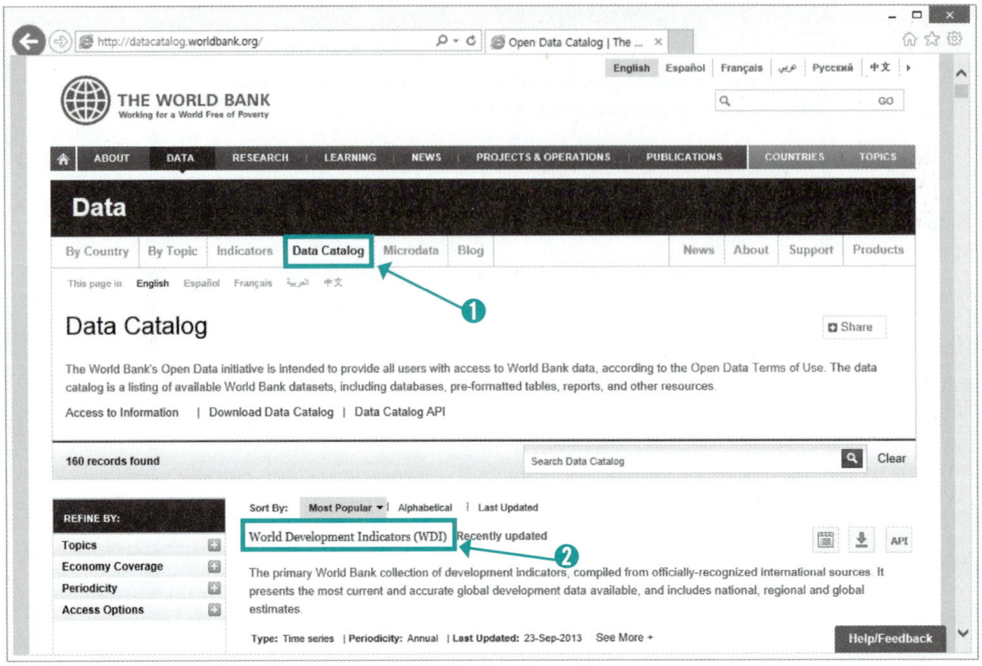


[그림 7.7.10]에서 ❶ **Data Catalog**를 선택하면 화면이 변경되는데, 변경된 화면에서 ❷ **World Development Indicators(WDI)**를 선택한다.

[그림 7.7.11] World Development Indicators 조회 화면

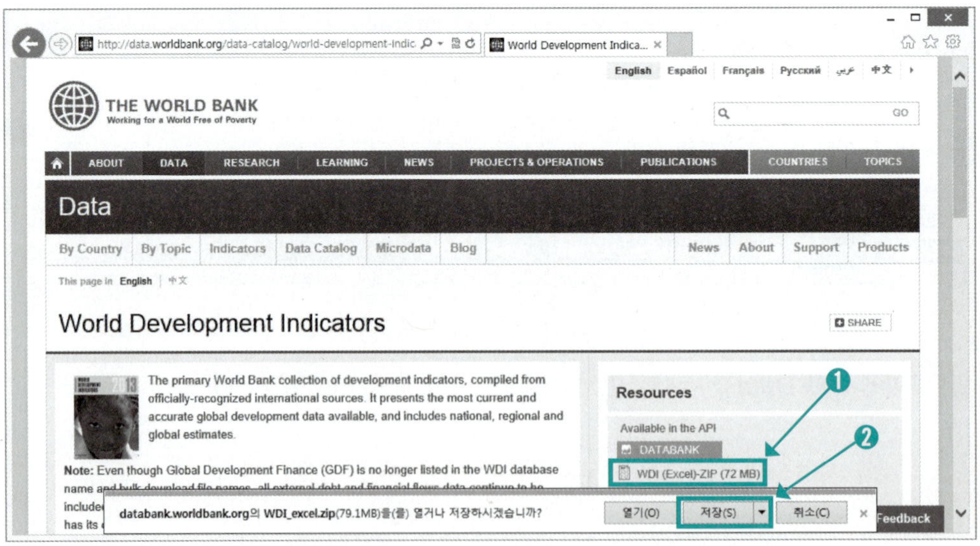

[그림 7.7.11]에서 ❶ WDI(Excel)-ZIP(72 MB)를 선택한다. ❷ 저장(S)을 선택하여 원하는 위치에 저장한다. 다운로드 받은 자료는 [그림 7.7.12]와 같다.

**[그림 7.7.12]** World Bank Data – WDI

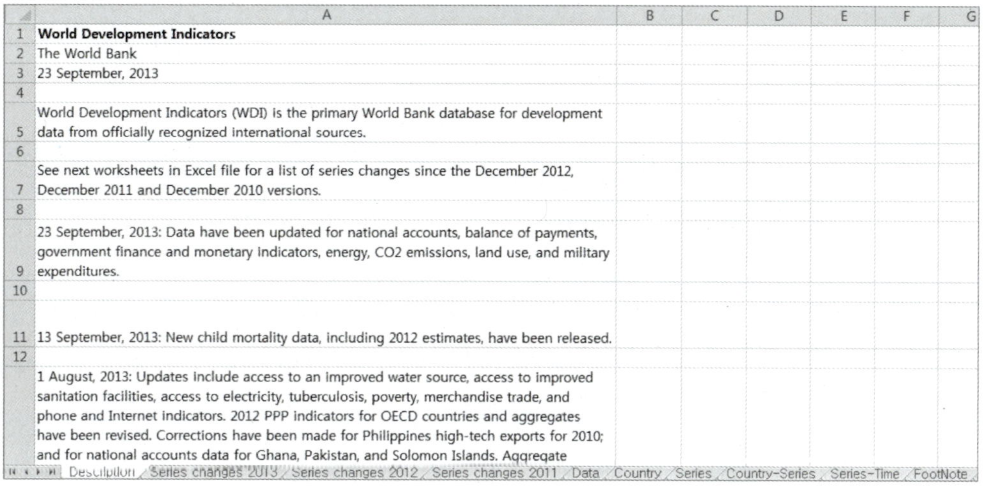

| | A | B | C | D | E | F | G |
|---|---|---|---|---|---|---|---|
| 1 | **World Development Indicators** | | | | | | |
| 2 | The World Bank | | | | | | |
| 3 | 23 September, 2013 | | | | | | |
| 4 | | | | | | | |
| 5 | World Development Indicators (WDI) is the primary World Bank database for development data from officially recognized international sources. | | | | | | |
| 6 | | | | | | | |
| 7 | See next worksheets in Excel file for a list of series changes since the December 2012, December 2011 and December 2010 versions. | | | | | | |
| 8 | | | | | | | |
| 9 | 23 September, 2013: Data have been updated for national accounts, balance of payments, government finance and monetary indicators, energy, CO2 emissions, land use, and military expenditures. | | | | | | |
| 10 | | | | | | | |
| 11 | 13 September, 2013: New child mortality data, including 2012 estimates, have been released. | | | | | | |
| 12 | | | | | | | |
| | 1 August, 2013: Updates include access to an improved water source, access to improved sanitation facilities, access to electricity, tuberculosis, poverty, merchandise trade, and phone and Internet indicators. 2012 PPP indicators for OECD countries and aggregates have been revised. Corrections have been made for Philippines high-tech exports for 2010; and for national accounts data for Ghana, Pakistan, and Solomon Islands. Aggregate | | | | | | |

Description / Series changes 2013 / Series changes 2012 / Series changes 2011 / Data / Country / Series / Country-Series / Series-Time / FootNote

[그림 7.7.12]에서 보는 것과 같이 WDI 정보는 10개의 Worksheet로 구성되어 있다. 그 중 Data worksheet를 실습한다. 따라서 Data worksheet만 별도로 저장한다. STATA는 대용량의 Excel 파일을 Import할 수 없는 부분이 있다. 그래서 뒤에서 설명한 '유용한 Tip'을 참고하기 바란다.

실습자료 WDI.xlsx, WDI_DATA.xlsx

# 7.8 국제연합무역개발회(UNCTAD)

국제연합무역개발회의(http://www.unctad.org)
http://unctadstat.unctad.org

국제연합무역개발회의(UNCTAD)는 국가간 무역거래 정보를 상세하게 제공하고 있다. UNCTAD에서 제공하는 통계자료는 무역이론 중 중력모형을 분석하는데 종종 사용된다.

[그림 7.8.1] UNCTAD의 STATISTICS 선택 초기화면

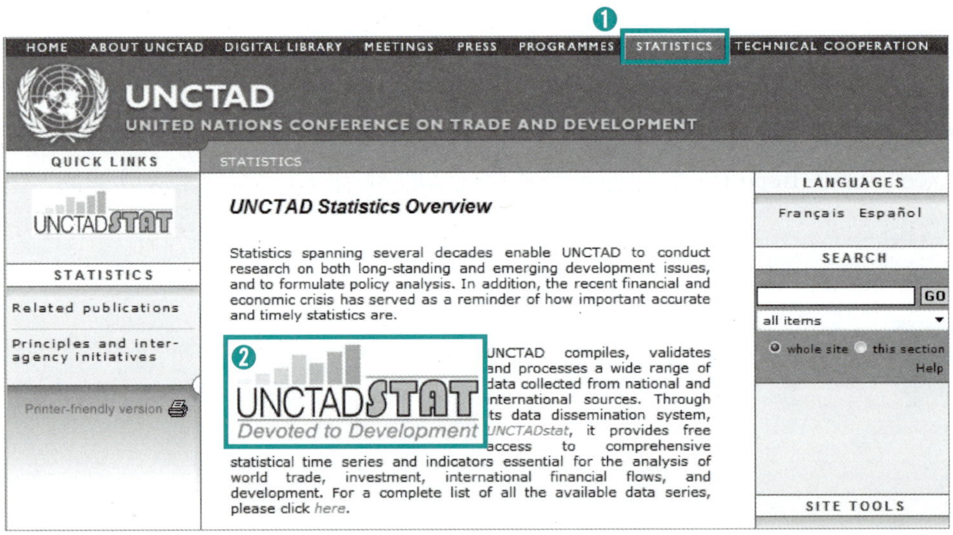


[그림 7.8.1]은 UNCTAD의 ❶ STATISTICS를 선택한 화면이며, ❷ UNCTAD STAT를 선택한다. 이후 [그림 7.8.2]와 같은 화면이 나타난다.

**[그림 7.8.2]** UNCTAD STAT 메인 화면

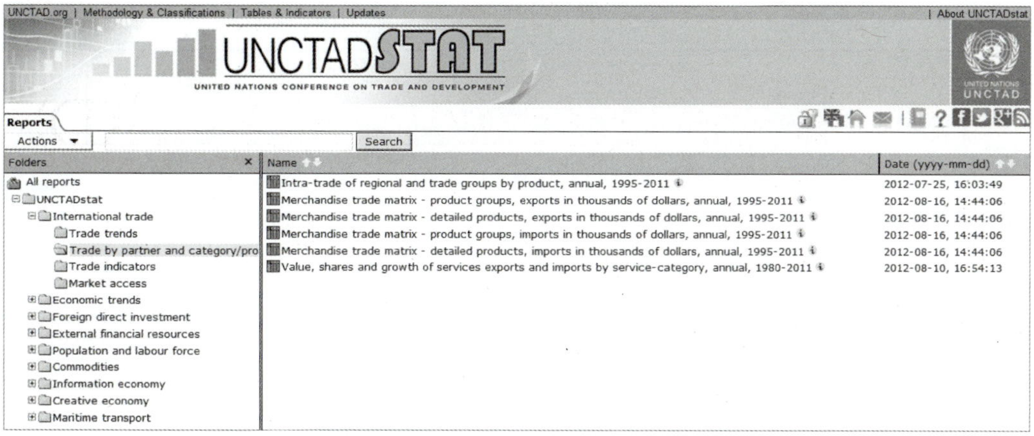


[그림 7.8.2]에서 좌측 메뉴는 All reports₩UNCTADstat₩International trade₩Trade by partner and category/product를 선택한다. 우측 메뉴에서는 Merchandise trade matrix – product group, exports in thousands of dollars, annual, 1995-2011을 선택한다.

**[그림 7.8.3]** exports 조회화면

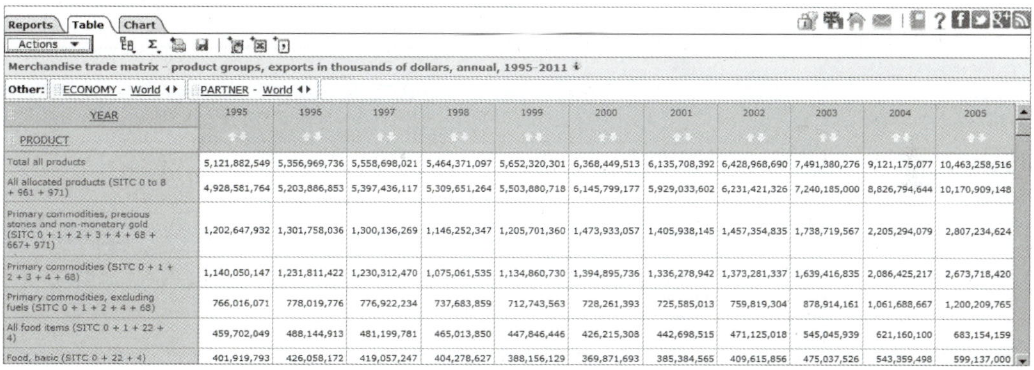


| YEAR / PRODUCT | 1995 | 1996 | 1997 | 1998 | 1999 | 2000 | 2001 | 2002 | 2003 | 2004 | 2005 |
|---|---|---|---|---|---|---|---|---|---|---|---|
| Total all products | 5,121,882,549 | 5,356,969,736 | 5,558,698,021 | 5,464,371,097 | 5,652,320,301 | 6,368,449,513 | 6,135,708,392 | 6,428,968,690 | 7,491,380,276 | 9,121,175,077 | 10,463,258,516 |
| All allocated products (SITC 0 to 8 + 961 + 971) | 4,928,581,764 | 5,203,886,853 | 5,397,436,117 | 5,309,651,264 | 5,503,880,718 | 6,145,799,177 | 5,929,033,602 | 6,231,421,326 | 7,240,185,000 | 8,826,794,644 | 10,170,909,148 |
| Primary commodities, precious stones and non-monetary gold (SITC 0 + 1 + 2 + 3 + 4 + 68 + 667+ 971) | 1,202,647,932 | 1,301,758,036 | 1,300,136,269 | 1,146,252,347 | 1,205,701,360 | 1,473,933,057 | 1,405,938,145 | 1,457,354,835 | 1,738,719,567 | 2,205,294,079 | 2,807,234,624 |
| Primary commodities (SITC 0 + 1 + 2 + 3 + 4 + 68) | 1,140,050,147 | 1,231,811,422 | 1,230,312,470 | 1,075,061,535 | 1,134,860,730 | 1,394,895,736 | 1,336,278,942 | 1,373,281,337 | 1,639,416,835 | 2,086,425,217 | 2,673,718,420 |
| Primary commodities, excluding fuels (SITC 0 + 1 + 2 + 4 + 68) | 766,016,071 | 778,019,776 | 776,922,234 | 737,683,859 | 712,743,563 | 728,261,393 | 725,585,013 | 759,819,304 | 878,914,161 | 1,061,688,667 | 1,200,209,765 |
| All food items (SITC 0 + 1 + 22 + 4) | 459,702,049 | 488,144,913 | 481,199,781 | 465,013,850 | 447,846,446 | 426,215,308 | 442,698,515 | 471,125,018 | 545,045,939 | 621,160,100 | 683,154,159 |
| Food, basic (SITC 0 + 22 + 4) | 401,919,793 | 426,058,172 | 419,057,247 | 404,278,627 | 388,156,129 | 369,871,693 | 385,384,565 | 409,615,856 | 475,037,526 | 543,359,498 | 599,137,000 |

[그림 7.8.3]에서 ECONOMY는 특정국가이며, PARTNER는 특정국가가 수출하는 상대국가를 의미한다. 위 자료는 World → World로의 수출 통계량이다. 이제 우리나라가 다른 국가에 수출하는 정보를 조회하는 과정을 설명한다.

우선 ECONOMY를 선택하면 [그림 7.8.4]이 나타난다.

[그림 7.8.4] ECONOMY 선택화면

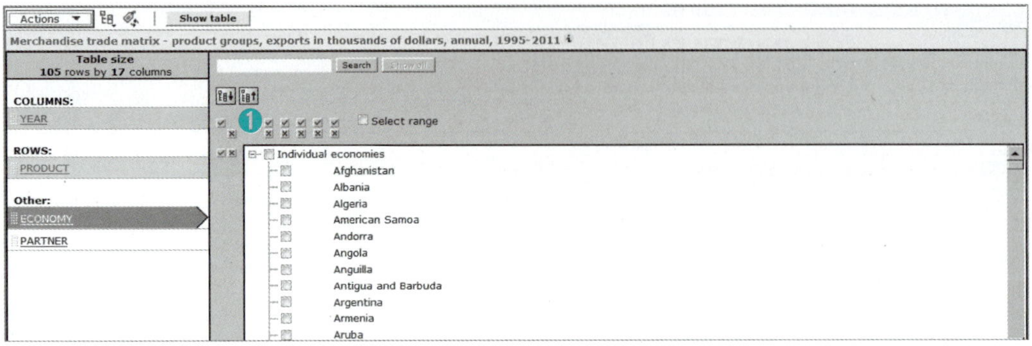


[그림 7.8.4]에서 ❶을 선택하여 초기에 설정된 국가를 해제해야 한다. ECONOMY와 PARTNER에 대한 정보는 개별국가뿐만 아니라 GROUP(예를 들면, OECD, EU 등)을 선택할 수 있다.

ECONOMY를 선택 한 후 PARTNER를 [그림 7.8.5]와 같이 선택한다.

[그림 7.8.5] PARTNER 선택화면

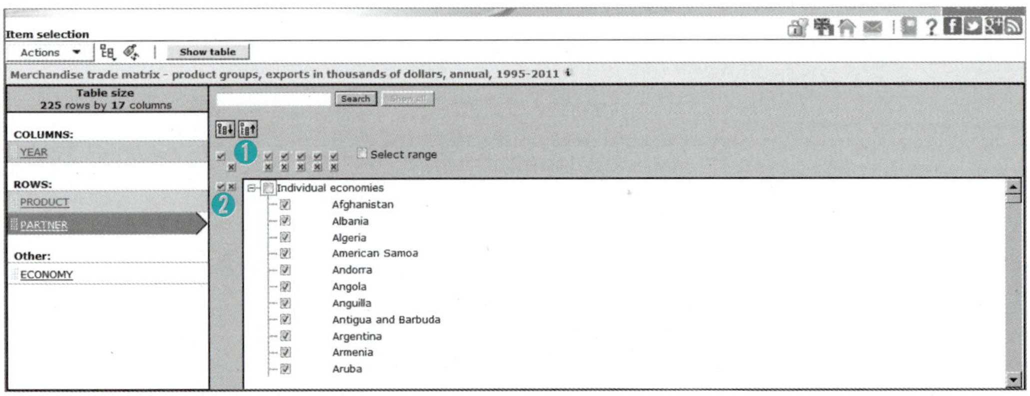


[그림 7.8.5]에서 ❶을 선택하여 초기 설정을 해제한다. ❷에서 모두를 선택한 후 Individual economies를 해제한다.

다음으로 PRODUCT를 선택하는데, 본 예제에서는 Total all products 만 선택한다.

[그림 7.8.6] PRODUCT 선택 화면

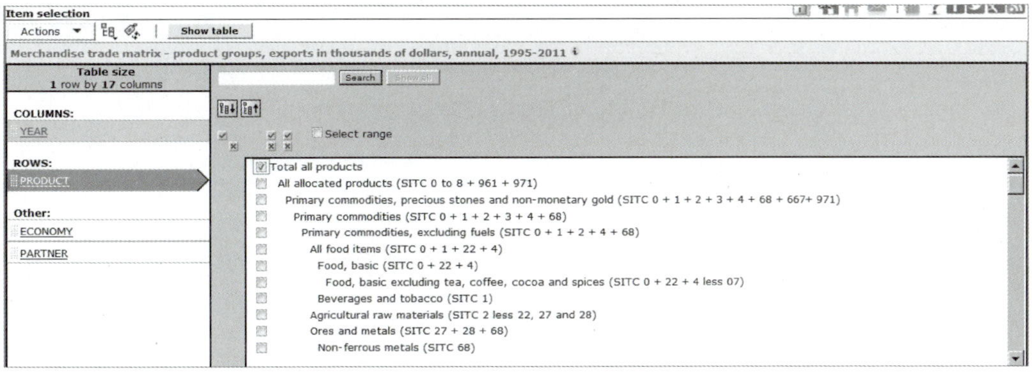


다음으로 YEAR를 선택하는데, 기간은 1995년부터 2011까지 모두 선택한다.

[그림 7.8.7] YEAR 선택 화면

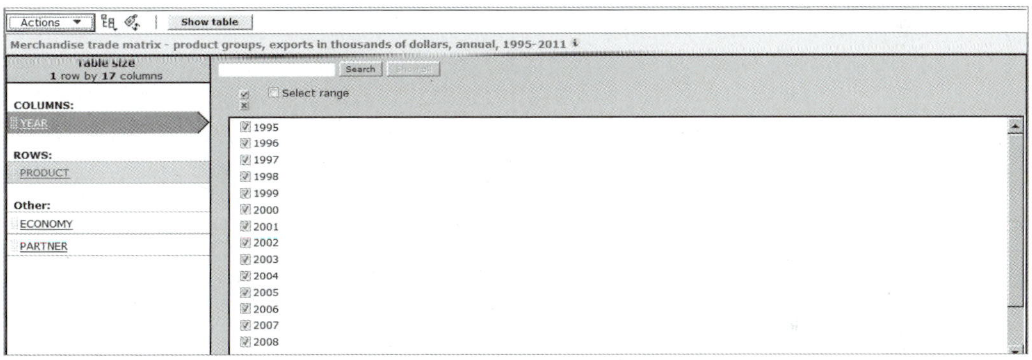


이후 Show table을 선택하면, [그림 7.8.8]이 나타난다.

[그림 7.8.8] 조회화면

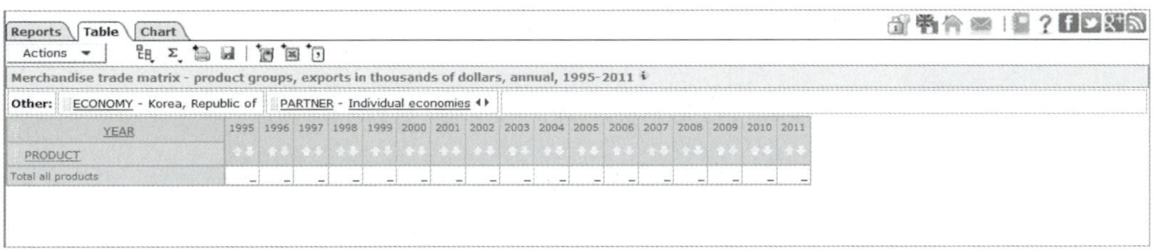


[그림 7.8.8]의 형태로 조회할 때, PARTNER를 ◀▶를 이용하여 조회하여야 하는데 이 경우 Data를 조회, 다운로드 하는데 힘이 들게 된다.

[그림 7.8.9]　Action 설정하기 위한 화면

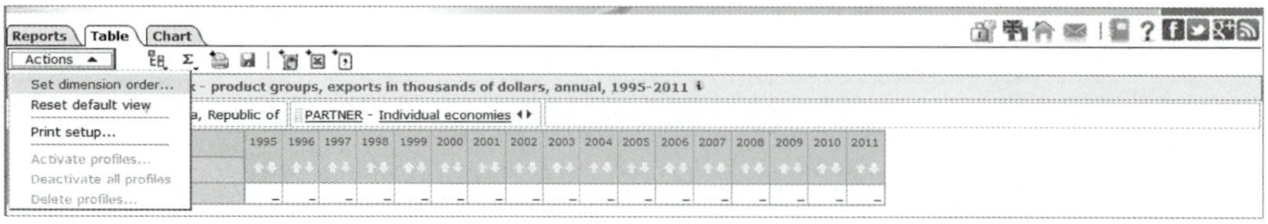


Action을 선택하면 [그림 7.8.10]과 같은 화면이 나타나는데, 좌측 화면의 Other에 있는 PARTNER를 Rows로 이동한다. 그러면 우측 화면과 같이 된다.

[그림 7.8.10]　Set dimension order 화면

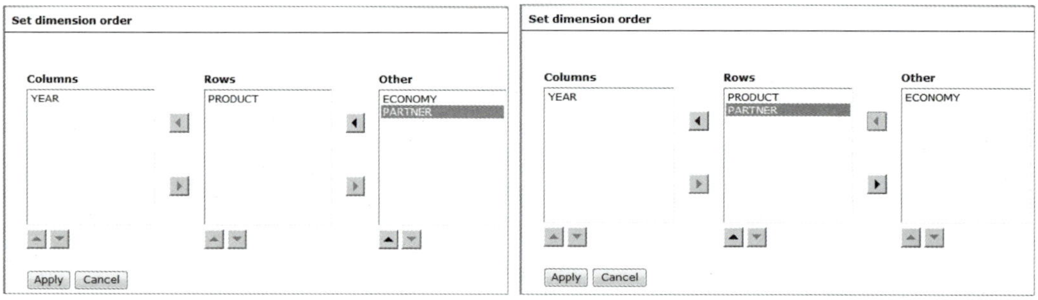


위와 같이 수정한 후 Apply를 선택하면 [그림 7.8.11]과 같이 나타난다.

[그림 7.8.11]　Action을 수정 후 조회 결과

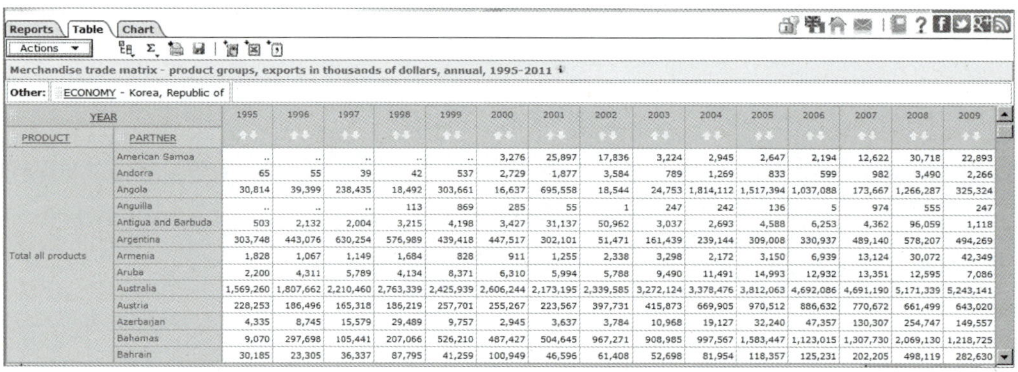


여기서 Excel을 선택하면 조회된 자료를 [그림 7.8.12]와 같이 다운로드 할 수 있다.

[그림 7.8.12] 조회된 결과의 다운로드

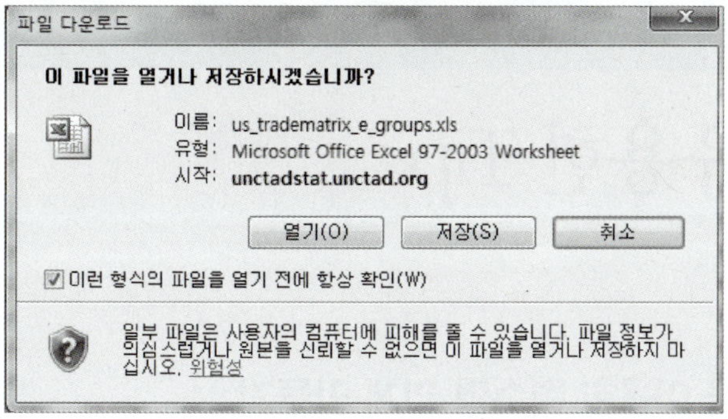


위 다운로드 된 결과는 [그림 7.8.13]과 같다.

[그림 7.8.13] 다운로드 된 Excel 결과

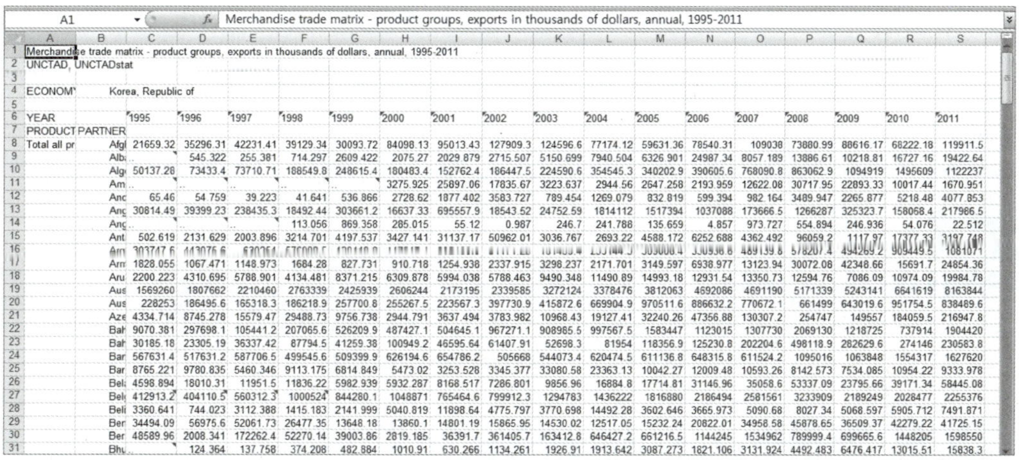


위와 같이 exports를 조회하는 과정을 실습해 보았다. 위와 동일한 방법으로 imports를 조회할 수 있다.

# 7.9 유용한 Tip

## 7.9.1 Excel을 이용한 변수명 쉽게 만들기

Excel 자료를 STATA에 Import하게 되면 변수명은 엑셀의 행 정보를 자동으로 읽는다. 즉, [그림 7.9.1]의 경우 변수명은 A~G의 값을 자동으로 설정하게 된다. 이후 연구자는 자동으로 설정된 변수를 수정하여 사용하는데, 이 명령어가 rename이다. 만약 변수명이 많지 않다면 수고스럽지만 명령어를 이용하여 하나씩 변경할 수 있지만 그렇지 않다면 이 또한 연구자는 고통이 아닐 수 없다. 이를 조금 쉽게 하기 위해 Excel의 독특한 기능인 "&"를 이용하여 rename을 하는 과정은 다음과 같다.

**실습자료** FSS_BANK_1.xls

[그림 7.9.1] FSS_BANK_1.xls 자료

| | A | B | C | D | E | F | G | H | I | J | K |
|---|---|---|---|---|---|---|---|---|---|---|---|
| 1 | 임직원현황/은행계/2010.06~2011.06 | | | | | | | | | | |
| 2 | 구분 | row_cd | 2011년06월말 | 2011년03월말 | 2010년12월말 | 2010년09월말 | 2010년06월말 | | | | |
| 3 | 임원 | A1 | 450 | 453 | 447 | 439 | 437 | | A | CODE_NM | rename A CODE_NM |
| 4 | 상임임원 | A11 | 47 | 48 | 49 | 53 | 52 | | B | CODE_NO | rename B CODE_NO |
| 5 | 비상임임원 | A12 | 109 | 109 | 102 | 97 | 96 | | C | EMP201106 | rename C EMP201106 |
| 6 | 이사대우 | A13 | 294 | 296 | 296 | 289 | 289 | | D | EMP201103 | rename D EMP201103 |
| 7 | 일반직원 | A2 | 97150 | 97349 | 97641 | 99304 | 99300 | | E | EMP201012 | rename E EMP201012 |
| 8 | 책임자 | A21 | 59297 | 59605 | 59584 | 60103 | 59647 | | F | EMP201009 | rename F EMP201009 |
| 9 | 행원 | A22 | 37853 | 37744 | 38057 | 39201 | 39653 | | G | EMP201006 | rename G EMP201006 |
| 10 | 서무직원 | A3 | 198 | 197 | 200 | 202 | 202 | | ❶ | ❷ | ❸ |
| 11 | 별정직원 | A4 | 1743 | 1763 | 1764 | 1773 | 1701 | | | | |
| 12 | 총임직원 | A | 99541 | 99762 | 100052 | 101718 | 101640 | | | | |
| 13 | 해외근무임직원 | B | 1197 | 1183 | 1163 | 1160 | 1130 | | | | |
| 14 | 현지채용임직원 | C | 670 | 645 | 651 | 650 | 628 | | | | |
| 15 | 직원외인원 | D | 33471 | 32779 | 32143 | 36558 | 36097 | | | | |

[그림 7.9.1]의 내용을 살펴보면, ❶ STATA에서 Excel파일을 Import 하면 자동으로 설정하는 변수명이며, ❷ 연구자가 설정할 변수명이다. ❸ 자동으로 설정된 변수명을 연구자가 설정할 변수명으로 변경하는 명령어이다.

[그림 7.9.2] Excel 수식

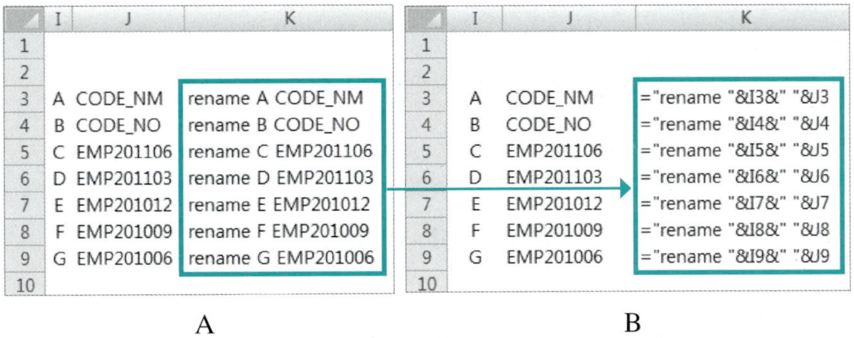


[그림 7.9.2]에서 보는 것과 같이 K3수식(B)은 ="rename "&I3&" "&J3 이다. 여기서 "rename "의 의미는 문자로 rename 으로 표시해 주고, &는 더하기라는 명령어로 "+"과 다른 의미이다. 또한 " "의 의미는 공백을 만들어 STATA가 오류 없이 실행할 수 있도록 만들어 주기 위한 것이다. 물론 rename 뒤에도 공백이 포함되어 있어야 한다. 따라서 K3은 rename A CODE_NM으로 변경하는 것을 의미한다. 이와 같이 설정한 K3:K9까지 자료를 복사하여 do 파일에 복사여 놓거나 직접 STATA 명령어 창에 붙여 넣기를 하고 실행을 바로 할 수 있다.

이 Excel을 이용하여 변수명을 쉽게 만드는 것의 유용성은 변수명이 많은 경우 일일이 입력하는 것보다 빠르고 쉽게 변수명을 만들 수 있다는데 있다.

## 7.9.2 do 파일이란?

[그림 7.9.3] do 파일 예시

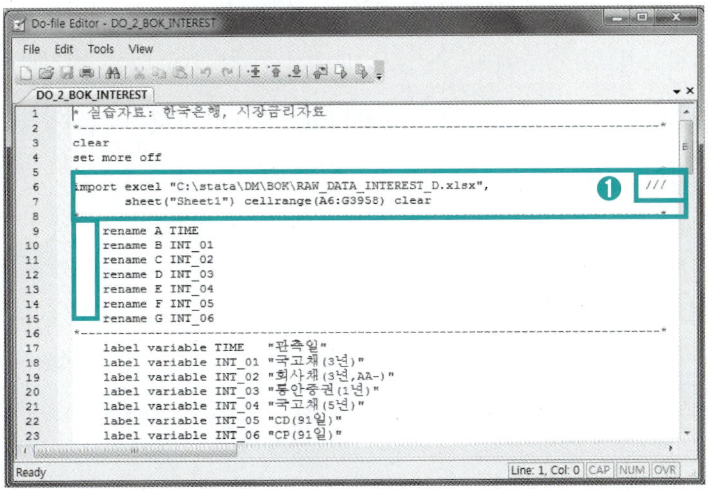

do 파일은 [그림 7.9.3]에서 보는 것과 같이 사용자가 분석하고자 하는 일련의 과정에 따라 실행할 수 있도록 작성한 일종의 프로그램이라고 볼 수 있다.

[그림 7.9.4]와 같이 do 파일은 **Window > Do-file Editor > New Do-file Editor**를 선택하면 된다(단축키는 Ctrl+9이다)

**[그림 7.9.4]** **do파일 실행 순서**

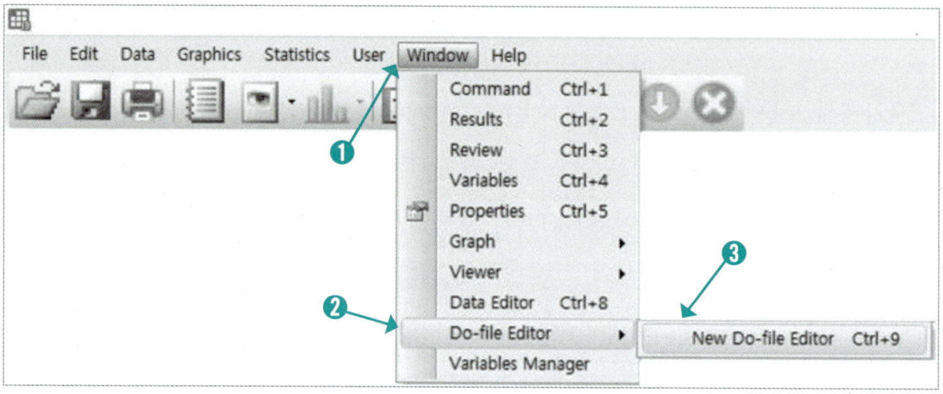


do 파일을 작성하는데 있어서

* : 실행되지 않으며 일종의 주석을 표시하는 것으로 이용된다.

// : *의 의미와 동일하다.

/* : 이 표시된 이후부터 주석처리 한다는 의미로  그 사이에 명령어가 있어도 실행되지 않는다.

///: 명령어가 길어서 사람의 눈으로 그 내용을 쉽게 찾아보기가 어려울 수 있다. 즉, 명령어를 수정하고자 할 경우에 마우스로 그 내용을 찾아야 하는 번거로움이 있다. 이를 해소하기 위해서 ///를 명령문 중간에 표시하게 된다. 특히 주의해야 할 부분은 " " 표시된 부분에서는 ///가 실행되지 않는다. 위 do예제 중 line 6~7에 /// 표시가 되어 있다. 만약 "C:₩~.xlsx" 사이에 /// 표시하면 실행되지 않는다.

Line 9~15의 공백 처리: right shift(오른쪽으로 이동, Ctrl+I)로 눈으로 보기 좋게 하기 위해서 유용하다. 반대로 left shift(왼쪽으로 이동, Ctrl+Shift+I )도 가능하다. 이 기능을 이용하여 공백을 만들 수 있다. 13버전에서는 Project Manager가 추가되었다.

## 7.9.3 문자변수의 좌우정렬(format) 설정

문자변수인 COUN_NM은 오른쪽으로 자료가 정렬되어 있다. describe 명령어를 다음과 같이 입력하고 실행하면 다음과 같다.

[그림 7.9.5] 변수명에 대한 정보 확인

```
. describe COUN_NM

              storage  display     value
variable name   type   format      label      variable label
-------------------------------------------------------------
COUN_NM         str15  %15s
```

변수 COUN_NM은 문자변수(str15) STATA에서 오른쪽으로 정렬된 형태(%15s)로 설정되어 있다. 이를 왼쪽으로 자료를 정렬 할 경우 format %-15s COUN_NM을 하면 된다.

[그림 7.9.6] 형태 변경

```
. format %-15s COUN_NM

. describe COUN_NM

              storage  display     value
variable name   type   format      label      variable label
-------------------------------------------------------------
COUN_NM         str15  %-15s

. list in 1/5

     +-------------------------------------------------------+
     | COUN_NO   TIME   COUN_CD   COUN_NM               GDP  |
     |-------------------------------------------------------|
  1. |       1   2001        01   Australia        -.51536831 |
  2. |       2   2001        02   Austria          -.19344696 |
  3. |       3   2001        03   Belgium           .35336792 |
  4. |       5   2001        05   Canada            .65809423 |
  5. |       8   2001        08   Czech Republic    -5.599598 |
     +-------------------------------------------------------+
```

### 7.9.4 sort와 gsort의 유용성

sort나 gsort를 어떠한 경우에 유용할까?라는 질문이 있을 수 있다.

예를 들어 다음과 같은 자료가 있다고 가정하자. 3개의 기업(ID)을 5년 동안(TIME 월별자료) 관측하였다고 할 경우 관측값(Missing Value가 없다고 가정)은 120개이다. 여기서 120은 3개 기업×(5년×12개월)=120개이다. 이 경우 각 기업별로 sort를 하면

```
• sort ID TIME
```

이렇게 sort하고 egen 명령어를 이용하여 각 기업의 ID별로 순번의 변수를 생성한 후 전기($V_{t-1}$)의 자료[_n-1] 또는 차기($V_{t+1}$)의 자료[_n+1]의 값을 가져오게 하는 명령을 수행할 수 있다. gsort도 동일하다.

```
• sort ID TIME
• bysort ID: egen SEQ_NO=seq()
• bysort ID: generate V_L1=V[_n-1] → 각 기업별로 V 변수의 전기값(V_{t-1})
• bysort ID: generate V_F1=V[_n+1] → 각 기업별로 V 변수의 차기값(V_{t+1})
```

이와 같이 sort를 하지 않고는 각 기업의 전기값 또는 차기값을 가져올 수 없다.

### 7.9.5 Data Editer의 General Preference

사용자가 STATA의 Preference를 수정하지 않았다면 문자변수는 '빨간색'으로 표시되며, 라벨을 표시한 범주형변수는 '파란색'으로 표시된다. 이 부분을 사용자가 수정하고자 한다면 다음과 같이 실행하면 된다.

[그림 7.9.7] Data Editer의 색상 변경

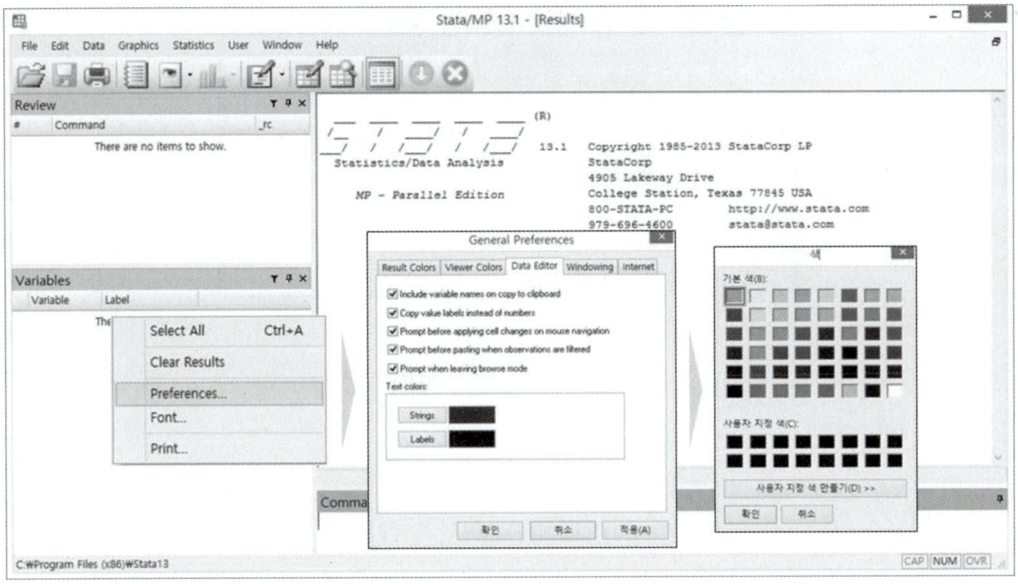


[그림 7.9.7]에서 보는 것과 같이 ❶ 결과창에서 마우스의 오른쪽을 클릭한 후 Preferences 를 선택하면 ❷ General Preferences가 나타나고 그 중에서 Data Editor를 선택한다. 이 경우 Strings의 경우는 빨간색이, Labels는 파란색으로 표시되어 있다. ❸ 여기서 Strings를 선택하면 색 창이 나타나며 사용자가 원하는 색상을 선택한 후 확인하면 된다.

## 7.9.6 STATA에서 Data 입력하기

통계분석을 위해서 필요한 기초자료(Rawdata)는 일반적으로 excel, text 등의 형태로 작성된다. 연구자는 이러한 자료를 STATA에 import하여 사용하게 된다. 그러나 경우에 따라서는 STATA의 Edit에서 직접 자료를 입력할 수 있다. 이 경우에 주의할 몇 가지 주의할 필요가 있다.

[그림 7.9.8] Data Editor를 이용한 Data 입력

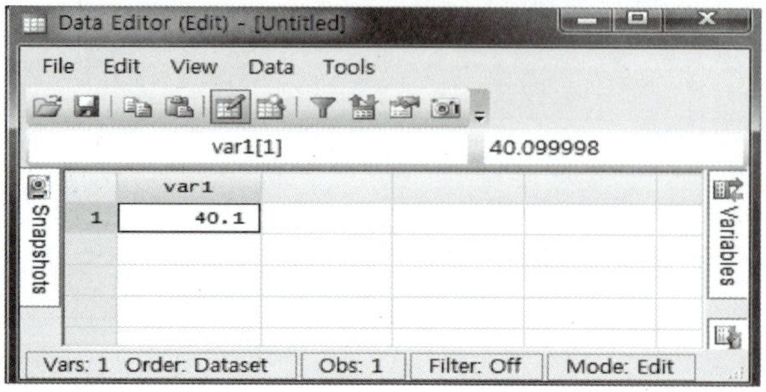


[그림 7.9.8]과 같이 40.1이라고 입력하였지만 그 값은 40.099998로 보여주고 있음 알 수 있다. 이와 같이 연구자가 의도하지 않은 값이 나타날 수 있다.

[그림 7.9.9] Data Edit에서 자료입력하기

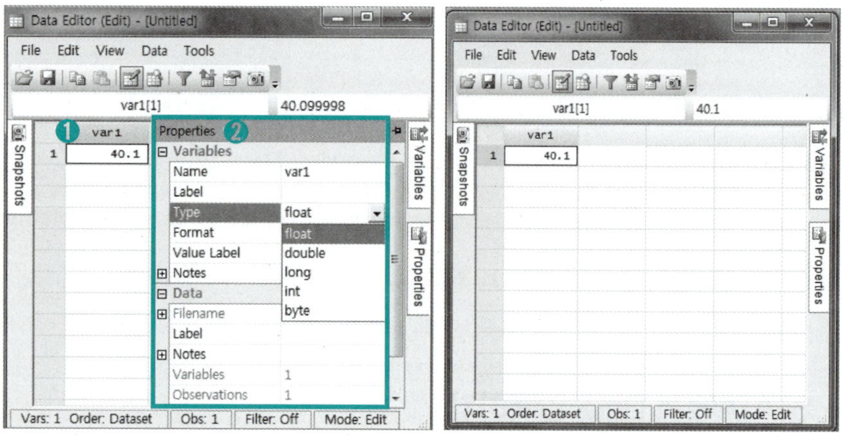


[그림 7.9.9]에서 ❶ var1을 두 번 클릭한 후 ❷ Type의 float를 double로 선택한다. 이 후 다시 40.1을 입력한다. 그러면 연구자가 원래 의도하고 입력한 40.1이 나타난다.

## 7.9.7 | 특정한 규칙을 반영한 ID 변수 만들기

특정한 규칙을 반영한 ID 변수 만들기란? 변수의 값이 일정한 간격을 두고 입력되어 있지 않고 특정한 값을 기준으로 ID를 설정하는 경우를 말한다. 예제를 통해서 실습해 본다.

실습자료 **C:\STATA\DM\EX_4.dta**

[그림 7.9.10] 자료(EX_4)의 개요

```
. use "C:\STATA\DM\EX_4.dta", clear

. describe

Contains data from C:\STATA\DM\EX_4.dta
  obs:           20
 vars:            1                          11 Dec 2012 17:21
 size:           80
--------------------------------------------------------------------
              storage    display     value
variable name  type       format      label      variable label
--------------------------------------------------------------------
value          float      %9.0g                  Sample No
--------------------------------------------------------------------
Sorted by:
```

[그림 7.9.11] 자료의 구성

```
. list value, sep(0)
```

| | value |
|---|---|
| 1. | 0 |
| 2. | 1 |
| 3. | 2 |
| 4. | 3 |
| 5. | 0 |
| 6. | 2 |
| 7. | 3 |
| 8. | 6 |
| 9. | 0 |
| 10. | 1 |
| 11. | 0 |
| 12. | 3 |
| 13. | 0 |
| 14. | 1 |
| 15. | 2 |
| 16. | 3 |
| 17. | 4 |
| 18. | 5 |
| 19. | 0 |
| 20. | 1 |

[그림 7.9.12] egen을 이용한 가상의 TIME 변수 만들기

| | value | TIME | TIME_2 |
|---|---|---|---|
| 1. | 0 | 1 | 1 |
| 2. | 1 | 2 | 2 |
| 3. | 2 | 3 | 3 |
| 4. | 3 | 4 | 4 |
| 5. | 0 | 5 | 5 |
| 6. | 2 | 6 | 6 |
| 7. | 3 | 7 | 7 |
| 8. | 6 | 8 | 8 |
| 9. | 0 | 9 | 9 |
| 10. | 1 | 10 | 10 |
| 11. | 0 | 11 | 11 |
| 12. | 3 | 12 | 12 |
| 13. | 0 | 13 | 13 |
| 14. | 1 | 14 | 14 |
| 15. | 2 | 15 | 15 |
| 16. | 3 | 16 | 16 |
| 17. | 4 | 17 | 17 |
| 18. | 5 | 18 | 18 |
| 19. | 0 | 19 | 19 |
| 20. | 1 | 20 | 20 |

[그림 7.9.11]에서 보는 것과 같이 변수 value는 0을 기준으로 다른 값으로 표시되는 것 같아 보인다. 따라서 0을 기준으로 ID 변수를 만들어 보자.

[그림 7.9.12]에서 보는 것과 같이 ❶ egen의 seq() 기능을 이용하여 새로운 TIME 변수를 생성하였다. 이는 또 다른 명령어를 이용하여 동일한 결과를 생성할 수 있다. 그것이 바로 ❷ _n이다. [그림 7.9.12]에서 TIME과 TIME_2의 값이 동일한 것을 확인할 수 있을 것이다.

C:\> 명령어

```
. ❶ egen TIME = seq()
. ❷ generate TIME_2 = _n
. ❸ list value TIME TIME_2, sep(0)
```

이제 아래의 명령어처럼 ❶ TIME 변수를 이용하여 Time series를 설정한 후 ❷ 임시 ID를 생성한다. 이때 value 값이 0인 경우로 한정한다. ❸ 이 경우의 결과값을 보면 [그림 7.9.13]와 같다.

C:\> 명령어

```
. ❶ tsset TIME
. ❷ generate TEMP_ID=1 if value==0
. ❸ list value TIME TIME_2 TEMP_ID, sep(0)
```

**[그림 7.9.13]** 임시 ID(TEMP_ID)를 생성한 결과

| | value | TIME | TIME_2 | TEMP_ID |
|---|---|---|---|---|
| 1. | 0 | 1 | 1 | 1 |
| 2. | 1 | 2 | 2 | . |
| 3. | 2 | 3 | 3 | . |
| 4. | 3 | 4 | 4 | . |
| 5. | 0 | 5 | 5 | 1 |
| 6. | 2 | 6 | 6 | . |
| 7. | 3 | 7 | 7 | . |
| 8. | 6 | 8 | 8 | . |
| 9. | 0 | 9 | 9 | 1 |
| 10. | 1 | 10 | 10 | . |
| 11. | 0 | 11 | 11 | 1 |
| 12. | 3 | 12 | 12 | . |
| 13. | 0 | 13 | 13 | 1 |
| 14. | 1 | 14 | 14 | . |
| 15. | 2 | 15 | 15 | . |
| 16. | 3 | 16 | 16 | . |
| 17. | 4 | 17 | 17 | . |
| 18. | 5 | 18 | 18 | . |
| 19. | 0 | 19 | 19 | 1 |
| 20. | 1 | 20 | 20 | . |

[그림 7.9.13]에서 보는 것과 같이 value의 값이 0이면 TEMP_ID가 1로 변경된 것을 알 수 있다.

C:\> 명령어

```
. ❶ sort TEMP_ID TIME
. ❷ egen ID = seq() if TEMP_ID!=.
. ❸ list value TIME TIME_2 TEMP_ID ID in 1/10, sep(0)
```

**[그림 7.9.14]** egen의 seq 기능을 통한 ID 생성 결과

| | value | TIME | TIME_2 | TEMP_ID | ID |
|---|---|---|---|---|---|
| 1. | 0 | 1 | 1 | 1 | 1 |
| 2. | 0 | 5 | 5 | 1 | 2 |
| 3. | 0 | 9 | 9 | 1 | 3 |
| 4. | 0 | 11 | 11 | 1 | 4 |
| 5. | 0 | 13 | 13 | 1 | 5 |
| 6. | 0 | 19 | 19 | 1 | 6 |
| 7. | 1 | 2 | 2 | . | . |
| 8. | 2 | 3 | 3 | . | . |
| 9. | 3 | 4 | 4 | . | . |
| 10. | 2 | 6 | 6 | . | . |

[그림 7.9.14]에서 보는 것과 같이 ID는 value가 0이 아닌 경우에 ID가 생성되었으며, 그 이외에는 missing value로 표시된다.

C:\> 명령어

```
. ❶ sort TIME
. ❷ replace ID = L1.ID if ID==.
. ❸ list value TIME TIME_2 TEMP_ID ID, sep(0)
```

[그림 7.9.15] 최종 결과

| | value | TIME | TIME_2 | TEMP_ID | ID |
|---|---|---|---|---|---|
| 1. | 0 | 1 | 1 | 1 | 1 |
| 2. | 1 | 2 | 2 | . | 1 |
| 3. | 2 | 3 | 3 | . | 1 |
| 4. | 3 | 4 | 4 | . | 1 |
| 5. | 0 | 5 | 5 | 1 | 2 |
| 6. | 2 | 6 | 6 | . | 2 |
| 7. | 3 | 7 | 7 | . | 2 |
| 8. | 6 | 8 | 8 | . | 2 |
| 9. | 0 | 9 | 9 | 1 | 3 |
| 10. | 1 | 10 | 10 | . | 3 |
| 11. | 0 | 11 | 11 | 1 | 4 |
| 12. | 3 | 12 | 12 | . | 4 |
| 13. | 0 | 13 | 13 | 1 | 5 |
| 14. | 1 | 14 | 14 | . | 5 |
| 15. | 2 | 15 | 15 | . | 5 |
| 16. | 3 | 16 | 16 | . | 5 |
| 17. | 4 | 17 | 17 | . | 5 |
| 18. | 5 | 18 | 18 | . | 5 |
| 19. | 0 | 19 | 19 | 1 | 6 |
| 20. | 1 | 20 | 20 | . | 6 |

[그림 7.9.15]에서 보는 것과 같이 value의 0을 기준으로 ID가 생성된 것을 확인할 수 있다.

## 7.9.8 ltrim과 rtrim(문자변수의 좌우공백 지우기)

실습자료 `C:\STATA\DM\UNCTAD\UNCTAD_ltrim.dta`

실습자료는 UNCTAD에서 제공하는 각 국가가 수출한 정보 중 2011년에 한정한 것이다. [그림 7.9.16]에서 보는 것과 같이 ID(국가명)과 TIME_2011(2011년에 수출금액)이 있다.

[그림 7.9.16] Dataset의 개요

```
. use "C:\STATA\DM\UNCTAD\UNCTAD_trim.dta", clear

. describe

Contains data from C:\STATA\DM\UNCTAD\UNCTAD_trim.dta
  obs:           225
 vars:             2                          11 Nov 2012 08:09
 size:        13,725
-------------------------------------------------------------------
               storage    display     value
variable name  type       format      label      variable label
-------------------------------------------------------------------
ID             str44      %-44s
TIME_2011      str17      %17s                   관측년도_2011
-------------------------------------------------------------------
Sorted by:
```

[그림 7.9.17]에서 TIME_2011, ID로 정렬을 한 후 처음 10개에 해당하는 관측 값을 확인하였다. 특히 ID의 경우에는 왼쪽에 일정한 공백이 포함되어 있음을 알 수 있다. 이러한 공백이 포함되어 있는 문자변수의 경우 연구자의 눈을 힘들게 한다.

[그림 7.9.17] list를 통한 관측 값 확인

```
. sort TIME_2011 ID

. list in 1/10, sep(0)

     +------------------------------------------------------------+
     | ID                                               TIME_2011 |
     |------------------------------------------------------------|
  1. |           Bonaire, Sint Eustatius and Saba              .. |
  2. |           Holy See                                      .. |
  3. |           Korea, Dem. People's Rep. of                  .. |
  4. |           Korea, Republic of                            .. |
  5. |           Saint Pierre and Miquelon                     .. |
  6. |           Sint Maarten (Dutch part)                     .. |
  7. |           Western Sahara                                .. |
  8. |           Wallis and Futuna Islands                   .286 |
  9. |           Niue                                       1.149 |
 10. |           Ukraine                              1022530.574 |
     +------------------------------------------------------------+
```

[그림 7.9.18]과 같이 ltrim이라는 명령어를 이용하여 새로운 변수인 ID_ltrim을 생성하였다.

[그림 7.9.18] ltrim을 적용한 결과

| | ID | ID_ltrim |
|---|---|---|
| 1. | Bonaire, Sint Eustatius and Saba | Bonaire, Sint Eustatius and Saba |
| 2. | Holy See | Holy See |
| 3. | Korea, Dem. People's Rep. of | Korea, Dem. People's Rep. of |
| 4. | Korea, Republic of | Korea, Republic of |
| 5. | Saint Pierre and Miquelon | Saint Pierre and Miquelon |
| 6. | Sint Maarten (Dutch part) | Sint Maarten (Dutch part) |
| 7. | Western Sahara | Western Sahara |
| 8. | Wallis and Futuna Islands | Wallis and Futuna Islands |
| 9. | Niue | Niue |
| 10. | Ukraine | Ukraine |

[그림 7.9.18]에서 ID_ltrim을 왼쪽 정렬의 형태(format %-34s)로 설정한 후 list를 보면 왼쪽의 공백이 삭제되었음을 확인할 수 있다.

[그림 7.9.19] format을 변경한 ID_ltrim 결과

```
. order I*

. describe

Contains data from C:\STATA\DM\UNCTAD\UNCTAD_trim.dta
  obs:          225
 vars:            3                        11 Nov 2012 08:09
 size:       21,375
--------------------------------------------------------------
              storage    display    value
variable name  type       format     label      variable label
--------------------------------------------------------------
ID             str44      %-44s
ID_ltrim       str34      %-34s
TIME_2011      str17      %17s                  관측년도_2011
--------------------------------------------------------------
Sorted by:  TIME_2011  ID
     Note:  dataset has changed since last saved
```

[그림 7.9.19]에서 보는 것과 같이 storage type 중 ID의 경우 str44로 설정되었으며, ID_ltrim은 str34로 그 길이가 감소했음을 알 수 있다. 만약 이러한 경우가 많은 Dataset은 저장용량

이 증가하며, 때로는 연산의 속도를 감소시킬 수 있다. 따라서 최적의 Dataset을 이용하여 분석하기를 권한다.

실습을 통해서 ltrim의 기능을 알 수 있을 것이라 판단되며, help ltrim의 예제에서는 ltrim(" this") = "this"로 되며, rtrim("this") = "this"로 된다.

## 7.9.9 | Data 변환

연구자가 통계분석을 위하여 준비한 데이터구조가 패널자료라고 가정하자. 여기서 id 변수는 개별기업이며, time 변수는 관측 년도를 의미한다. 그리고 개별기업이 특정 정책 도입여부의 더미변수(Policy, 도입 1, 미도입 0)가 있다. 개별회사가 특정 정책을 도입한 시점부터 Serial을 기록한 변수(sequence)를 자동으로 생성하고자 한다. 어떻게 자동으로 처리할 것인가?

[그림 7.9.20] 데이터 변환: policy → sequence

| id | time | policy | sequence |
|---|---|---|---|
| 1 | 1 | 0 | 0 |
| 1 | 2 | 1 | 1 |
| 1 | 3 | 1 | 2 |
| 1 | 4 | 1 | 3 |
| 2 | 1 | 0 | 0 |
| 2 | 2 | 0 | 0 |
| 2 | 3 | 1 | 1 |
| 2 | 4 | 1 | 2 |
| 3 | 1 | 0 | 0 |
| 3 | 2 | 0 | 0 |
| 3 | 3 | 0 | 0 |
| 3 | 4 | 1 | 1 |

```
C:\>
명령어
. ❶ xtset id time
. ❷ bysort id: egen    sequence=seq() if policy!=0
. ❸               replace sequence=0     if policy==0
```

## 7.9.10 | Double quotes(") 변환

통계분석에 사용되는 기초자료 중 text 형태로 된 자료에 큰따옴표(", double quotes)가 들어가 있는 경우가 있다. STATA는 이러한 경우 자료를 불러올 수 없는 경우가 있다. 예제를 통하여 살펴보자.

1|2011/10/28|10,350|상승 50|

2|2011/10/27|10,300|상승 350|

3|2011/10/26|9,950|하락 40|

4|2011/10/25|9,990|하락 160|

5|2011/10/24|10,150|상승 200|

6|2011/10/21|9,950|"하락 30|

7|2011/10/20|9,980|하락 320|

8|2011/10/19|10,300|하락 200|

9|2011/10/18|10,500|하락 50|

10|2011/10/17|10,550|하락 100|

위 예제를 보면 6번째 "하락 30이 표시되어 있는 것을 볼 수 있다.

```
C:\>
명령어
. ❶ bysort id: egen    sequence=seq() if policy!=0
. ❷               replace sequence=0     if policy==0
```

## 7.9.11 | 대용량 엑셀 data Import

STATA 버전 12이상부터는 엑셀 파일을 바로 import 할 수 있다. 그럼에도 불구하고 [그림 7.9.21]의 우측과 같은 에러 메시지가 발생하게 된다.

**[그림 7.9.21] 대용량 엑셀 data import 에러**

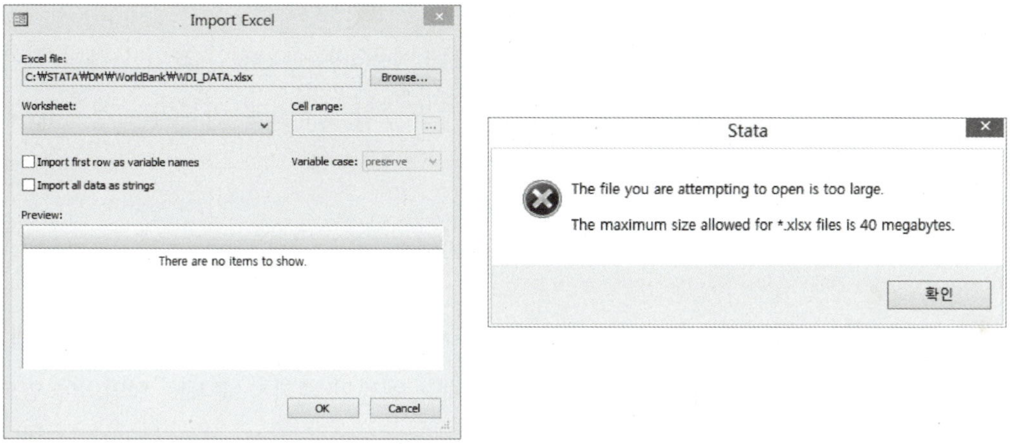


위 경우 명령어 창에 아래와 같이 입력 및 실행 후 다시 실행하면 정상적으로 Data를 Importing 할 수 있다.

```
. set excelxlsxlargefile on
. import excel "C:\STATA\DM\WorldBank\WDI_DATA.xlsx", sheet("Data") firstrow
```

**[그림 7.9.22] 실행 결과**

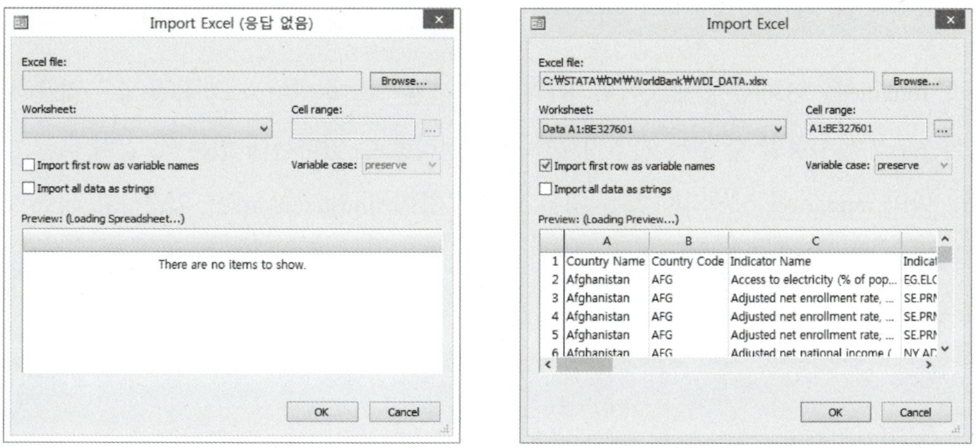

[그림 7.9.22]의 왼쪽 그림을 보면 (응답없음)이 나타나고 있는 것을 볼 수 있다. 이 경우 컴퓨터가 잠시 멈추는 현상이다. 따라서 사용자는 잠시 쉼이 필요하며, 혹시 컴퓨터를 끄거나, Ctrl+Alt+Delete 키를 이용해서 강제로 OFF하면 정말 안된다.

## 7.9.12 변수명의 일괄변경(renvars)

7.9.11에서 대용량의 엑셀 데이터를 import한 자료를 이용하여 추가적인 작업을 해야 하는데 그 중에서 변수명을 rename으로 변경해야 하는데 특정한 형식으로 반복되는 경우 renvars를 이용하여 편리하다.

. renvars E – BE ₩ YEAR1960 – YEAR2012

위 실습자료는 WDI_DATA.xlsx이며, 252개 국가의 1960년부터 2012년까지 1300개 변수의 정보를 담고 있다. STATA로 import 전에 해당 엑셀의 헤더가 숫자로 정의되어 있으면 STATA는 자동으로 엑셀의 열의 이름(A ~ Z)의 값을 자동으로 인식한다. 따라서 이 예제에서도 변수 E부터 변수 BE까지는 1960년부터 2012년도를 의미하는 것이다. 따라서 renvars 명령어를 이용하면 아래와 같이 실행하는 번거로움을 피할 수 있을 것 같다.

```
. rename E YEAR1960
. rename F YEAR1961
  (중간 생략)
. rename BD YEAR2011
. rename BE YEAR2012
```

즉, rename을 53회 수행해야 한다. STATA를 사용하는데 있어서 그 유용성은 짧은 시간에 실증분석에 사용할 수 있는 기초자료를 쉽게 정리할 수 있다는데 있는 것 같다.

※ 만약 renvars가 실행되지 않을 경우 명령어 창에 findit renvars를 입력하고 새로운 창에서 stb60을 선택하여 실행한다.

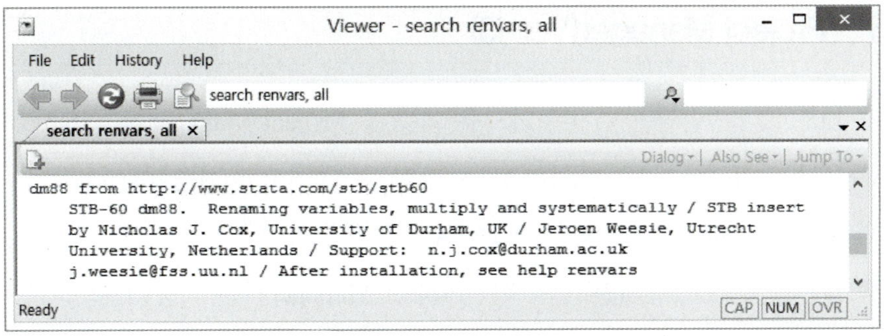


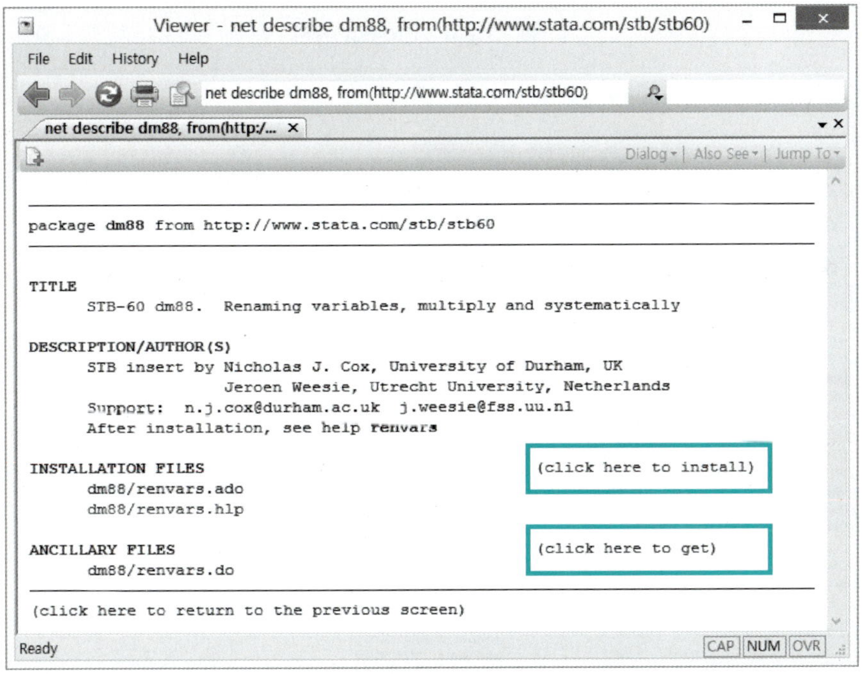


추가적으로 renvars 예제를 설명하면

```
. renvars YEAR1960 - YEAR2012, lower
. renvars year1960 - year2012, upper
```

는 변수명을 대문자로, 소문자로 자유롭게 변경이 가능함을 알 수 있다.

## 7.9.13 | Project Manager(Ver 13)

STATA가 13으로 버전업되면 추가된 새로운 기능 중 Project Manager를 소개하고자 한다. STATA 사용자는 대화상자(Dialog Box)를 이용할 수 있으며, do 파일을 이용할 수 도 있다. 버전 12까지는 개별 do 파일을 열어서 STATA를 사용할 수 있다. 즉, 다른 do 파일로 전환하는데 좀 불편할 수 있었다. 13버전에서는 Project Manager라는 기능이 추가되어 do 파일은 물론 dataset도 동시에 볼 수 있다.

**[그림 7.9.23]** Project 예시

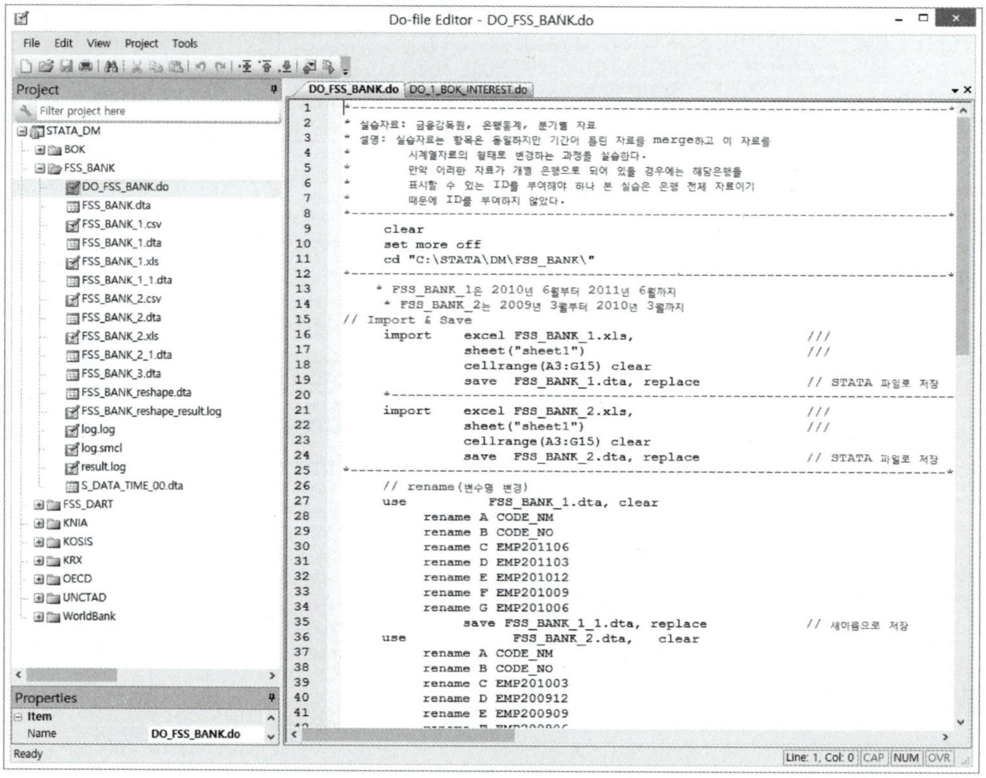


[그림 7.9.23]과 같이 실습에 적용된 출처별 폴더와 do 파일 등을 볼 수 있다. 이 Project Manager 기능은 연구논문을 진행하는데 있어서 유용한 기능이 될 수 있다. 예를 들면, 연구자는 연구에 필요한 기초자료를 Excel, TEXT 등의 형태로 가지고 있을 것이다. 이러한 기초자료를 STATA로 Import 할 것이며, 변수와 라벨을 입력 및 수정하여 STATA 파일 즉,

*.dta 파일로 저장할 것이다. 그리고 각 연구모형별로 변수를 수정하거나 모형을 실행할 것이다.

**[그림 7.9.24] 실증분석 흐름 및 STATA 적용 예시**

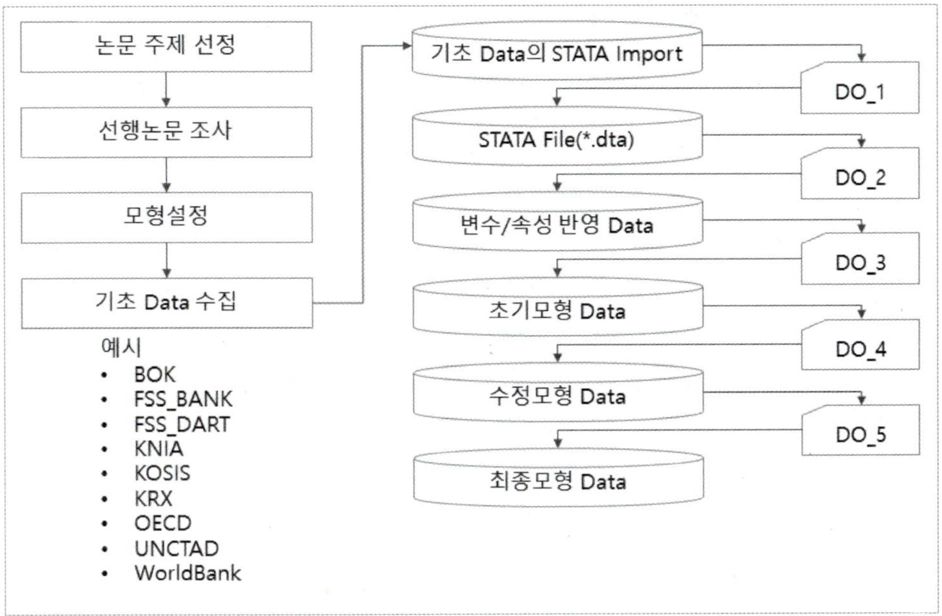


[그림 7.9.24]에서 보는 것과 같이 DO_1 ~ DO_5까지 있으며, 기초 Data부터 최종모형 Data까지 여러 단계에 걸쳐서 실증분석이 진행된다. 이러한 여러 단계를 거치면서 Data와 모형은 수정 및 변경될 수 밖에 없다. 따라서 STATA의 Project 기능을 이용하면 DO_1에서 수정될 수 있는 부분과 DO_5에서 수정될 수 있는 부분이 있을 것이다. 이럴 경우 하나의 Project Manager에서 실행하면 더욱 편리할 수 있다. 자세한 사항은 youtube(http://www.youtube.com/watch?v=DqiNyOxPsL0)를 참조하기 바란다.

## 7.9.14 찾아 바꾸기(subinstr)

STATA를 사용하다 보면 숫자변수처럼 보이는 문자변수(2001/03)가 있을 수 있다. 이 문자변수를 subinstr을 이용하여 수정해 보자. 실습자료는 DATA_INTEREST.dta이다.

**[그림 7.9.25]** subinstr 반영 전(s_time)

| | s_time | n_cd91 | n_int1y | n_int3y | n_int5y | n_int10y |
|---|---|---|---|---|---|---|
| 1 | 2001/01 | 6.43 | 6.04 | 5.99 | 6.20 | 6.65 |
| 2 | 2001/02 | 5.73 | 5.51 | 5.43 | 5.76 | 6.41 |
| 3 | 2001/03 | 5.68 | 5.81 | 5.84 | 6.40 | 7.00 |
| 4 | 2001/04 | 5.84 | 6.20 | 6.59 | 7.24 | 7.74 |
| 5 | 2001/05 | 5.85 | 6.10 | 6.46 | 7.05 | 7.58 |
| 6 | 2001/06 | 5.65 | 5.80 | 6.04 | 6.49 | 7.14 |
| 7 | 2001/07 | 5.32 | 5.47 | 5.75 | 6.17 | 6.83 |
| 8 | 2001/08 | 4.92 | 5.05 | 5.15 | 5.43 | 6.29 |
| 9 | 2001/09 | 4.66 | 4.75 | 4.89 | 5.21 | 6.19 |
| 10 | 2001/10 | 4.36 | 4.42 | 4.74 | 5.65 | 6.54 |

[그림 7.9.25]의 s_time은 문자변수이다. 즉 "/"이 표시되어 있는 문자변수이다. 물론 시간변수의 표현을 "/"가 포함되도록 표현할 수 있다. 이 예제는 문자변수이다. subinstr을 이용하여 문자변수에 포함된 "/"를 제외해 보자.

```
. use "C:\STATA\DM\BOK\DATA_INTEREST.dta", clear
. replace s_time = subinstr(s_time,"/","",.)
```

**[그림 7.9.26]** subinstr 반영 후(s_time)

| | s_time | n_cd91 | n_int1y | n_int3y | n_int5y | n_int10y |
|---|---|---|---|---|---|---|
| 1 | 200101 | 6.43 | 6.04 | 5.99 | 6.20 | 6.65 |
| 2 | 200102 | 5.73 | 5.51 | 5.43 | 5.76 | 6.41 |
| 3 | 200103 | 5.68 | 5.81 | 5.84 | 6.40 | 7.00 |
| 4 | 200104 | 5.84 | 6.20 | 6.59 | 7.24 | 7.74 |
| 5 | 200105 | 5.85 | 6.10 | 6.46 | 7.05 | 7.58 |
| 6 | 200106 | 5.65 | 5.80 | 6.04 | 6.49 | 7.14 |
| 7 | 200107 | 5.32 | 5.47 | 5.75 | 6.17 | 6.83 |
| 8 | 200108 | 4.92 | 5.05 | 5.15 | 5.43 | 6.29 |
| 9 | 200109 | 4.66 | 4.75 | 4.89 | 5.21 | 6.19 |
| 10 | 200110 | 4.36 | 4.42 | 4.74 | 5.65 | 6.54 |

[그림 7.9.26]에서 보는 것과 같이 s_time의 값에 있던 "/"이 제외된 상태로 변경되었다. 어떤 특정한 값을 찾아서 변경하고자 하는 경우에 subinstr은 유용한 것 같다. 위 명령어를 설명하면 subinstr(s_time, "/", " ", .)에서 "/"은 변경하고자 하는 문자이며, " "은 변경될 문자(지금은 제외되는 상태)이며, .은 그러한 경우가 없으면 .(missing value)를 입력하라는 의미이다.

## 7.9.15 파일명 변경하기(!rename)

도스(DOS) 명령어 중 일부를 STATA에서도 사용가능하다. 혹시 파일명을 STATA 명령어로 변경가능할까? 가능하다면 일괄로 변수를 변경할 수 있을텐데…, 즉, 변수명을 직접 수정하지 않고 명령어로 수정할 수 있다면 좀더 빠르게 파일명을 변경할 수 있지 않을까 한다.

```
. clear
. cd C:\STATA\DM\
. sysuse auto.dta, clear
. save auto1.dta, replace
. use auto1
. use C:\STATA\DM\auto1
. !rename auto1.dta auto2.dta
. use C:\STATA\DM\auto2
```

위와 같이 실행하면 auto 파일을 auto1으로 저장한 후 !rename을 이용하여 auto1 파일을 auto2 파일로 변경할 수 있다.

## 7.9.16 빠진 시계열값 채우기(tsfill)

시간변수를 가지는 자료는 시계열자료와 패널자료이다. 시간변수는 경우에 따라서 누락 또는 원래 없는 경우도 있다. 원래 없는 경우는 주식시장과 같이 토요일과 일요일은 개장되지 않는다. 따라서 그 기간에 해당하는 주가는 당연히 없다. 누락된 경우는 해당 기간에 데이터를 생성하지 않았을 경우가 있다. 이유야 어찌되었건 간에 연구자는 누락 또는 원래 없는 시간을 표시해야 할 경우가 있다면 tsfill을 적용할 것을 권한다. 실습자료는 DATA_STOCK_INDEX_KOSPI.dta이다.

**[그림 7.9.27]** tsfill 반영 전

| | TIME | time | time_1 | time_2 | time_21 | time_3 |
|---|---|---|---|---|---|---|
| 1 | 2011/01/03 | 03jan2011 | 2011/1/3 | Monday January 3 2011 | 2011 January 3 Monday | 월요일 |
| 2 | 2011/01/04 | 04jan2011 | 2011/1/4 | Tuesday January 4 2011 | 2011 January 4 Tuesday | 화요일 |
| 3 | 2011/01/05 | 05jan2011 | 2011/1/5 | Wednesday January 5 2011 | 2011 January 5 Wednesday | 수요일 |
| 4 | 2011/01/06 | 06jan2011 | 2011/1/6 | Thursday January 6 2011 | 2011 January 6 Thursday | 목요일 |
| 5 | 2011/01/07 | 07jan2011 | 2011/1/7 | Friday January 7 2011 | 2011 January 7 Friday | 금요일 |
| 6 | 2011/01/10 | 10jan2011 | 2011/1/10 | Monday January 10 2011 | 2011 January 10 Monday | 월요일 |
| 7 | 2011/01/11 | 11jan2011 | 2011/1/11 | Tuesday January 11 2011 | 2011 January 11 Tuesday | 화요일 |
| 8 | 2011/01/12 | 12jan2011 | 2011/1/12 | Wednesday January 12 2011 | 2011 January 12 Wednesday | 수요일 |
| 9 | 2011/01/13 | 13jan2011 | 2011/1/13 | Thursday January 13 2011 | 2011 January 13 Thursday | 목요일 |
| 10 | 2011/01/14 | 14jan2011 | 2011/1/14 | Friday January 14 2011 | 2011 January 14 Friday | 금요일 |

```
. use "C:\STATA\DM\KRX\DATA_STOCK_INDEX_KOSPI.dta", clear
. sort TIME
. tsset time
. tsfill
```

**[그림 7.9.28]** tsfill 반영 후

| | TIME | time | time_1 | time_2 | time_21 | time_3 |
|---|---|---|---|---|---|---|
| 1 | 2011/01/03 | 03jan2011 | 2011/1/3 | Monday January 3 2011 | 2011 January 3 Monday | 월요일 |
| 2 | 2011/01/04 | 04jan2011 | 2011/1/4 | Tuesday January 4 2011 | 2011 January 4 Tuesday | 화요일 |
| 3 | 2011/01/05 | 05jan2011 | 2011/1/5 | Wednesday January 5 2011 | 2011 January 5 Wednesday | 수요일 |
| 4 | 2011/01/06 | 06jan2011 | 2011/1/6 | Thursday January 6 2011 | 2011 January 6 Thursday | 목요일 |
| 5 | 2011/01/07 | 07jan2011 | 2011/1/7 | Friday January 7 2011 | 2011 January 7 Friday | 금요일 |
| 6 | | 08jan2011 | . | . | . | . |
| 7 | | 09jan2011 | . | . | . | . |
| 8 | 2011/01/10 | 10jan2011 | 2011/1/10 | Monday January 10 2011 | 2011 January 10 Monday | 월요일 |
| 9 | 2011/01/11 | 11jan2011 | 2011/1/11 | Tuesday January 11 2011 | 2011 January 11 Tuesday | 화요일 |
| 10 | 2011/01/12 | 12jan2011 | 2011/1/12 | Wednesday January 12 2011 | 2011 January 12 Wednesday | 수요일 |

[그림 7.9.28]와 같이 2011년 1월 8일과 9일의 값이 새롭게 추가되었음을 알 수 있다. 물론 이는 실습을 위한 것이다. 패널자료에서는 xtset id time 후 tsfill, full을 적용하면 된다.

## 7.9.17 찾아서 변수 만들기(findval)

어떤 특정한 값이 있으면 1, 그렇지 않으면 0으로 만드는 방법은 여러가지가 있다. 이번에 실습할 것은 어떤 특정한 값이 특정 변수에 상관없이 존재하면 1, 그렇지 않으면 0으로 만드는 findval를 실습자료(DATA_STOCK_INDEX_KOSPI.dta)에서 확인해 보자.

```
. use "C:\STATA\DM\KRX\DATA_STOCK_INDEX_KOSPI.dta", clear
. findval "금요일", generate(FRI_YN)
. order TIME time_4 FRI_YN time
. tabulate FRI_YN
```

[그림 7.9.29] findval 실행 결과(FRI_YN)

| | TIME | time_4 | FRI_YN | time |
|---|---|---|---|---|
| 1 | 2011/10/21 | 금요일 | 1 | 21oct2011 |
| 2 | 2011/10/20 | 목요일 | 0 | 20oct2011 |
| 3 | 2011/10/19 | 수요일 | 0 | 19oct2011 |
| 4 | 2011/10/18 | 화요일 | 0 | 18oct2011 |
| 5 | 2011/10/17 | 월요일 | 0 | 17oct2011 |
| 6 | 2011/10/14 | 금요일 | 1 | 14oct2011 |
| 7 | 2011/10/13 | 목요일 | 0 | 13oct2011 |
| 8 | 2011/10/12 | 수요일 | 0 | 12oct2011 |
| 9 | 2011/10/11 | 화요일 | 0 | 11oct2011 |
| 10 | 2011/10/10 | 월요일 | 0 | 10oct2011 |

(A)

```
. tabulate FRI_YN

1 if 금요일 |
   found in |
     time_4 |      Freq.     Percent        Cum.
------------+-----------------------------------
          0 |        158       79.40       79.40
          1 |         41       20.60      100.00
------------+-----------------------------------
      Total |        199      100.00
```

(B)

[그림 7.9.29]의 (A)에서 보는 것과 같이 time_4 변수의 값이 "금요일"은 FRI_YN 변수에 1로 변경되고 그렇지 않은 경우에는 0의 값을 가진다. (B)의 경우는 FRI_YN이 가지는 값은 1, 0임을 알 수 있다.

만약에 findval이 실행되지 않을 경우에 명령어 창에 findit findval을 입력하고 실행(Enter)하면 [그림 7.9.30]의 창이 나타나며, ㅁ표시된 부분을 실행하면 된다.

[그림 7.9.30] findit findval의 조회 결과

```
findval from http://fmwww.bc.edu/RePEc/bocode/f
    'FINDVAL': module to find a specific value / findval finds, lists and
    stores in r(vars) the variables that / take the specified value in the
    given range or condition. It also / optionally marks observations where
    one of the variables matches / the value specifed. If no varlist
```

# 참고문헌

민인식 최필선(2012), STATA 기초적 이해와 활용, 지필미디어

민인식 최필선(2012), STATA 기초통계와 회귀분석, 지필미디어

박범조(2010), 경영경제통계학, 시그마프레스

황승식·박소희·남병호(2009), 의학 보건학 연구자를 위한 Stata 입문, 국립암센터

Mitchell, Michael N.(2012), A Visual Guide to Stata Graphics, Stata press

**실습자료출처**

통계청(KOSIS), www.kosis.go.kr

한국은행(BOK), www.bok.or.kr

금융감독원(FSS), www.fss.or.kr

한국거래소(KRX), www.krx.co.kr

손해보험협회(KINA), www.knia.or.kr

경제협력개발기구(OECD), www.oedc.org

세계은행(World Bank), www.worldbank.org

국제연합무역개발회의(UNCTAD), www.unctad.org

# 찾아보기

## G



## H



## I



## K



## L



## M



## N



## O



## P

## X



## Y



## Z